“十三五”高等职业教育计算机类专业规划教材

Windows系统管理与服务配置

Windows XITONG GUANLI YU FUWU PEIZHI

胡 玲 曲广平 主 编
李筱林 罗耀军 杨龙平 副主编

Network Technology Series
网络技术系列

中国铁道出版社有限公司
CHINA RAILWAY PUBLISHING HOUSE CO., LTD.

内 容 简 介

本书以目前在企业中广泛应用的 Windows Server 2008 R2 系统为平台，全面介绍了 Windows 系统的安装与维护、网络服务器的搭建与管理，以及常用的服务配置方法与技巧等内容。全书分为 12 个项目，主要内容包括构建网络实验环境、计算机和网络的日常维护、权限的管理、各项服务的配置与管理，以及一个综合实训。

本书注重职业能力和实践技能的培养，步骤清晰，图文并茂，突出实用性和实践性。通过本书的学习，读者可顺利完成中小企业局域网的 Windows 系统运维工作。

本书适合作为高等职业院校计算机专业的教材，也可作为相关人员的计算机网络培训教材，还可作为从事网络管理的专业人员及网络爱好者的参考书。

图书在版编目（CIP）数据

Windows系统管理与服务配置/胡玲，曲广平主编.— 北京：中国铁道出版社，2017.7（2020.7 重印）

“十三五”高等职业教育计算机类专业规划教材

ISBN 978-7-113-23109-5

Ⅰ.①W… Ⅱ.①胡… ②曲… Ⅲ.①Windows操作系统－高等职业教育－教材②Windows操作系统－网络服务器－高等职业教育－教材 Ⅳ.①TP316.7②TP316.86

中国版本图书馆CIP数据核字(2017)第109883号

书　　名：Windows 系统管理与服务配置
作　　者：胡　玲　曲广平

策　　划：秦绪好　孙晨光　　**读者热线**：(010) 51873628
责任编辑：秦绪好　彭立辉
封面设计：付　巍
封面制作：白　雪
责任校对：张玉华
责任印制：樊启鹏

出版发行：中国铁道出版社有限公司（100054，北京市西城区右安门西街 8 号）
网　　址：http://www.tdpress.com/51eds/
印　　刷：中国铁道出版社印刷厂
版　　次：2017 年 7 月第 1 版　2020 年 7 月第 2 次印刷
开　　本：787 mm×1 092 mm　1/16　**印张**：18.75　**字数**：436 千
印　　数：2 001 ～ 3 000 册
书　　号：ISBN 978-7-113-23109-5
定　　价：45.00 元

前言

FOREWORD

Windows 7和Windows Server 2008 R2分别是在企业网络中被广泛应用的客户端和服务器端操作系统，也是Windows系统运维人员在工作中所主要面对的系统平台。

Windows 7和Windows Server 2008 R2这两种操作系统采用了相同的核心，在配置和管理方面具有相似性，但是每种系统的应用侧重点有所不同。Windows 7针对客户端，对Windows 7系统的运维工作主要侧重于系统安装设置以及安全管理等方面；Windows Server 2008 R2针对服务器端，相应的运维工作主要侧重于服务配置与管理，要求能够根据企业需求搭建出各种服务器，并能保证可靠运行。

以往大多数教材都是只针对Windows Server 2008 R2等系统进行介绍，但是Windows 7这类客户端系统的管理也是系统运维工作中的一个重要方面。因此，本书根据企业系统运维工作的实际需求，将这二者有机地结合在一起。

本书的项目一至项目三以Windows 7系统为主，介绍针对客户端的系统安装管理以及安全维护等方面的内容；项目四至项目十二以Windows Server 2008 R2系统为主，介绍针对服务器端的服务安装与配置等方面内容。

本书在编写上以项目教学为主线、任务驱动为核心，全书共包括12个项目，具体包括：利用虚拟机构建网络实验环境；计算机的日常维护；网络的日常维护；用户账户、组与权限的管理；文件与打印服务器的配置与管理；活动目录服务的配置与管理；DNS服务的配置与管理；DHCP服务配置与管理；Web服务配置与管理；FTP服务配置与管理；CA证书服务器配置与管理；综合实训等项目。每个项目由若干个任务组成，通过任务设置、分析与实施层层推进。本书在内容选取上，围绕中小型企业网络系统运维这个主题，以“实用”和“实践”为主要原则，减少或弱化了一些理论性过强或者在中小型企业网络中较少应用的知识点。

本书由胡玲、曲广平任主编，李筱林、罗耀军、杨龙平任副主编。编写分工：胡玲编写了项目一、项目六至项目十，曲广平编写了项目五、项目十一、项目十二，李筱林编写了项目二，罗耀军编写了项目三，杨龙平编写了项目四。

由于编写时间仓促，计算机技术发展迅猛，书中难免存在疏漏和不足之处，敬请广大读者批评指正，以便再版时修订，在此表示衷心的感谢。

编　者

2017年4月

CONTENTS

目　录

项目一

➡ 利用虚拟机构建网络实验环境

学习目标：

通过本项目的学习，读者将能够：

- 掌握如何安装 VMware Workstation 以及如何创建虚拟机；
- 掌握虚拟机的一些常用设置方法；
- 掌握硬盘的相关概念和分区方法；
- 了解 Windows 系统的版本；
- 掌握 Windows 系统的安装方法。

在计算机网络技术专业相关课程的学习中，离不开各种虚拟机软件。通过虚拟机，用户可以在一台计算机上同时运行多种操作系统和应用程序，这些操作系统使用的是同一套硬件装置，但在逻辑上各自独立运行，互不干扰。虚拟机软件将物理计算机的硬件资源映射为本身的虚拟机器资源，使每个虚拟机器看起来都像拥有各自的 CPU、内存、硬盘、I/O 设备等。

本项目将介绍如何利用虚拟机来构建学习实验环境。

任务一　安装VMware，新建虚拟机

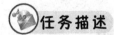

任务描述

配置好虚拟机是学习本课程的前提，本任务要求掌握以下操作：

① 安装 VMware Workstation 10.0。

② 在 VMware 中新建虚拟机，并进行适当的配置。

任务分析及实施

一、了解虚拟化技术

虚拟化以及云计算是目前 IT 领域的热门技术，其中虚拟化技术主要是指各种虚拟机产品的应用。

目前的虚拟机产品主要分为两个大类：

一类称为原生架构，有时也被称作裸金属架构，如图 1-1（a）所示。这种类型的虚拟机产品直接安装在计算机硬件之上，不需要操作系统的支持，它可以直接管理和控制计算机中的所有硬件设备，因而这类虚拟机拥有强大的性能，主要用于生产环境。典型产品是 VMware

的 VSphere 以及微软的 Hyper-V，目前所说的虚拟化技术使用的就是这类产品。

另外一类称为寄居架构［见图 1-1（b)］，这类虚拟机必须要安装在操作系统之上，通过操作系统去调用计算机中的硬件资源，虚拟机本身被看作操作系统中的一个应用软件。这种虚拟机的性能与原生架构的虚拟机产品有着天壤之别，主要被用于学习或教学。典型产品是 VMware 的 VMware Workstation 以及微软的 Virtual PC。

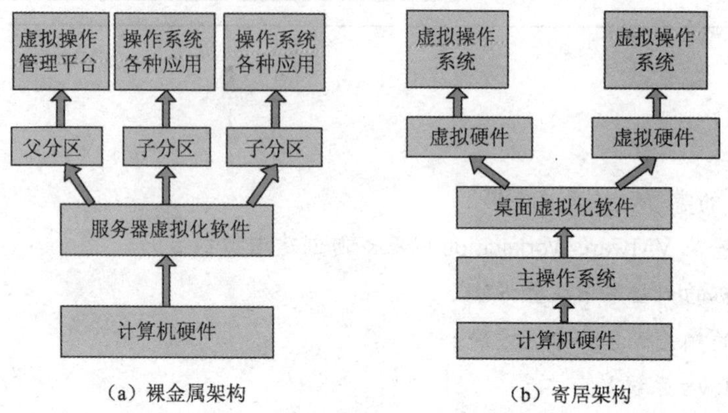

图1-1　寄居架构和裸金属架构

绝大多数普通用户所接触到的都是寄居架构的虚拟机产品，其中 VMware Workstation 凭借其强大的性能以及对 Windows 和 Linux 系列操作系统的完美支持，得到了广泛的应用。本书中的绝大部分实验都是利用 VMware Workstation（以下简称 VMware）来搭建实验环境，所使用的软件版本为 VMware Workstation 10.0。

二、安装 VMware Workstation

VMware 的安装过程比较简单，主要操作步骤如下：

① 运行安装程序，打开安装向导，如图 1-2 所示。

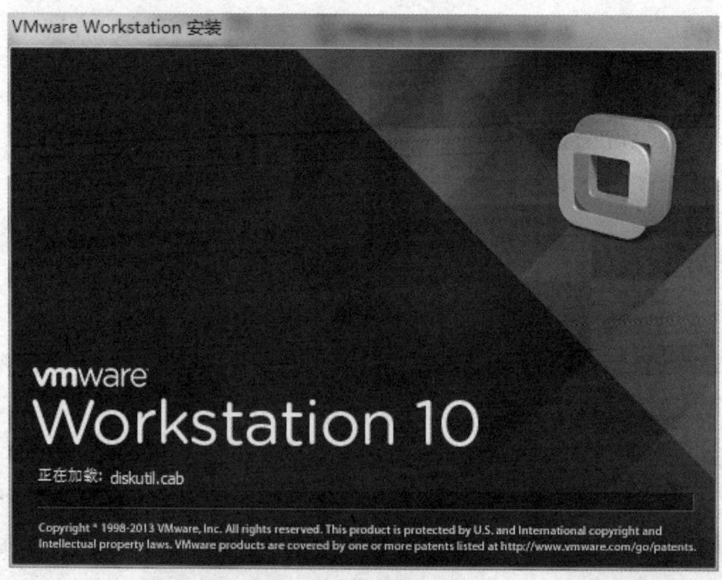

图1-2　VMWare安装向导

② 接受许可协议之后，建议选择“自定义”安装类型，如图 1-3 所示。

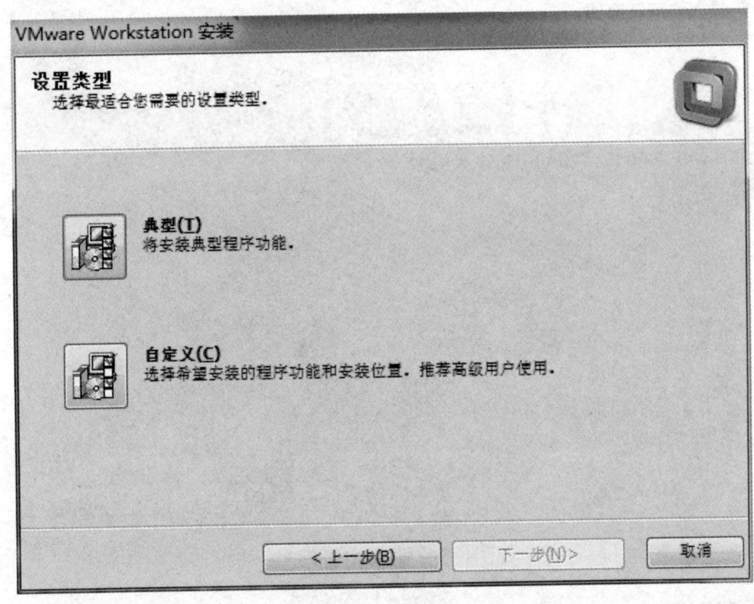

图1-3　选择自定义安装

③ 修改软件的安装位置。建议不要使用默认的安装路径，而是将 VMWare 安装到 C 盘以外的分区。这里选择安装在 D:\vmware 文件夹中，如图 1-4 所示。

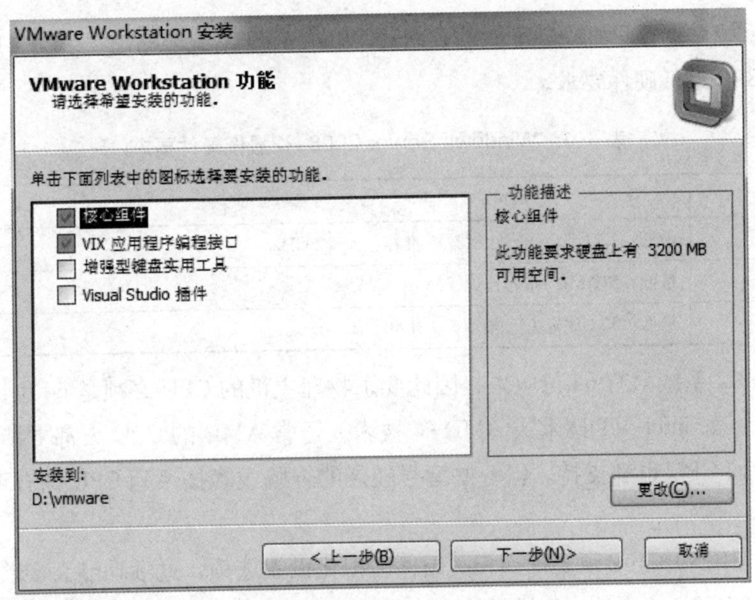

图1-4　修改安装路径

④ 输入序列号进行注册，如图 1-5 所示。正确注册之后，VMware 的安装就完成了。VMware Workstation 10 相比之前版本的改进之一就是自带简体中文版，无须再进行汉化。

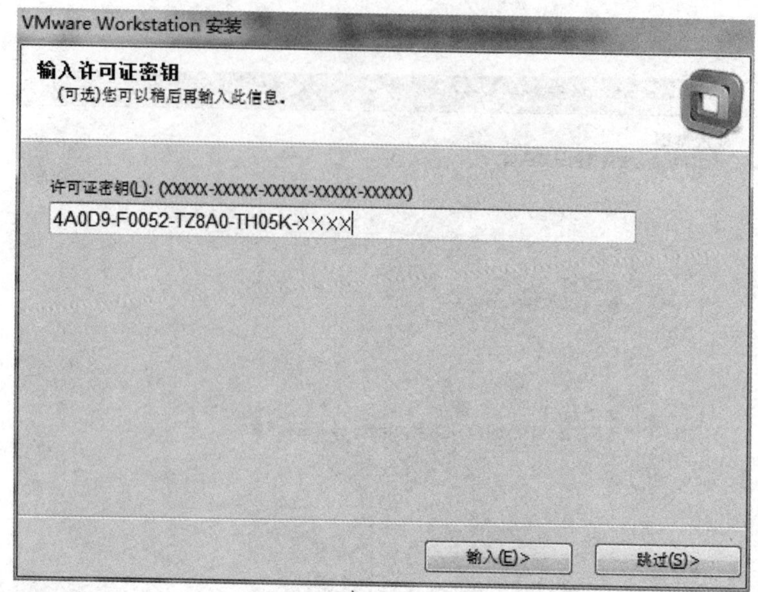

图1-5　输入注册信息

三、创建虚拟机

安装完 VMware 之后，就可以创建和使用虚拟机。这里首先创建一台虚拟机用于安装 Windows Server 2008 R2（以下简称 2008R2）系统。

1. 物理主机的硬件要求

2008R2 系统对于计算机硬件配置的要求比 Windows 7 系统要略高。表 1-1 所示为微软官方提供的 2008R2 最低硬件要求。

表 1-1　Windows Server 2008 R2最低硬件要求

硬　　件	需　　求
处理器	最低：1.4 GHz（x64处理器）推荐：大于2 GHz
内存	最低：512 MB　推荐：大于2 GB
可用磁盘空间	最低：32 GB或以上　推荐：大于40 GB

由于 2008R2 系统只有 64 位版本，因此要求物理主机的 CPU 必须是 64 位，并要支持硬件虚拟化技术，如 Intel-VT 技术或 AMD-V 技术。通常 AMD 的 CPU 大都支持虚拟化技术，Intel 的酷睿系列 CPU 也都支持，但一些型号较老的奔腾或赛扬系列 CPU 则有可能不支持虚拟化技术。

另外，在 BIOS 中还必须要开启相关硬件虚拟化设置选项，这项功能大多默认是关闭的。进入 BIOS，找到图 1-6 中的类似设置选项，将其设为 Enabled 即可。当然，如果 CPU 不支持硬件虚拟化，BIOS 中也就没有这项设置。

对于不支持硬件虚拟化技术的物理主机，可以选择安装 32 位 Windows Server 2008 系统作为替代。

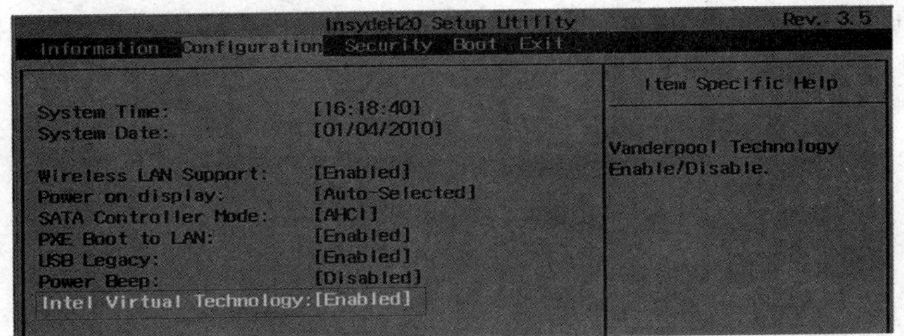

图1-6　在BIOS中开启硬件虚拟化功能

另外，虽然物理主机的内存大小不算做必要条件，但也是越大越好，一般要确保至少有 4 GB 以上物理内存。

2. 新建虚拟机

创建虚拟机的主要步骤如下：

① 在 VMware 的主窗口中单击“创建新的虚拟机”按钮，如图 1-7 所示。

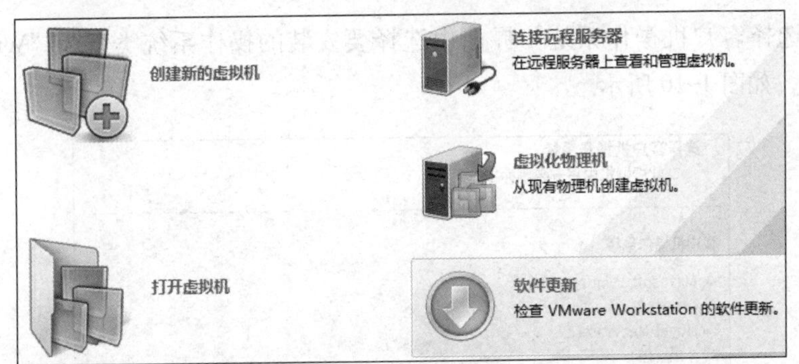

图1-7　VMware主窗口

② 在“新建虚拟机向导”对话框中选择“自定义”模式，以对虚拟机中的硬件设备进行定制，如图 1-8 所示。

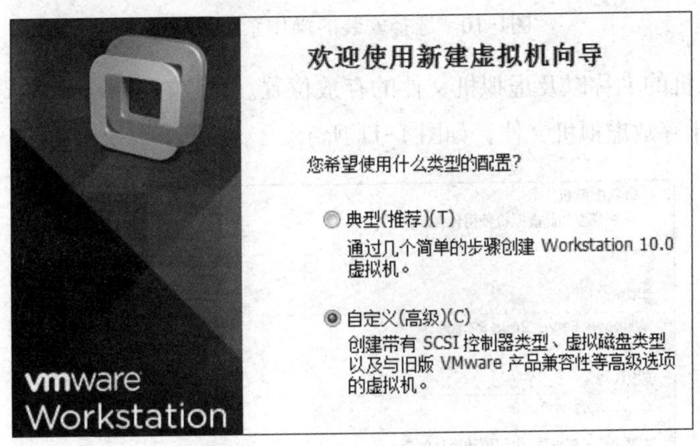

图1-8　选择“自定义”模式

③ 在“安装客户机操作系统”界面中选择“稍后安装操作系统”，待创建完虚拟机之后再单独进行系统的安装，如图 1-9 所示。

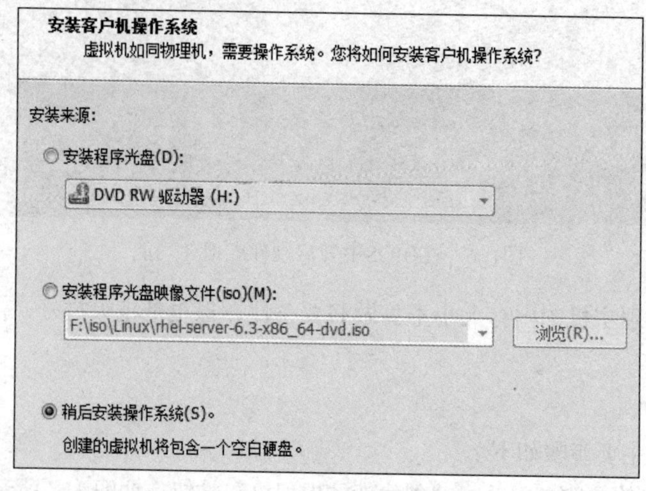

图1-9　选择“稍后安装操作系统”

④ 在“选择客户机操作系统”界面中选择要安装的操作系统类型为“Windows Server 2008 R2 x64”，如图 1-10 所示。

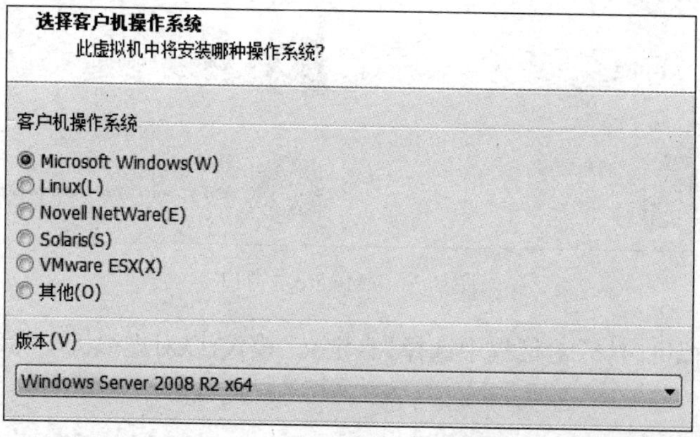

选择客户机操作系统
此虚拟机中将安装哪种操作系统?
客户机操作系统
Microsoft Windows(W)
Linux(L)
Novell NetWare(E)
Solaris(S)
VMware ESX(X)
其他(O)
版本(V)
Windows Server 2008 R2 x64

图1-10　选择安装的操作系统类型

⑤ 设置虚拟机的名称以及虚拟机文件的存放位置。建议在 vmware 安装目录中创建一个文件夹，专门用于存放虚拟机文件，如图 1-11 所示。

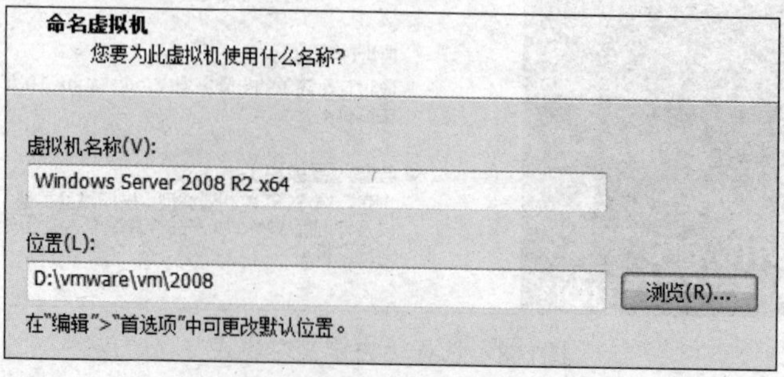

命名虚拟机
您要为此虚拟机使用什么名称?
虚拟机名称(V):
Windows Server 2008 R2 x64
位置(L):
D:\vmware\vm\2008
浏览(R)...
在"编辑">"首选项"中可更改默认位置。

图1-11　设置虚拟机名字及存放位置

⑥ 对虚拟机的 CPU 和内存进行配置，这些配置需要共享物理主机的硬件资源。

物理主机的 CPU 现在大都是双核心四线程，这里只给虚拟机配置一个核心即可，如图 1-12 所示。

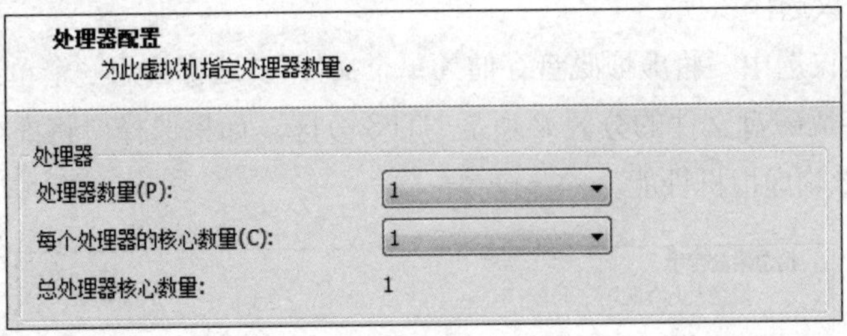

处理器配置
为此虚拟机指定处理器数量。
处理器
处理器数量(P): 1
每个处理器的核心数量(C): 1
总处理器核心数量: 1

图1-12　配置CPU数量

虚拟机内存大小可根据物理主机的内存大小灵活设置，如图 1-13 所示。如果物理内存大于 4 GB，可以将虚拟机内存设为 2 GB，否则建议设为 1 GB。

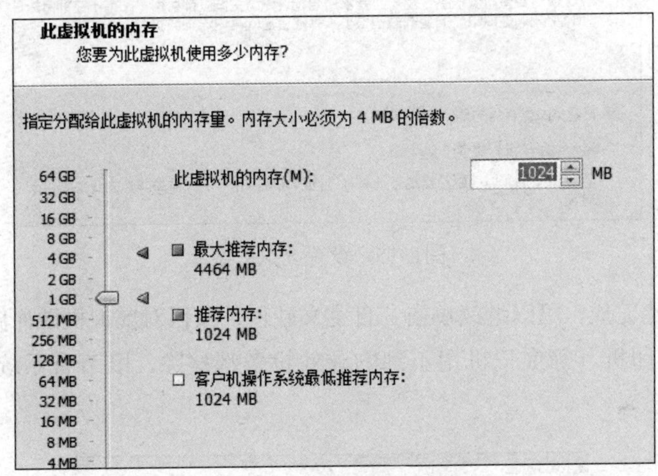

图1-13　设置虚拟机内存大小

⑦ 网络类型以及 I/O 控制器、磁盘类型都选择默认设置即可。

⑧ 在“选择磁盘”界面中选择“创建新虚拟磁盘”，如图 1-14 所示。虚拟磁盘以扩展名为 .vmdk 的文件形式存放在物理主机中，虚拟机中的所有数据都存放在虚拟磁盘中。

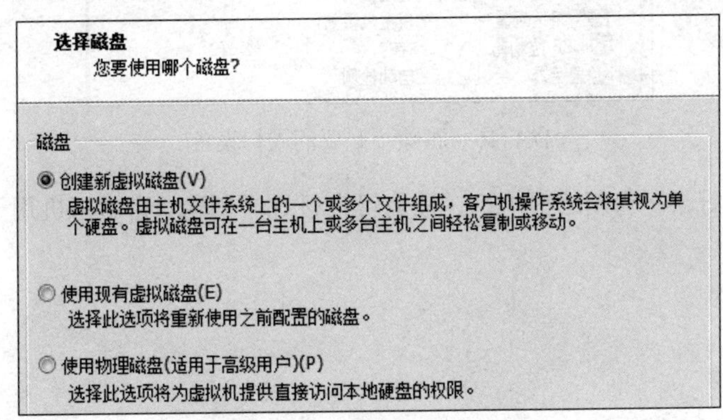

图1-14　创建新的虚拟磁盘

然后需要指定磁盘容量，默认为 40 GB。这里的容量大小是允许虚拟机占用的最大空间，而并不是立即分配使用这么大的磁盘空间。磁盘文件的大小随着虚拟机中数据的增多而动态增长，但如果选中“立即分配所有磁盘空间”（见图 1-15），则会立即将这部分空间划给虚拟机使用，这里不建议选择该项。

另外，强烈建议选中“将虚拟磁盘存储为单个文件”，这样会用一个单独的文件来作为磁盘文件，前提是存放磁盘文件的分区必须是 NTFS 分区。如果选择“将虚拟磁盘拆分成多个文件”，则会严重影响虚拟机性能。

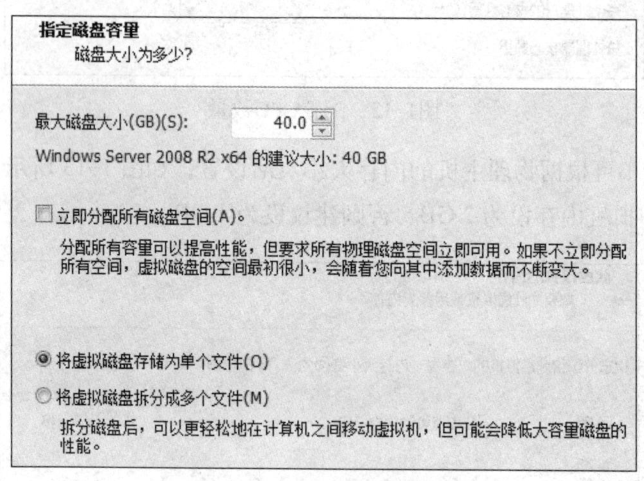

图1-15　设置虚拟磁盘

⑨ 虚拟机创建完成，可以继续单击“自定义硬件”按钮对虚拟机硬件做进一步调整。建议将“声卡”“打印机”等虚拟机用不到的硬件设备都移除，以节省系统资源，如图 1-16 所示。

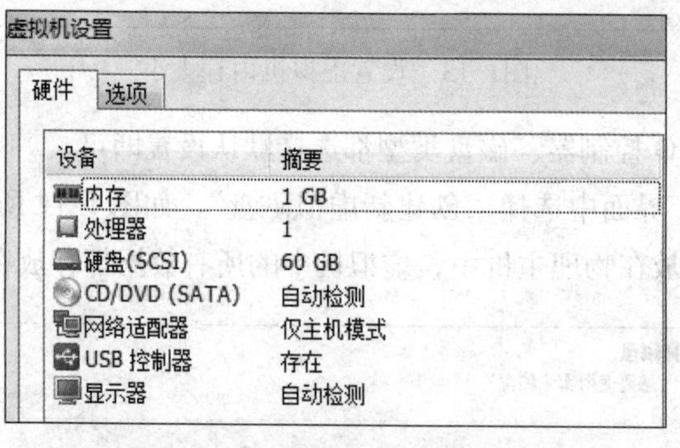

图1-16　删除不必要的硬件设备

至此，就创建好了一台新的虚拟机。读者可自行练习创建一台虚拟机用于安装 Windows 7 系统。

任务二　硬 盘 分 区

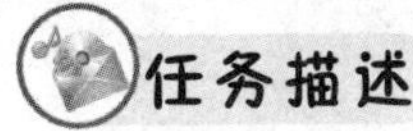

任务描述

对虚拟机也要像真实计算机一样，必须要经过硬盘分区和安装操作系统之后才能使用。本任务要求掌握以下操作：

① 理解硬盘分区类型及文件系统等概念。

② 能够利用软件 DiskGenius 或安装操作系统的过程对虚拟机硬盘进行分区。

③ 能够在不损坏数据的前提下调整硬盘分区大小。

任务分析及实施

一、硬盘分区的相关知识

1. 了解硬盘的分区类型

硬盘分区包括主分区、扩展分区、逻辑分区几种不同类型，在“磁盘管理”工具中可以清楚地查看到不同的分区类型，如图 1-17 所示。

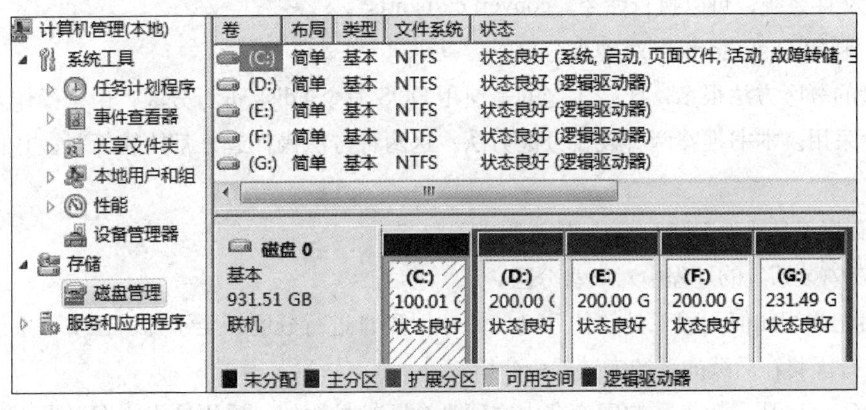

图1-17　磁盘管理

硬盘分区之所以会有这样的区分，是因为在硬盘的主引导扇区 MBR（硬盘中的第一个扇区）中用来存放分区信息的空间只有 64 B（主引导扇区一共只有 512 B 空间），而每一个分区的信息都要占用 16 B 空间，因而理论上一块磁盘最多只能拥有 4 个分区，当然这 4 个分区都是主分区。这在计算机早期没什么问题，但后来随着硬盘空间越来越大，4 个分区就远远不够了，所以又引入了扩展分区的概念。扩展分区也是主分区，但它不能直接使用，它相当于一个容器，可以在扩展分区中再创建新的分区，这些分区被称为逻辑分区。逻辑分区的数量不再受主引导扇区空间大小的限制。

在 Windows 系统中一般只创建一个主分区（也就是 C 盘），再将剩余的磁盘空间全部划给扩展分区，最后在扩展分区中创建逻辑分区，也就是 D 盘、E 盘、F 盘……

在逻辑分区上也可以安装操作系统，但操作系统的启动文件仍然存放在主分区上，所以如果在C盘安装了2008R2系统，在D盘安装了Windows 7系统，那么如果将C盘格式化，D盘的Windows 7系统也将无法启动。

一般来讲，在对新硬盘建立分区时要遵循以下顺序进行：建立主分区→建立扩展分区→建立逻辑分区。

2. 了解文件系统

硬盘分区之后还必须要经过高级格式化才能使用，在格式化硬盘分区时，需要指定所使用的文件系统。文件系统就是文件在磁盘上存储时所采用的格式，在Windows环境下常见的文件系统主要有FAT32和NTFS两种。

① FAT32文件系统比较古老，优点是兼容性好，可以用于微软所有的操作系统；缺点是不支持容量超过4 GB的单个文件，安全性也比较差，目前已逐渐被淘汰。

② NTFS文件系统相比FAT32增加了很多功能，具有更强的安全性和稳定性；缺点是无法兼容DOS和Windows 9x系统。

在实际操作中，对于硬盘分区一律推荐使用NTFS文件系统，尤其是服务器中的磁盘分区，要求必须使用NTFS。

文件系统类型是在进行高级格式化时确定的，对于已经采用了FAT32文件系统的磁盘分区，如果不想进行高级格式化，也可以使用convert命令将其转换为NTFS。如果将C盘转换为NTFS文件系统，可以执行命令“convert c: /fs:ntfs”。

二、利用DiskGenius对硬盘分区

硬盘的分区方法很多，比较古老的是使用DOS命令Fdisk进行分区，由于操作复杂，目前已很少采用。本书推荐两种硬盘分区方法，这两种方法操作起来都比较简单，并且分区非常稳定：

① 利用工具软件DiskGenius对硬盘分区。

② 在安装系统的过程中对硬盘分区。

下面先介绍如何利用工具软件DiskGenius对硬盘进行分区，至于如何在安装系统的过程中对硬盘分区将在后续的系统安装部分介绍。

DiskGenius是一款优秀的国产全中文硬盘分区维护软件，采用纯中文图形界面，支持鼠标操作，具有磁盘管理、磁盘修复等强大功能。由于硬盘分区操作需要在操作系统之外进行，所以往往都是将DiskGenius集成在一些系统工具光盘中，用这些工具光盘启动计算机之后，再运行DiskGenius进行硬盘分区操作。

下面以之前创建好的Windows 7虚拟机为例来介绍相关操作。

① 在虚拟机中放入工具光盘，虚拟机既可以使用物理光盘也可以使用ISO镜像文件，这里推荐使用映像文件。选中虚拟机，打开虚拟机设置界面，选中CD/DVD，在右侧窗口中选择“使用ISO映像文件”，载入已经准备好的Windows 7系统光盘镜像，如图1-18所示。

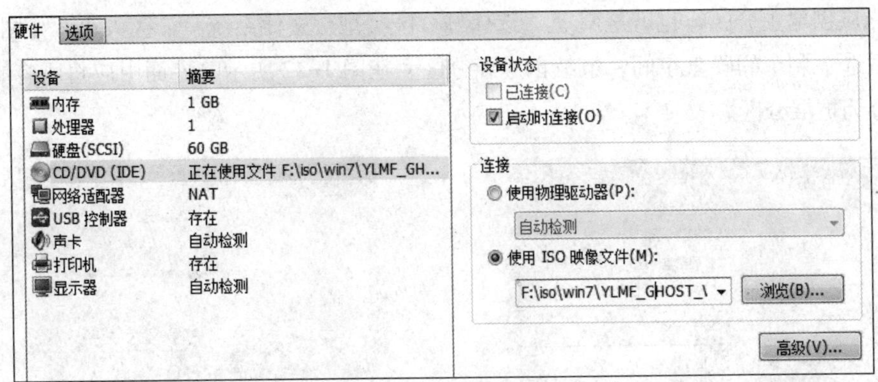

图1-18　加载镜像文件

② 将虚拟机开机，按【F2】键进入 BIOS 设置界面，将第一个引导设备设置为 CD-ROM Drive，如图 1-19 所示。（可以按【Ctrl+Alt】组合键在虚拟机和物理主机之间切换）

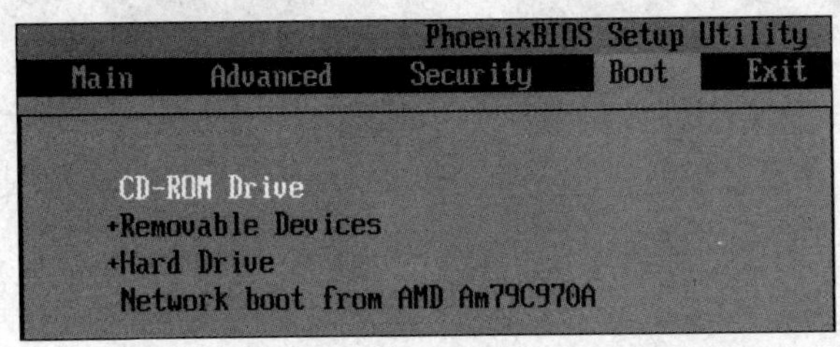

图1-19　将CD-ROM设置为第一引导设备

保存退出之后，系统会自动进入光盘引导界面，从中选择“运行 DiskGenius 分区检测工具”。

③ 进入到 DiskGenius 主界面之后，可以看到当前磁盘未进行任何分区。在硬盘上右击，选择“建立新分区”命令，如图 1-20 所示。

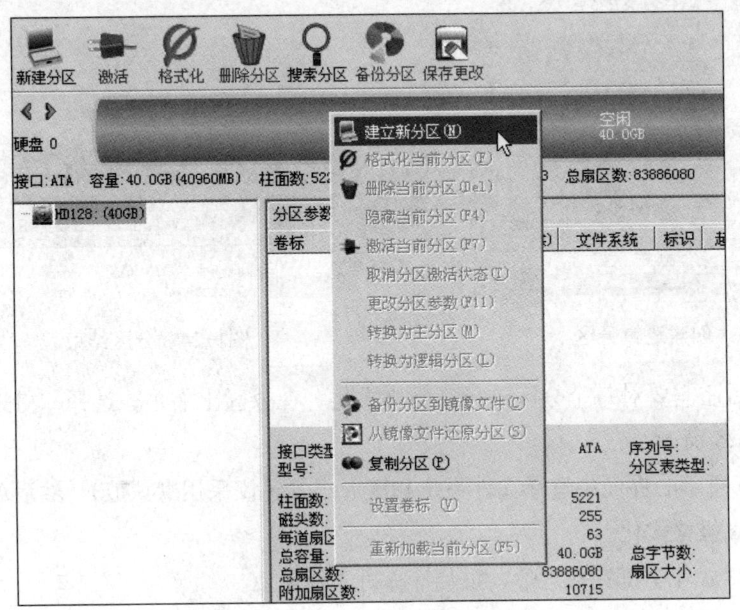

图1-20　建立新分区

首先应创建主分区，也就是C盘，选择好分区类型、文件系统、分区大小，如图1-21所示。然后选中剩余的硬盘空间，继续创建新分区。在图1-22所示的界面中应将所有的剩余空间都划分为扩展分区。

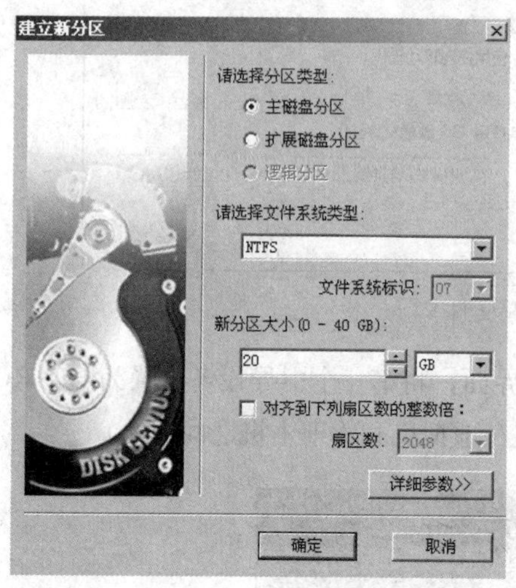

图1-21　创建主分区

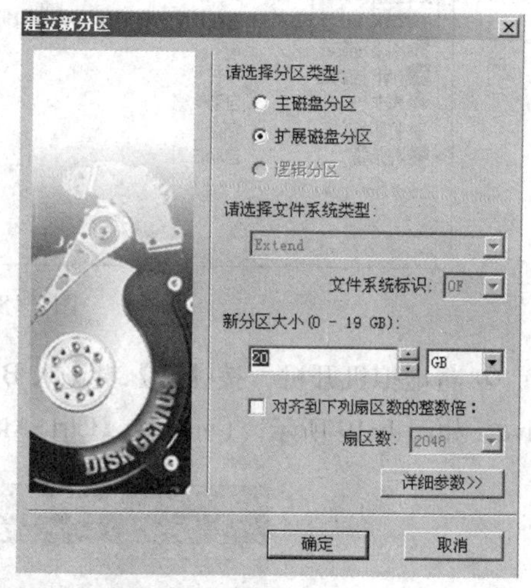

图1-22　创建扩展分区

继续在扩展分区上再创建逻辑分区，如图1-23所示。最终分完区之后的效果如图1-24所示。

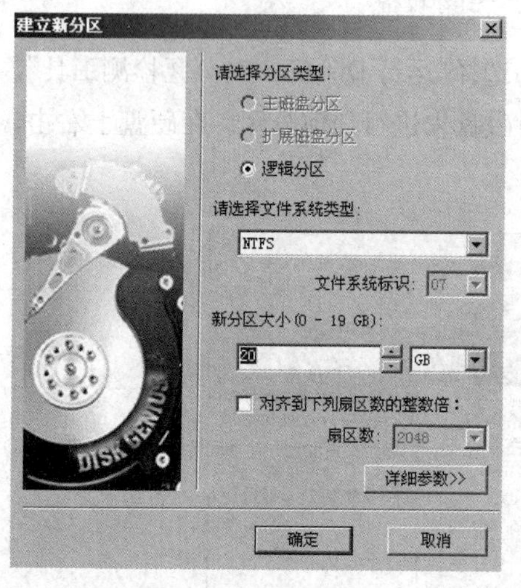

图1-23　创建逻辑分区

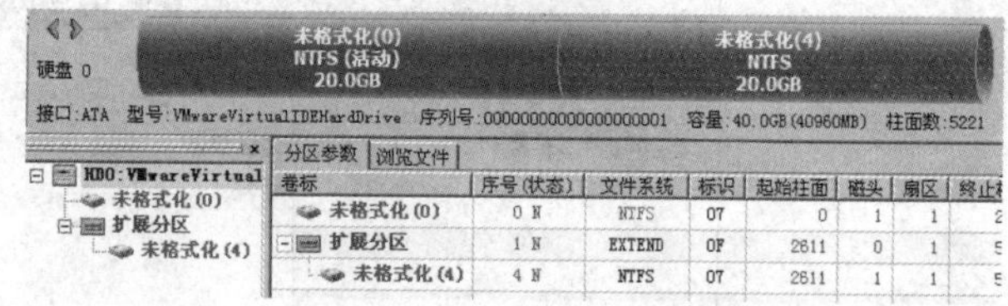

图1-24　分区结束

④ 分区后还需要对每个分区进行高级格式化，在分区上右击，选择“格式化当前分区”命令，如图1-25所示。

在图1-26所示的界面中选择文件系统和簇大小（建议采用默认值），然后单击“格式化”按钮开始进行高级格式化。

所有分区格式化全部完成之后，重启计算机才能生效。

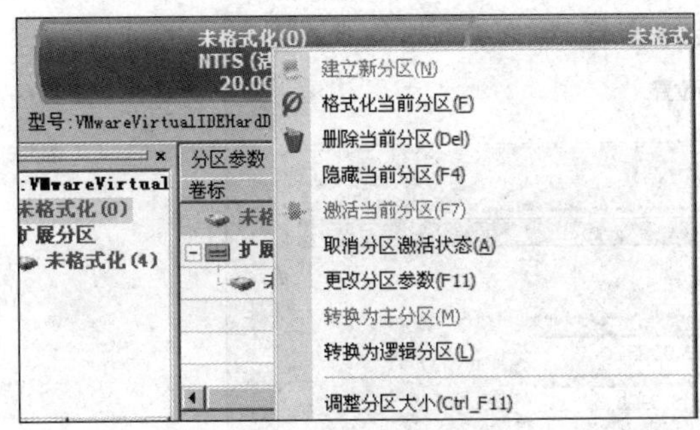

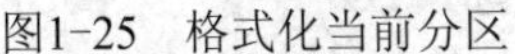

图1-25　格式化当前分区

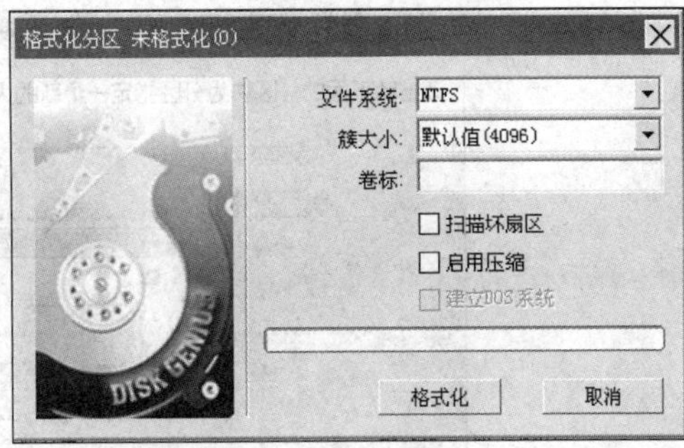

图1-26　选择文件系统和簇大小

三、调整硬盘分区大小

利用 DiskGenius 对硬盘分区虽然操作简便，但是如果硬盘中已有数据，那么分区操作将会对这些数据造成破坏，因而这种分区方法属于有损分区，适用于刚买回硬盘时对硬盘进行全新分区的情况。如果计算机已经使用了一段时间，又感觉硬盘分区不很合理，需要对部分分区大小进行调整，则应采用无损分区，即在调整分区的同时还能保存硬盘中的数据。

既能调整分区大小，又不损害硬盘数据的分区软件也有很多，下面通过大白菜引导 U 盘进入 Windows PE，然后利用其中自带的“磁盘分区助手”工具来调整硬盘分区大小（关于引导 U 盘和 Windows PE 的制作与使用将在项目二中介绍）。调整硬盘分区大小的操作步骤如下：

① 在 Windows PE 选择“开始”→“程序”→“磁盘管理”→“磁盘分区助手 5.0”，运行工具。可以看到硬盘目前已经分有 2 个约 20 GB 的分区，如图 1-27 所示。

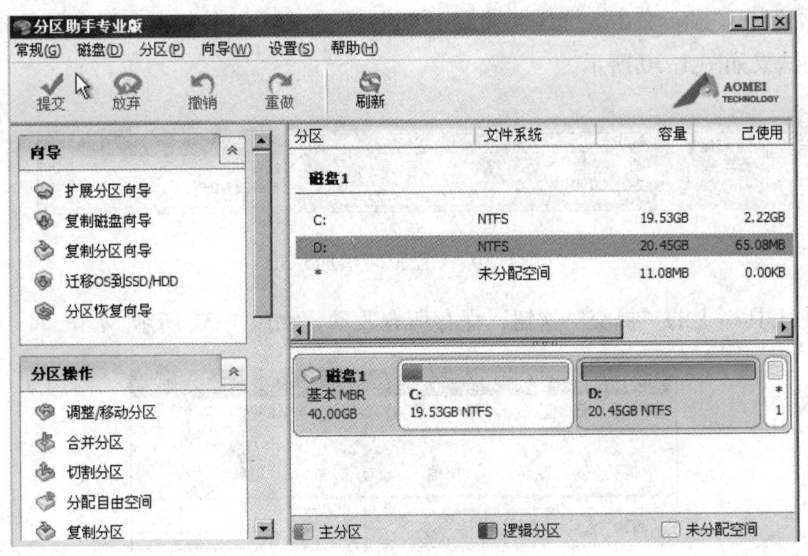

图1-27　在Windows PE中运行分区助手

② 假设需要从 D 盘分出 5 GB 空间给 C 盘，那么首先需要从 D 盘分出 5 GB 的剩余空间。操作方法：在 D 盘上右击，选择“调整 / 移动分区”命令，打开图 1-28 所示对话框，拖动滑动条来改变 D 盘大小，从中分出 5GB 剩余空间，单击“确定”按钮。

调整完成后便会看到多出一块 5 GB 的未分配空间，如图 1-29 所示。

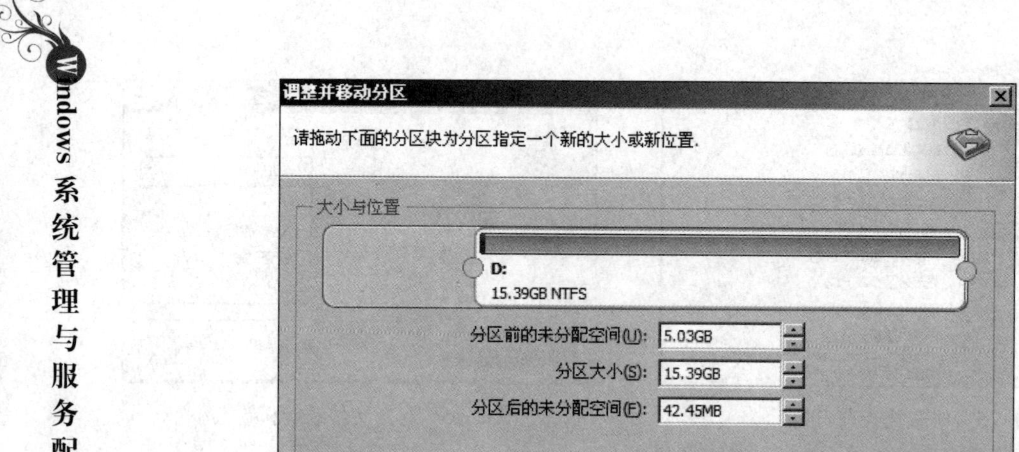

图1-28　从D盘分出5GB剩余空间

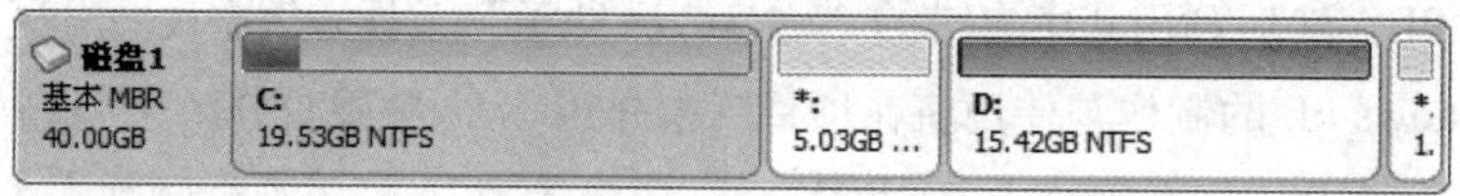

图1-29　从D盘分出的空间

③ 继续选中 C 盘，右击，选择“调整 / 移动分区”命令，并将未分配空间全部划给 C 盘。调整之后的结果如图 1-30 所示。

图1-30　C盘空间增加5 GB

④ 单击工具栏上的“提交”按钮，保存所有改动，如图 1-31 所示。

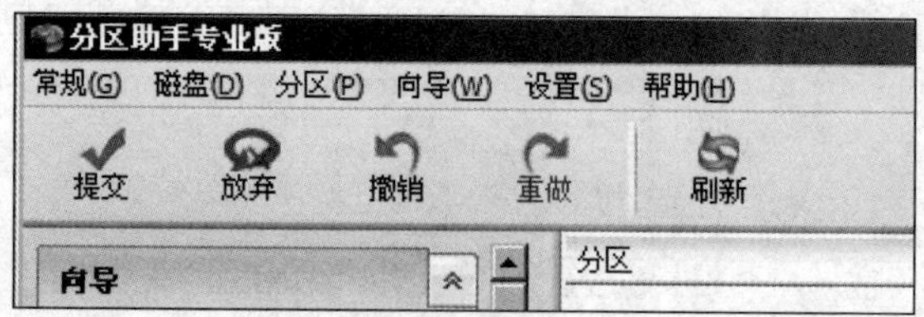

图1-31　单击“提交”按钮

至此，硬盘分区调整操作顺利完成。

任务三　安装操作系统

任务描述

硬盘分完区之后，就可以安装操作系统。本任务要求掌握以下操作：

① 了解 Windows 7 以及 Windows Server 2008R2 系统的常见版本。

② 能够分别利用 Ghost 还原和标准安装方式安装操作系统。

任务分析及实施

一、客户机与服务器

运维人员所管理的网络大都是企业内部的局域网，局域网主要有两种不同的网络模式：对等网模式和客户机 / 服务器模式。

在对等网模式中，网络中各个主机的地位完全相同，网络中不存在处于管理或者服务核心的主机，计算机之间没有客户机和服务器的区别。网络上每一台计算机的地位都是平等的，网络中的资源和管理分散在各个计算机上。对等网模式的网络一般只适用于小型家庭网络或者小型企业，计算机数量最多不超过 20 台。

客户机 / 服务器模式也称 C/S 模式，在这种网络结构中，计算机有了明确的分工，有了客户机与服务器的区别。用户在客户机上向服务器发出服务请求，服务器根据请求的内容来完成相应的工作，将结果传给客户机。

客户机又称工作站或客户端，一般是用户使用的计算机。当一台计算机连接到网络上时，就称为局域网中的客户机。在网络中客户机是一个接入网络的设备，它的接入和离开不会对整个网络产生多大影响。

服务器是在网络环境中为客户机提供各种服务的专用计算机，一般用来完成某一特定功能，例如集中存储网络中信息和数据的文件服务器、发布网站的 Web 服务器、收发电子邮件的邮件服务器等。由于服务器特殊的用途和应用环境，决定了它的硬件配置与普通的 PC 有较大差别。一般服务器都是采用多处理器、高速内存、大容量 SCSI 接口硬盘，还可能采用磁盘阵列等设备和技术，从而保证系统的可靠性。

服务器的外形与 PC 也有很大区别，目前常见的服务器主要有塔式、机架式、刀片式 3 种类型，如图 1-32 所示。

图1-32　不同外形的服务器

二、Windows 系统版本

无论是服务器还是客户机，都要基于操作系统才能正常工作。现在主流的操作系统包括Windows 系列操作系统和 Linux 系列操作系统，Windows 系统由于简单易操作，因而在企业网络中得到广泛应用。

目前的 Windows 操作系统主要分为两个系列：

① 面向大众用户的客户端操作系统。这类系统主要用于 PC，产品包括 Windows XP/Visa/7/8/10 等。它们有着友好的图形界面、易用性和简便性，同时它们也都具有比较强的多媒体处理功能与娱乐功能。

② 面向商业和企业用户的网络操作系统。这类系统主要用于服务器，产品包括 Windows Server 2003、Windows Server 2008、Windows Server 2012 等。网络操作系统在安全性和稳定性方面非常突出，另外还具备很多客户端操作系统所没有的网络服务功能。

Windows Server 2008 R2 相比 Windows Server 2008 系统虽然名字上只有一字之差，但在功能上却相差了许多。Windows Server 2008 系统与 Windows Vista 系统属于同时期的产品，它们采用了相同的系统核心；而 Windows Server 2008 R2 则与 Windows 7 系统采用了相同的核心。Windows Vista 作为一款过渡时期的系统，目前已很少使用，Windows Server 2008 系统同样也是如此。虽然微软已经推出了更新版本的 Windows Server 2012 等系统，但目前被广泛应用的仍是 Windows Server 2008 R2 与 Windows 7 系统。所以，在本书中采用的就是 Windows Server 2008 R2 和 Windows 7 系统。

1. Windows 7 系统版本

Windows 7 是微软目前面向个人和家庭用户的主流操作系统，Windows 7 系统的版本众多，其中最主要的版本有 3 个，分别是：家庭版、专业版、旗舰版。

① Windows 7 家庭版主要面向家庭用户，拥有华丽的特效以及强大的多媒体功能。

② Windows 7 专业版主要面向企业用户，拥有加强的网络功能和更高级的数据保护功能。

③ Windows 7 旗舰版具有家庭版和专业版的全部功能，是功能最全面的 Windows 7 系统版本，当然也是价格最贵的一个版本。

在上述 3 个 Windows 7 版本中，推荐使用 Windows 7 旗舰版。

2. Windows Server 2008 R2 系统版本

Windows Server 2008 R2 系统主要包括 Standard（标准版）、Enterprise（企业版）、Datacenter（数据中心版）、Web 版等几个版本，不同的版本主要在硬件支持和系统功能上有所差别。比如 Datacenter 版主要是为大型的数据库服务器定制，Web 版则只能提供单一的 Web 服务器功能，Standard（标准版）支持的内存上限为 32 GB，Enterprise（企业版）则最多支持到 2 TB，另外标准版在系统可扩展性方面相对于企业版也要差许多。因此，在这诸多版本中，应用最多的当属 Enterprise（企业版），这也是本书中所采用的版本。

另外，从 Windows Server 2008 系统开始，微软还推出了相应的 ServerCore 版本，这种版本的系统主要通过命令行进行操作，提供的功能也比较单一，但是可以提高系统的安全性和可靠性，价格也相对比较便宜。

Windows Server 2008 R2 系统目前已经推出了 SP1 补丁包，修补了原先的不少漏洞，系统要更为稳定可靠。本书中选择使用的系统版本是 Windows Server 2008 R2 Enterprise SP1。

在安装系统之前，可以先从网上下载系统 ISO 镜像。这里推荐一个开源网站 msdn.itellyou.cn,从该网站可以下载到各种版本的 Windows 系统镜像。如果希望使用 ghost 版的系统镜像，则可以从一些大型的论坛或社区里下载。

3. 32 位和 64 位系统的区别

目前所用的操作系统大都有 32 位和 64 位之分，它们的主要区别在于寻址能力的差异。

CPU 运算所需的数据都来自于内存，为了便于从内存中存取数据，为内存中的每一个存储空间都分配了一个二进制数的编号。32 位操作系统就是采用 32 位的二进制数为内存空间编号，每一个内存存储空间的大小为 1 B，32 位二进制数能够表示的最大编号为 2^{32}，因而在 32 位操作系统中,CPU 能够寻址的最大内存空间就为 2^{32}B,即 4 GB。也就是说在 32 位操作系统中，能够识别的最大内存容量为 4 GB，即使计算机中安装了更大容量的内存，系统也将无法识别使用。要使用 4 GB 以上容量内存，就需要安装 64 位操作系统，因为 64 位操作系统的内存寻址空间扩大到了 2^{64}B，图 1-33 所示为 64 位操作系统的系统参数。

图1-33 64位操作系统的系统参数

对于网络操作系统，要求必须能够支持大容量内存，因而 2008R2 系统只有 64 位版本。对于客户端所使用的 Windows 7 系统，则分为 32 位和 64 位的不同版本，随着 PC 的内存容量越来越大，建议普通用户也尽量选择使用 64 位版本的 Windows 7 系统。

三、安装Windows系统

目前，安装 Windows 操作系统的方法主要有两种：常规安装方法和 Ghost 还原安装方法。

① 常规安装方法在系统安装过程中需要进行一些基本设置，花费的时间也比较长，但安装的系统非常稳定，能够发现隐含的一些硬件故障。

② Ghost 还原安装方法操作简单，耗时较短，多适用于改装版系统的安装，缺点是很难保证所采用的改装版系统的安全性和可靠性。

对于个人计算机所使用的 Windows 7 系统，可以采用 Ghost 还原方法安装，以节省时间和精力。对于服务器所使用的 2008R2 系统，则要求必须采用常规方法安装，以保证系统的可靠性和稳定性。

1. 一键 Ghost 还原方法安装 Windows 7 系统

基本上所有的系统工具光盘都是采用 Ghost 还原方法安装系统，该方法操作极其简单，只需用光盘引导计算机后在启动界面选择相应的选项即可。

用这种方法安装完系统之后，还可以自动检测硬件型号并安装相应的驱动程序。但对于

个别硬件也可能无法安装正确的驱动程序，需要手工安装。另外，对于像主板和显卡这样非常关键的硬件驱动程序，建议也要手工安装。虚拟机中的硬件设备，除了 CPU 和内存之外都是由软件模拟出来的，其驱动程序由 VMware Workstation 附带的 VMware Tools 提供，因而在使用 Ghost 还原方法安装系统时，可以跳过安装驱动程序的步骤。

另外，这些系统中一般都附带了很多常用软件，只需再安装上杀毒软件和安全工具，计算机就可以正常使用。

> **注意：**很多人在虚拟机中采用 Ghost 方法安装系统时出错，这主要是由于未对虚拟机分区而导致的，只要用前面的方法将虚拟机分区之后，一般便不会出现这个问题。

除了一键 Ghost 还原的方法之外，还必须要掌握手动 Ghost 还原的方法，这部分内容将在项目二的“任务一 制作并使用系统工具盘”中予以介绍。

2. 常规方法安装 2008R2 系统

常规安装方法的操作也比较简单，而且在安装过程中还可以对硬盘进行分区。下面以之前创建好的 2008R2 虚拟机为例介绍相关操作。

① 在 2008R2 虚拟机中载入原版 2008R2 系统光盘镜像，将虚拟机开机后设置 BIOS 从光盘引导，启动之后进入 Windows 系统安装界面。

② 选择要安装的系统版本，2008R2 的每个版本都提供了“完全安装”和“服务器核心安装”两种不同的模式，根据之前的介绍，这里选择“Windows Server 2008 R2 Enterprise（完全安装）”，如图 1-34 所示。

选择要安装的操作系统(S)

操作系统	体系结构	修改日期
Windows Server 2008 R2 Standard（完全安装）	x64	2010/11/21
Windows Server 2008 R2 Standard（服务器核心安装）	x64	2010/11/21
Windows Server 2008 R2 Enterprise（完全安装）	x64	2010/11/21
Windows Server 2008 R2 Enterprise（服务器核心安装）	x64	2010/11/21
Windows Server 2008 R2 Datacenter（完全安装）	x64	2010/11/21
Windows Server 2008 R2 Datacenter（服务器核心安装）	x64	2010/11/21
Windows Web Server 2008 R2（完全安装）	x64	2010/11/21
Windows Web Server 2008 R2（服务器核心安装）	x64	2010/11/21

描述：
该选项安装 Windows Server 的完整安装。该安装包括整个用户界面，并且它支持所有服务器角色。

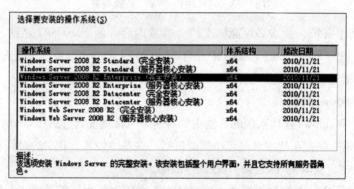

图1-34 选择要安装的操作系统类型

③ 安装类型选择“自定义（高级）”。

④ 单击“驱动器（高级）”按钮，便可以对硬盘进行分区。

⑤ 在这里只能创建主分区，也就是说分区的数量最多只能是 4 个。另外，由于系统默认还要创建一个系统保留分区，因而用户能够创建的分区数量最多就只能是 3 个，如图 1-35 所示。

采用此种分区方法时，也可以只分出一个主分区用于安装操作系统，待系统安装完成后再通过“磁盘管理”工具对剩余的硬盘空间进行分区。

接下来便开始系统的安装过程，期间不再需要任何人工干预。

系统安装完成之后，在首次进入系统时需要为管理员用户 Administrator 设置密码。密码要满足复杂性要求，即密码长度至少为6位，且必须是大写字母、小写字母、数字与符号4种字符中的任意3种以上的组合。

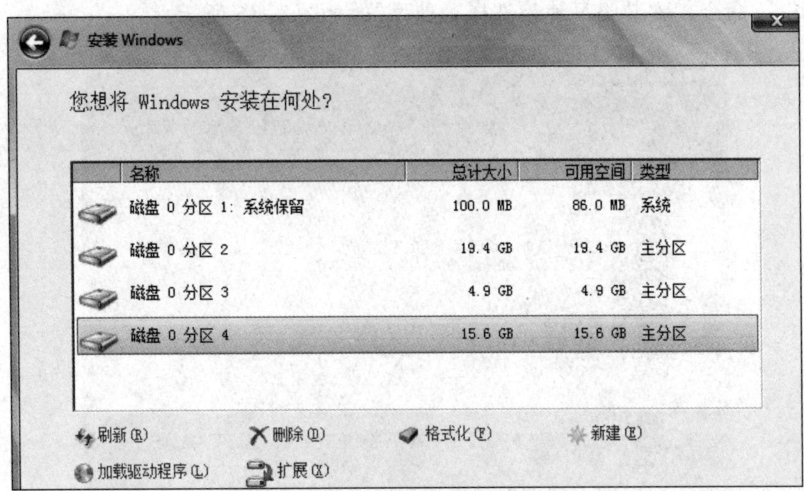

图1-35　用户最多只能创建3个分区

2008R2 系统默认只有 10 天的试用期，因而系统安装完成后必须要进行激活。

对于生产环境中使用的 2008R2 系统，一定要使用正版序列号激活。对于学习环境中使用的系统，可以从微软官方网站下载 180 天的试用版本，这种版本的系统只要接入 Internet 就可以自动激活，但只能使用 180 天。另外，也可以使用一些激活工具可以激活系统。

任务四　VMware Workstation的设置与使用

任务描述

虚拟机安装完成之后，还应再做进一步设置，以更好地搭建各种实验环境。本任务要求掌握以下操作：

① 安装 VMware Tools，以增强虚拟机的功能。

② 创建快照，备份虚拟机当前状态。

③ 制作克隆虚拟机，实现虚拟机的复制。

④ 进行网络配置，搭建虚拟机实验环境。

任务分析及实施

一、安装 VMware Tools

在为虚拟机安装完操作系统之后，建议再为虚拟机安装增强工具 VMware Tools，以增强虚拟机的功能。

VMware 虚拟机中的硬件除了 CPU 和内存之外都是由软件模拟出来的，VMware Tools 为这些模拟的硬件提供了驱动程序，因而在安装了 VMware Tools 之后，可以显著增强虚拟显卡和硬盘的性能。另外，还可以得到许多功能上的增强，比如可以实现真机与虚拟机之间的文

件自由拖动，鼠标也可在虚拟机与真机之间自由移动（不用再按【Ctrl+Alt】组合键）。

VMware Tools 必须在系统开机状态下安装，在虚拟机菜单栏中选择“虚拟机”→“安装 Vmware Tools”命令，安装类型建议选择“典型”，如图 1-36 所示。

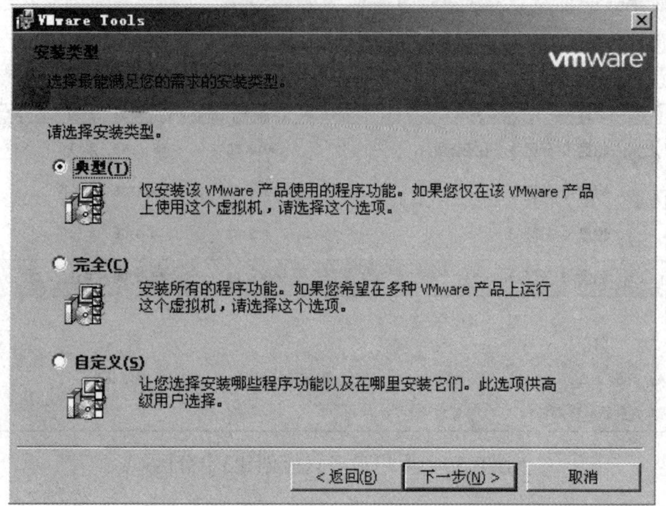

图1-36　安装VMware Tools

安装结束之后，需要重启系统使设置生效。

VMware Tools 其实被安装成了系统中的一个服务，如果相关功能未能实现，可以在服务管理工具中查看 VMware Tools 服务是否处于启动状态，如图 1-37 所示。

Virtual Disk	提供用于磁...		手动	本地系统
VMware Snapshot Provider	VMware Sna...		手动	本地系统
VMware Tools	可支持在主...	已启动	自动	本地系统
Volume Shadow Copy	管理并执行...		手动	本地系统
Windows Audio	管理基于 W...		手动	本地服务
Windows Audio Endpoint Builder	管理 Windo...		手动	本地系统

图1-37　VMware Tools服务处于启动状态

二、创建虚拟机快照

通过创建快照可以将系统的当前状态进行备份，以便随时还原。一般是在进行一项有一定风险的操作之前，可以对系统创建快照。

在虚拟机菜单栏中选择“虚拟机”→“快照”→“创建快照”命令，可以为当前状态创建一个快照。

图 1-38 所示为以日期为名创建了一个快照，以后可以随时将虚拟机还原到快照创建时的状态。

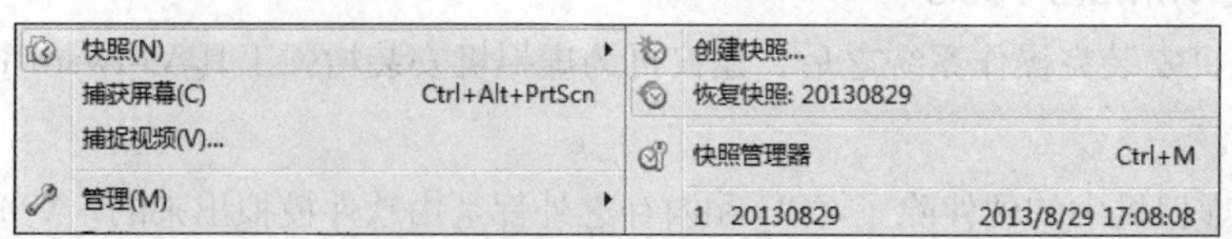

图1-38　快照管理

三、克隆虚拟机

要搭建网络实验环境需要有多台虚拟机，可以重复之前的操作来创建出更多的虚拟机，但采用这种方式每台虚拟机都需要占用大量的磁盘空间，而且也比较浪费时间。通过虚拟机克隆可以很好地解决这个问题，通过克隆，可以快速得到任意数量相同配置的虚拟机，省去了安装的过程。而且，由于所有的克隆虚拟机都是在原来的虚拟机基础之上增量存储数据，所以也节省了大量的磁盘空间。

在克隆虚拟机之前，需要将作为母盘的2008R2虚拟机中的SID清除掉。系统SID是每个Windows操作系统的唯一标识符，在Windows系统内部是通过SID而不是计算机名等其他信息来对彼此进行区分。SID在安装系统的过程中自动产生，每个系统的SID都是唯一的。对于克隆出来的虚拟机，如果其SID与作为母盘的虚拟机相同，在后续的实验中就会出现问题。因此，可以先将母盘中的系统SID等信息清除，这样对于每台克隆出来的虚拟机都会重新生成新的SID。

清除SID可以使用系统自带的sysprep工具，该工具位于"%Systemroot%\System32\sysprep"文件夹内，也可以选择"开始"→"运行"输入sysprep命令运行该软件，如图1-39所示。注意，一定要勾选其中的"通用"复选框。

sysprep工具会将系统SID以及计算机名、用户密码、注册信息等全部清除。软件运行完成后，会自动将系统关机，此后就可以开始进行克隆操作。

克隆操作必须在虚拟机关机的状态下进行。选中要克隆的虚拟机，右击，选择"管理"→"克隆"命令，打开克隆虚拟机向导。

克隆类型建议选择"创建一个链接克隆"（见图1-40），这样克隆出的虚拟机将会以原有的虚拟机为基础增量存储数据，可以极大地节省磁盘空间。

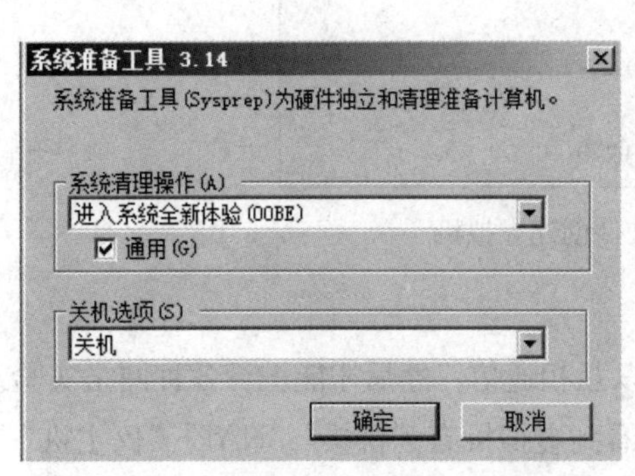

图1-39　使用sysprep清除系统信息

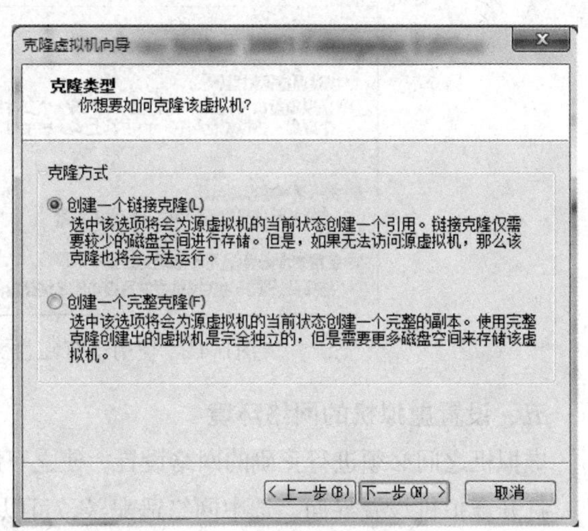

图1-40　选择克隆类型

为克隆出的虚拟机起个名字，并指定存放位置，如图1-41所示。

这样就创建出了一台名为2008_01的克隆机，它与原有的虚拟机功能一模一样，只是在第一次使用克隆机时需要重新加载驱动程序并进行一些初始配置。

要注意的是，一定要确保母盘虚拟机的正常无误，如果它出现了问题，那么所有以它为基础创建的克隆机也都会出现错误。所以，建议原有的母盘虚拟机最好不要再使用，而是将其闲置起来，本书后面所有的实验操作都是基于克隆虚拟机进行。

图1-41　设置克隆虚拟机的名字和存放位置

四、利用虚拟硬盘文件创建虚拟机

物理主机上的操作系统被重新安装，或者 VMware 软件被卸载之后，当用户需要再次用到虚拟机时，之前创建好的那些虚拟机是否可以继续使用呢？如果把那些虚拟机的磁盘文件完好地保存了下来，就完全可以利用这些磁盘文件快速地将虚拟机还原。

在 VMware 中选择新建虚拟机，虚拟机的创建过程与前面相同，只是要注意在“选择磁盘”的步骤中要选择“使用现有虚拟磁盘”（见图 1-42），并指定已有的 vmdk 文件为虚拟机的硬盘。

由于虚拟机中的所有数据都保存在 vmdk 磁盘文件中，因而通过这种方式创建出来的虚拟机与之前的完全相同。

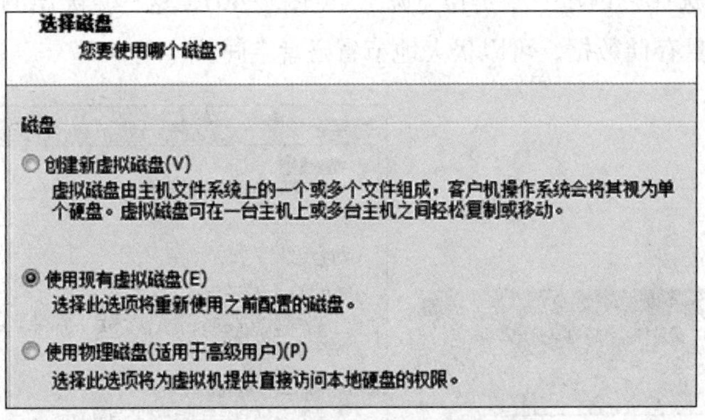

图1-42　使用已有磁盘文件创建虚拟机

五、设置虚拟机的网络环境

虚拟机之间必须进行正确的网络设置，使之可以互相通信，然后才能进行各种网络实验。

打开虚拟机设置界面，选中网络适配器，可以看到虚拟机有“桥接”“NAT”“仅主机”3种不同的网络连接模式，每种网络模式都对应了一个虚拟网络，如图 1-43 所示。注意，必须要保证勾选了“设备状态”中的“已连接”复选框，否则就相当于虚拟机没有插接网线。

1. 桥接（Bridged）模式

在桥接模式（见图 1-44）下，虚拟机就像是局域网中的一台独立主机，与物理主机具有同等的地位。为虚拟机设置一个与物理主机在同一网段的 IP，则虚拟机就可以与物理主机以及局域网中的所有主机之间进行自由通信。

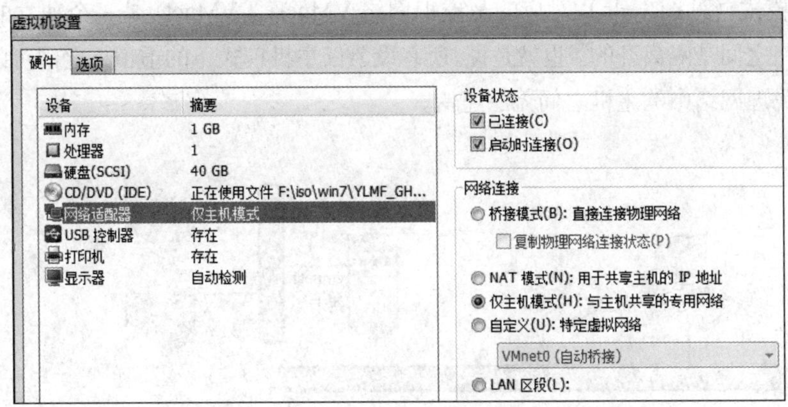

图1-43　网络设置模式

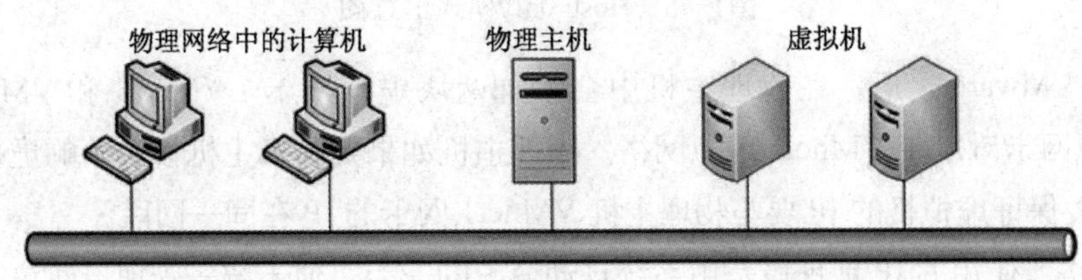

图1-44　桥接模式示意图

桥接模式对应的虚拟网络名称为 VMnet0，在桥接模式下，虚拟机其实是通过物理主机的网卡进行通信的，如果物理主机有多块网卡（比如一块有线网卡和一块无线网卡），那么还需注意虚拟机实际是桥接到了哪块物理网卡上。

从“编辑”菜单打开“虚拟网络编辑器”对话框，可以对 VMnet0 网络桥接到的物理网卡进行设置，如图 1-45 所示。

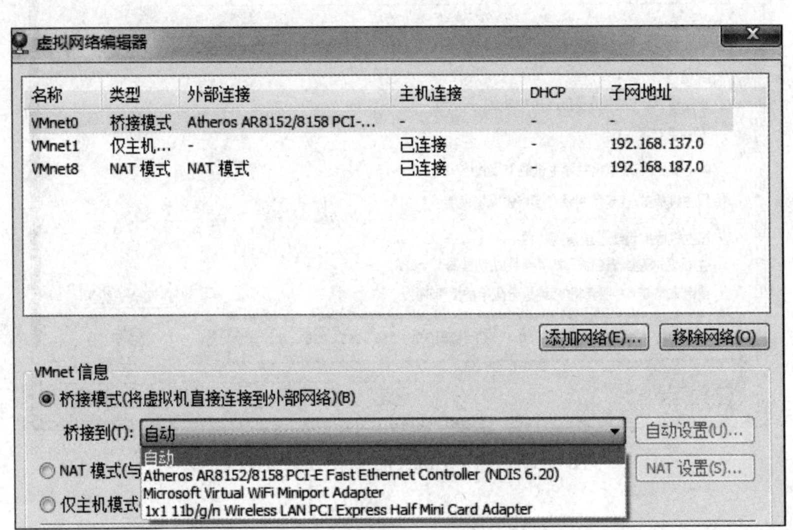

图1-45　设置桥接的物理网卡

2. 仅主机（Host-Only）模式

仅主机模式（见图 1-46）对应的是虚拟网络 VMnet1，VMnet1 是一个独立的虚拟网络，它与物理网络之间是隔离开的。也就是说，所有设为仅主机模式下的虚拟机之间可以互相通信，但是它们与物理网络中的主机之间无法通信。

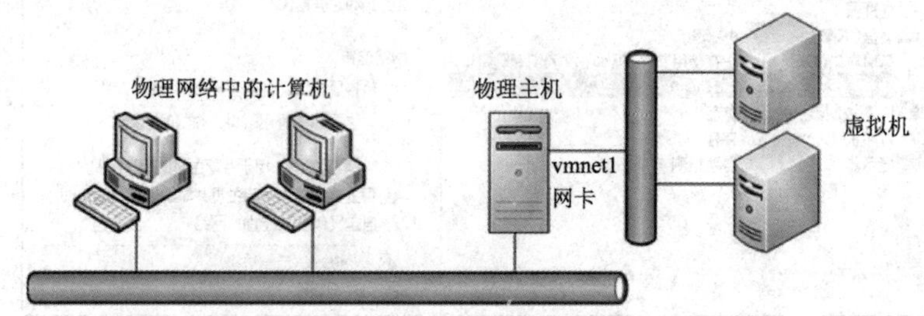

图1-46　Host-Only模式示意图

安装了 VMware 之后，在物理主机中会添加两块虚拟网卡：VMnet1 和 VMnet8，其中 VMnet1 虚拟网卡对应了 VMnet1 虚拟网络。物理主机如果要与仅主机模式下的虚拟机之间进行通信，就要保证虚拟机的 IP 要与物理主机 VMnet1 网卡的 IP 在同一网段。

虚拟网络所使用的 IP 地址段是由系统自动分配的，为了便于统一管理，建议在“虚拟网络编辑器”中将 VMnet1 网络所使用的 IP 地址段设置为 192.168.10.0/24，图 1-47 所示。

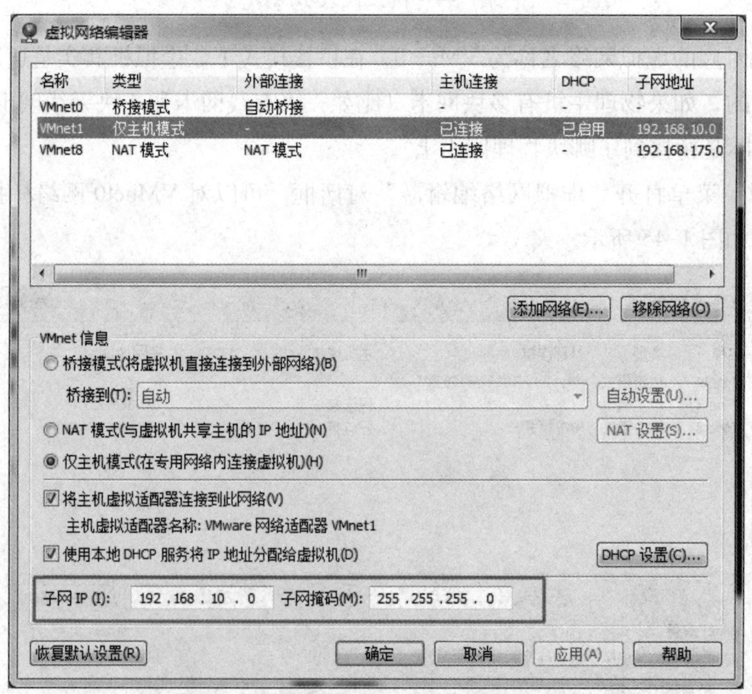

图1-47　为VMnet1网络指定IP地址段

3. NAT 模式

如果物理主机已经接入到了 Internet，只需将虚拟机的网络设为 NAT 模式，虚拟机就可以自动接入到 Internet，所以如果虚拟机需要上网，非常适合设置为 NAT 模式。

NAT 模式对应的虚拟网络是 VMnet8，这也是一个独立的网络。在此模式下，虚拟机可以与物理网络中的主机之间通信，但是由于 NAT 技术（网络地址转换）的特点，物理网络中的主机无法主动与 NAT 模式下的虚拟机进行通信，也就是说，只能是由虚拟机到物理网络主机的单向通信。

当然，物理主机与 NAT 模式下虚拟机之间是可以互相通信的，前提是虚拟机的 IP 要与 VMnet8 网卡的 IP 在同一网段。同样，为了便于统一管理，建议将 VMnet8 网络所使用的 IP 地址段设置为 192.168.80.0/24。

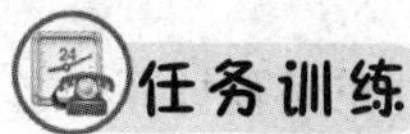

任务训练

▶ 操作题

1. 安装 VMWare Workstation，并按表 1-2 的要求完成虚拟机的创建。

表1-2　创建虚拟机的要求

任务要求	安装路径	硬件配置
安装VMWare Workstation	D:\vmware\	
创建2008 R2 x64虚拟机	D:\vmware\vm\2008	内存1 GB，硬盘40 GB，移除软驱和声卡
创建Windows 7虚拟机	D:\vmware\vm\win7	内存1 GB，硬盘60 GB，移除软驱

2. 按表 1-3 的要求完成虚拟机的硬盘分区操作。

表1-3　完成虚拟机硬盘分区的要求

任务要求	分区方法	分区要求
2008 R2 x64虚拟机	操作系统	C盘容量不小于20 GB，分区采用NTFS文件系统
Windows 7虚拟机	DiskGenius	C盘容量不小于20 GB，分区采用NTFS文件系统

3. 按表 1-4 的要求为虚拟机安装操作系统。

表1-4　为虚拟机安装操作系统的要求

任务要求	系统安装方法	相关要求
2008 R2 x64虚拟机	原版安装	将系统激活
Windows 7虚拟机	Ghost还原安装	
为所有虚拟机安装VMWare Tools增强工具		

4. 按表 1-5 的要求分别为 2 台虚拟机创建链接克隆虚拟机。

表1-5 创建链接克隆虚拟机的要求

虚 拟 机	链接克隆虚拟机	克隆虚拟机存放路径
2008 R2 x64虚拟机	2008_01	D:\vmware\vm\2008\2008_01
Windows 7虚拟机	win7_01	D:\vmware\vm\win7\win7_01

5. 按如下步骤练习快照的使用。

(1) 打开虚拟机 win7_01，在桌面上随意创建一个文件。

(2) 为虚拟机创建快照。

(3) 将步骤 (1) 中创建的文件彻底删除。

(4) 恢复快照，将虚拟机还原到文件删除之前的状态。

6. 按如下要求对虚拟机进行网络设置。

(1) 对虚拟机 Win 7_01 进行网络设置，使之能够与真机以及物理网络中的其他计算机之间通信。

(2) 对虚拟机 2008_01 和 Win 7_01 进行正确的网络设置，使它们之间以及与物理主机之间可以互相通信，但是与真实的物理网络隔离。

项目二

计算机的日常维护

学习目标：

通过本项目的学习，读者将能够：

- 掌握如何制作系统工具盘；
- 掌握如何在 BIOS 中设置开机引导顺序；
- 了解数据恢复的原理，掌握基本的数据恢复方法；
- 了解注册表和组策略；
- 了解系统进程和服务。

作为一名系统运维人员，要很好地进行网络系统管理，首先必须要具备很强的计算机单机维护能力，在本项目中将集中介绍一些常用的计算机维护操作。

任务一　制作并使用系统工具盘

任务描述

工欲善其事，必先利其器。要进行系统维护，必须具有相应的工具，系统工具盘就是最重要的一种系统维护工具。

本任务将介绍如何制作系统工具光盘和系统工具 U 盘。

任务分析及实施

维护计算机离不开各种系统工具盘，基于上个项目中介绍的两种安装操作系统的方法，需要具备 Ghost 版和 Windows 原版两种不同的系统工具盘，建议这两种工具盘都要准备。

对于客户机，一般可使用 Ghost 版工具盘安装系统，如果遇到安装 Ghost 版系统的计算机工作不稳定、频繁死机等情况，可以换用 Windows 原版工具盘安装系统。如果是为服务器安装网络操作系统，则要求必须使用 Windows 原版系统盘。

系统工具盘的主要来源是从网络上下载的各种 ISO 光盘镜像，这些光盘镜像在本机上可以通过虚拟光驱或虚拟机直接加载使用，如果要用于计算机维护，则需要将其制作成物理系统工具盘。物理系统工具盘可以制作成光盘的形式，也可以制作成 U 盘的形式，下面分别予以介绍。

一、制作系统工具光盘

制作系统工具光盘需要将 ISO 镜像文件刻录到空白光盘上，如果是制作 Windows XP 或

者 Windows 2003 的系统光盘，一般用容量为 700 MB 左右的 CD 光盘即可；如果是制作 Windows 7 或者 2008R2 的系统光盘，则需要使用容量为 4.7 GB 左右的 DVD 光盘。

刻录光盘需要具备两个前提条件：刻录机和刻录软件。刻录机目前已基本普及，大多数计算机上安装的光驱都具备刻录功能。刻录软件最常用的则是由德国 Nero 公司推出的 Nero，在 Windows 7 系统中比较常用的版本是 Nero8。

Nero8 安装好之后，在开始菜单中可以找到其启动程序，如图 2-1 所示。

其中的 Nero Express 是简化版本，功能简单，设置很少，适合新手完成简单刻录。Nero Burning Rom 是高级版本，功能强大，设置专业。这里推荐使用 Nero Burning Rom。

启动 Nero Burning Rom 之后，会自动出现一个向导窗口，从中可以选择要刻录的光盘类型。因为我们要刻录 ISO 镜像，所以这里将向导关闭，然后选择“刻录器”菜单中的“刻录映像文件”命令，如图 2-2 所示。

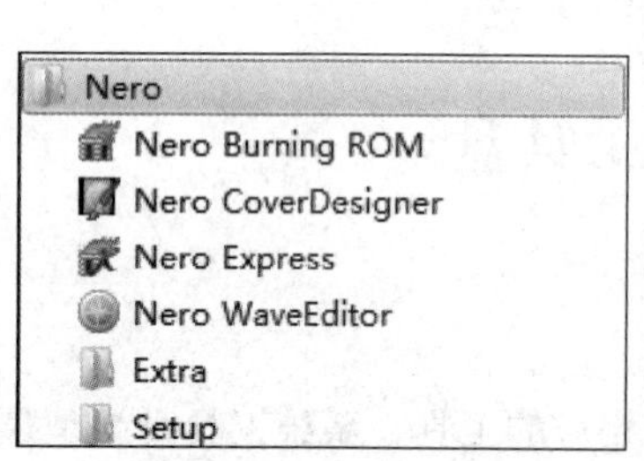

图2-1　Nero启动程序

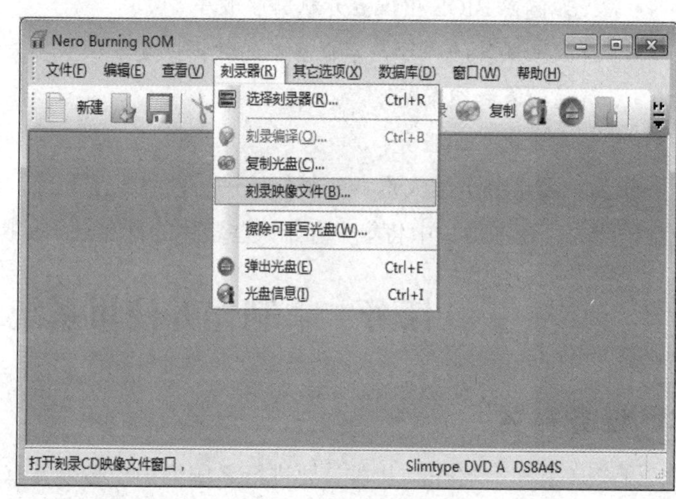

图2-2　刻录映像文件

找到需要刻录的映像文件之后，便会出现刻录设置界面，这里主要需要对刻录速度进行设置，如图 2-3 所示。

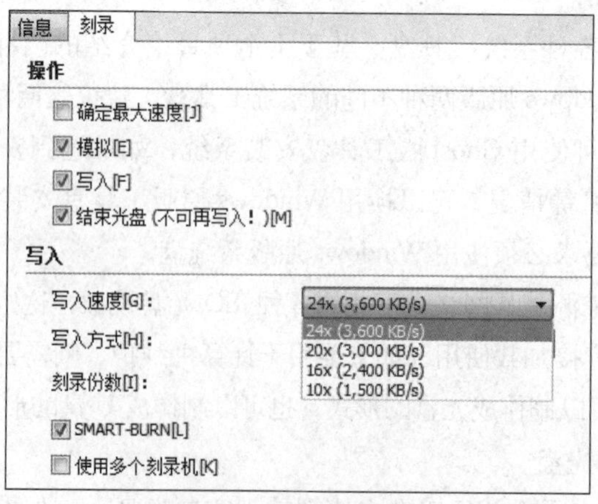

图2-3　设置刻录速度

一般不建议将刻录速度设得太高，速度太快，容易导致刻录失败或部分数据出错。刻录 CD 光盘，最高速度可达 32 X，一般设置为不超过 16 X。刻录 DVD 光盘，速度一般设置为不超过 6 X。

刻录结束之后，就可以得到一张物理工具光盘。

二、制作系统工具 U 盘

由于光盘携带不便以及很多笔记本式计算机已经不再配备光驱，所以将 U 盘制作成系统工具盘也是一种常见的应用，也是本书中所极力推荐采用的方式。

下面以制作安装 Windows 7 系统的工具 U 盘为例来说明操作过程。

1. 制作可启动 U 盘

作为系统工具 U 盘，必须要能够引导计算机启动，而我们所购买的绝大多数普通 U 盘都不具备引导功能，因此首先必须要将 U 盘制作成能够引导系统的可启动 U 盘。能够制作可启动 U 盘的工具软件很多，这里推荐使用“大白菜超级 U 盘启动制作工具”。

安装并启动软件之后插入 U 盘，注意大白菜 U 盘工具会将 U 盘格式化，并在 U 盘中产生一个 550 MB 左右的隐藏分区，所以如果 U 盘中存有数据需要先行备份。

在软件中先选择需要制作的 U 盘，模式一般选择 HDD-FAT32，也就是将 U 盘视作 USB 接口的硬盘设备。这样在 BIOS 中设置开机引导顺序时，就应该将 First Boot Device 项设置为或 USB-HDD。

设置完成后单击“一键制作 USB 启动盘”按钮，如图 2-4 所示。

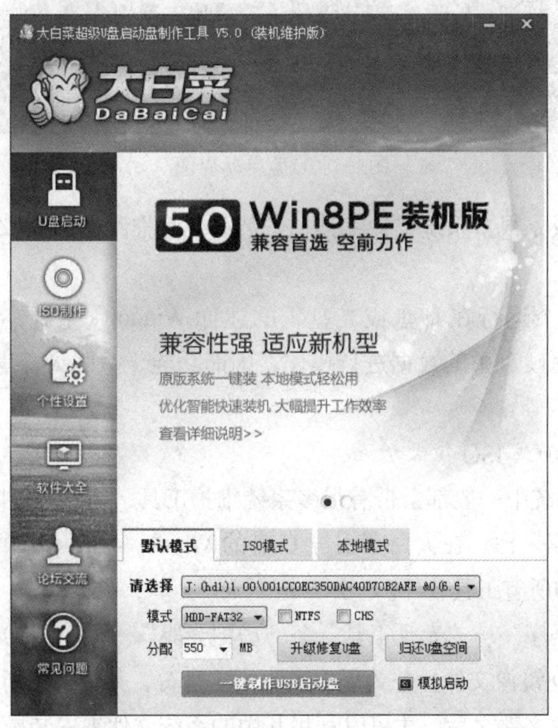

图2-4　制作可启动U盘

制作完成后，“大白菜”会将 U 盘分为两个分区，第一个分区为隐藏状态，里面存放的是

启动系统必需的文件，而第二个分区则可以像正常情况下的U盘一样使用。

2. 向U盘中复制系统镜像文件

可启动U盘制作好之后，仅仅只能用来引导计算机启动，如果要用U盘安装操作系统，还必须要将系统ISO镜像文件复制到U盘中。

如果U盘中的空间足够大，那么可以复制多个不同版本或不同安装方法的系统镜像文件，比如标准版的Windows 7、Windows 8镜像，Ghost版的Windows XP镜像等。这样利用这一个U盘就可以安装多种不同版本、不同方法的操作系统。

三、用工具U盘启动并安装系统

1. 用U盘启动系统

将U盘插入到需要维护的计算机上，进入BIOS将U盘设置为第一启动项，重启计算机之后，就会进入“大白菜”的U盘启动界面，如图2-5所示。

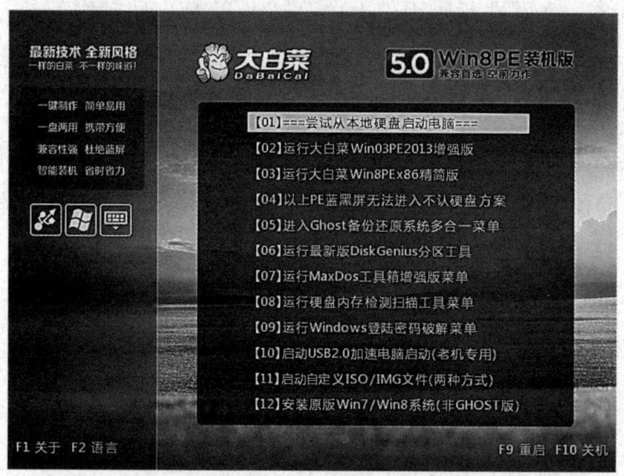

图2-5 U盘启动界面

在启动界面中集成了很多系统维护工具，安装系统时推荐选择第二项，进入Windows PE环境进行系统安装。

Windows PE是一个运行在U盘或光盘上的迷你Windows系统，因为它可以绕过硬盘上安装的系统而直接对硬盘中的数据进行操作，因而功能十分强大，堪称计算机系统维护的“神器”。

2. 利用虚拟光驱加载ISO镜像

在Windows PE系统中一般都会带有很多系统维护工具，当然不同版本的Windows PE系统中所带有的工具也不一样。在大白菜引导U盘的Windows PE中，单击“开始”菜单，就可以看到其中所自带的所有工具软件。

下面选择“所有程序”→“光盘工具”→“虚拟光驱”，运行虚拟光驱软件，然后加载之前复制到U盘中的ISO镜像文件，并为虚拟光驱指定盘符，如图2-6所示。

成功加载ISO镜像文件之后，才可以利用其中的系统文件来安装操作系统。

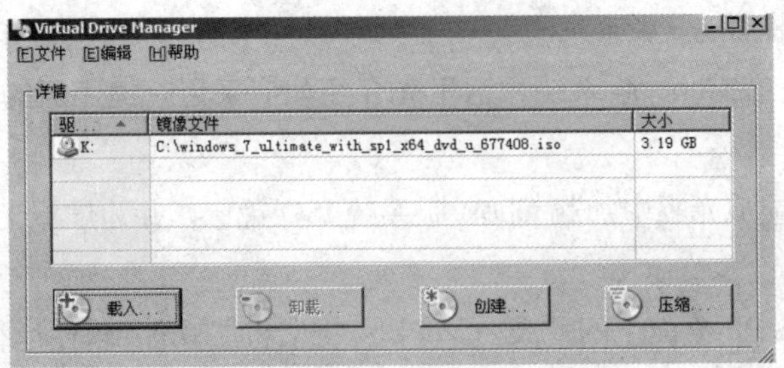

图2-6　利用虚拟光驱加载ISO镜像

3. 安装标准版系统

首先在虚拟光驱中加载一个标准版的系统 ISO 镜像，然后运行 Windows PE 桌面上的“Windows 安装”工具。

软件运行之后的界面如图 2-7 所示。首先在最上方的选项卡中选择要安装的系统类别，这里以安装 Windows 7 系统为例进行介绍。

选好系统类别之后，要指定 install.wim 文件的位置。install.wim 是 Windows 7 系统的安装文件，它位于之前所加载的虚拟光驱 K 盘中。

接下来要依次指定引导磁盘和安装磁盘的位置，这两项都应设置为物理磁盘的 C 盘。但是由于在 Windows PE 系统中加载了很多虚拟磁盘，盘符可能会发生错乱，这里应注意辨别。

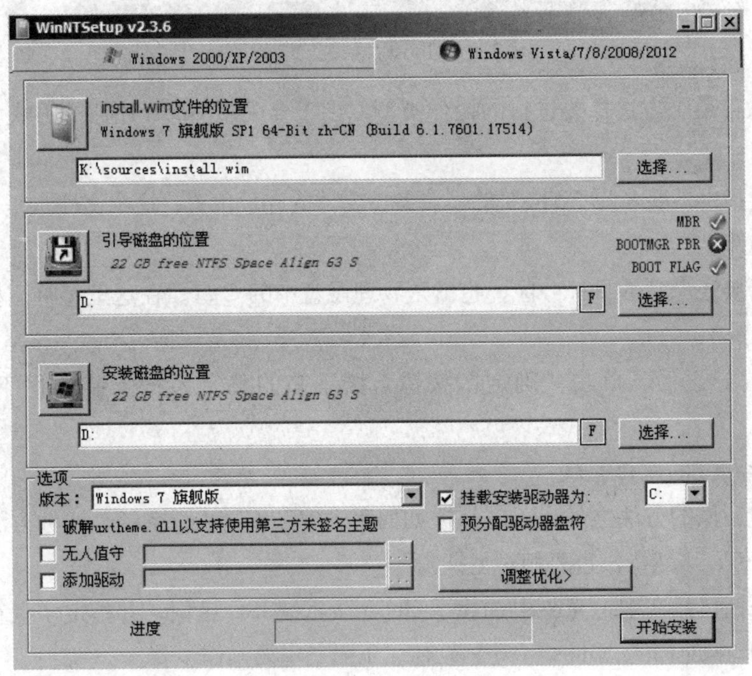

图2-7　标准版系统安装设置

全部设置好之后，单击“开始安装”按钮，系统安装过程与之前在项目一中所介绍的过程一致。

4. 一键还原安装 Ghost 版系统

下面介绍如何安装 Ghost 版系统，这里先介绍如何采用一键还原的方法进行安装，这种方法操作较为简便。

① 仍然需要在虚拟光驱中加载 Ghost 版系统 ISO 镜像，并为虚拟光驱指定盘符，这里假设仍为 K 盘。

② 运行 Windows PE 桌面上的“大白菜 PE 一键装机”软件，软件运行界面如图 2-8 所示。

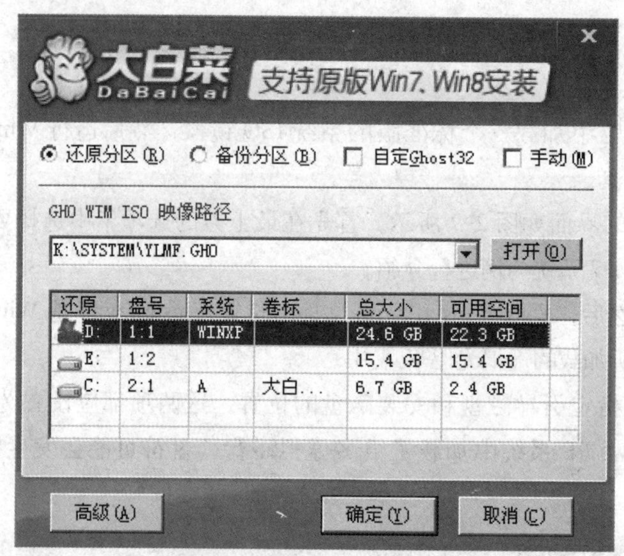

图2-8 Ghost版系统安装设置

首先在软件最上方选择要进行的操作类型，由于要采用 Ghost 还原的方式安装系统，因此选择“还原分区”。

然后需要指定扩展名为“.gho”的系统备份文件的存放位置，这个文件也是位于所加载的虚拟光驱 K 盘中。

最后选择要还原到的目标分区，也就是物理磁盘中的 C 盘。在这里盘符同样可能会发生错乱，应注意辨别。

全部设置好之后，单击“确定”按钮，接下来的整个系统安装过程不再需要人工干预。

5. 手动安装 Ghost 版系统

除了一键还原的方法之外，还应掌握如何手动安装 Ghost 版系统，这种方法具有更强的灵活性和适用性，当然操作也要相对复杂。

首先要保证已经在虚拟光驱中加载了 Ghost 版系统 ISO 镜像，并指定了盘符。然后，运行 Windows PE 桌面上的“Ghost 手动”软件，下面是主要操作步骤。

① 运行 Ghost 软件之后，选择 local（本地）→ Partition（分区）→ From Image（从镜像）命令，如图 2-9 所示。

② 从虚拟光驱 K 盘中找到扩展名为“.gho”的系统备份文件，如图 2-10 所示。

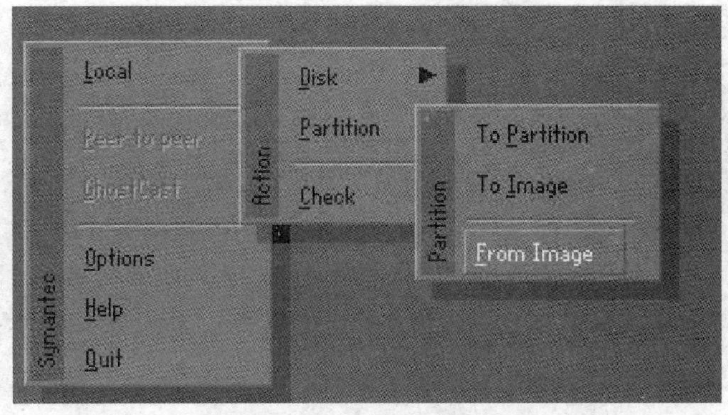

图 2-9　选择从镜像还原

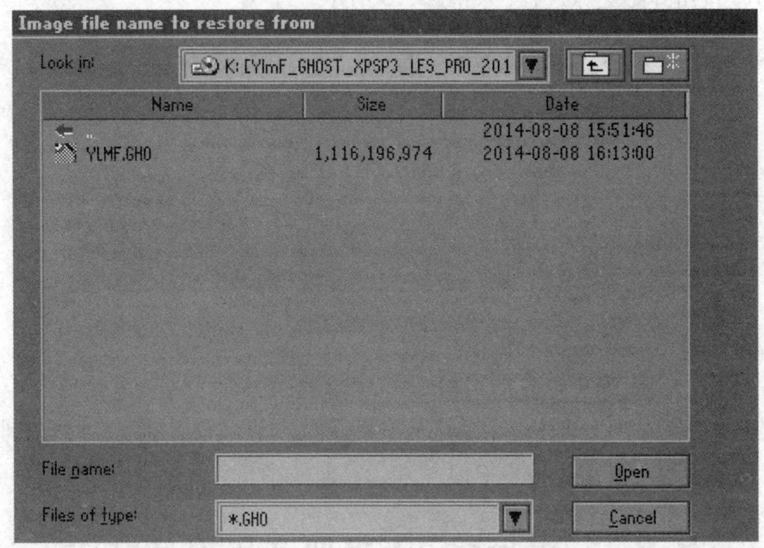

图2-10　选择要还原的镜像文件

③ 选择系统备份文件所要还原到的目标硬盘。注意，图 2-11 中下面容量小的是 U 盘，上面容量大的才是硬盘，在操作时要正确选择。

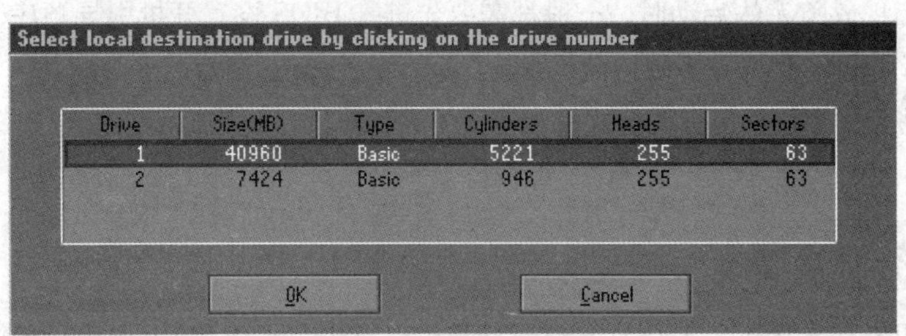

图2-11　选择目标硬盘

④ 选择系统备份文件所要还原到的目标分区，也就是 C 盘，如图 2-12 所示。一般类型为 Primary 的分区就是 C 盘。

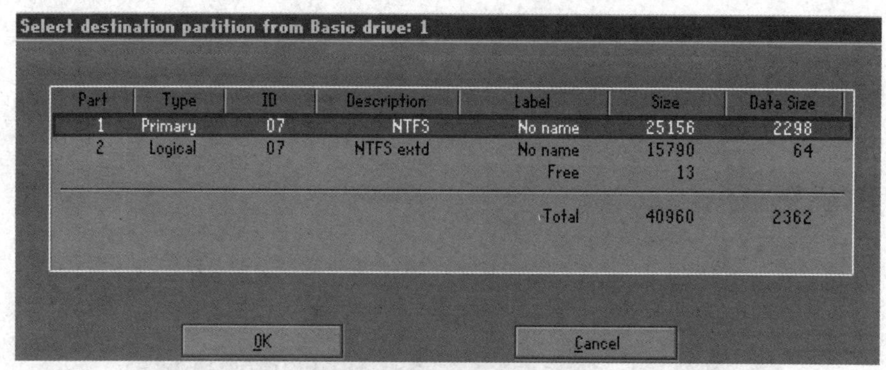

图 2-12　选择目标分区

⑤ 单击 Yes 按钮开始还原过程，如图 2-13 所示。

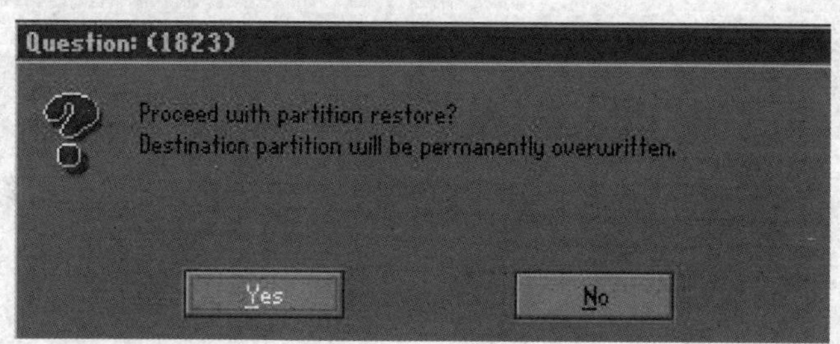

图2-13　开始还原

⑥ 还原结束之后，需要将计算机重启。

⑦ 重启之后拔掉 U 盘，计算机会默认从本机硬盘启动，然后继续自动安装驱动程序和各种应用软件，整个过程不再需要用户干预。

任务二　在BIOS中设置开机引导顺序

任务描述

当系统出现故障无法启动时，一般都需要先进入 BIOS 设置开机引导顺序，然后再通过工具光盘或者工具 U 盘引导系统，进行修复。

本任务将分别介绍如何设置台式机和笔记本式计算机（简称笔记本）的 BIOS，使之能从光盘或 U 盘引导。

任务分析及实施

无论是用工具光盘还是工具 U 盘修复计算机，首先都需要在 BIOS 中设置引导顺序，将系统设置为优先从光盘或 U 盘启动。这也是 BIOS 设置中最重要、最常用的一项操作。

要进入 BIOS 设置界面，一般是在计算机启动时按【Delete】键或【F2】键。由于台式机一般使用 Award BIOS，笔记本大多使用 AMI BIOS，其设置界面有很大区别，所以分别予以介绍。

一、设置台式机 BIOS

台式机的 BIOS 设置界面一般如图 2-14 所示。在 Advanced BIOS Features（高级 BIOS 功能）项中可以对开机引导顺序进行设置。

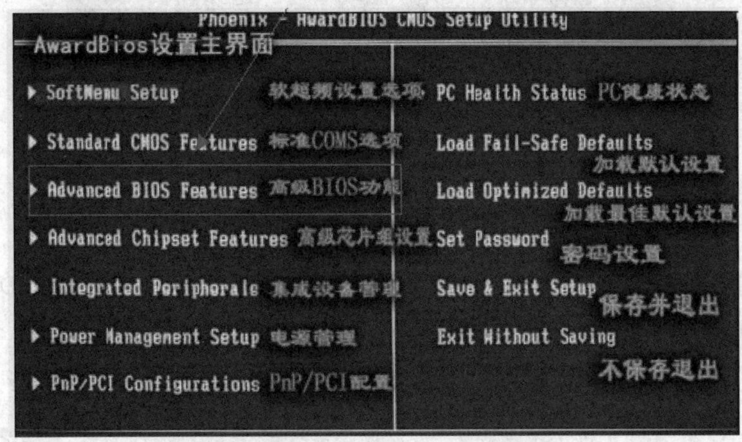

图2-14　BIOS设置界面

进入设置项后，可以在 First Boot Device 子项中将第一个引导设备设置为 CDROM 或 USB-HDD，以分别从光盘或 U 盘引导系统。图 2-15 所示为设置从 U 盘引导。

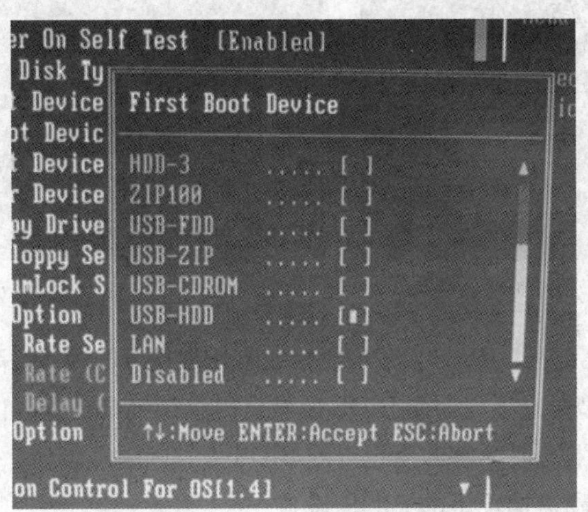

图2-15　设置从U盘引导

不同类型的主板对该项内容的设置方法也有所不同，比如有些主板 BIOS 的 1st Drive 项中并不是用 USB-HDD 代表 U 盘，而是显示如 Kingston DataTravel 之类的 U 盘产品型号，这点在具体操作中还需注意鉴别。

二、设置笔记本 BIOS

笔记本的 BIOS 设置界面如图 2-16 所示，在 Boot 菜单的 Boot Drive Priority 项中可以对引导顺序进行设置。

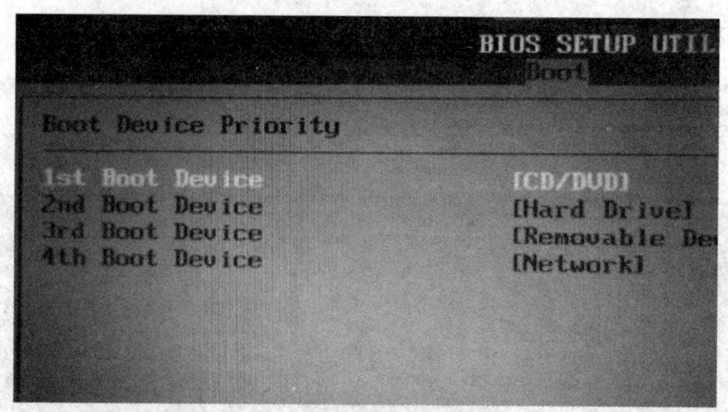

图2-16　笔记本BIOS设置界面

虽然不同主板的BIOS设置不尽相同，但设置启动顺序的选项有Boot Device Priority、Boot Priority order、Boot Sequency等，基本离不开Boot这个名称，所以设置起来并不困难。

例如，ThinkPad系列笔记本的BIOS设置如图2-17所示。

惠普商用系列笔记本的BIOS设置如图2-18所示。

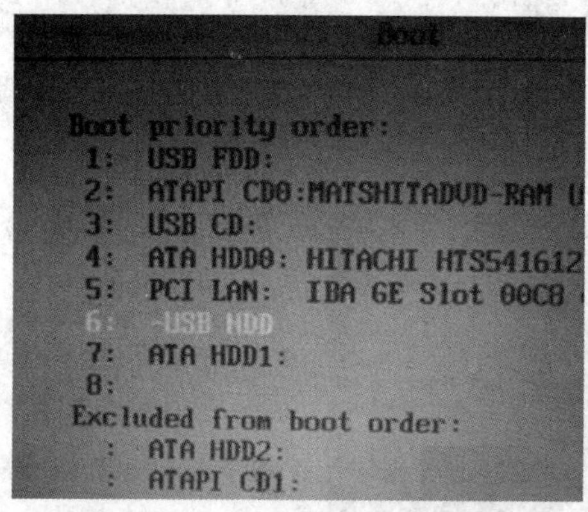

图2-17　ThinkPad系列笔记本BIOS设置

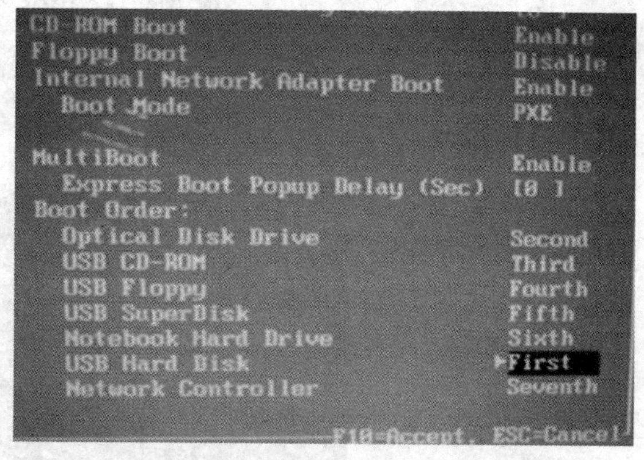

图2-18　惠普商用系列笔记本BIOS设置

无论台式机还是笔记本，BIOS设置好之后，都需要按【F10】键保存退出。

由于笔记本品牌型号众多，因而BIOS设置显得稍微复杂一些，但只要掌握了以上介绍的这些方法，就基本可以解决大多数笔记本的BIOS设置问题。

三、把U盘视作硬盘情况下的BIOS设置

有些计算机的BIOS会把U盘完全当作硬盘，因此在BIOS中没有USB-HDD选项，这种BIOS设置U盘启动就需要同时设置Hard Disk Boot Priority和First Boot Device两个选项才行。

首先在Hard Disk Boot Priority选项的菜单中，选中USB-HDD0：USB Flash DRIVE PMAP（见图2-19），然后将该项移动到列表的最上方，以将U盘排列在其他硬盘前面启动。

然后在First Boot Device（第一启动设备）选项的菜单中选择Hard Disk，让硬盘最先启动，如图2-20所示。保存之后重启计算机，就可以从U盘启动。

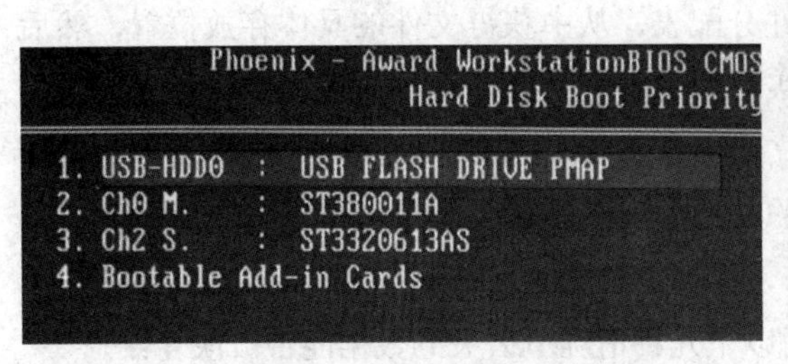

图2-19 设置Hard Disk Boot Priority

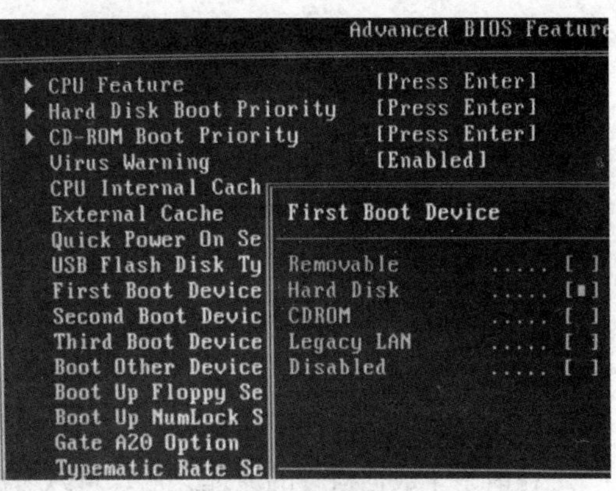

图2-20 将Hard Disk设为第一引导设备

任务三 恢复数据及找回丢失的分区

任务描述

在日常使用计算机的过程中，可能会因为误操作或其他各种原因而导致文件被误删除，这些不小心被删除的文件虽然通过常规方法已无法再读取，但仍然可能通过一些特殊的手段将其恢复出来，这就是所谓的数据恢复。数据恢复是在进行计算机维护时所必须掌握的一项基本技能。

本任务将介绍数据恢复的原理，以及如何利用软件 DiskGenius 恢复被误删除的文件。

任务分析及实施

一、数据恢复的基本原理

在进行数据恢复之前，有必要先了解一些数据存储的基本原理，搞清楚哪些情况下丢失的数据是可以恢复的，以免进行误操作。

在硬盘中存储数据首先要在盘片上划分磁道和扇区，也就是要对硬盘进行低级格式化。扇区是硬盘的最小物理存储单元，每个扇区的存储空间为 512 B。对于目前容量上 TB 的硬盘，其中扇区的数目几乎成为了天文数字。因此，在 Windows 系统中为了提高管理效率，设计将多个相邻的扇区组合在一起进行管理，这些组合在一起的扇区就称为“簇”。

簇只是一个逻辑上的概念，在硬盘的盘片上并不存在簇，但它是 Windows 系统中的最小存储单元。例如，在硬盘某个分区中新建一个文本文件，在里面输入一个字符“a”，保存之后查看文件属性，会发现这个文件的大小只有 1 B，但占用的磁盘空间却是 4 KB。4 KB 便是这个磁盘分区簇的大小，每个簇包含了 8 个扇区。由于在一个簇里只允许存放一个文件，所以像上面这种情况，簇里剩余的空间便被浪费掉了。一个簇中所包含的扇区数目并不是固定的，具体可以在对磁盘分区进行高级格式化时确定，默认情况下每个簇的大小就是 4 KB。

簇是 Windows 系统中数据存储的基本单元，每个簇都有一个编号。在每个磁盘分区中都会存在一个文件分配表，文件分配表中记录了这个分区中的每个文件都存放在哪几个编号的

簇中。例如，一个名为 a.txt 的文件存储在编号为 01、02 的两个簇中，则在文件分配表中会有如下记录：

a.txt → 01、02

当系统要读取文件时，首先就要查找文件分配表，从中获得文件的具体存放位置，然后才能找到相应的文件。当将文件删除时，其实只是将这个文件在文件分配表中的存放记录删掉了，并将文件所占用的簇标记为空闲，而文件本身仍存放在原先的簇中。这样通过正常的方法，无法从文件分配表中找到这个被删除的文件，所以就认为文件消失了，而通过一些特殊的软件可以将仍存放在簇中的文件读取出来，这就是数据恢复的基本原理。

在清楚了数据恢复的原理之后，可以考虑以下几种情况下丢失的数据能否被恢复：

① 一个被删除的文件，而且回收站已经被清空。

② 一个被高级格式化之后的分区。

③ 在进行 Ghost 还原操作时，本来应还原到 C 盘，却因为误操作而还原到了 D 盘。D 盘中的原有数据能否被恢复？

答案是前两种情况下丢失的数据可以恢复，而第三种情况的数据则多半无法恢复。原因是在 Ghost 还原时发生了数据写入的操作，从而将 D 盘中原有的数据进行了覆盖，此时就很难进行数据恢复。当然，前两种情况下数据能够被恢复的前提是一定不要向被删除文件所在的分区或被格式化后的分区写入任何新的数据，否则都有可能导致将原有数据覆盖而无法恢复。

二、利用 DiskGenius 恢复数据

常用的数据恢复软件有 EasyRecovery、FinalData、DiskGenius 等，其中 DiskGenius 作为一款优秀的国产硬盘工具软件，不仅具备强大的硬盘分区功能，而且在数据恢复方面也有着很不错的效果。在大多数系统工具盘或 Windows PE 系统中都能够找到 DiskGenius，用户可以单独下载使用该软件。这里建议最好将软件放在 U 盘等移动设备上，以避免向硬盘中写入数据。

下面以 DiskGenius3.8 为例在虚拟机中演示数据恢复的过程。

① 在虚拟机的 D 盘中存放一个 Word 文档（名为“测试文档 .docx”）和一个图片文件（名为“测试图片 .jpg”）作为测试之用。

② 将两个测试文件全部删除，然后重启系统进入 Windows PE，运行 DiskGenius。

③ 在 DiskGenius 中选中被删除文件所在的分区 D 盘，单击工具栏上的“恢复文件”按钮，打开文件恢复对话框。在对话框中，选择“恢复误删除的文件”，如图 2-21 所示。

如果文件被删除之后，文件所在的分区有写入操作，那么最好同时勾选“额外扫描已知文件类型”复选框，并单击“选择文件类型”按钮，设置要恢复的文件类型。勾选这个选项后，DiskGenius 会扫描分区中的所有空闲空间，如果发现了所要搜索类型的文件，软件会将这些类型的文件在扫描结果的“所有类型”文件夹中列出。这样如果在正常目录下找不到被删除的文件，就可以根据文件扩展名在“所有类型”中找一下。

由于扫描文件类型时速度较慢，因而建议先不要勾选“额外扫描已知文件类型”选项，而是用普通的方式搜索一次。如果找不到要恢复的文件，再用这种方式重新扫描。

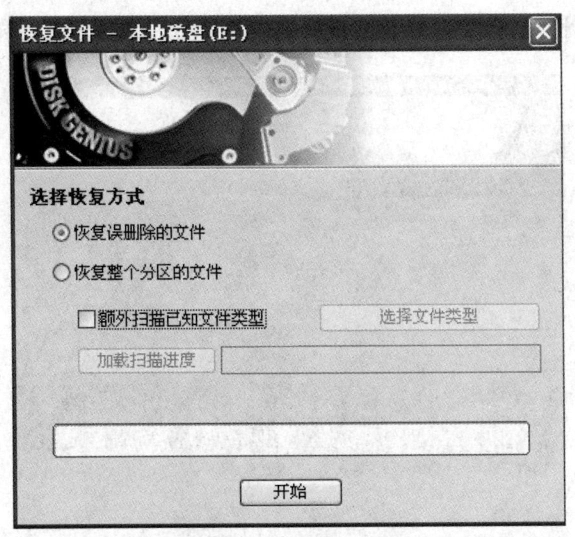

图2-21　选择恢复方式

④ 这里先不勾选“额外扫描已知文件类型”，单击“开始”按钮开始搜索过程。搜索完成之后，会发现已经找到了被删除的两个文件，如图 2-22 所示。

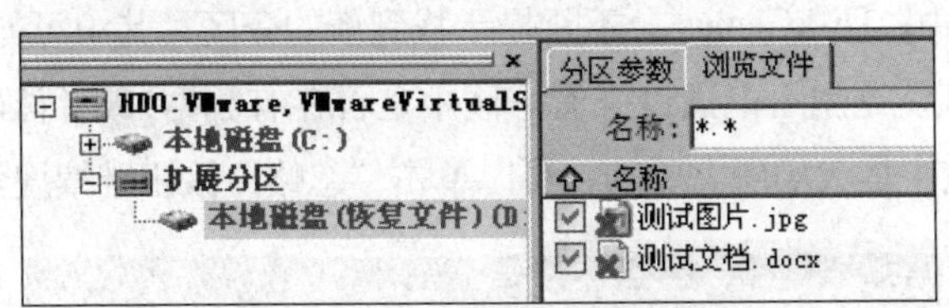

图2-22　找到了被删除的文件

⑤ 选中这两个文件，然后在文件列表中右击，选择“复制到”命令，选择存放恢复后文件的文件夹。为防止复制操作对正在恢复的分区造成二次破坏，DiskGenius 不允许将文件恢复到原分区，这里选择将文件恢复到 C 盘。

⑥ 到 C 盘打开恢复回来的两个文件，发现所有数据都完好无损。

至此，数据恢复操作顺利完成。

三、利用 DiskGenius 找回丢失的分区

除了恢复数据之外，利用 DiskGenius 还可以找回丢失的分区。例如，系统中原先有 C、D 两个分区，由于误操作而不小心将硬盘重新分成了 C、D、E、F 四个分区，此时硬盘中原有的数据就全部丢失了。利用 DiskGenius 可以将原有的分区以及其中的数据恢复回来。

下面仍在虚拟机中演示操作过程：

① 模拟误操作的过程，将虚拟机硬盘分成 4 个分区。这里可以利用系统工具盘中的“将硬盘快速分为四区”功能来实现。

② 重新分区之后的硬盘没有安装操作系统，因而虚拟机无法启动。利用系统工具盘启动并进入 Windows PE，然后运行 DiskGenius。

③ 在 DiskGenius 中单击工具栏上的“搜索分区”按钮，打开“搜索丢失分区”对话框，如图 2-23 所示。搜索范围选择“整个硬盘”，如果硬盘容量比较大，这里可以勾选“按柱面搜索”

复选框，可以加快搜索速度，但是会导致搜索的准确性降低。设置好之后单击“开始搜索”按钮。

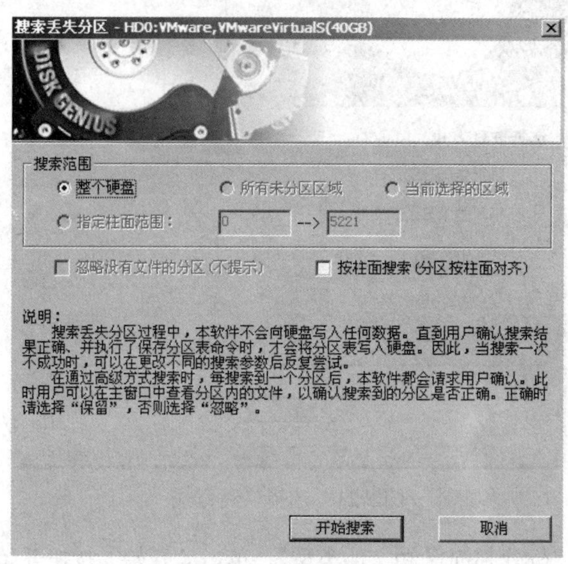

图2-23　设置搜索范围

④ 在搜索的过程中，DiskGenius会不断提示找到新的分区，其中可能会有误报，即所找到的并非我们想要的分区。这里可以通过查看分区中是否存有数据来进行确认，如果找到的是一个空白分区，那么肯定不是我们所需要的，可以单击“忽略”按钮继续搜索，如图2-24所示。

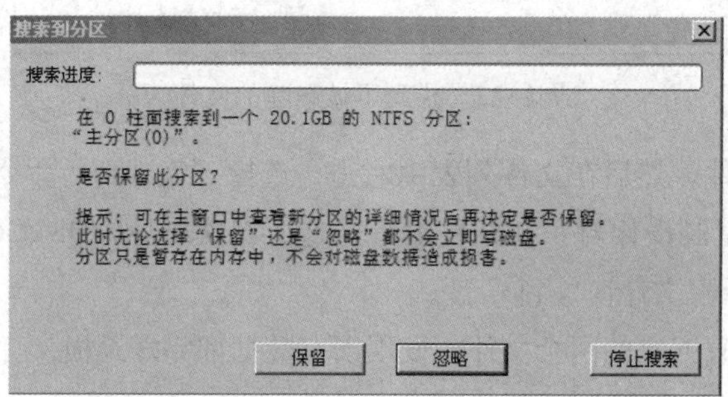

图2-24　搜索到分区

⑤ 如果找到的分区中存有数据，则单击“保留”按钮将分区保存下来。

⑥ 继续搜索过程，一直到将原有的2个分区全部找回，如图2-25所示。最后单击工具栏上的“保存更改”按钮，将分区信息重新写回主引导扇区MBR的硬盘分区表中。

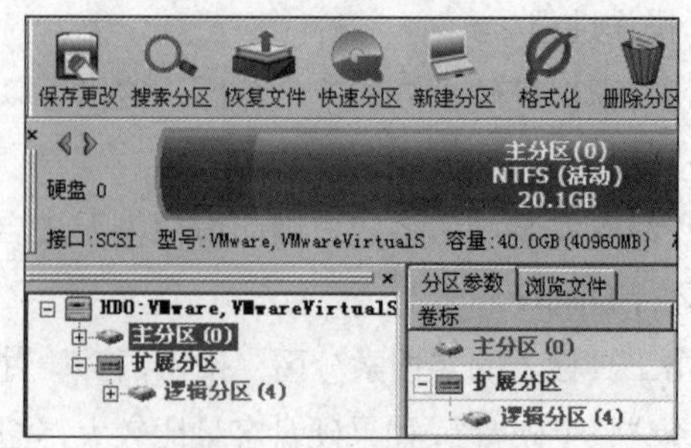

图2-25　找回原有的分区

至此，原有的硬盘分区以及其中的数据便被全部恢复回来。

任务四　IE浏览器的安全设置

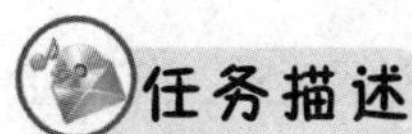

任务描述

浏览器是上网必备的工具，虽然目前的浏览器种类繁多，但用户使用最多的还是 Windows 系统中内置的 IE 浏览器。

本任务将介绍与 IE 浏览器相关的一些安全设置。

任务分析及实施

一、设置安全选项

1．安全级别与安全选项

在 IE 浏览器中打开“Internet 选项”，通过“安全”选项卡中的安全级别可以对 IE 浏览器的安全起到很好的控制作用。

改变安全级别其实就是单击“自定义级别”按钮（见图 2-26）在打开的“安全设置 -Internet 区域”设置与安全相关的选项。对这些选项我们可以根据需要进行调整，比如将“下载”中的“文件下载”选项设为“禁用”（见图 2-27），那么便无法通过 IE 浏览器去下载软件，下载时会出现安全警报“当前设置不允许下载该文件”。

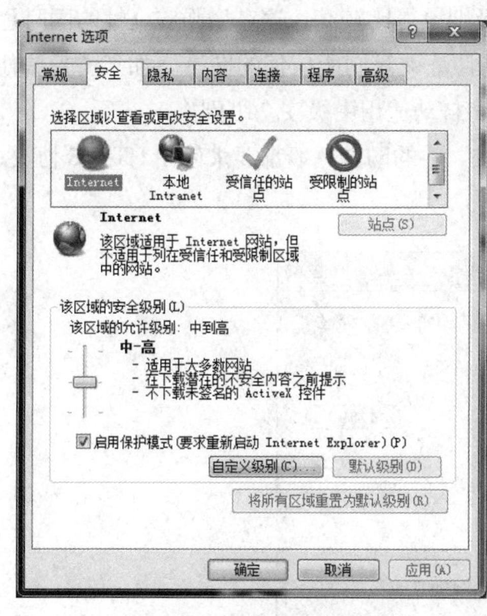

图2-26　设置安全级别

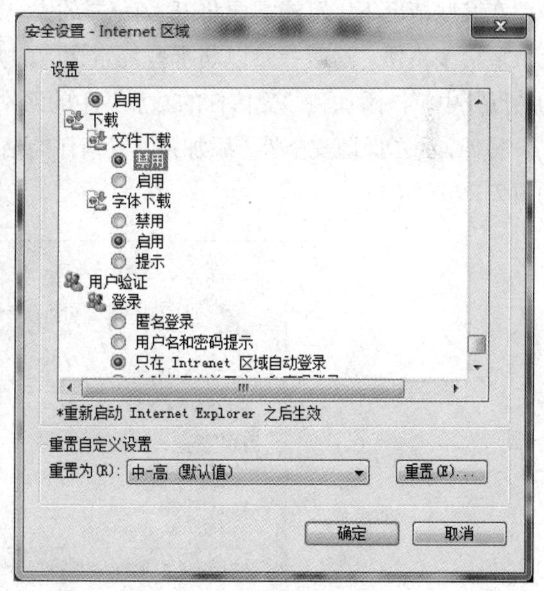

图2-27　禁用文件下载

如果将安全设置设为最高级别，那么大多数安全选项都会被禁用；相反，如果将安全设置设为最低级别，那么大多数安全选项都会被启用。

2. 受限制的站点

大多数情况下，都是将安全级别设置在默认的“中－高”级别。在访问某些网站时可能会有很多自动弹出的窗口或者随鼠标移动的Flash动画，此时可以将这些网站添加到“受限制的站点”中。

被添加到“受限制的站点”中的网站（见图2-28），会自动适用最高的安全级别，因而可以将弹出窗口和Flash动画全部屏蔽。

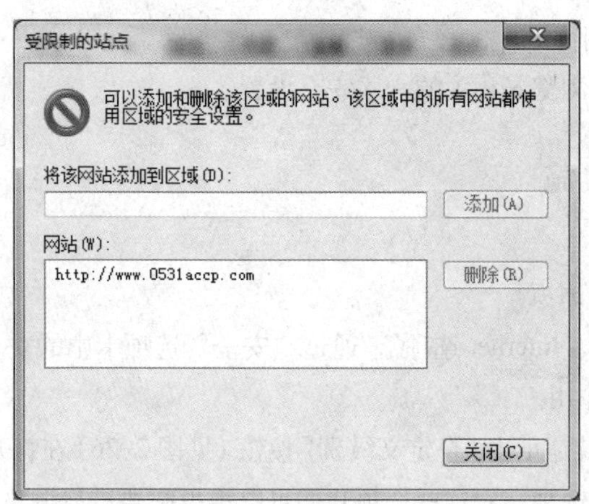

图2-28　受限制的站点

3. 受信任的站点

在某些情况下，可能需要将IE浏览器的安全级别设得比较高，这在增强安全性的同时也会带来诸多不便。这时，可以将那些经常访问的并且是被我们所信任的网站添加到“受信任的站点”中，被添加到“受信任的站点”中的网站将自动适用中级安全级别。

另外，为了保证安全性，添加到“受信任的站点”中的网站一般都要求使用HTTPS协议，如图2-29所示。

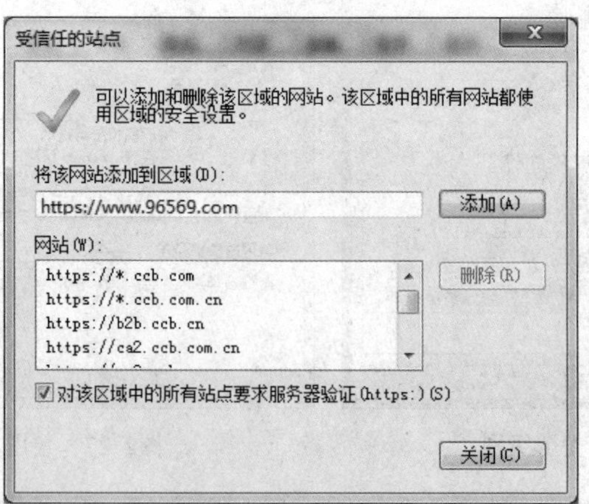

图2-29　受信任的站点

二、清除历史记录

在使用IE浏览器上网的过程中，会在浏览器中记录下一些历史信息，及时清除这些历史信息也可以提高浏览器的安全性。

在"Internet选项"的"常规"选项卡中，可以对历史记录进行设置。

单击"浏览历史记录"项中的"删除"按钮，可以看到历史记录包括的数据类型，如图2-30所示。

下面重点介绍历史记录中的Cookie。在访问很多网站时会要求输入用户名和密码等身份验证信息，如图2-31所示。如果勾选了其中的"30天内自动登录"复选框，浏览器就会把这些登录信息保存在本地计算机的Cookie文件中。

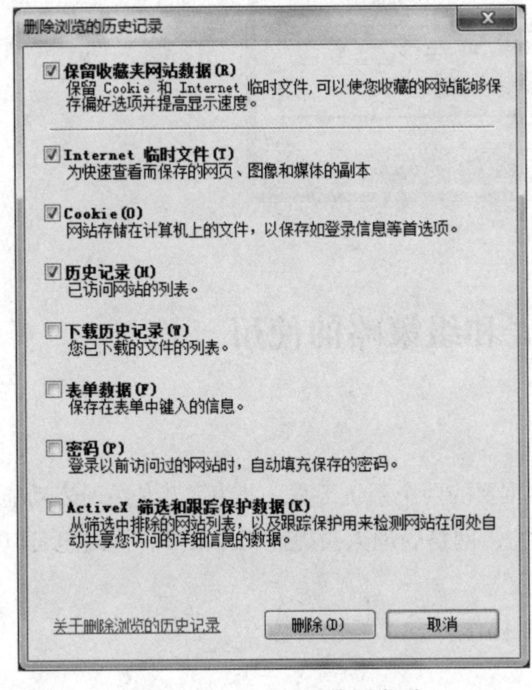

图2-30　历史记录数据类型

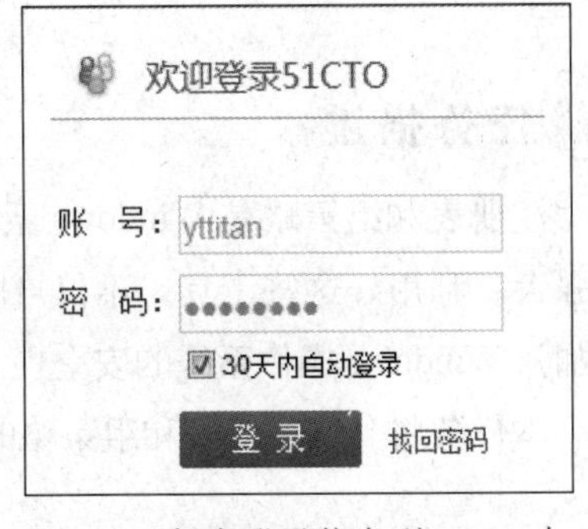

图2-31　保存登录信息到Cookie中

这种方式虽然为再次访问该网站提供了方便，但同时也带来了安全隐患，尤其是在上网所用的计算机是一些公共计算机的情况下。因此，如果是在公共场所访问此类网站，在离开时一定要记得将图中的"Cookie""表单数据""密码"等历史记录全部删除。

三、重置IE浏览器

当IE浏览器出现故障时，第一个可以尝试的办法就是重置IE。通过重置，可以将IE还原为初始状态，把目前各项设置变为默认设置。重置IE能解决很多问题，比如IE无缘无故报错无法打开，某些网页无法显示、IE某些功能突然失效等。

在"Internet选项"的"高级"选项卡中，可以进行重置操作，如图2-32所示。

在重置时会提示是否删除主页、历史记录、Cookie等"个性化设置"，用户可根据需要选择。

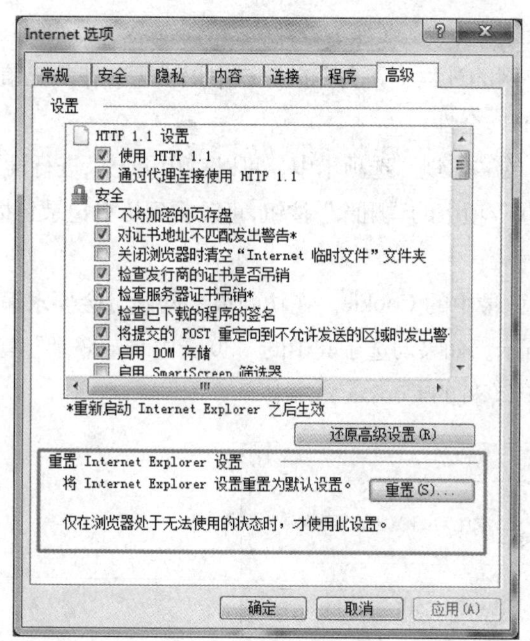

图2-32　重置IE

任务五　注册表和组策略的使用

任务描述

注册表和组策略是 Windows 系统中非常重要的两个系统工具，其中尤其是注册表功能非常强大。利用好这些工具，不仅可以帮助用户、网络管理人员提高工作效率，同时也可以大大加强 Windows 操作系统的安全性。

本任务将介绍注册表和组策略的一些常用操作。

任务分析及实施

大家可能会有这样的疑问，平时在系统中所做的一些配置，比如在 IE 浏览器中所设置的主页以及安全级别等，这些配置信息都是存放在哪里呢？其实它们都是存储在系统注册表中。

注册表是 Windows 的核心数据库，其中包含了操作系统中的系统配置信息，存储和管理着整个操作系统、应用程序的关键数据，Windows 系统对应用程序和计算机系统的管理都是通过它来进行的。注册表直接控制着 Windows 的启动、硬件驱动程序的装载以及一些 Windows 应用程序的运行，对系统的运行起着至关重要的作用。

一、注册表的基本结构

在管理 Windows 系统时，很多情况下是在间接修改注册表，例如修改“控制面板”中的选项。如果要手动修改注册表，必须启动注册表编辑器，它是微软提供给用户的直观且容易操作的编辑工具。选择“开始”→“运行”命令，输入执行 regedit 命令即可打开注册表编辑器，如图 2-33 所示。

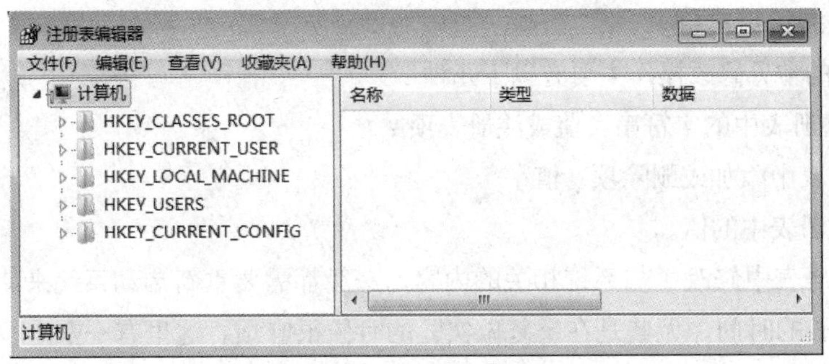

图2-33 注册表编辑器

在注册表编辑器中首先可以看到注册表中的5个根键，根键是系统定义的配置单元，以“HKEY_”作为前缀开头。这5个根键中最常用的是HKEY_CURRENT_USER和HKEY_LOCAL_MACHINE。HKEY_CURRENT_USER”用于管理当前的用户信息，如个人程序、桌面设置等，任何用户都有权限修改；HKEY_LOCAL_MACHINE用于管理当前系统的硬件配置，只有管理员才有权限更改。

注册表是按树状分层结构进行组织的，在根键下面包含了很多子键（也称为项），子键又分成很多级，在子键中包含了具体的键值。键值由名称、类型和数据三部分组成。键值的名称通常都是固定的，键值的类型主要有以下几种：

① REG_BINARY：二进制值，通常用于存储硬件信息，多数硬件信息都以二进制存储，以十六进制格式显示。

② REG_DWORD：DWORD值，设备驱动程序和一些服务参数都是这种类型，DWORD的内容可以用十进制或十六进制显示。

③ REG_SZ：字符串值，存放的是长度固定的文本字符串。

④ REG_MULTI_SZ：多字符串值，可以包含多个字符串。

⑤ REG_EXPAND_SZ：可扩充字符串值，长度可变的数据字符串。

在注册表编辑器右侧窗口空白处右击，选择“新建”，可以看到新建键值的这些类型，如图2-34所示。

键值的内容可以由用户指定，但是并不能任意指定，必须根据属性在一定范围内进行设置。

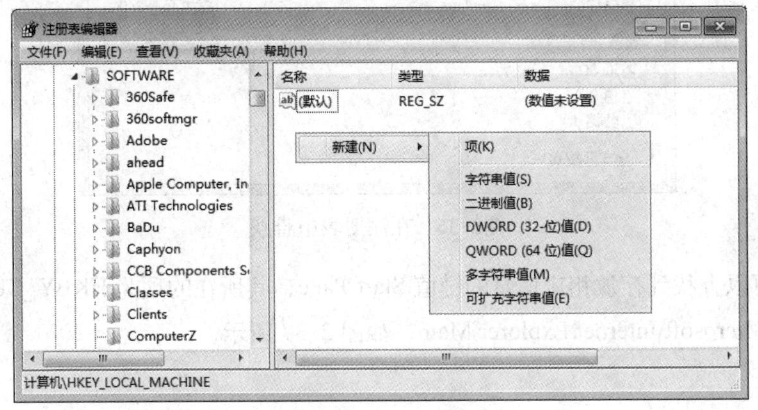

图2-34 新建键值

二、注册表编辑实例

对注册表的常见修改操作主要有以下几种：

① 查找注册表中的字符串、值或注册表项；

② 在注册表中添加或删除项、值；

③ 更改注册表中的值。

如果在注册表中修改了与系统相关的内容，一般都需要重新启动系统来使设置生效，但这样会花费较长的时间，尤其是在反复做实验的时候很麻烦。这里有一个小技巧可以不重启系统就使设置生效：按【Ctrl+Shift+Esc】组合键，打开任务管理器，在进程列表中，结束explorer进程。然后，单击任务管理器中的“文件”→“新建任务（运行）”命令，打开“创建新任务”对话框，在“打开”文本框中输入explorer（见图2-35），按【Enter】键后重新载入explorer进程，同时修改的注册表也会一并生效。

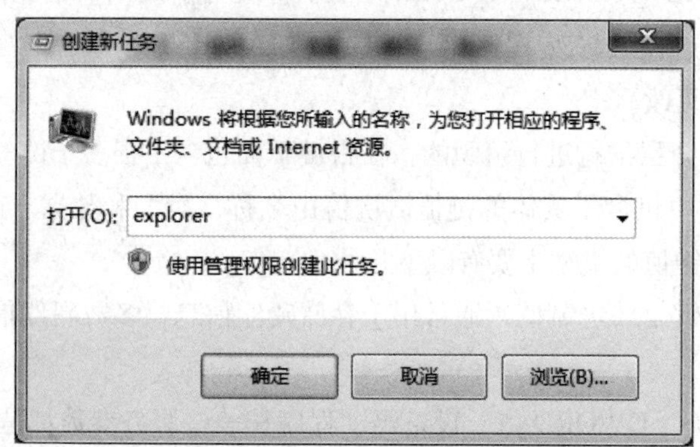

图2-35　创建新任务

1. 设置浏览器主页

查找是在注册表编辑器中最常用到的操作。例如，先将IE浏览器的主页设为www.jiaodong.net（见图2-36），然后在注册表编辑器的“编辑”菜单中选择“查找”命令，在“查找目标”文本框中输入所设置的主页。

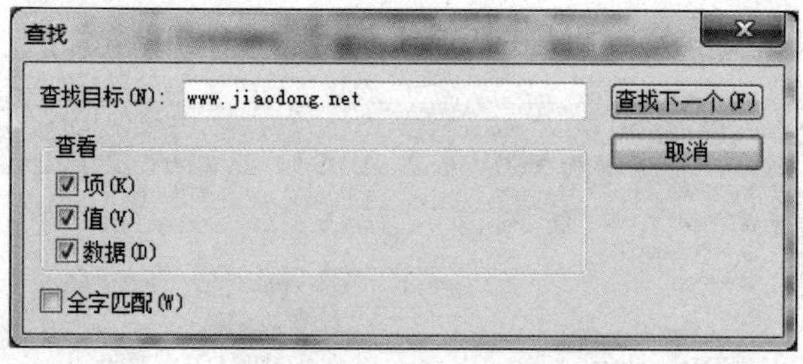

图2-36　在注册表中查找

然后就可以查找到存放相应信息的键值Start Page，其所在的项为HKEY_CURRENT_USER\Software\Microsoft\Internet Explorer\Main，如图2-37所示。

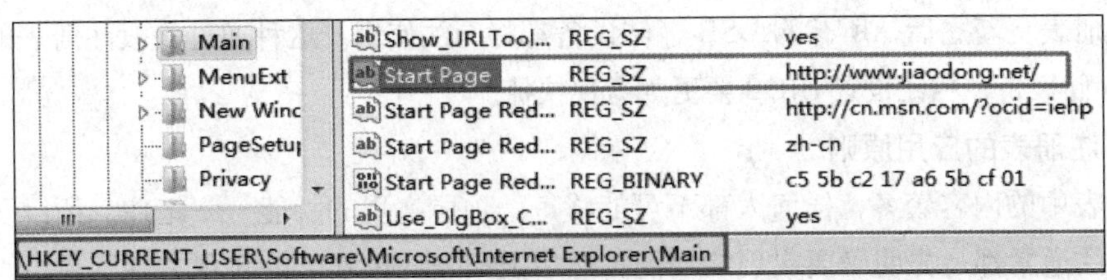

图2-37 找到相应的键值

此外，将 Start Page 的值修改为其他网址，同样可以修改浏览器的主页。

2. 设置开机自启动程序

打开注册表，展开到 HKEY_LOCAL_MACHINE\SOFTWARE\Microsoft\Windows\CurrentVersion\Run 选项，其右侧窗口中的键值都是计算机开机时会自动运行的程序。例如，希望在计算机开机时自动打开记事本，可以新建一个字符串值类型的键值，为它随意起个名字（如 notepad），然后双击这个键值，将它的数据编辑为记事本的安装路径 C:\windows\notepad.exe，如图 2-38 所示。

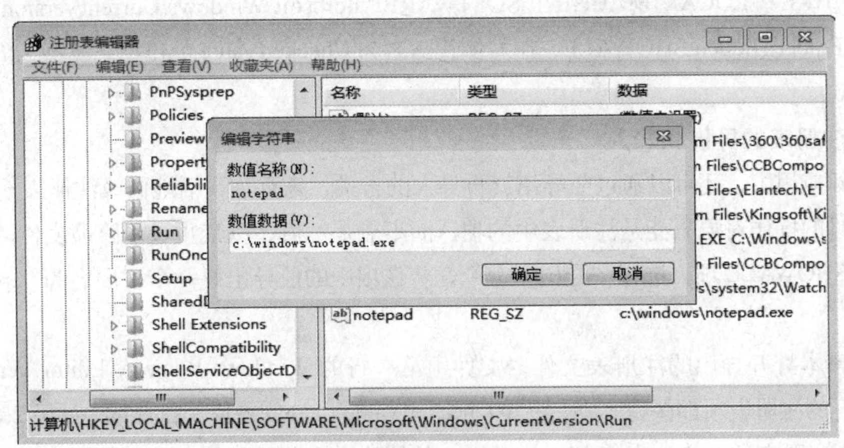

图2-38 新建键值

注册表修改结束之后将系统注销，重新登录时会发现系统自动运行了记事本程序。

3. 隐藏硬盘分区

展开 HKEY_CURRENT_USER\Software\Microsoft\Windows\CurrentVersion\Policies\Explorer 选项，新建一个二进制型的键值，键值名称为 NoDrives，键值数据为 04000000，就可以将 C 盘隐藏掉。如果将数据改为 08000000 则是隐藏 D 盘，10000000 是隐藏 E 盘，20000000 是隐藏 F 盘。

将注册表更新之后，在“计算机”或资源管理器中都无法发现被隐藏的分区，但是可以通过在资源管理器的地址栏或单击“开始”按钮，在搜索框中输入盘符的方式，访问被隐藏的分区。

4. 禁用 USB 存储设备

展开 HKEY_LOCAL_MACHINE\SYSTEM\CurrentControlSet\Services\usbstor 选项，在右侧的窗格中找到名为 start 的 DWORD 值，将其值改为 4。

将注册表更新之后，所有的USB存储设备都将无法使用。这种通过修改注册表的方式禁用USB存储设备，相比设置BIOS要更加方便快捷。

三、注册表的应用原则

注册表中的内容繁多，任何人都不可能将每一项所实现的功能一一记住。所以，注册表的编辑方法通常都是先明确要实现的功能，然后上网查找该功能的实现方法，最后再对注册表进行相应修改。上网搜索以下功能的实现方法，并进行验证。

1. 禁用任务管理器

在 HKEY_CURRENT_USER\Software\Microsoft\Windows\CurrentVersion\Policies\System中，新建一个DWORD值，键值名称为DisableTaskmgr，键值内容为0x00000001。重启后打开任务管理器，便会出现“任务管理器已被系统管理员停用”的提示。将键值内容修改为0x00000000，或者将该键值删掉，则可重新使用。

（在注册表中，一般键值为1表示确定，键值为0表示取消）

2. 禁止系统显示隐藏文件的功能

展开 HKEY_LOCAL_MACHINE\SOFTWARE\Microsoft\Windows\CurrentVersion\Explorer\Advanced\Folder\Hidden\SHOWALL，在右侧找到名为CheckedValue的键值，类型为DWORD，将值改为0。

四、注册表的导出和导入

在实际应用中，还可以通过先导出、再导入的方式，来更加灵活地修改注册表。

导出时的操作对象只能是注册表中的项，而不能是键值。以禁止显示隐藏文件功能为例，可以右击SHOWALL项，选择“导出”命令，将该项中的值导出成一个扩展名为“.reg”的注册表文件。

用记事本打开导出的注册表文件，文件中第一行的Windows Registry Editor Version 5.00以及第二行的注册表项都保持不动，将除CheckedValue以外的键值全部删除，如图2-39所示。

这样，只要在这个文件中将CheckedValue的值改为0，然后运行文件，就可以禁用隐藏功能；将值改为1后再运行文件，则可以启用隐藏功能。

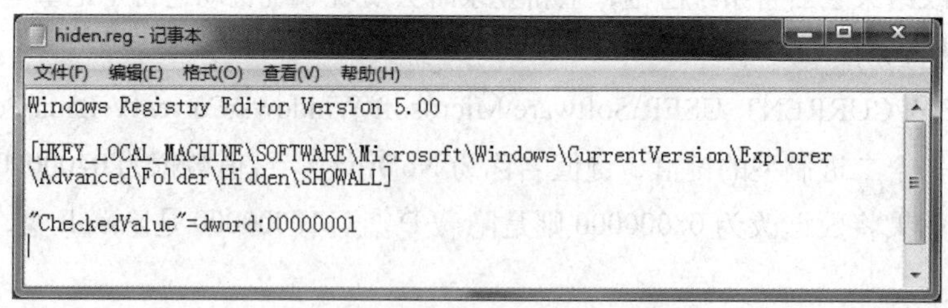

图2-39 修改后的注册表文件

五、组策略的基本使用

组策略是Windows系统中提供的另外一种非常重要的管理工具，设置组策略其实就是在修改注册表中的配置。因为随着Windows系统的功能越来越丰富，注册表中的配置项目也越来越多，这些配置项目分布在注册表的各个角落，这给注册表的编辑修改带来了很大的不便。而组策略则将系统重要的配置功能汇集成各种配置模块，供用户直接使用，从而达到方便管理计算机的目的，所以组策略的设置要比修改注册表更加方便、灵活，但是其功能不如注册表强大。

单击“开始”按钮，在搜索框中输入 gpedit.msc 即可打开组策略的编辑窗口。在编辑器窗口的“本地计算机”策略中有“计算机配置”和“用户配置”两大类策略。

①“计算机配置”是对整个计算机系统进行设置，它的修改结果会影响计算机中所有用户的运行环境。

②“用户配置”只是针对当前用户的系统配置进行设置，仅对当前用户起作用。

1. 禁用指定的程序

在组策略编辑器中展开“用户配置”→“管理模板”→“系统”，在右侧窗口中找到并设置“不要运行指定的 Windows 应用程序”。在打开的设置界面中选择“已启用”,激活该项设置，然后单击“显示”按钮，添加要禁用的程序，如图 2-40 所示。

在“显示内容”界面中添加要禁止运行的程序,如“notepad.exe”,如图 2-41 所示。单击“确定”按钮之后，系统就将无法运行记事本。

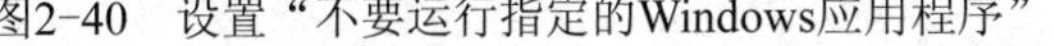

图2-40　设置“不要运行指定的Windows应用程序”

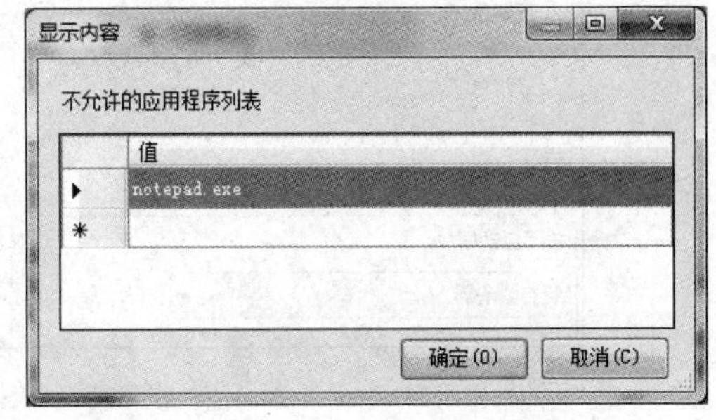

图2-41　添加要禁用的程序

2. 禁用注册表编辑器

在组策略控制台中展开“用户配置”→“管理模板”→“系统”，将右侧的“阻止访问注册表编辑工具”策略设置为“已启用”状态（见图 2-42），这样再运行 regedit 时便会出现错误提示。

同样，如果系统因受到病毒破坏而无法打开注册表，也可以通过将“阻止访问注册表编辑工具”设置为“已禁用”，从而进行修复。

3. 关闭 Windows 自动播放功能

自动播放功能可以让光盘、U 盘插入到计算机后自动运行，但这同时也会带来安全隐患，Autorun 类型病毒就是利用这种机理进行传播的，所以可以关闭该功能以增强系统安全性。

在“组策略编辑器”中打开“计算机配置”→“管理模板”→“Windows 组件”→“自动播放策略”，将右侧窗口中的“关闭自动播放”策略设为“已启用”，并在“关闭自动播放”选项中选择“所有驱动器”，如图 2-43 所示。

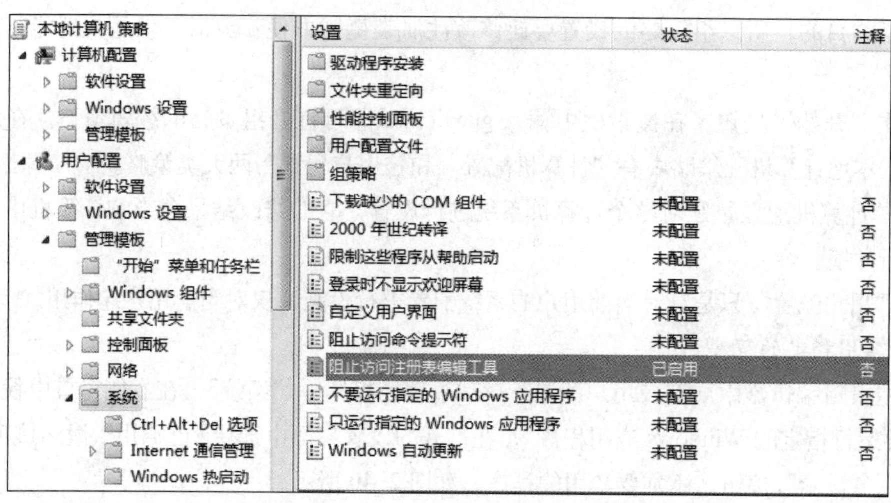

图2-42　启用"阻止访问注册表编辑工具"

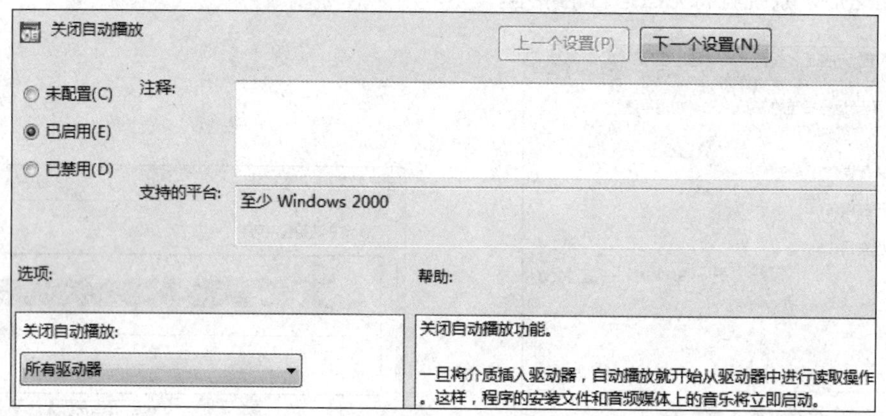

图2-43　关闭自动播放策略

任务六　管理进程和服务

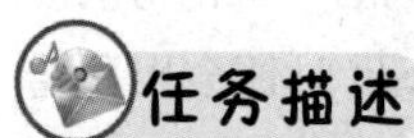

任务描述

进程是系统中正在运行的程序，服务是系统在后台自动运行的程序。了解 Windows 的系统进程和服务情况，掌握常用的系统进程和服务的管理，可以有效保护操作系统的安全。

本任务将介绍 Windows 系统中一些常见的进程和服务，以及如何对它们进行管理。

任务分析及实施

一、进程管理

1. 进程的概念

进程是系统中正在运行的程序的副本。当系统要运行一个程序时（比如 IE 浏览器），便将该程序从硬盘调入内存，也就打开了一个相应的进程（iexplorer.exe）。程序虽然只有一个，但由于可以反复运行该程序，因此而同一个程序对应的进程可能会有多个。

进程也是操作系统分配资源的单位。由于操作系统的重要任务之一是使用户能够充分、有效地利用系统资源，而目前的操作系统基本上都是多任务操作系统，即允许同时运行多个程序，但实际上计算机在同一个时刻只能做一件事情，所以计算机就必须按某种规则轮流执行打开的进程，从而达到多个程序同时运行的效果。

2. 进程的分类

通过任务管理器可以查看并管理系统目前所运行的进程，进程主要包括以下几种类型：

(1) 系统进程

系统进程是 Windows 系统本身运行所需要的一些必备进程，这些进程一般是不能随意结束的。典型的系统进程列举如下：

① System：Windows 系统核心进程，没有该进程，系统就无法启动，因此这个进程是不能被关掉的。

② smss.exe：Windows 会话管理器，负责启动用户会话。这个进程用以初始化系统变量，并且对许多活动的进程和设置的系统变量做出反应。

③ csrss.exe：管理 Windows 一些与图形相关的任务。

④ winlogon.exe：管理用户登录。

⑤ services.exe：用于管理启动和停止服务，这个进程对系统的正常运行非常重要。

⑥ lsass.exe：用于本地安全和登录策略。

⑦ spoolsv.exe：用于将打印任务发送到本地打印机。

⑧ explorer.exe：资源管理器进程。

⑨ svchost.exe：可以来调用并启动服务，因此系统中一般会同时运行多个 svchost.exe 进程。

⑩ system idle process：不是一个进程，用于表示 CPU 可用资源百分比情况。

(2) 用户进程

用户进程是由用户开启和执行的程序，如每运行一次 IE 便打开了一个 iexplorer.exe 进程。用户进程是可以随时结束的，关闭了程序之后用户进程也自动结束。

(3) 非法进程

非法进程是用户不知道而自动运行的进程，它们一般可能是病毒或木马程序。

很多病毒或木马为了隐藏自己，经常伪装成一些系统进程的样子，如 svch0st.exe（用数字 0 代替字母 o）、exp1orer.exe（用数字 1 代替字母 l）等，所以为了能更好地判断非法进程，就必需熟悉和了解上面所列的基本系统进程。

3. 典型进程介绍

(1) explorer.exe 进程

explorer.exe 是 Windows 系统的资源管理器进程，用于管理操作系统的图形界面，随系统一起启动。结束该进程之后，Windows 桌面将全部消失，此时可以通过在任务管理器中“新建任务”，重新启动该进程以恢复桌面环境。

很多病毒进程故意用与该进程类似的名字进行混淆，这时可以通过查看进程启动路径的方法来判断其是否为病毒进程。正常的 explorer.exe 进程其可执行文件位于系统根目录下，一

般为 C:\Windows\explorer.exe，如果 explorer.exe 不是在该路径下，就肯定是病毒。

（2）iexplore.exe 进程

iexplore.exe 是 IE 浏览器进程，也经常被病毒所利用。该进程的正常路径是 C:\Program Files\Internet Explorer，很多冒充的病毒进程路径都是 C:\Windows\system32。

另外，如果发现把该进程关闭之后，又反复自动出现，也肯定是一个病毒进程。

（3）svchost.exe 进程

svchost.exe 是 Windows 系统不可缺少的重要进程，不能强制结束。在 Windows 系统中一般会有 4 个或 4 个以上的 svchost.exe 进程，负责提供很多系统服务。由于该进程的特殊性，此进程经常被病毒所利用，它的正常路径在 C:\Windows\system32 下，可以据此区分是否为病毒进程。

4. 进程管理

Windows 系统中默认的进程管理工具是任务管理器，在使用计算机的过程中，如果觉得计算机突然很慢，或者响应时间很长，就可以打开任务管理器，查看系统进程。如果发现有陌生的进程占用了大量内存或者 CPU 资源，就应关闭该进程再做进一步处理。

任务管理器本身功能有限，而且很多病毒在感染计算机之后会禁止运行任务管理器，以防止自身被杀死，这时也可以通过命令行的方法来管理进程，如 tasklist、taskkill 命令等。另外，也可以通过一些第三方软件对进程进行管理，如著名的安全工具冰刃 IceSword 等。

二、服务管理

1. 服务的概念

服务是在系统后台运行的应用程序。

在 Windows 系统中通常把需要和用户进行互动（等待用户键盘输入文字或者点击鼠标）并且提供有用户界面的程序称为前台程序，如 Word、游戏等就是典型的前台程序。

系统中那些不需要和用户交互的程序称为后台程序，它们通常都默默地在系统中运行并为用户提供服务。例如，DNS Client 服务可以使本地计算机作为客户端去联系 DNS 服务器进行域名解析，DHCP Client 服务可以使本地计算机作为客户端去联系 DHCP 服务器申请 IP 地址等。

2. 服务的管理

单击“开始”按钮，要搜索框中输入 services.msc，打开“服务”管理工具。要管理某一服务，可以直接双击服务名打开服务的属性窗口。

以 DHCP Client 服务为例，在服务属性中（见图 2-44）主要有以下几个比较重要的设置项：

①“可执行文件的路径”：显示该服务所对应的程序文件。

②“启动类型”：设置系统启动时是否自动运行服务，是整个服务配置的核心。

服务包括三种启动类型：

① 自动：Windows 启动时自动加载服务。

② 手动：Windows 启动时不自动加载服务，在需要的时候手动开启。

③ 已禁用：不允许启动该服务。

④“依存关系”，在某些服务之间存在着依存关系，即该服务不能单独运行，而必须依靠其他服务。例如，DHCP Client 服务就必须依赖于 Network Store Interface Service 服务，而 WinHTTP Web Proxy Auto-Discovery Service 服务又依赖于 DHCP Client 服务。因此，在停止

或禁用一项服务之前，一定要查看这个服务的依存关系，如果有其他需要启动的服务依赖于这项服务，就不能将其停止。在停止或禁用服务前，清楚了解该服务的依存关系是必不可少的步骤，如图 2-45 所示。

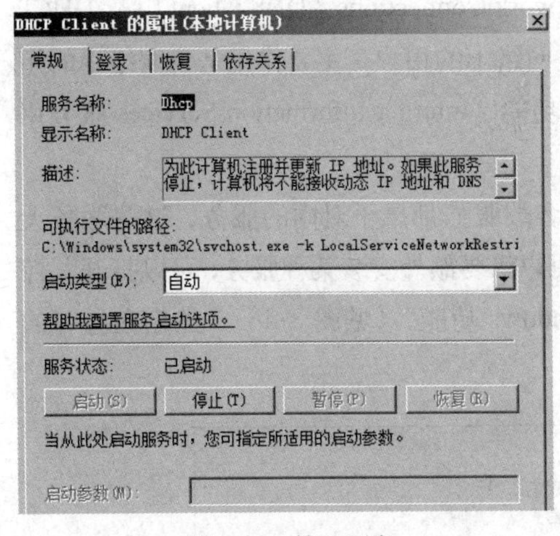

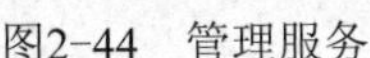
图2-44 管理服务

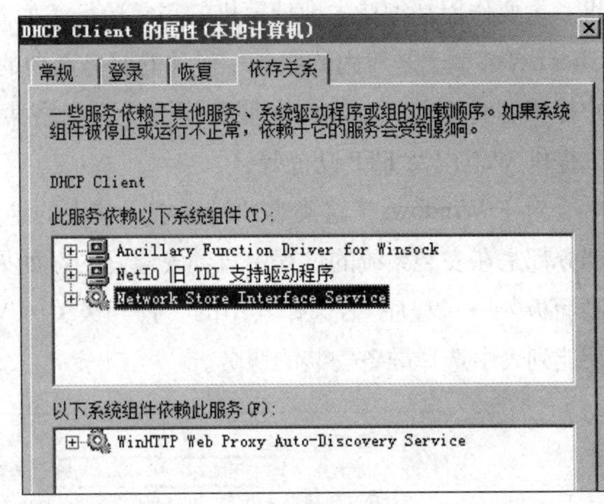

图2-45 服务依存关系

3. 典型服务介绍

（1）Network Connections 服务

该服务可以控制对所有的网络连接进行管理。如果将该服务的启动类型设为禁用，并将服务停止运行，那么在对网络连接进行管理时（比如设置或修改 IP 地址），将弹出“发生意外错误”的错误提示。

一般情况下应将该服务设为启用状态，某些特殊情况比如管理员不希望用户更改计算机的 IP 地址，就可以将该服务设为禁用。

（2）Windows Firewall 服务

Windows Firewall 服务用于提供防火墙功能，该服务如果被停用，防火墙将无法运行。一般情况下应保证该服务处于启动状态。

（3）Remote Registry 服务

Remote Registry 服务允许远程用户修改本地计算机上的注册表。启用该服务很明显将带来一定的安全隐患，因而对于 Windows 7 这类客户端系统，建议将该服务设为禁用，而对于 2008R2 系统，则应保持默认的启动状态，否则将可能影响到其他服务的正常运行。

（4）Server 服务

Server 服务允许本地计算机提供网络共享功能。该服务如果被停用，将无法设置网络共享。

Server 服务默认自动运行，如果系统中的网络共享功能出现异常，可以检查该服务的运行状态。

（5）Print Spooler 服务

Print Spooler 服务用于管理系统中的打印功能，如果该服务被停用，将无法配置使用打印机。

另外，在平时使用打印机的过程中，如果遇到发出打印命令后打印机没有反应而假死的情况，可以尝试先将打印服务 Print Spooler 停止，然后手工清除“%Windir%\Sys-

tem32\spool\PRINTERS”目录下的文件，最后再重新启动 Print Spooler 服务即可。

4. 安装服务

按照所服务的对象不同，服务分为对内和对外两种类型。对内的服务面向的是本地计算机，主要作用是维持本地计算机的正常运行，如 Network Connections、DNS Client 以及 DHCP Client 等都属于是对内的服务；对外的服务面向的是网络上的用户，主要作用是为网络中的用户提供各种功能，如 Server 服务用于提供网络共享功能，Internet Information Services 服务用于提供 Web 以及 FTP 功能等。

对于 Windows 7 这类客户端系统，其中的绝大多数服务都属于对内的服务，这些服务大部分都是在安装系统的过程中自动安装好的。如果用户想要额外安装某种服务，可以打开“控制面板”→“程序”，选择其中的“打开或关闭 Windows 功能”（见图 2-46），然后在打开的功能列表中选择准备安装的服务。

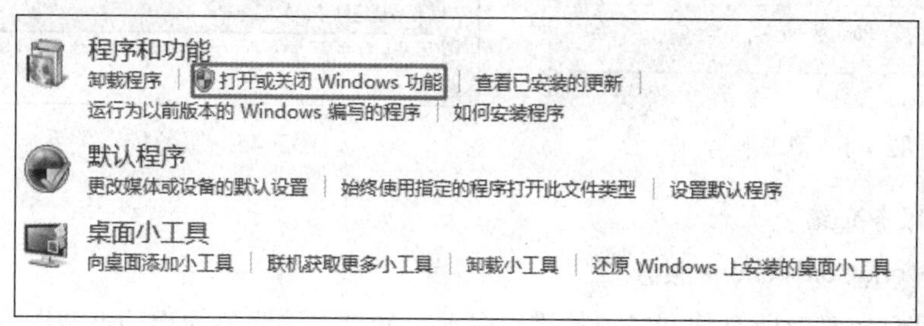

图2-46　打开或关闭Windows功能

对于 2008R2 这类服务器操作系统，除了必要的对内服务之外，更加重要的是去配置各种对外的服务。这也是本书所要介绍的主要内容。

2008R2 主要是通过“服务器管理器”对系统提供的服务进行统一集中管理，其中主要包括“角色”和“功能”两个对象，如图 2-47 所示。“角色”中提供的大都是对外的服务，“功能”中提供的则主要是对内的服务。例如，要配置一台 Web 服务器，首先需要在“角色”中安装“Web 服务器（IIS）”角色，即安装 Internet Information Services 服务。再如，2008R2 系统默认不支持 WLAN，如果需要通过无线方式上网，就要在“功能”中添加“无线 LAN 服务”。

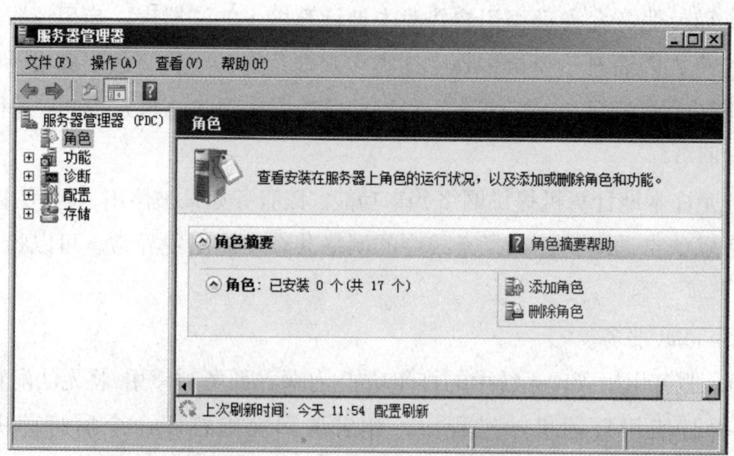

图2-47　服务器管理器

5. msconfig 系统配置工具

除了系统自带的服务之外，某些与系统结合比较紧密的第三方应用程序也会将部分需要在后台运行的功能安装成服务的形式，例如 VMWare、杀毒软件以及 360 安全卫士之类的安全工具等。由于服务比较隐秘，很多病毒、木马或者流氓软件也喜欢以服务的形式存在于系统。那么如何区分系统中所安装的服务哪些是由系统自带的，哪些是由第三方软件安装的呢？这里推荐使用 msconfig 配置工具。

msconfig 是 Windows 系统中自带的一个系统配置工具，通过它可以对计算机启动时自动运行的程序和服务进行管理。选择“开始”→“运行”命令，输入 msconfig，就可以打开“系统配置”对话框，如图 2-48 所示。

图2-48 “系统配置”对话框

在 msconfig 的“服务”选项卡中列出了所有启动类型为自动或手动的服务，“启动”选项卡中列出了系统启动时会自动运行的程序，在这里也可以改变这些服务或程序的启动状态。

在“服务”选项卡的左下角有一个“隐藏所有 Microsoft 服务”复选框，勾选此复选框后，将只显示非微软官方的服务，在此可以有针对性地进行排查。

任务七　安全模式和启动选项的使用

任务描述

安全模式和启动选项是 Windows 系统自带的系统修复功能，灵活使用它们，将能够解决很多系统问题。

本任务将介绍安全模式和启动选项特点以及使用方法。

任务分析及实施

一、安全模式的使用

安全模式（Safe Mode）是 Windows 操作系统中的一种特殊模式，在安全模式下用户可以轻松地修复系统的一些错误，起到事半功倍的效果。

安全模式是以最小的设备驱动程序和服务集来启动 Windows。在安全模式下，不加载外围设备的驱动程序，也不运行非微软的服务。

Windows 系统在正常启动时，要加载主板、显卡、USB、摄像头等计算机中安装的所有硬件设备的驱动程序，如果其中某个设备出现了故障，驱动程序无法正常加载，就可能导致系统启动失败。这时就可以进入安全模式进行修复，因为在安全模式下，系统只加载最基本的硬件驱动程序，如主板、键盘、鼠标等，而外围设备（如显卡、网卡、摄像头等）的驱动程序则一律不加载，从而可以绕过出现故障的设备驱动程序，使系统正常启动。

在安全模式下也不会运行非微软官方的服务，有些软件尤其是病毒或木马程序，喜欢以服务的形式安装到系统中，这些程序在系统正常运行时可能无法彻底清除，此时也可以进入安全模式，进行彻底查杀。例如，进入安全模式后可以发现，虚拟机的 VMware Tools 服务便没有运行。

进入安全模式的方法是在系统启动时按【F8】键，此时会出现“高级启动选项”，在其中可以选择进入“安全模式”，如图 2-49 所示。

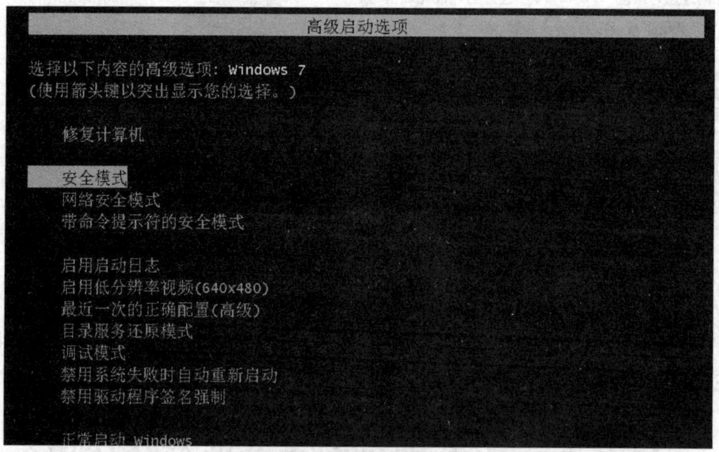

图2-49　高级启动选项

另外在出现故障时，系统只要能够进入安全模式，也就证明系统内核没有问题，从而可以将故障的范围缩小。

二、使用“最近一次的正确配置”

在“高级启动选项”中的“最近一次的正确配置”在实践中也经常被用到。Windows 系统在正常关机时会将注册表进行备份，当系统出现问题时，选择“最近一次的正确配置”就可以将注册表恢复到上一次正常关机时的状态，从而修复很多问题。

例如，某台笔记本式计算机启动进入系统之后，键盘没有任何反应，而在进入系统之前，如进行 BIOS 设置时，键盘却一切正常。这证明键盘本身没有问题，而是由于系统原因导致的故障，故障的原因很可能是在安装或配置某些软件时，错误地修改了注册表，导致键盘无法使用。此时就可以选择“最近一次的正确配置”，将注册表还原到之前的正常状态，再次进入系统之后，键盘就可以正常使用。

任务训练

▶ 操作题

1. 制作一个系统工具盘（推荐 U 盘）。

2. 安装虚拟光驱软件，以在本机上使用 ISO 镜像文件，虚拟光驱软件推荐使用 Dameon tools。完成以下具体要求：

(1) 记录软件的完整安装过程，关键步骤要有截图。

(2) 在虚拟光驱中加载、释放 ISO 镜像文件，要求有截图。

(3) 在虚拟光驱中加载任意 ISO 镜像文件，然后从中复制一个任意文件到硬盘，关键步骤要有截图。

3. 在自己的计算机中设置 BIOS，分别从光盘和 U 盘引导系统。

4. 在虚拟机中自行练习数据恢复和找回丢失分区操作。

5. 某台计算机感染了病毒，只要插入 U 盘，病毒便会自动写入 U 盘进行感染。因条件限制，无法清除计算机中的病毒。现在既要从 U 盘向计算机中复制数据，同时还要避免病毒感染 U 盘。该如何实现？

6. 在虚拟机中练习关闭以下系统服务：Remote Registry、Print spooler、Computer Browser、DHCP Client。

项目三 网络的日常维护

学习目标：

通过本项目的学习，读者将能够：

- 掌握 IP 地址的配置方法；
- 掌握 ipconfig、tracert、netstat 等常用网络命令的使用方法；
- 了解 ping 命令工作原理，掌握 ping 命令的使用方法；
- 了解 ARP 协议工作原理以及 ARP 欺骗；
- 掌握远程桌面的配置和使用方法。

在具备了计算机单机维护能力之后，本项目中将介绍一些常用的网络维护方面的操作。通过本项目的学习，将具备配置 Windows 网络以及使用网络测试命令解决网络故障，并对服务器远程管理的能力。

任务一　IP地址的规划与配置

任务描述

IP 地址是计算机在网络中的唯一身份标识，每台计算机必须在设置好一个唯一的 IP 地址之后，才能通过网络与其他计算机通信。本任务中要求掌握：

① IP 地址的相关基础知识。

② 配置静态 IP 地址。

③ 动态 IP 和备用配置的使用。

任务分析及实施

一、IP 地址基础知识

1. 公网 IP 与私有 IP

目前使用的大都是 IPv4 地址，它从总体上可以分为公网 IP 和私有 IP 两大类。

公网 IP 可以直接访问互联网，由互联网服务机构统一分配，获得公网 IP 要花费一定的费用，用户一般不能随便设置使用。

私有 IP 无须付费，任何人都可以设置使用，但使用私有 IP 无法直接访问互联网，必须要借助 NAT 方式转换为公网 IP 之后才可以访问 Internet。

私有 IP 的地址范围：

① A 类：10.0.0.1 ~ 10.255.255.254

② B 类：172.16.0.1 ~ 172.31.255.254

③ C 类：192.168.0.1 ~ 192.168.255.254

除了私有 IP 以及以 127 开头的回环 IP 之外的 IP 地址，大都属于公网 IP。

对于直接接入互联网中的服务器，大都应配置公网 IP。而对于绝大多数的个人计算机，所用的 IP 地址都属于私有 IP，但只要用户能够访问互联网，那么他所使用的私有 IP 一定被转换为了公网 IP。用户可以登录诸如 www.ip138.com 之类的网站来查询自己的公网 IP。

虽然使用私有 IP 的计算机通过 NAT 转换之后可以访问互联网，但是反过来，互联网上的计算机是无法直接访问这些使用私有 IP 的计算机的，这点在今后配置一些应用或服务的时候需要注意。

2. 网络号和主机号

IPv4 地址采用的是层次化编址结构，每个 IP 地址都可以分为网络号和主机号两部分，如图 3-1 所示。

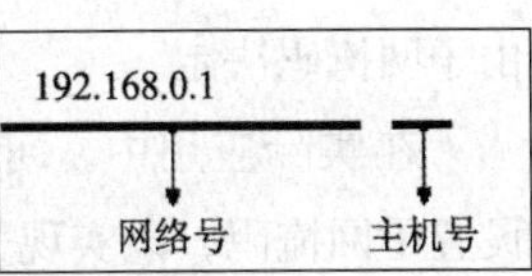

图3-1 网络号和主机号

① 网络号表明了 IP 地址所属的网段，同一个网段中的 IP 地址，其网络号也都是一样的。

② 主机号则表明了某个网段中的一台具体主机。

在网络中不同主机之间的通信有两种情况：一种是同一个网段中两台主机之间相互通信；另一种是不同网段中两台主机之间相互通信。网络号就是判断不同 IP 地址是否属于同一网段的重要依据。

如果同一网段内两台主机通信，则主机将数据直接发送给另一台主机；如果不在同一个网段内的两台主机通信，则主机先将数据送给网关，再由网关转发。因此，相互通信的计算机首先要得知双方的网络号，进而得知彼此是否在同一网段内。

通常无法单纯从一个 IP 地址中判断出其网络号和主机号，而必须要借助于子网掩码。子网掩码不能单独存在，必须依附于某一个 IP，通过将子网掩码与其对应的 IP 地址进行与运算，就可以得出这个 IP 地址中的网络号，如图 3-2 所示。

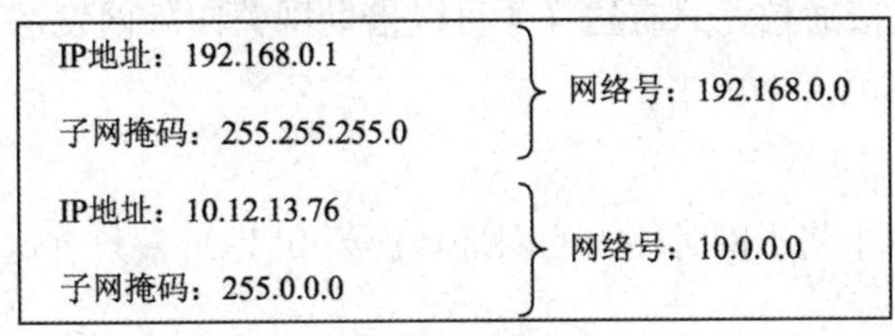

图3-2 计算网络号和主机号

二、IP 地址配置

为计算机配置 IP 地址的方法有两种：静态配置 IP 地址和动态分配 IP 地址。

① 静态 IP 地址：服务器要求必须采用静态 IP 地址，另外如果网络规模较小，或者计算机的位置比较固定，也都可以设置静态 IP 地址。

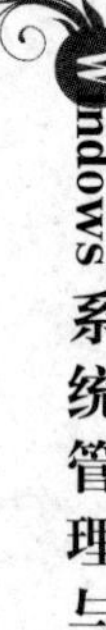

② 动态 IP 地址：如果网络中的计算机流动性比较强，或者网络规模比较大，同时为了方便对 IP 地址进行统一管理，那么可以通过 DHCP 服务器来动态分配 IP 地址

1. 静态配置 IP 地址

打开本地连接的属性设置界面，选择“Internet 协议版本 4（TCP/IPv4）”，单击“属性”按钮，就可以进行 IP 地址的设置，如图 3-3 所示。

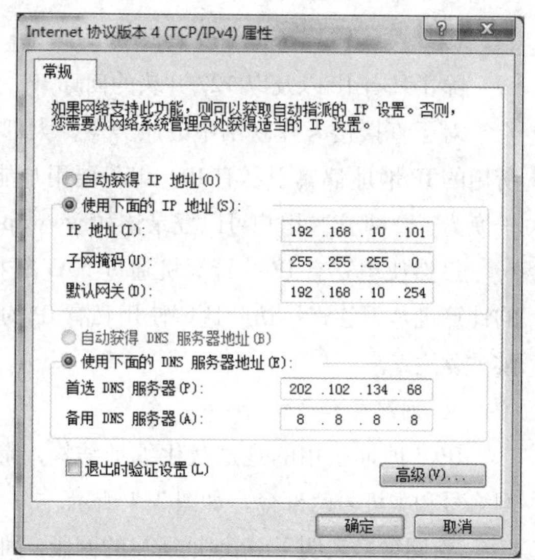

图3-3 TCP/IP协议属性

静态配置 IP 地址需要用户明确 TCP/IP 属性设置中每项参数的含义。

（1）IP 地址和子网掩码

IP 地址和子网掩码应同时设置，设置原则是：同一个网络中的计算机之间要直接通信，必须将网络号保持一致，IP 地址的网络号部分由子网掩码决定。

在实际应用中，可根据网络实际情况灵活设置子网掩码，以实现子网分割或路由汇聚。

（2）默认网关

默认网关主要用于计算机与外网之间进行通信。只有位于同一个网络内的计算机之间才可以实现直接通信，当计算机要与外网通信时，首先必须将数据发给网关，然后由网关转发到外网。

在实际应用中，网关一般就是路由器，它除了要进行路由选择和数据转发之外，一般还要实现 IP 地址 NAT 转换、数据过滤等诸多功能。

默认网关的设置原则是：IP 地址的网络号与默认网关的网络号必须保持一致，即要实现计算机与默认网关之间可以直接通信。

默认网关一般都是由网管员根据网络规划统一设置的，为了避免冲突，一般使用网段中的最后一个 IP 地址作为网关的 IP，如 192.168.1.254 等。作为普通的客户机只能使用既定的网关，实际上，客户机的 IP 地址如何设置也都是由网关决定的，因为在一个统一的局域网中，客户机必须要能够与网关直接通信，只有这样才可以借助网关向外网发送数据。所以，默认网关是 IP 地址设置中最重要的一个因素。

（3）DNS 服务器

DNS 域名解析，用于将上网时输入的网址转换为 IP 地址，只有这样计算机才可以访问互联网。

由于 DNS 主要用于计算机访问互联网，因而在实际应用中，一般都是使用由当地的网络运营商提供的 DNS 服务器，其地址大都为公网 IP。例如，202.102.134.68（山东联通 DNS 服务器）、8.8.8.8（美国谷歌 DNS 服务器）等。

2. 设置多个静态 IP 地址

有时可能需要为一台计算机设置多个 IP 地址，而这台计算机却只有一块网卡，这该怎么办呢？其实即便只有一块网卡，也可以同时为它设置多个 IP 地址。

在“TCP/IP 属性”设置界面中，单击右下角的“高级”按钮，打开“高级 TCP/IP 设置”对话框，可以为网卡添加多个 IP 地址，如图 3-4 所示。

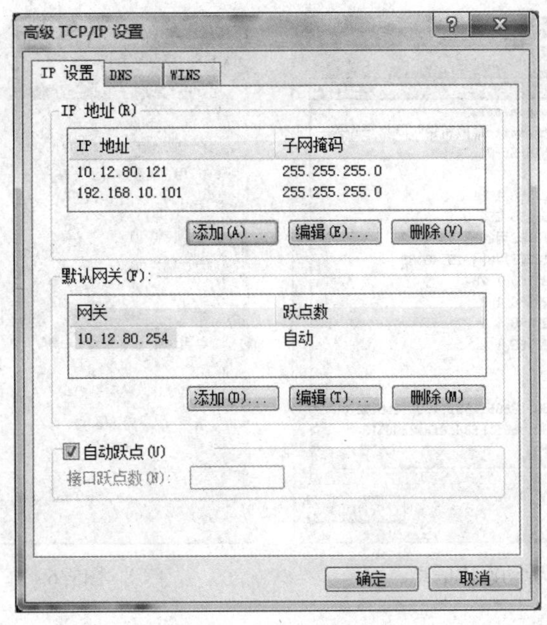

图3-4　设置多个IP地址

一块网卡在设置了多个 IP 之后，利用其中任何一个 IP 都可以与之通信，这些 IP 会同时发挥作用。

3. 动态分配 IP 地址

在一个大中型网络里，如果为所有客户机都配置静态 IP 地址，一方面将增加管理员的工作量，另一方面也很容易引发 IP 地址冲突等问题，这时就可以在网络中配置一台 DHCP 服务器，利用它自动地为客户端分配 IP 地址。

如何配置 DHCP 服务器将在后文介绍，对于客户端计算机，如果设置成自动获得 IP 地址，那么该如何查看自己所获得的动态 IP 地址到底是什么呢？

可以右击网络连接，选择“状态”命令，然后在打开的界面中单击“详细信息”按钮，就可以查看到详细的 IP 地址信息，如图 3-5 所示。

4. 利用备用配置自动切换 IP 地址

如果一台计算机需要经常在一个使用静态 IP 地址的网络和使用动态地址的网络中移动，就必须经常更改 IP 地址的配置。从 Windows XP 系统开始，在选择动态 IP 地址配置时，TCP/IP 的属性中新增了一个“备用配置”的选项，如图 3-6 所示。

当计算机接入到一个动态分配 IP 地址的网络中时，操作系统会自动从网络中申请一个 IP 地址。当计算机接入一个使用静态 IP 地址的网络中时，操作系统会首先从网络申请动态 IP 地址。如果在网络中没有申请到 IP 地址，就自动启用备用配置中事先设置好的 IP 地址信息。

这个备用配置有时能发挥很大的作用，例如有些用户的笔记本式计算机每天都要在单位和家里来回使用。在单位时用的是静态 IP，在家里时用的是动态 IP，这时用户只要把笔记本

式计算机的网卡设为自动获得 IP 地址，然后再将在单位里使用的静态 IP 设置在备用配置里，就可以实现 IP 地址的自动切换。

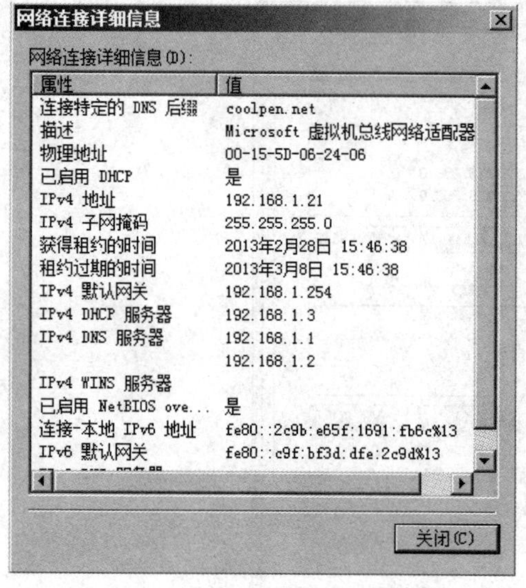

图3-5　查看动态IP信息

Internet 协议 (TCP/IP) 属性
常规　备用配置
如果此计算机在一个以上的网络上使用，请在下面输入备用的 IP 设置。
自动专用 IP 地址(T)
用户配置(S)
IP 地址(I): 10 . 12 . 77 . 100
子网掩码(U): 255 . 255 . 255 . 0
默认网关(D): 10 . 12 . 77 . 254
首选 DNS 服务器(P): 202 . 102 . 134 . 68
备用 DNS 服务器(A):
首选 WINS 服务器(W):
备用 WINS 服务器(N):
确定　取消

图3-6　备用配置

任务二　常用的网络测试管理工具

任务描述

Windows 提供了大量的命令用来测试网络的连通性，本任务要求能够综合利用 ipconfig、ping、tracert、route print、arp 命令对网络进行测试与管理。

任务分析及实施

Windows 系统提供了大量的命令用来测试网络的连通状态。当设置好 IP 地址后，发现计算机之间不能正常通信，怎么办？下面列举一些最常用的命令行方式下的网络测试管理命令来解决网络连通问题，一般原则是先检查本机的 IP 配置是否正确，然后由近及远检查网络的连通性。

一、ipconfig 命令

在配置了 IP 地址之后，需要检查 IP 配置是否生效，通常使用 ipconfig 命令。

执行 ipconfig 命令可以查看到当前的 TCP/IP 配置信息。有时因为 IP 地址冲突等原因，在 TCP/IP 协议属性中查看到的 IP 配置信息未必能生效，而通过执行 ipconfig 命令可以查看到确切的配置信息。

在 ipconfig 命令后面加上“/all”参数，则不仅可以显示 IP 地址的配置信息，而且可以查看到网卡的 MAC 地址，如图 3-7 所示。

```
C:\Documents and Settings\Administrator>ipconfig /all

Windows IP Configuration

   Host Name . . . . . . . . . . . . : www
   Primary Dns Suffix  . . . . . . . :
   Node Type . . . . . . . . . . . . : Unknown
   IP Routing Enabled. . . . . . . . : No
   WINS Proxy Enabled. . . . . . . . : No

Ethernet adapter 本地连接:

   Connection-specific DNS Suffix  . :
   Description . . . . . . . . . . . : Intel(R) PRO/1000 MT Network Connection
   Physical Address. . . . . . . . . : 00-0C-29-4D-59-C5
   DHCP Enabled. . . . . . . . . . . : No
   IP Address. . . . . . . . . . . . : 192.168.1.6
   Subnet Mask . . . . . . . . . . . : 255.255.255.0
   Default Gateway . . . . . . . . . : 192.168.1.2
   DNS Servers . . . . . . . . . . . : 202.102.134.68
```

图3-7　pconfig /all命令

二、ping 命令

ping 命令用于测试网络是否连通，可以说是最常用的网络命令。

1. ping 命令的基本原理

ping 命令利用 ICMP 协议进行工作，ICMP 是 Internet 控制消息协议，用于在主机和路由器之间传递控制消息。ping 命令利用了 ICMP 两种类型的控制消息：echo request（回显请求）、echo reply（回显应答）。

例如，在主机 A 上执行 ping 命令，目标主机是 B。在 A 主机上就会发送 echo request（回显请求）控制消息，主机 B 正确接收后即发回 echo reply（回显应答）控制消息，从而判断出双方能否正常通信。其工作原理如图 3-8 所示。

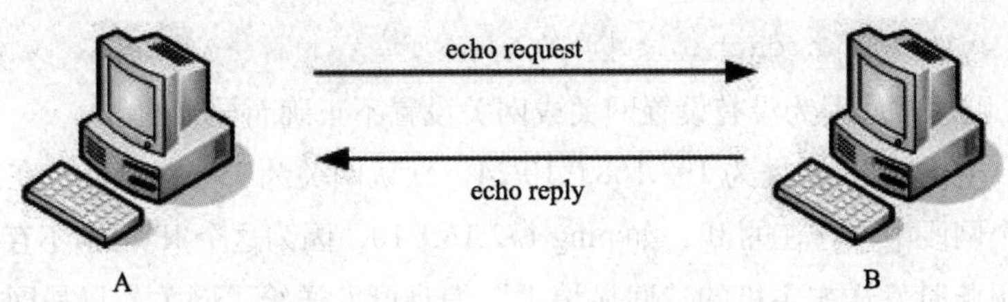

图3-8　ping命令工作原理

如果在 A 主机上能够 ping 通 B 主机，那么主机 A 上显示的信息就是从主机 B 上返回来的“回显应答”。如果不能 ping 通，主机 A 上显示的信息则是由系统自身所产生的错误提示。

在 Windows 系统中，默认情况下，每次执行 ping 命令会发送 4 个“回显请求”消息，每个消息的数据包大小为 32 B。如果一切正常，应能收到 4 个同样为 32 B 大小的“回显应答”消息。其格式如下：

```
Reply from *.*.*.*(IP): bytes=32  time<1ms  TTL=128
```

在这些“回显应答”中包含了丰富的信息：

通过回显应答中的 time 时间，可以大致推断出网速情况。数据传递经过的时间越长，网速越慢。

回显应答中的 TTL，即数据包的生存周期。每个系统对其所发送的数据包都要赋一个 TTL 的初始值，默认情况下，Windows XP 系统为 128，Windows 7 系统为 64，Linux 系统为 64 或 255（当然，系统的 TTL 值都是可以修改的）。数据包每经过一次路由，TTL 值就要减 1，所以通过 TTL 值，既可以大概地推算出对方主机所用的操作系统，又可以推断出数据包在传送过程中经过了多少次路由。例如，在执行 ping www.baidu.com 命令时，回显应答中显示的 TTL 值为 52，则首先可以大概推断出百度使用的是 Linux 系统，其次可以得知数据在传送过程中经过了 12 次路由。

这点可以通过 tracert 命令进行验证，执行 tracert www.baidu.com 命令，发现数据包正是经过了 12 次路由。tracert 也是一个利用 ICMP 协议工作的命令，它的原理非常巧妙：它向指定的目的主机发送多次回显请求消息，并把封装该消息的数据包的 TTL 值从 1 开始递增。即 tracert 命令第一次发送出去的数据包的 TTL 为 1，这些数据包在经过第一个路由器时，TTL 值便被减为了 0，这台路由器就要将数据包丢弃，并同时向源主机发回一个回显应答消息，通过这种方式就获得了数据包所经过的第一台路由器的信息。通过这种递进的查询过程，查询端就可以追踪到达目的主机所经过的所有路由器的情况。

另外，大家可能会发现，每次执行 tracert 命令所查询到路径都不大一样，这是完全正常的，数据包每次传送时采用不同的路径，这正是 Internet 所采用的分组交换方式的特点。

2. ping 命令错误提示分析

如果执行 ping 命令后，无法接收到对方的回显应答，则错误提示通常为：

```
Request timed out（请求超时）
```

出现这种提示，表示网络不通，但具体故障原因要视实际网络情况而定。

另外还有一种错误提示为：

```
Destination host unreachable（目的主机不可达）
```


出现这种提示，则通常是因为没有设置网关或网关设置不正确而导致的。

例如，一台主机的 IP 地址为 192.168.0.10/24，默认网关为 192.168.0.1。在这台主机上随便 ping 另外一个网段中不存在的 IP，如 ping 172.16.1.10，因为这个 IP 根本不存在，所以肯定无法 ping 通，但此时发送方主机的“回显请求”消息已发送给了网关，只是网关无法将其转发给目的主机，因而此时显示的错误提示就为 Request timed out（请求超时）。

下面将这台主机的默认网关删掉，再次执行 ping 172.16.1.10 命令，此时由于没有网关为其转发数据，因此发送方主机根本不会将“回显请求”消息发送出去，此时显示的错误提示就为 Destination host unreachable（目的主机不可达），即根本找不到数据发送的路径。

因而通过 ping 命令不同的错误提示，可以大致地判断出故障原因。

3. ping 命令防火墙设置

ping 命令利用 ICMP 协议工作，ICMP 是一个比较复杂的协议，功能强大，也经常被黑客利用来攻击网络上的路由器和主机，所以目前的很多网络设备或防火墙都提供了禁用 ICMP 协议的功能。例如，Windows 系统中自带的防火墙就提供了这样的设置，如果两台主机在网络正常连通的情况下无法彼此 ping 通，则可以考虑是否是系统防火墙的原因。

默认情况下，Windows 7/2008R2 系统的防火墙过滤掉了所有的 ICMP 控制消息，如果希望 ping 命令的数据包能过，可以在防火墙“高级设置”的“入站规则”中启用“文件和打印机共享 (回显请求 –ICMPv4–In)”规则，从而允许放行 ICMP 回显请求数据包，如图 3–9 所示。

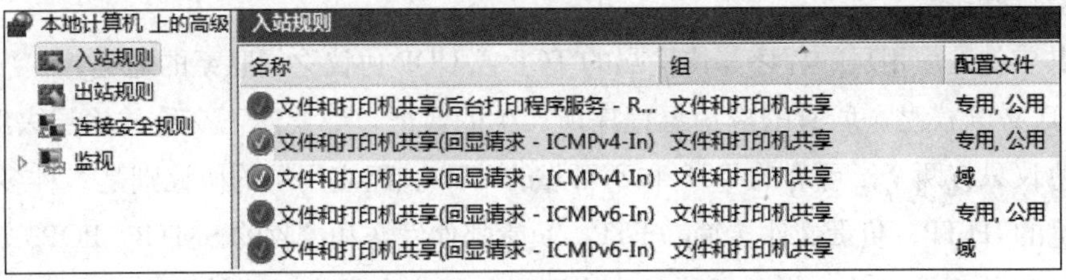

本地计算机 上的高级	入站规则		
入站规则	名称	组	配置文件
出站规则	文件和打印机共享(后台打印程序服务 - R...	文件和打印机共享	专用, 公用
连接安全规则	文件和打印机共享(回显请求 - ICMPv4-In)	文件和打印机共享	专用, 公用
监视	文件和打印机共享(回显请求 - ICMPv4-In)	文件和打印机共享	域
	文件和打印机共享(回显请求 - ICMPv6-In)	文件和打印机共享	专用, 公用
	文件和打印机共享(回显请求 - ICMPv6-In)	文件和打印机共享	域

图3–9　Windows 7/2008防火墙中的ICMP设置

4．ping 命令常用参数

参数可以对命令的功能进行扩展，ping 命令的参数比较多，常用的主要有以下几个 :

（1）–t，连续不断地 ping

用法 : ping [IP] –t

连续不停对 IP 地址发送 ICMP 数据包，直到按【Ctrl+C】组合键中断。

例如 : ping 192.168.1.1 –t

（2）–n，指定 ping 的次数

用法 : ping [IP] –n

自由指定所发送的 ICMP 数据包的个数，并且个数没有限制。

例如 : ping 192.168.1.1 –n 10

（3）–l，指定 ICMP 数据包的大小

用法 : ping [IP] –l [n]

自由指定所发送的 ICMP 数据包的大小，上限为 65 500 B。

例如 : ping 192.168.1.1 –l 100

5．拒绝服务攻击

ping 命令的参数也可以组合使用，比如执行“ping IP 地址 –l 65500 –t”命令，就可以连续地向某一台主机发送最大数据包，这样就有可能使对方系统资源耗尽而死机或导致无法上网，所以这个命令也被称为“死亡之 ping”。

死亡之 ping 是一种典型的 DoS（Denial of Service）攻击，即拒绝服务攻击。拒绝服务攻击以被攻击者的机器无法提供正常服务为攻击目的，常见的 DoS 攻击都是向被攻击者发送大量的垃圾数据包，使被攻击者一直在处理这些垃圾数据包而浪费资源，同时也消耗大量的网络带宽，最终导致被攻击者宕机，或者网络迟缓。但对于目前的计算机来讲，由于大多性能强劲，网络带宽也很高，所以死亡之 ping 以及一些类似的攻击方法已无法发挥作用。

单独一台计算机对目标机器发动死亡之 ping 无法发挥作用，但是如果有多台计算机同时向目标机器发动死亡之 ping，则威力仍然是巨大的。这种攻击方式就被称为 DDoS（Distribution Denial of Service），即分布式拒绝服务攻击。大规模的 DDoS 攻击很难防御，这也是目前一直无法从根本上解决的一个重要的网络安全问题。

三、netstat 命令

netstat 命令的用法比较多，其中最常用的是用于查看系统开放的端口以及连接的建立状态。在学习 netstat 命令之前，首先需要了解一下端口与连接的概念。

1. 端口的概念

端口其实就是应用层的程序与传输层的 TCP 或 UDP 协议之间联系的通道。

根据 TCP/IP 模型，所有的应用层程序所产生的数据，都要向下交给传输层去继续处理。传输层的协议只有两个：可靠的 TCP 和不可靠的 UDP。而应用层的协议则是多种多样，如负责网页浏览的 HTTP，负责文件传输的 FTP，负责邮件发送和接收的 SMTP、POP3 等。

目前的操作系统都是多任务系统，允许同时运行多个程序，这就产生了一个问题：传输层的协议如何区分它所接收到的数据到底是由应用层的哪个协议产生。所以，就必须提供一种机制以使传输层协议能够区分开不同的应用层程序，这个机制就是端口。

每个端口都对应着一个应用层的程序，当一个应用程序要与远程主机上的应用程序通信时，传输层协议就为该应用程序分配一个端口，不同的应用程序有着不同的端口，以使来往的数据互不干扰。图 3-10 所示为端口的作用示意图。

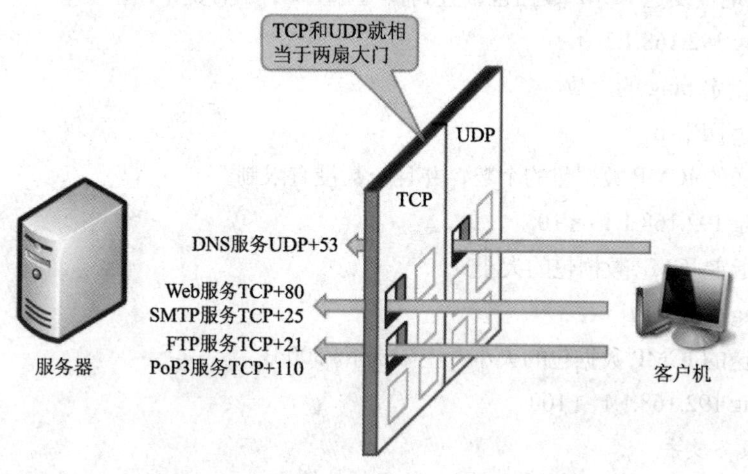

图3-10　端口的作用示意图

每个端口都有一个唯一的编号，在 TCP/IP 协议中是用一个 16 位的二进制数来为端口编号，所以端口号的取值范围为 0~65 535。其中 0 端口未用，为了合理地分配使用端口，对它们进行了以下分类：

① 1~1 023 之间的端口固定地分配给一些常用的应用程序，称为固定端口。例如，HTTP 采用 80 端口，FTP 采用 21 端口，Telnet 采用 23 端口等。

② 1 024~65 535 之间的端口随机地分配给那些发出网络连接请求的应用程序，称为动态端口，比如 1024 端口就是分配给第一个向系统发出申请访问网络的程序，程序关闭之后就会释放所占用的端口，然后可以再分配给其他程序使用。

另外，根据所使用的传输层协议不同，端口又可以分为 TCP 端口和 UDP 端口两种类型。所以，对端口的准确描述应该是：传输层协议 + 端口号。例如。HTTP 默认使用 TCP 的 80 端口，FTP 默认使用 TCP 的 21 端口，SMTP 默认使用 TCP 的 25 端口，POP3 默认使用 TCP 的

110 端口，HTTPS 默认使用 TCP 的 443 端口，DNS 使用 UDP 的 53 端口，远程桌面协议（RDP）默认使用 TCP 的 3389 端口，Telnet 使用 TCP 的 23 端口，Windows 访问共享资源使用 TCP 的 445 端口等。常用的固定端口如图 3-11 所示。

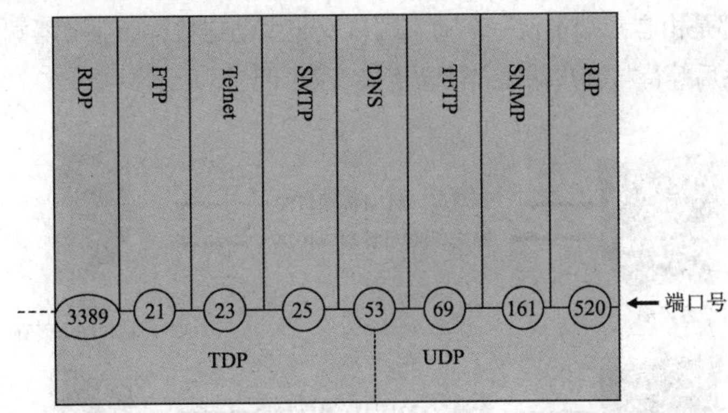

图3-11　常用的固定端口

2. 连接的概念

当用户在计算机上打开浏览器访问一个网站（比如百度）时，就要用到 HTTP 协议，刚才提到 HTTP 使用的是 TCP 的 80 端口，那么是否就要在计算机（客户端）和百度服务器（服务器端）都开放 TCP80 端口，然后通过它来传送数据呢？

其实不然，所谓的固定端口，主要是在服务器端使用，即百度服务器使用的是 TCP 80 端口，而客户端使用的则是随机端口。原因很简单，用户打开浏览器后，很可能要访问很多个不同的网站，如果客户端只使用一个 TCP 80 端口，那么如何来区分这些不同的网站呢？所以实际情况是：所有的网站服务器端都开放 TCP 80 端口，而客户端每访问一个网站，就会开放一个随机端口与网站服务器的 TCP 80 端口进行连接。这样在客户端就可以通过不同的端口号将这些网站区分开。

客户端和服务器端之间的通信，数据必须要通过各自的端口发送和接收，因此就可以把它们之间的通信看作在两个端口之间建立起来的逻辑通道上进行数据交换，这个逻辑通道称为“连接”。

例如，图 3-12 中的客户机 A 就通过 TCP 1234 端口与服务器的 TCP 80 端口之间建立了一个连接；客户机 B 通过 TCP 1234 端口与服务器的 TCP 21 端口之间建立了一个连接，如图 3-12 所示。

对于服务器来说，只要是发往自己 TCP 80 端口的数据，就交给 Web 服务器去处理；只要是发往自己 TCP 21 端口的数据，就交给 FTP 服务器去处理。

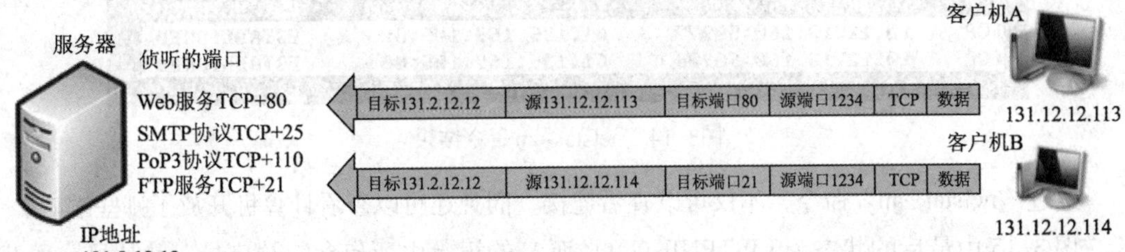

图3-12　建立连接

连接的建立有两种模式：主动连接和被动连接。主动连接是指当端口开启之后，进程通过该端口主动发出连接请求，进而建立的连接；被动连接则是当端口开启之后，进程在该端口等待别的计算机发来的连接请求，最终所建立的连接。在客户机/服务器模式的网络架构下，连接的建立一般都是由客户端申请一个动态端口发起主动连接，而服务器端则要一直开放相应的固定端口，然后等待与客户端建立被动连接，如图 3-13 所示。

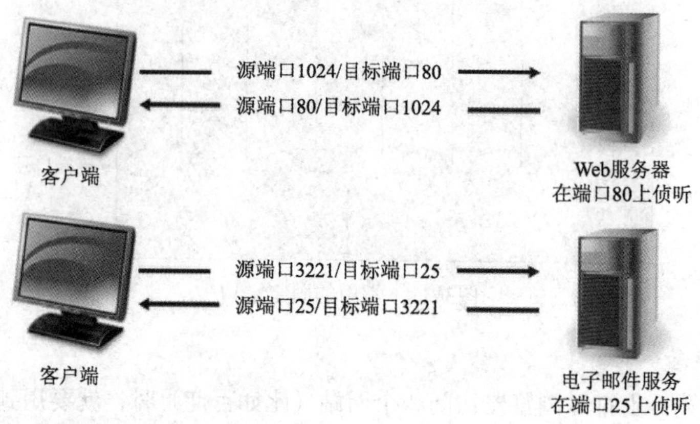

图3-13　连接模式

3. 查看端口与连接

如何查看计算机中开放的端口或已经建立好的连接呢？最简单易行的方法是利用系统中自带的 netstat 命令。netstat 命令的用法比较多，这里主要用到两个参数：-a 和 -n，而且这两个参数通常都是结合在一起使用的，如“netstat -an”。

① -a 参数的作用是显示所有连接和侦听端口。

② -n 参数的作用是以数字形式显示地址（也就是显示 IP 地址，否则是显示计算机的名字）和端口号。

例如，先在浏览器中访问百度，然后执行 ping www.baidu.com 命令解析出百度的 IP 地址 61.135.169.105，接下来执行“netstat -an”命令，从中找到计算机与百度服务器之间所建立的连接。

图 3-14 中标记出来的部分，10.12.13.160 是本机的 IP，它后面的端口号 50977 就是这台客户端开放的随机端口；61.135.169.105:80 代表百度服务器及它的 TCP 80 端口；最后面的 ESTABLISHED 表示这是一个已经建立好的连接。

```
TCP    10.12.13.160:50971    118.144.78.54:80      CLOSE_WAIT
TCP    10.12.13.160:50972    118.144.78.54:80      ESTABLISHED
TCP    10.12.13.160:50977    61.135.169.105:80     ESTABLISHED
TCP    10.12.13.160:50978    61.135.169.105:80     ESTABLISHED
TCP    10.12.13.160:50979    123.125.114.101:80    ESTABLISHED
```

图3-14　netstat -an命令结果

通过“netstat -an”命令，不仅可以查看连接，而且还可以查看计算机开放了哪些端口。

图 3-15 中最后的状态为 LISTENING（监听）的记录中所包含的端口号，就是目前所开放的端口。这些端口随时在等待别的计算机与它建立连接，也就是说它们在随时等待为其他

计算机提供服务，例如其中的 TCP 445 端口就是用来提供文件共享服务的。

```
C:\Users\Administrator>netstat -an

活动连接

  协议  本地地址            外部地址          状态
  TCP   0.0.0.0:135         0.0.0.0:0         LISTENING
  TCP   0.0.0.0:443         0.0.0.0:0         LISTENING
  TCP   0.0.0.0:445         0.0.0.0:0         LISTENING
  TCP   0.0.0.0:902         0.0.0.0:0         LISTENING
  TCP   0.0.0.0:912         0.0.0.0:0         LISTENING
  TCP   0.0.0.0:49152       0.0.0.0:0         LISTENING
  TCP   0.0.0.0:49153       0.0.0.0:0         LISTENING
  TCP   0.0.0.0:49154       0.0.0.0:0         LISTENING
  TCP   0.0.0.0:49155       0.0.0.0:0         LISTENING
  TCP   0.0.0.0:49156       0.0.0.0:0         LISTENING
  TCP   0.0.0.0:49971       0.0.0.0:0         LISTENING
  TCP   10.12.80.121:139    0.0.0.0:0         LISTENING
```

图3-15　查看开放端口

在“netstat -an”命令的执行结果中，“本地地址”部分可能会有 3 种不同的表现形式：本机 IP、0.0.0.0 和 127.0.0.1。

① 本机 IP 后面的端口一般都是由用户所运行的应用程序打开的，例如打开了浏览器，就会打开了一个 1024 之后的随机端口。

② 0.0.0.0 表示的是本机默认所开放的端口，这些端口一般都是由一些系统服务默认开启的，不过也可以关闭，比如 135 端口就是由 WMI（Microsoft Windows 管理规范）服务开启的，可以方便用户对计算机进行远程管理。这些默认开放的端口所对应的外部地址一般也都是 0.0.0.0，即表示它们对所有的外部机器开放，它们的状态一般为 Listening，处于监听状态。

③ 127.0.0.1 后面的端口通常都是由一些需要调用本地服务的程序开启的，后面的外部地址一般也都为 127.0.0.1。

“状态”部分，最常见的两种状态为 Listening（监听）、Established（已建立）。除此之外，还有很多其他不同的状态，这些状态通常都与建立 TCP 连接的三次握手过程密切相关。

4. 查看开启端口的程序

有时用户希望知道某个端口是由哪个程序或服务开启的，这时可以执行“netstat -anb”命令（见图 3-16），“-b”参数的作用是显示在创建每个连接或侦听端口时涉及的可执行程序。

```
C:\Documents and Settings\Administrator>netstat -anb

Active Connections

  Proto  Local Address          Foreign Address        State           PID
  TCP    0.0.0.0:80             0.0.0.0:0              LISTENING       4
  [System]

  TCP    0.0.0.0:135            0.0.0.0:0              LISTENING       696
  RpcSs
  [svchost.exe]

  TCP    0.0.0.0:445            0.0.0.0:0              LISTENING       4
  [System]
```

图3-16　查看开启端口的程序

这条命令在排查服务器故障时经常用到，比如某台 Web 服务器中的网站无法启动，提示“端口被占用”，这时就可以执行“netstat –anb”命令，查看是哪个程序占用了 80 端口，然后将它结束掉就可以了。

四、ARP 命令

1. ARP 协议工作原理

ARP9（Address Resolution Protocol，地址解析协议）是网络层的重要辅助协议，用于在以太网中获取某一 IP 地址对应的结点的 MAC 地址。

根据 OSI 七层模型的定义，数据在每一层都要经过处理或封装，其中封装的操作主要发生在 3 个层：传输层、网络层、数据链路层。

① 传输层：在数据头部加上源端口号和目的端口号，封装成数据段，然后送给下一层网络层。

② 网络层：在数据段的头部加上源 IP 地址和目的 IP 地址，封装成数据包，再送给下一层数据链路层。

③ 数据链路层：在数据包的头部加上源 MAC 地址和目的 MAC 地址，封装成数据帧，最后送给物理层进行编码传输。

在网络中通信时，首先必须要知道对方的 IP 地址以及端口号，但很少关心对方的 MAC 地址。根据 OSI 七层模型理论，如果不知道目的 MAC 地址，就无法封装数据帧，数据也就发送不出去。之所以没有关注到目的 MAC 地址，这是因为目的 MAC 地址是由系统自动获取的，而系统获取目的 MAC 地址的方法，正是依赖于 ARP 协议。

ARP 地址解析，就是主机在发送数据帧前通过目的 IP 地址解析出相应目的 MAC 地址的过程。

ARP 协议以广播的方式工作，因为广播信号不能通过路由器，所以 ARP 协议的解析范围只能限于本地网络，即一台主机只能知道与它处在同一网络中的其他主机的 MAC 地址。

在每台安装有 TCP/IP 协议的主机里都有一个 ARP 缓存表，用来记录与该主机处在同一网络中的其他主机的 IP 地址与 MAC 地址之间的对应关系。ARP 表中的记录并不固定，它们都是动态建立和维护的。

下面介绍一下 ARP 地址的解析过程，网络拓扑如图 3–17 所示。

假设主机 A 要与同一网络中的主机 B 进行通信，一般要经过如下几个步骤：

① 主机 A 检查自己的 ARP 缓存表中是否有与主机 B 的 IP 地址相对应的 MAC 地址。

② 如果有，就用 B 的 MAC 地址封装数据帧，然后发送出去。

③ 如果没有，主机 A 就以广播的形式向网络中发送一个 ARP Request（ARP 请求）数据帧，查询主机 B 的 MAC 地址。

ARP Request 数据帧的封装结构如图 3–18 所示。

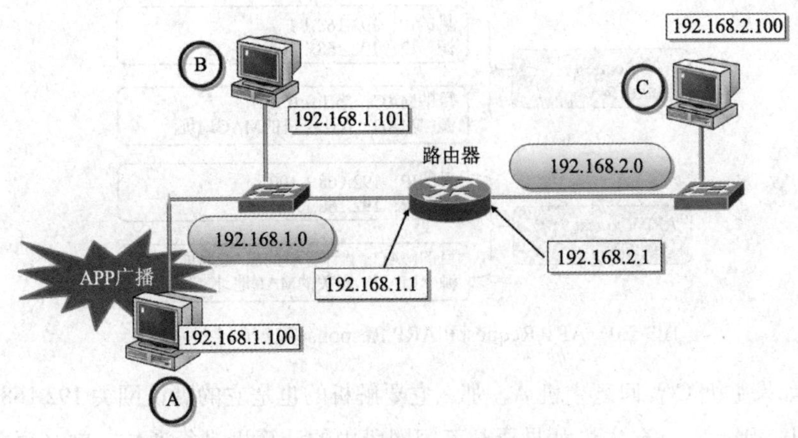

图3-17　ARP地址的解析过程

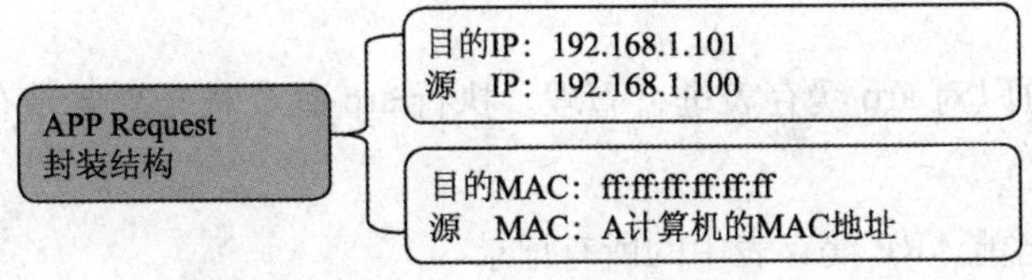

图3-18　ARP Request数据帧封装结构

④ 在图 3-17 的网络拓扑中，路由器将整个网络分隔成 2 个网段，每个网段都是一个广播域。主机 A 所在广播域中的所有主机和网络设备都能接收到这个 ARP 请求数据帧，它们会查看帧中请求的目的 IP 地址与自己是否一致，如果不一致则忽略。当主机 B 收到此广播帧后，发现目的 IP 地址与自己一致，然后就以单播形式将自己的 MAC 地址利用 ARP Response（ARP 响应）数据帧传给主机 A，同时将主机 A 的 IP 地址与 MAC 地址的对应关系写入自己的 ARP 缓存表中。

ARP Response 数据帧的封装结构如图 3-19 所示。

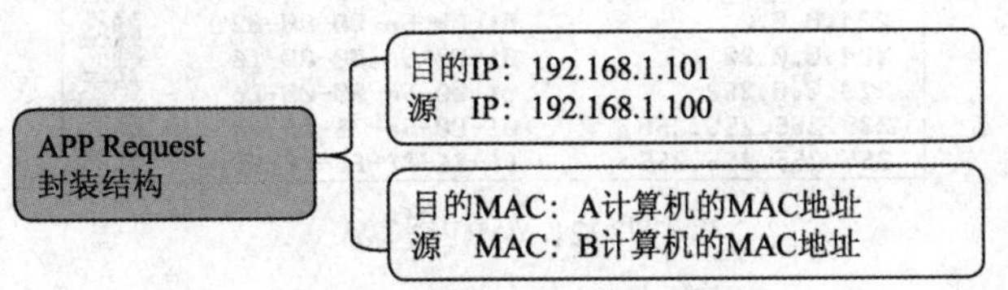

图3-19　ARP Response数据帧封装结构

⑤ 主机 A 收到主机 B 的 ARP 响应数据帧后，将据此更新自己的 ARP 缓存表，然后按正确的 MAC 地址向主机 B 发送信息。

如果主机 A 要与不同网段中的主机 C 通信，由于数据必须要经过路由器转发（应将路由器左侧接口的 IP 地址 192.168.1.1 设为主机 A 的默认网关），因而 ARP 要解析的并非是主机 C 的 MAC 地址，而是网关 192.168.1.1 所对应的 MAC 地址。

此时 ARP Request 和 ARP Response 数据帧的封装结构如图 3-20 所示。

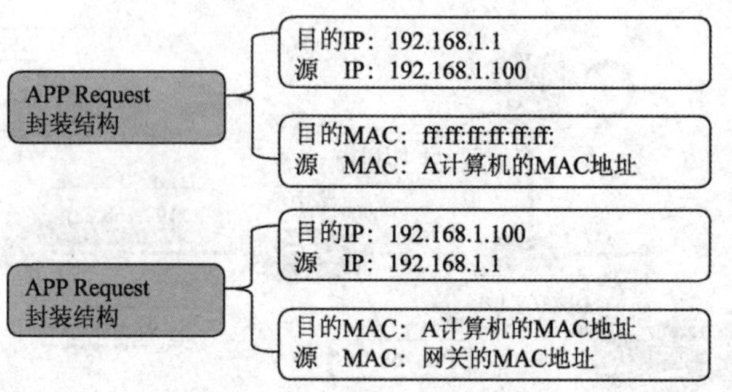

图3-20 ARP Request和ARP Response数据帧封装结构

同样，如果主机 C 要回复主机 A，那么它要解析的也是它的默认网关 192.168.2.1 所对应的 MAC 地址。因此，一台主机如果要与不同网段中的计算机进行通信，就必须要通过 ARP 解析出默认网关的 MAC 地址。

2. ARP 命令

通过 arp 命令可以对 arp 缓存表进行管理。执行 arp 命令时必须要带有相关参数，它的常用参数主要有 ：

（1）-a，查看当前 ARP 缓存表中的所有记录

用法 ：arp –a

执行结果如果 3-21 所示。

ARP 表中的内容比较简单，主要记录的是 IP 地址与 MAC 地址之间的对应关系，其中每条记录的“类型”有“动态”和“静态”之分。

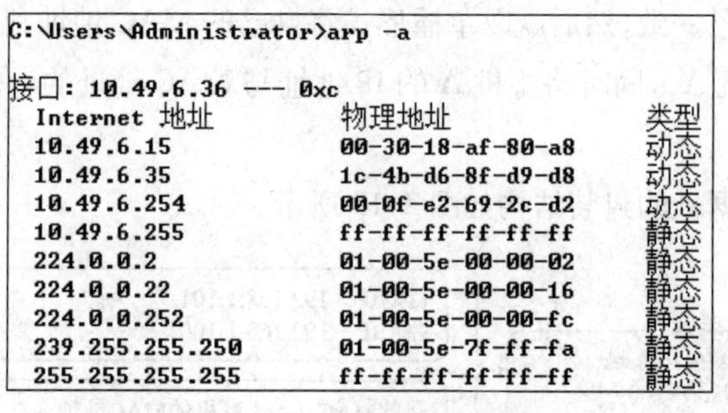

```
C:\Users\Administrator>arp -a

接口: 10.49.6.36 --- 0xc
  Internet 地址         物理地址              类型
  10.49.6.15            00-30-18-af-80-a8     动态
  10.49.6.35            1c-4b-d6-8f-d9-d8     动态
  10.49.6.254           00-0f-e2-69-2c-d2     动态
  10.49.6.255           ff-ff-ff-ff-ff-ff     静态
  224.0.0.2             01-00-5e-00-00-02     静态
  224.0.0.22            01-00-5e-00-00-16     静态
  224.0.0.252           01-00-5e-00-00-fc     静态
  239.255.255.250       01-00-5e-7f-ff-fa     静态
  255.255.255.255       ff-ff-ff-ff-ff-ff     静态
```

图3-21 ARP缓存表

默认情况下 ARP 协议所产生的记录都是“动态”记录，即这些记录都是动态更新的。只要计算机收到 ARP 响应数据帧，就会更新自己的 ARP 缓存表。如果缓存表中之前没有这条记录，就新增上去 ；如果缓存表中已经存在相应的记录，则会覆盖更新。同时所有“动态”记录都被设置了 2 min 的自动老化时间。如果超过老化时间而该记录还没有被再次更新，则会自动将其删除。这样设置的目的是为了减少 ARP 缓存表的长度，以加快查询速度。

“静态”记录不受自动更新和老化时间的影响，而是会一直保存下去，直到系统重启。

（2）-d，删除记录

用法 ：arp –d [IP]

删除 ARP 表中指定 IP 地址所对应的记录，如果不指明 IP 地址，则删除 ARP 表中的所有记录。

```
arp -d 10.49.6.35                    '删除10.49.6.35对应的记录项
arp -d                               '删除所有记录
```

(3) -s，添加静态记录

用法：arp –s [IP] [MAC]

手动在 ARP 表中添加静态记录，静态记录不会自动老化，但系统重启时也会消失。例如，将 IP 地址 10.49.6.37 与 MAC 地址 00-11-5b-7c-8e-8e 绑定：

```
arp -s 10.49.6.37 00-11-5b-7c-8e-8e
```

3. ARP 欺骗的原理

在 ARP 协议的工作过程中，正常情况下应是由一台主机先发出 ARP 请求，然后再由目标主机向其返回 ARP 响应。但 ARP 协议是建立在信任局域网内所有结点的基础上的，即如果主机并没有发出 ARP 请求，它也仍会接收别的主机主动向其发送的 ARP 响应，这就为 ARP 欺骗提供了可能。

假设在图 3-17 所示的网络拓扑中，在主机 A 所在的网段出现了一台恶意主机，它通过伪造 ARP 响应包可以实施 3 种类型的 ARP 欺骗。

(1) 欺骗主机

这种欺骗的目标是主机（如主机 A），欺骗的目的是伪造网关的 MAC 地址。恶意主机通过向目标主机发送伪造的 ARP 响应，使得目标主机 ARP 缓存表中的网关 IP 地址对应到一个虚假的 MAC 地址上。

伪造的发往主机 A 的 ARP Response 数据帧封装结构如图 3-22 所示。

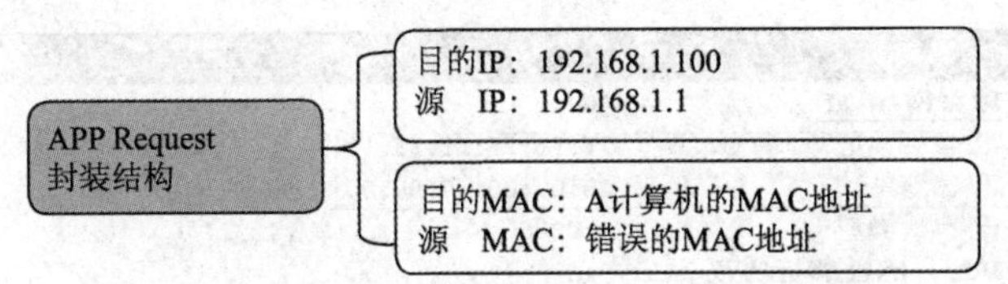

图3-22　伪造的发往主机A的ARP Response数据帧

主机 A 收到这个伪造的 ARP 响应之后，将更新自己的 ARP 缓存表，将网关的 IP 地址 192.168.1.1 对应到错误的 MAC 地址上。这样导致的后果是主机 A 将无法将数据正常地发送给网关，从而使主机掉线，无法上网。

(2) 欺骗网关

这种欺骗的目标是网关，欺骗的目的是伪造主机的 MAC 地址。恶意主机通过向网关发送伪造的 ARP 响应，使得网关 ARP 缓存表中的主机 IP 地址对应到一个虚假的 MAC 地址上。

伪造的发往网关的 ARP Response 数据帧封装结构如图 3-23 所示。

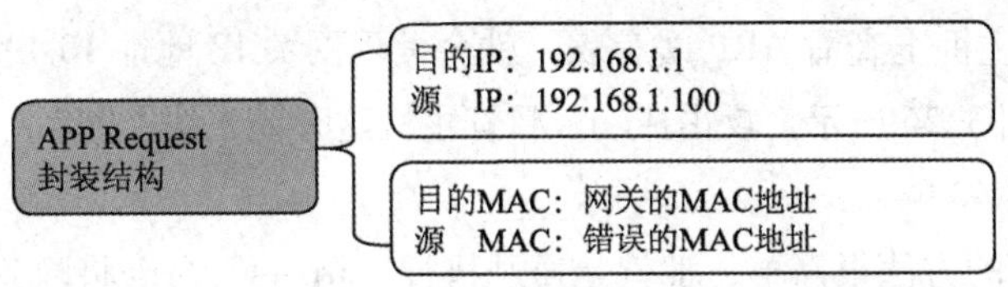

图3-23　伪造的发往网关的ARP Response数据帧

网关收到这个伪造的ARP响应之后，将更新自己的ARP缓存表，将主机A的IP地址192.168.1.100对应到错误的MAC地址上。这样导致的后果是主机A虽然能将数据发送给网关，但网关却无法将返回的信息发送给主机A，所以仍然会使主机掉线，无法上网。

（3）对主机和网关的双向欺骗

明白了上述两种欺骗的原理之后，这种欺骗方法就比较好理解了。恶意主机分别向主机和网关发送伪造的ARP响应，其破坏力相比前两种欺骗方法更强。

4. ARP欺骗实战

在掌握了理论知识之后，下面通过一次实战来加深对ARP欺骗的了解，以达到加强防范的目的。

被攻击的目标是一台安装有64位Windows 7旗舰版SP1系统的计算机，计算机上安装了最新版的金山毒霸以及360安全卫士（未开启ARP防火墙）。计算机的IP地址是10.49.6.36，默认网关是10.49.6.254。在攻击实施之前，在这台计算机上查看ARP缓存表，其中保存了正确的网关IP地址与MAC地址对应记录。

下面在恶意主机上通过工具“科来数据包生成器”伪造一个ARP请求包。

运行“科来数据包生成器”，单击工具栏上的“添加”按钮，在“选择模板”中选择“ARP数据包”。

在数据包中，将目标物理地址设为“FF:FF:FF:FF:FF:FF”，目标IP地址设为被攻击主机的IP地址10.49.6.36，将源IP地址设为网关的IP地址10.49.6.254，源MAC地址设为一个虚假的地址00:00:00:00:00:00，如图3-24所示。

详细解码编辑

字段	值	位置
以太网 - II	[0/14]	
目标地址:	FF:FF:FF:FF:FF:FF	[0/6]
源地址:	00:00:00:00:00:00	[6/6]
协议类型:	0x0806	[12/2]
ARP - 地址解析协议	[14/28]	
硬件类型:	1	(以太网) [14/2]
协议类型:	0x0800	[16/2]
硬件地址长度:	6	[18/1]
协议地址长度:	4	[19/1]
操作类型:	1	(ARP 请求) [20/2]
源物理地址:	00:00:00:00:00:00	[22/6]
源IP地址:	10.49.6.254	[28/4]
目标物理地址:	FF:FF:FF:FF:FF:FF	[32/6]
目标IP地址:	10.49.6.36	[38/4]

图3-24 修改数据包中的参数

在数据包上右击，选择“发送选择的数据包”命令，设置发送的模式和次数。为了增强攻击效果，可以设置无限次循环发送（见图3-25），然后点击“开始”按钮开始攻击。

此时，在目标主机上查看ARP缓存表，就会发现网关IP地址10.49.6.254对应到了错误的MAC地址，如图3-26所示。攻击成功，目标主机这时就无法上网。

5. 防范ARP欺骗

防范ARP欺骗的方法很简单，那就是通过执行“arp –s”命令将网关的IP地址绑定到正确的MAC地址上。在被攻击主机上添加一条静态记录arp –s 10.49.6.254 00-0f-e2-69-2c-d2，然后再次在恶意主机上展开 ARP 攻击，这时攻击就没有效果了。

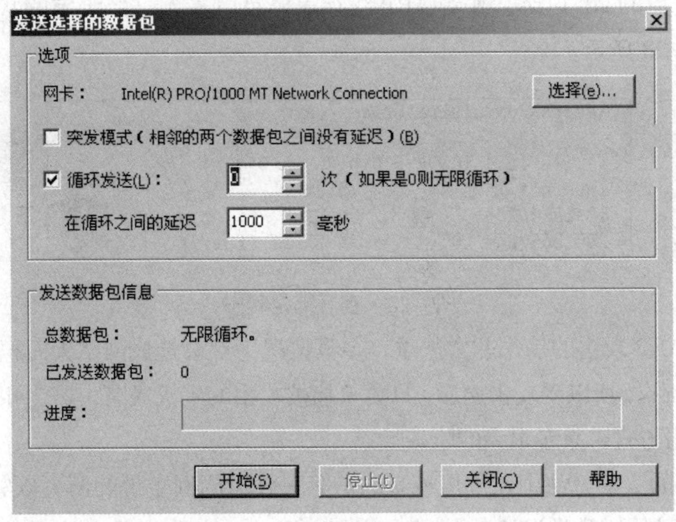

图3-25　设置数据包发送的次数

```
C:\Users\Administrator>arp -a

接口: 10.49.6.36 --- 0xc
  Internet 地址         物理地址              类型
  10.49.6.15            00-30-18-af-80-a8     动态
  10.49.6.35            1c-4b-d6-8f-d9-d8     动态
  10.49.6.254           00-00-00-00-00-00     动态
  10.49.6.255           ff-ff-ff-ff-ff-ff     静态
  224.0.0.2             01-00-5e-00-00-02     静态
  224.0.0.5             01-00-5e-00-00-05     静态
  224.0.0.22            01-00-5e-00-00-16     静态
  224.0.0.252           01-00-5e-00-00-fc     静态
  239.255.255.250       01-00-5e-7f-ff-fa     静态
  255.255.255.255       ff-ff-ff-ff-ff-ff     静态
```

图3-26　被攻击后的主机ARP缓存表

需要注意的是，在 Windows 7/2008 系统中无法利用“arp –s”命令来绑定 IP 和 MAC 地址，而是要用到 netsh 命令，具体操作步骤如下：

① 执行 netsh i i show interface 命令，找到网卡对应的 Idx 号，如图 3-27 所示。

```
C:\Users\Administrator>netsh i i show interface

Idx     Met         MTU          状态                名称
---  ----------  ----------  ------------  ---------------------------
  1          50  4294967295  connected     Loopback Pseudo-Interface 1
 12          25        1500  connected     无线网络连接
 11          20        1500  connected     本地连接
 19           5        1500  disconnected  无线网络连接 3
 14          20        1500  connected     VMware Network Adapter VMnet1
 15          20        1500  connected     VMware Network Adapter VMnet8
```

图3-27　找网卡的Idx号

例如，要对“本地连接”进行绑定，从图 3-27 中可以看出其对应的 Idx 为 11。

② 执行“netsh –c”命令进行绑定。例如要在“本地连接”上将 IP 地址 10.12.4.254 与 MAC 地址 00-21-27-bf-eb-8a 进行绑定，可以执行命令：

```
netsh -c "i i" add neighbors 11 "10.12.4.254" "00-21-27-bf-eb-8a"
```

③ 查看绑定后的 arp 记录。查看 ARP 缓存表，可以看到已经绑定的状态为“静态”的 arp 记录，如图 3-28 所示。

```
C:\Users\Administrator>arp -a

接口: 10.12.4.103 --- 0xb
  Internet 地址         物理地址              类型
  10.12.4.254           00-21-27-bf-eb-8a     静态
  255.255.255.255       ff-ff-ff-ff-ff-ff     静态
```

图3-28　查看绑定状态

一般来说，ARP 攻击的后果非常严重，多数情况下都会造成网络大面积掉线。由于 ARP 表是动态自动更新的，所以受攻击之后，只要重启被攻击的主机或路由器，网络往往就能恢复，但这也为这种攻击方式带来了很大的隐蔽性。

在 ARP 欺骗的 3 种方法中，应用最多的是第一种对内网主机的网关欺骗，网关 MAC 地址与正常地址不同是这种欺骗方式的最大特征，因此一旦确认此点就可以断定内网中存在 ARP 欺骗病毒。

对于网络管理员来说，如果发现网络中存在 ARP 欺骗类攻击，就应快速定位 ARP 攻击的发起源，确认攻击来自何方，并快速切断该攻击源，以减少对网络的影响。

将 IP 地址与 MAC 地址绑定是防范 ARP 攻击的一个比较简单易行的方法，尤其是针对 ARP 攻击习惯伪造虚假网关 MAC 地址这一情况，可以将网关 IP 地址与正确的 MAC 地址绑定，这样就能起到很好的防范作用。

另外，在目前的杀毒软件或安全工具中大都提供了 ARP 防火墙，开启 ARP 防火墙也可以有效地抵御 ARP 欺骗攻击。图 3-29 为 360 安全卫士中提供的 ARP 防火墙。

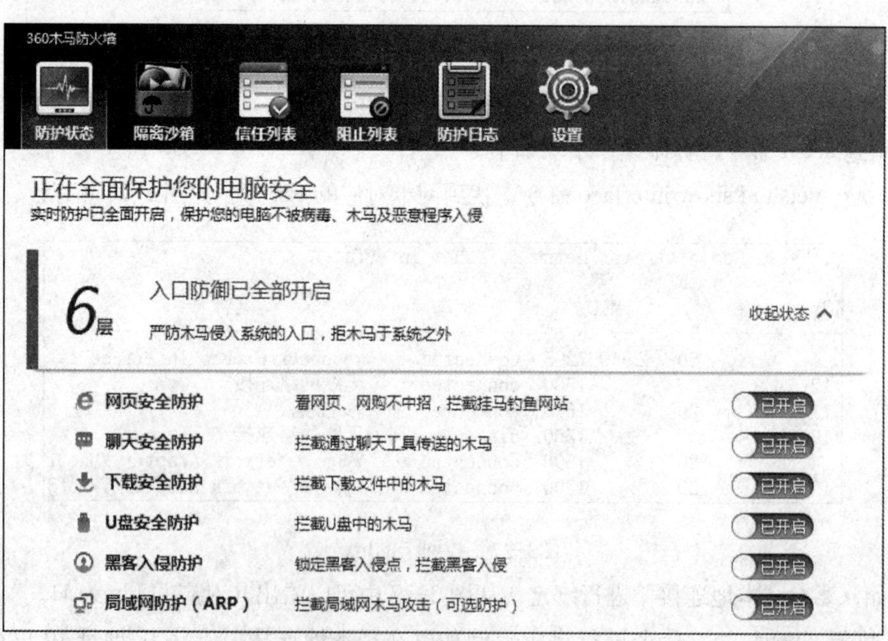

图3-29　360安全卫士中的ARP防火墙

任务三　配置系统防火墙

任务描述

防火墙的主要作用在于在网络和网络之间或者主机和网络之间，按照某种特定的规则对传输的数据进行标识或过滤，以允许或限制传输的数据通过。

防火墙分硬件防火墙和软件防火墙两类。硬件防火墙的性能更好，也更加专业，但是价格昂贵，配置复杂，主要用于网络和网络之间。软件防火墙的性能要差一些，但价格便宜，像 Windows 防火墙本身就是集成在系统中的，无须额外付费，而且配置简单，主要用于主机和网络之间。

本任务将介绍如何配置 Windows 系统中自带的软件防火墙。

任务分析及实施

Windows 7/2008R2 系统对自带的防火墙功能进行了强化，将“Internet 协议安全 IPSEC”功能与防火墙结合到了一起，功能相比 Windows XP/2003 系统中的防火墙要更为强大。

一、配置网络位置

在 Windows 7/2008R2 系统中引入了“网络位置”的概念，当用户第一次连接到网络时，必须选择网络位置（见图 3-30），系统将根据所连接网络的类型自动进行适当的防火墙设置。

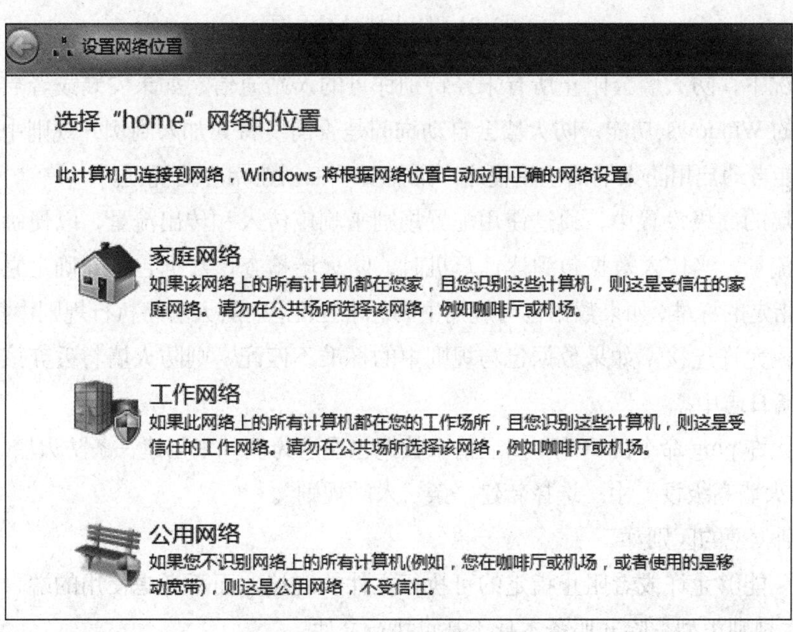

图3-30　选择网络位置

可以设置的网络位置包括：

① 家庭网络：例如在家里上网，此时系统会启用“网络发现”功能，以便可以找到网络上的其他计算机，同时会通过 Windows 防火墙的例外设置，让其他用户可以在网络上浏览本地计算机。

② 工作网络。一般针对单位或者公司的计算机而言。默认情况下，“网络发现”处于启用状态，它允许用户查看网络上的其他计算机和设备，并允许其他网络用户查看你的计算机，但是无法创建或加入家庭组。处于工作网络中的计算机间可以设置共享文件和打印机等，但一般公司或者单位计算机网络会设置域，来实现文件和设备共享，网络安全性较高。

③ 公用网络：例如在咖啡店或者机场，此时系统会通过 Windows 防火墙禁止其他用户在网络上浏览本地计算机，也会阻止从 Internet 来的攻击行为。它会禁用网络发现功能，本地计算机也无法浏览到网络上的其他计算机。

二、防火墙的高级设置

打开防火墙设置页面（见图 3-31），左侧功能列表中的“允许程序或功能通过 Windows 防火墙”可以实现“例外”功能，“打开或关闭 Windows 防火墙”可以设置是否在某种网络位置中启用防火墙。

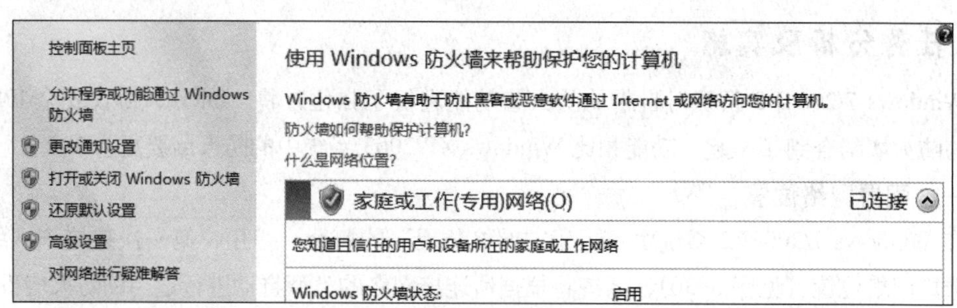

图3-31　防火墙设置页面

默认情况下，防火墙会阻止所有未经特别许可的入站通信，如果安装或者启用了某个需要传入连接的 Windows 功能，防火墙会自动询问是否需要将其加入到例外规则中。但是，如果安装了不能自动启用防火墙的应用程序，则需要手工创建相应的规则。

在防火墙的高级设置中，通过使用配置规则来响应传入和传出流量，以便确定允许或阻止哪种数据流量。当传入数据包到达计算机时，防火墙检查该数据包，并确定它是否符合防火墙规则中指定的标准，如果数据包与规则中的标准匹配，则防火墙将执行规则中指定的操作，即阻止连接或允许连接；如果数据包与规则中的标准不匹配，则防火墙将丢弃该数据包，并记录到防火墙日志中。

下面以允许 ping 命令的 ICMP 回显请求数据包通过为例，来创建一条防火墙规则。

① 在防火墙高级设置中，选择新建一条“入站规则”。

4 种规则类型的区别如下：

- 程序：能够允许或者阻止指定的可执行文件的连接，而不考虑使用的端口，建议尽量使用“程序”规则类型，除非服务本身不是可执行文件。
- 端口：能够允许或阻止指定端口号的通信，而不考虑通信内容是哪些程序生成的。
- 预定义：这种规则能够控制 Windows 组件的连接，通常 Windows 会自动启用这种规则。
- 自定义：这种规则结合程序和端口的信息。

② 设置规则类型为“自定义”规则，如图 3-32 所示。

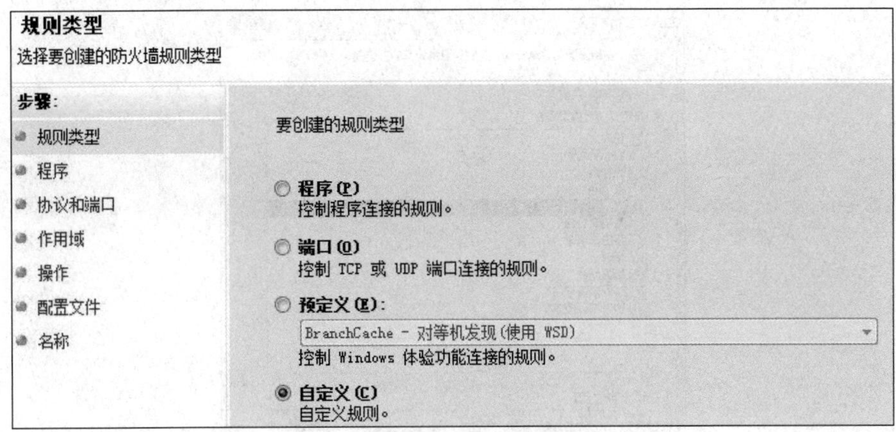

图 3-32　选择规则类型

③ 设置将规则应用于所有程序，如图 3-33 所示。

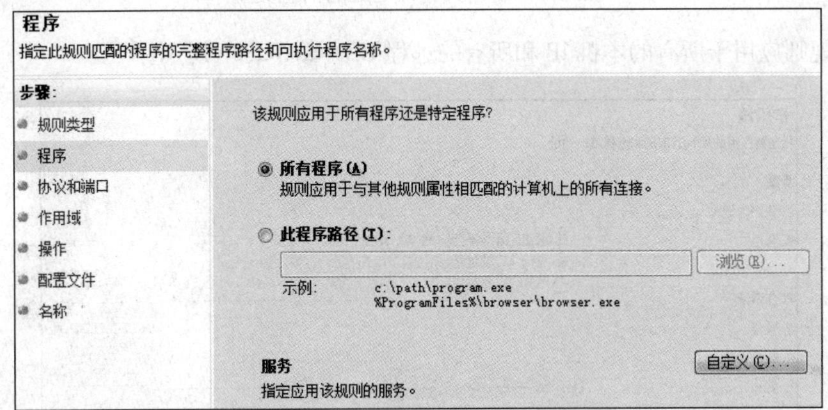

图3-33　将规则应用于所有程序

④ 协议类型选择 ICMPv4，如图 3-34 所示。

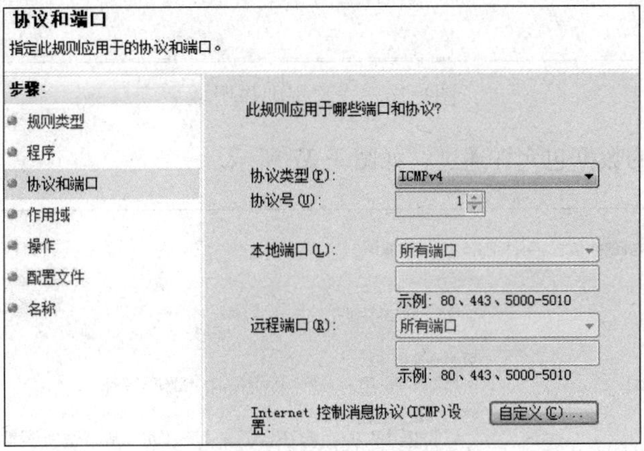

协议和端口
指定此规则应用于的协议和端口。
步骤:
规则类型
程序
协议和端口
作用域
操作
配置文件
名称
此规则应用于哪些端口和协议?
协议类型(P): ICMPv4
协议号(U): 1
本地端口(L): 所有端口
示例: 80、443、5000-5010
远程端口(R): 所有端口
示例: 80、443、5000-5010
Internet 控制消息协议(ICMP)设置: 自定义(C)...

图3-34　选择协议类型

在图 3-34 中，也可以单击右下角的“自定义”按钮，用于设置允许通过的 ICMP 消息类型，默认是允许所有消息全部通过，如图 3-35 所示。

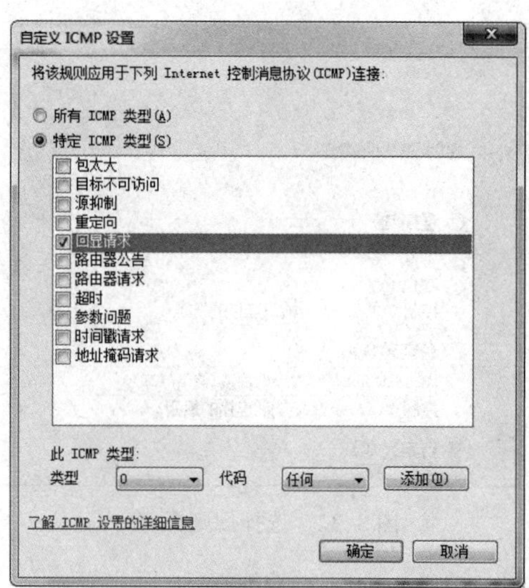

图3-35　自定义允许通过的消息类型

⑤ 将规则应用于所有的本机 IP 和所有的远程 IP，如图 3-36 所示。

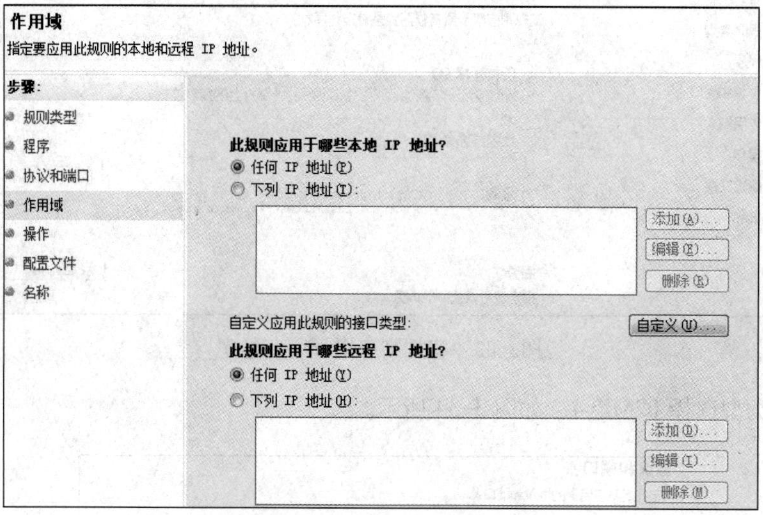

作用域
指定要应用此规则的本地和远程 IP 地址。
步骤:
规则类型
程序
协议和端口
作用域
操作
配置文件
名称
此规则应用于哪些本地 IP 地址?
任何 IP 地址(P)
下列 IP 地址(T):
添加(A)...
编辑(E)...
删除(R)
自定义应用此规则的接口类型:
自定义(U)...
此规则应用于哪些远程 IP 地址?
任何 IP 地址(Y)
下列 IP 地址(H):
添加(D)...
编辑(I)...
删除(M)

图3-36　设置规则作用域

⑥ 对符合条件的数据包允许通过，如图 3-37 所示。

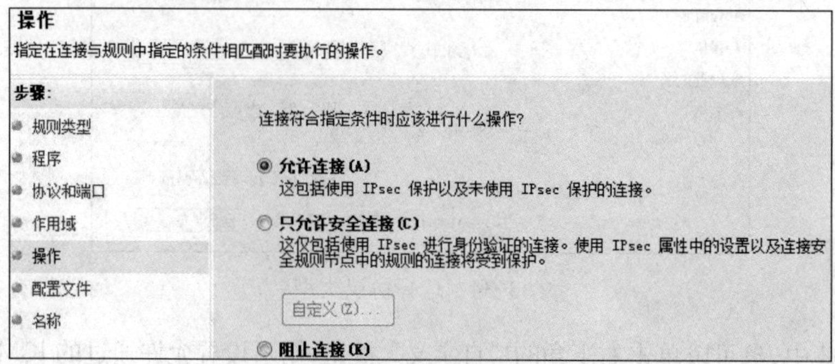

图3-37　允许连接

⑦ 将规则应用于所有的网络位置，如图 3-38 所示。

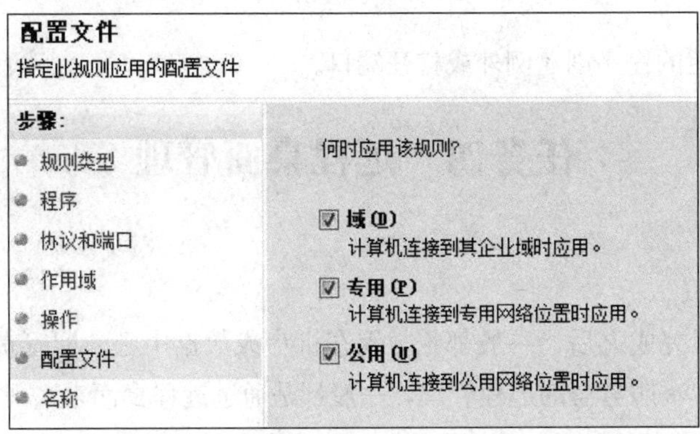

图3-38　将规则应用于所有的网络位置

⑧ 为规则起一个名称，如 ping，如图 3-39 所示。

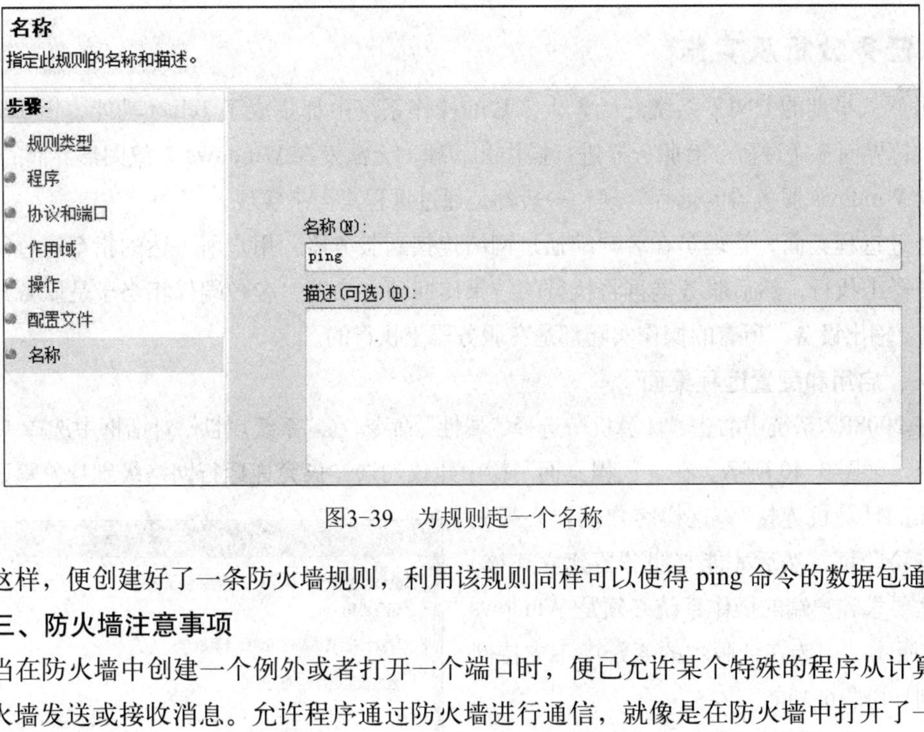

图3-39　为规则起一个名称

这样，便创建好了一条防火墙规则，利用该规则同样可以使得 ping 命令的数据包通过。

三、防火墙注意事项

当在防火墙中创建一个例外或者打开一个端口时，便已允许某个特殊的程序从计算机通过防火墙发送或接收消息。允许程序通过防火墙进行通信，就像是在防火墙中打开了一扇很小的门。

每次为程序创建一个例外或打开一个端口时，计算机的安全性也随之降低。防火墙拥有的例外或打开的端口越多，黑客或恶意软件使用这些通道传播蠕虫、访问文件或使用计算机将恶意软件传播到其他计算机的机会也就越大。

通常，创建程序例外比打开端口更为安全。如果打开一个端口，无论程序是否正在使用它，该端口都将始终保持打开状态，直到将其关闭。如果创建一个例外，这个“门”仅会在需要进行特殊通信时才打开。

降低安全风险建议如下：

① 仅在真正需要时才创建例外或打开端口，并且删除不再需要的例外或关闭不再需要的端口。

② 切勿为不知道的程序创建例外或打开端口。

任务四　远程桌面管理

服务器安装配置完成之后，一般都是放置在机房或数据中心，网管员需要远程对服务器进行管理。对 Windows 服务器的远程管理，一般都是通过远程桌面来实现。

在本任务中要求掌握：

① 能够启用并配置远程桌面。

② 能够通过远程桌面对服务器进行管理。

任务分析及实施

虽然从早期的 UNIX 系统开始，大多数的操作系统中都集成了 Telnet 功能，但 Telnet 只能在字符界面下通过命令对服务器进行操作和管理，无法发挥 Windows 系统图形界面的功能，所以对 Windows 服务器的远程管理，一般都是通过远程桌面来实现。

通过远程桌面，管理员在客户端通过网络连接到服务器，用户所下达的指令通过网络传到服务器上执行，然后服务器再将执行的结果传回到客户端。客户端仅相当于是服务器的一套输入 / 输出设备，所有的操作实际都是在服务器上执行的。

一、启用和配置远程桌面

在 2008R2 系统中右击“计算机”,选择“属性”命令,在“系统属性”对话框中选择“远程”选项卡，如图 3-40 所示。在“远程桌面”栏中建议勾选“仅允许运行网络级别身份验证的远程桌面的计算机连接”，这样客户端就必须先通过身份验证，然后才能与服务器建立连接，但是这要求客户端的操作系统必须是 Windows 7 以上版本，因为在低版本的系统中不支持网络级别身份验证功能。

启用远程桌面服务后，默认只有 administrators 组的成员具有远程登录的权限，如果希望其他用户也具有这种权限，可以单击“选择用户”按钮打开“远程桌面用户”对话框，单击“添加”按钮添加新用户，如图 3-41 所示。

另外，也可以选择将用户添加到远程桌面组（Remote Desktop Users 组），那么该用户同样可以获得远程登录的权限，如图 3-42 所示。

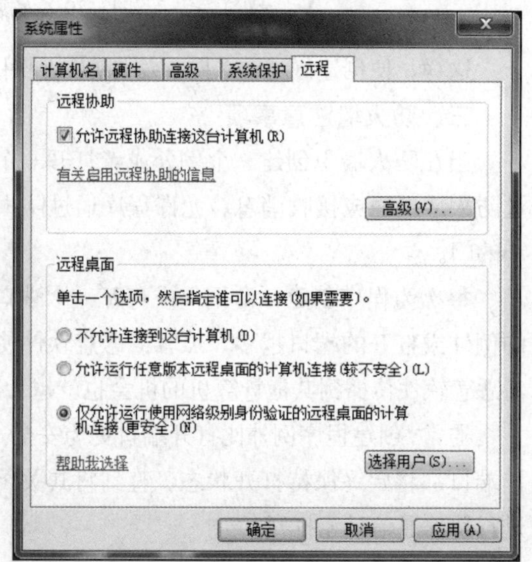

图3-40　启用远程桌面

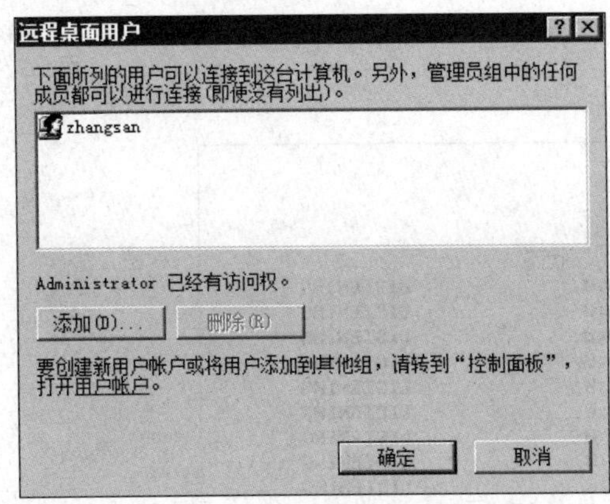

图3-41　添加远程桌面用户

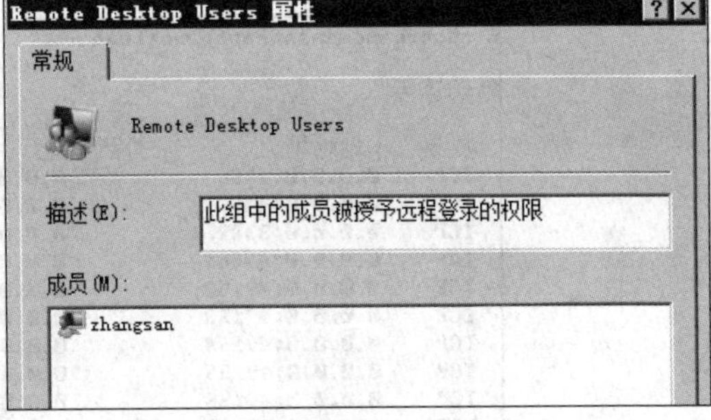

图3-42　Rmote Desktop Users属性

注意：要进行远程连接的用户必须设置密码，不允许使用空密码。

另外，不仅仅是 Windows Server 版系统支持远程桌面功能，像 Windows 7 等客户端系统也可以启用远程桌面，当这些客户端系统出现问题时，管理员同样可以通过远程桌面对其进行管理。

二、远程管理服务器

在客户端可以通过“远程桌面连接”来连接到服务器。

选择“开始”→“程序”→“附件”中打开“远程桌面连接”对话框（或者选择“开始”→“运行”命令，在搜索框中输入 mstsc），输入服务器的 IP 地址以及用户名（见图 3-43），单击“连接”按钮之后输入正确的密码，即可连接到服务器。

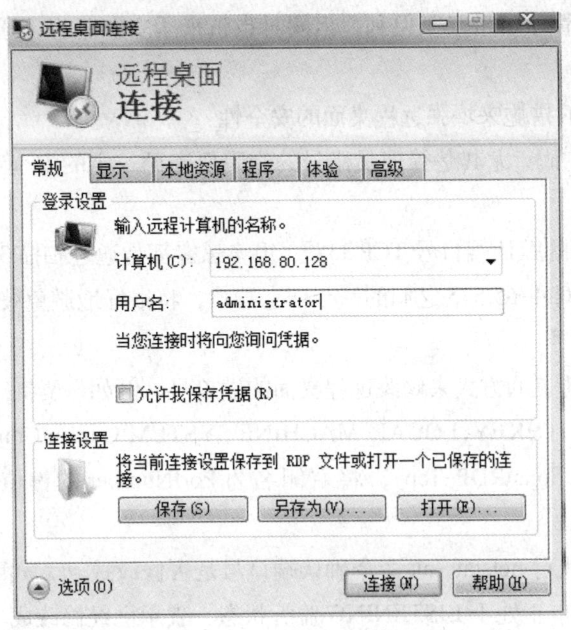

图3-43　远程桌面连接

连接上服务器之后，便可以在客户端对服务器进行各种操作。远程桌面服务使用的是 RDP 远程桌面协议（Remote Desktop Protocol），默认使用 TCP 的 3389 端口。所以，此时在

服务器端执行 netstat -an 命令查看端口状态，会发现 3389 端口已经建立了连接，如图 3-44 所示。

```
C:\Users\Administrator>netstat -an

活动连接

  协议  本地地址              外部地址              状态
  TCP    0.0.0.0:135            0.0.0.0:0              LISTENING
  TCP    0.0.0.0:445            0.0.0.0:0              LISTENING
  TCP    0.0.0.0:3389           0.0.0.0:0              LISTENING
  TCP    0.0.0.0:47001          0.0.0.0:0              LISTENING
  TCP    0.0.0.0:49152          0.0.0.0:0              LISTENING
  TCP    0.0.0.0:49153          0.0.0.0:0              LISTENING
  TCP    0.0.0.0:49154          0.0.0.0:0              LISTENING
  TCP    0.0.0.0:49155          0.0.0.0:0              LISTENING
  TCP    0.0.0.0:49156          0.0.0.0:0              LISTENING
  TCP    192.168.80.128:139     0.0.0.0:0              LISTENING
  TCP    192.168.80.128:3389    192.168.80.1:51846     ESTABLISHED
  TCP    [::]:135               [::]:0                 LISTENING
```

图3-44　查看端口状态

三、断开远程连接

客户端如果要断开与服务器的远程连接，可以使用以下两种方法：

① 注销：用户注销后，其在服务器上执行的程序会被结束，所以在注销之前，应将所有应用程序关闭并保存数据。

② 中断：中断连接不会结束用户在服务器上执行的程序，只是关闭用户与服务器的连接画面。操作方法是：单击远程桌面窗口的关闭按钮。

建议采用注销的方式断开连接。

四、增强远程桌面安全性

远程桌面虽然为管理员带来了便利，但同时也带来了安全隐患，通过远程桌面入侵是一种惯用的黑客手段。

可以通过两方面的措施来增强远程桌面的安全性：

① 管理好用户密码，尤其是管理员账号的密码要遵循一定的安全策略。关于密码管理，在后面将专门讲述。

② 修改远程桌面的默认端口号 TCP 3389，很多黑客都是通过扫描 3389 端口来实现入侵，因而将 3389 修改为 1 024~65 535 之间的一个任意端口，将很好地避免被黑客扫描。

1. 修改默认端口号

可以通过修改注册表的方式来修改远程桌面的端口号，例如，要将端口号改为 TCP 6000。

在注册表中展开（HKEY_LOCAL_MACHINE\SYSTEM\CurrentContro1Set\Control\Terminal Server\Windows Stations\RDP-Tcp），将右侧名为 PortNumber 的键值的值（默认是 3389）修改成 6000 即可。

修改之后，需要执行 netstat -an 命令确认端口号是否修改成功，如图 3-45 所示，命令执行后显示 TCP 6000 端口正处于 LISTENING 监听状态，表示已经修改成功。

如果执行命令后发现开放的仍然是 TCP 3389 端口，那么只需将远程桌面服务先暂时关闭，然后再重新启用即可。

```
C:\Documents and Settings\Administrator>netstat -an

Active Connections

  Proto  Local Address          Foreign Address        State
  TCP    0.0.0.0:135            0.0.0.0:0              LISTENING
  TCP    0.0.0.0:445            0.0.0.0:0              LISTENING
  TCP    0.0.0.0:1026           0.0.0.0:0              LISTENING
  TCP    0.0.0.0:6000           0.0.0.0:0              LISTENING
  TCP    127.0.0.1:1027         0.0.0.0:0              LISTENING
```

图3-45　端口号修改成功

2. 设置服务器端防火墙

修改了端口号之后，注意还要配置服务器端的防火墙，允许发往 TCP6000 端口的数据通过。对于 2008R2 系统，则需要在防火墙的高级设置中添加一条入站规则。操作步骤如下：

① 在“规则类型”中选择“端口”。

② 在“协议和端口”中指定 TCP 6000 端口。

③ 在“操作”中选择“允许连接”。

④ 在“配置文件”中将规则应用于所有的网络类型。

⑤ 在“名称”中为规则起一个名字，如 rdp。

3. 客户端配置

在客户端要连接远程桌面时，注意必须要在 IP 地址的后面指明端口号 6000（见图 3-46），否则客户端仍然会使用默认的 3389 端口进行连接。

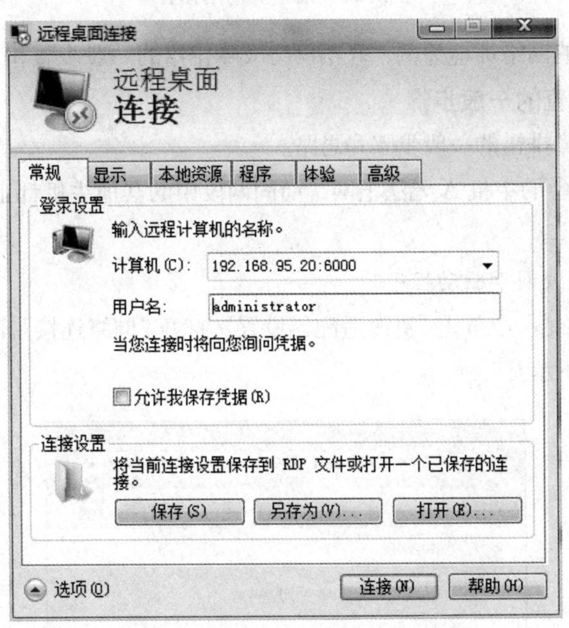

图3-46　在客户端要指明端口号

任务五　排查网络故障

任务描述

大多数的网络故障都有规律可循，本任务将介绍一些常规的网络故障排查方法。

本任务要求掌握：

① 排查网络故障的一些常用思路和方法。

② 利用抓包工具排查网络故障。

任务分析及实施

某企业内网拓扑如图 3-47 所示，整个企业网络通过路由器接入到 Internet。

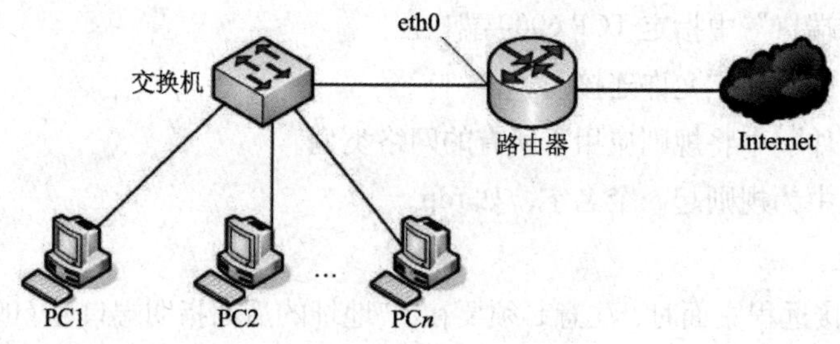

图3-47　某企业内网拓扑

下面以这种典型的网络环境为例，介绍网络故障排错的一般步骤和思路。

一、网络故障排查的一般步骤

首先介绍网络故障排错的一般步骤和思路。

假设在 net1 网段中的主机 A 无法上网，而同网段中的其他主机都正常，可以按如下步骤分析排错：

1. 确认已正确安装网卡驱动程序

在“网络和共享中心”中单击“更改适配器设置”，打开“网络连接”，确认其中是否存在“本地连接”，如图 3-48 所示。

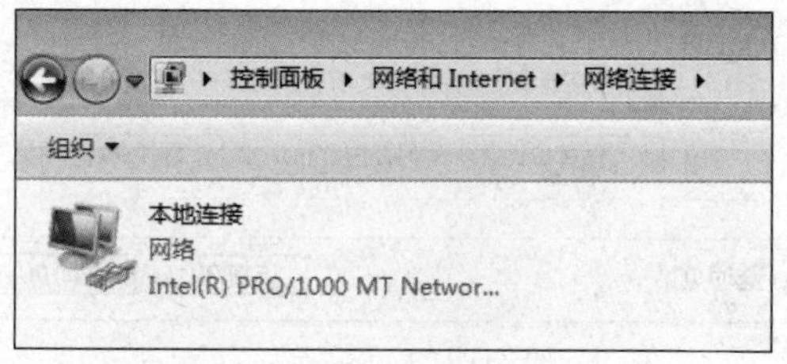

图3-48　“网络连接”窗口

“本地连接”也就是网卡连接情况，如果网卡的驱动程序没有正确安装，就没有“本地连接”。此时可以安装正确的网卡驱动程序，并在“设备管理器”中确认“网络适配器”的驱动程序正常。

2. 确认网线已接好

如果网线没有接好，在“本地连接”上会出现红叉，如图 3-49 所示。

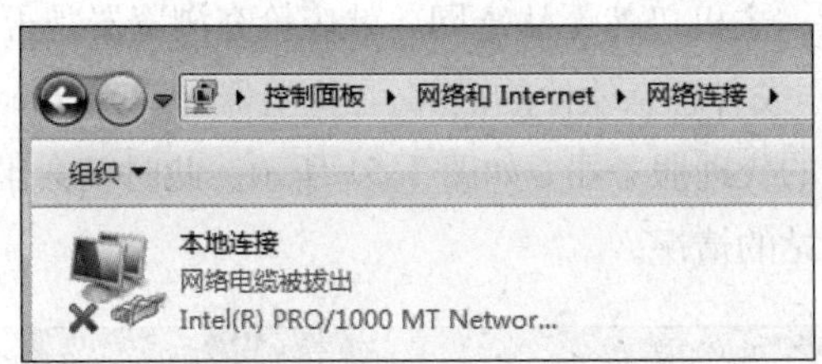

图3-49　网线未连接好

出现这种故障，可能是网卡有问题，也可能是网线有问题，这时就可以用替换法进行排查。将网线插到一台网卡正常的主机上，如果仍然出现红叉，就可以确定是网线的问题，反之则可以确定是网卡的问题。

3. 确认网卡能正常地收发数据包

在“本地连接”上右击，查看“状态”，从中查看网卡“已发送”或“已接收”的数据包是否为 0，如图 3-50 所示。

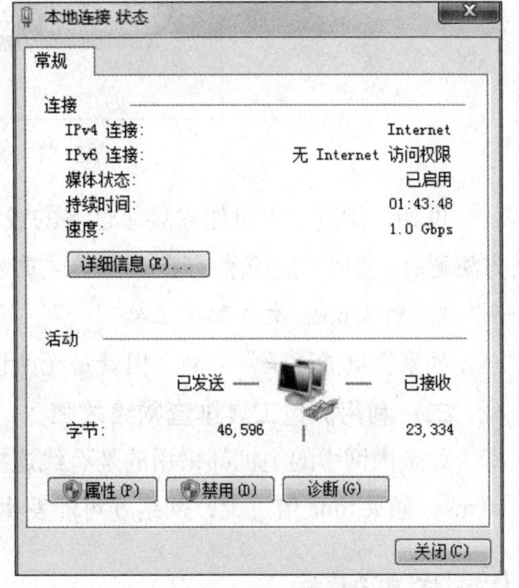

图3-50　本地连接状态

如果“已发送”或“已接收”中有任何一项为 0，则证明网线存在问题。因为双绞线中的 1、2 号线用于发送数据，3、6 号线用于接收数据，如果其中某根线断开或者接触不好，就会影响数据的发送或接收，而此时“本地连接”上却并不显示红叉，因而这种故障有一定的隐蔽性。如果遇到这种情况，可以重新制作水晶头或者更换网线。

4. 确认 IP 地址配置正确

对于动态分配的 IP 地址，由于网络中很容易出现私自接入的具备分配动态 IP 地址功能的设备，因而必须要确认网卡获取的是所指定的地址段中的地址。

对于静态设置的 IP 地址，如果网络中主机的数量比较多，可能会导致 IP 地址冲突，从而使得在 TCP/IP 设置中所配置的 IP 地址并没有生效。

无论是上述哪种情况，都建议执行 ipconfig 命令来检查 IP 地址是否配置正确。

5. 确认主机能 ping 通网关

网关是内部网络的统一出口，如果主机 ping 网关不通，则证明问题出在内部网络。此时，可以测试能否 ping 通内网中的其他计算机，如果不能 ping 通，证明是主机网卡或者网线出了问题；如果能 ping 通，问题则与主机网卡或者网线无关，多半是内部网络的某处出现了故障。

如果主机能够 ping 通网关，证明内部网络没有问题，问题应该出在外部网络。这时可以继续 ping 互联网中的某个网址，比如 ping www.baidu.com，测试能否将网址解析为 IP，以确

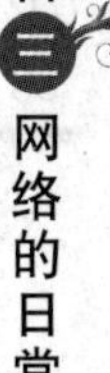

认 DNS 服务器设置是否错误。

6. 确认浏览器设置正确

完成了上述步骤之后，主机仍然无法上网，就应检查浏览器是否配置正确。

例如，由于用户误操作或者恶意软件的破坏，在浏览器的“Internet 选项”→“连接”→“局域网设置”中设置了错误的代理服务器，如图 3-51 所示。此时就会出现前面的步骤全部正确，而浏览器依然无法访问网站的情况。

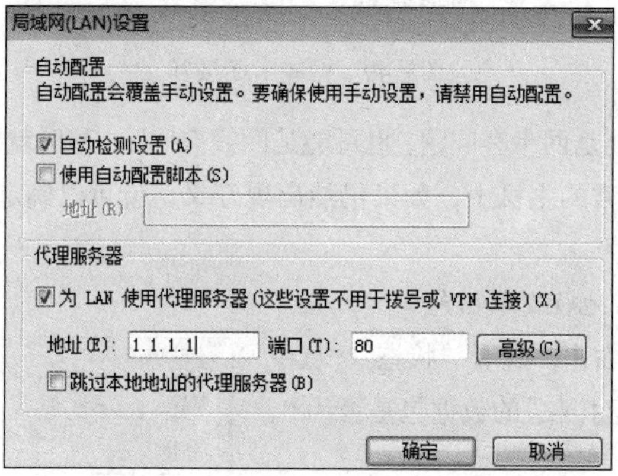

图3-51　局域网（LAN）设置

再如，浏览器中可能安装了过多的或者恶意的插件，这时可以采用之前的重置浏览器的方法解决。如果问题依然存在，可尝试重装或者更换浏览器。

7. 确认 hosts 文件配置正确

如果主机能够正常上网，但就是无法访问某些网站，可以检查 hosts 文件是否配置正确。

二、利用抓包工具排查网络故障

如果内网中的主机都采用的是有线连接，正常情况下 ping 网关时所显示的 time 值应小于 10 ms，如果 time 值过大，网络就可能发生拥堵，甚至无法上网。

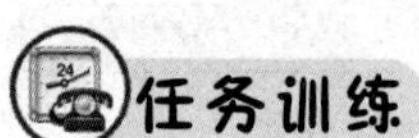

任务训练

▶ 选择题

1. 当一个主机要获取通信目标的 MAC 地址时，应（　　）？

   A. 单播 ARP 请求到默认网关　　B. 广播发送 ARP 请求

   C. 与对方主机建立 TCP 连接　　D. 转发 IP 数据报到邻居结点

2. 下面（　　）地址可以应用于公共互联网中？

   A. 10.172.12.56　　B. 172.64.12.23

   C. 192.168.22.78　　D. 172.16.33.124

3. 在 TCP 协议中，采用（　　）来区分不同的应用进程。

   A. 端口号　　B. IP 地址　　C. 协议类型　　D. MAC 地址

4. ARP 协议的作用是由 IP 地址求 MAC 地址，ARP 请求是广播发送，ARP 响应是（　　）

发送。

A. 单播　　B. 组播　　C. 广播　　D. 点播

5. 某客户端采用 ping 命令检测网络连接故障时，发现可以 ping 通 127.0.0.1 及本机的 IP 地址，但无法 ping 通同一网段内其他工作正常的计算机的 IP 地址。该客户端的故障可能是（　　）。

A. TCP/IP 协议不能正常工作　　B. 本机网卡不能正常工作

C. 本机网络接口故障　　D. DNS 服务器地址设置错误

操作题

1. 某企业内网拓扑如图 3-52 所示，其中路由器 eth0 接口的 IP 为 192.168.0.254/24，请完成下面的问题。

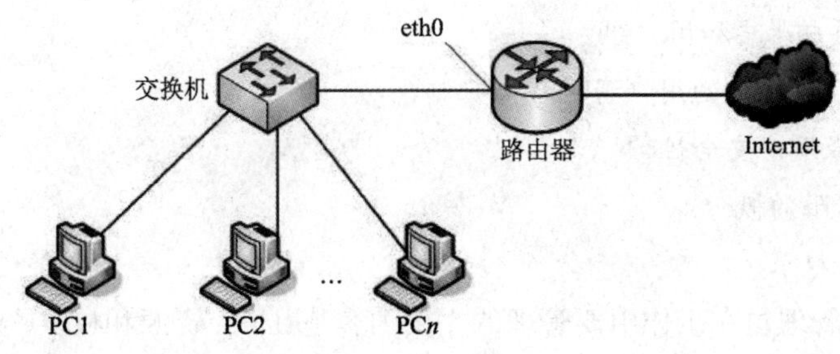

图3-52　网络拓扑

（1）该局域网中共可容纳多少台计算机？

（2）PC1 需要接入 Intenet，其 TCP/IP 四项属性该如何设置？

（3）PC2 需要访问内网中的服务器，但是不允许其接入 Internet，其 TCP/IP 四项属性该如何设置？

2. 探测数据包从计算机发出去之后，在到达网站 www.51cto.com 的过程中，都经过了哪些路由器？简要说明你所采用方法的工作原理。

3. 分别在 Windows Server 2003 和 Windows 7 系统中设置防火墙，使得 ping 命令的数据包能够通过。

4. 访问百度网站，然后查看自己计算机中的端口连接列表，指出其中哪条记录是与百度之间建立的连接，并说明该条记录中每个项目的含义。

5. 扫描自己所处网络中所有开放 TCP139 端口的计算机。

6. ARP 欺骗练习：

① 在虚拟机中实施 ARP 欺骗，使得自己的主机无法上网（关闭 ARP 防火墙）。

② 在自己的主机上配置防御措施，使得 ARP 攻击无效。

7. 在虚拟机 2008_01 上启用远程桌面服务，在客户端上通过远程桌面对其进行管理。

8. 将虚拟机 2008_01 远程桌面服务的端口号修改为 6000。

项目四

用户账户、组与权限的管理

学习目标：

通过本项目的学习，读者将能够：

- 理解工作组的特点；
- 会管理本地用户账户和用户组；
- 了解 Windows 系统中的用户密码存储机制；
- 掌握如何增强用户安全性；
- 理解 NTFS 权限的概念；
- 会管理 NTFS 权限。

作为系统运维管理员在工作中要管理的主要内容是用户、资源和权限，针对这些内容在 Windows 环境下提供了两种不同的网络管理模式：工作组模式和域模式。本项目将学习如何在工作组模式下对本地用户、组和权限进行管理。

任务一　工作组的设置与使用

任务描述

工作组是 Windows 环境下的一种网络组织形式，适用于小型的办公网络。

工作组是对等网络，网络中所有的计算机地位平等，它们之间不需要服务器来管理网络资源。

本任务将介绍针对工作组本身的一些设置和使用方法。

任务分析及实施

一、工作组的概念和设置

工作组和域是 Windows 环境下两种不同的网络组织形式，其中工作组比较适合于小型网络环境，而域则适合于大型的网络环境。关于工作组和域的区别将在项目六中专门介绍。

工作组是 Windows 系统默认使用的网络组织形式。在安装 Windows 操作系统时，默认都选择了工作组模式，并且都加入到了 workgroup 工作组。

对于 Windows 7/2008R2 系统，在“系统属性”的“计算机名称、域和工作组设置”中可以查看算机所属的工作组，如图 4-1 所示。

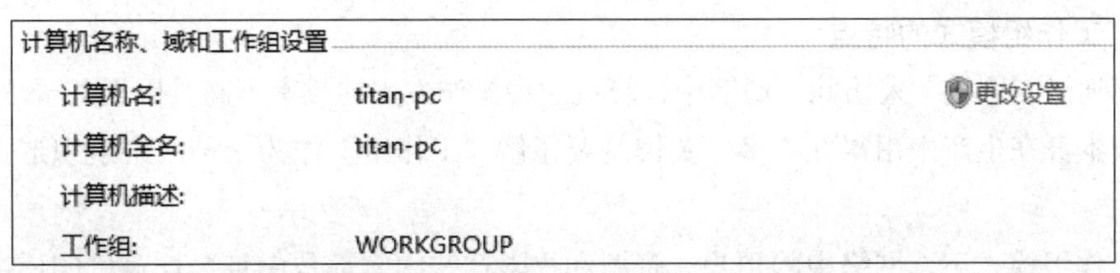

图4-1　查看计算机所属工作组

二、更改工作组和计算机名

一台计算机只能属于一个工作组，但是它可以随时改变加入到别的工作组中，甚至在任何一台计算机上都可以随意创建新的工作组。

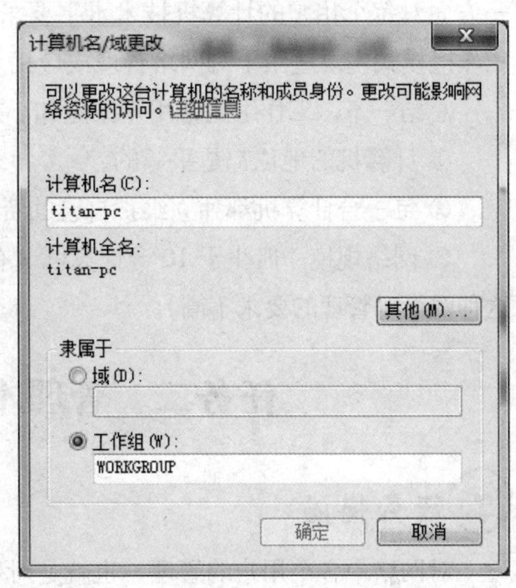

图4-2　更改计算机名和工作组

在图 4-1 中单击“更改设置”按钮,在打开的“计算机名 / 域更改”对话框中可以更改计算机所属的工作组，或者建立新的工作组，同时也可以在这个对话框中改变计算机的名称，如图 4-2 所示。

计算机名用来标识计算机在网络中的身份，就像人的名字。计算机名又称 NetBIOS 名，也就是从“网络”中看到的计算机名。在生产环境中，对计算机的命名一般都要有统一的规定。例如，对于服务器的命名一般以服务的功能命名，如 DC（域控制器）、Filesrv（文件服务器）等；对于客户端计算机的命名，一般以使用者的部门和姓名命名，如“财务部张三”、“技术部李四”等。

工作组模式实行的是松散式管理，大家可以随时改变自己所属的工作组，并没有统一的严格规定。在生产环境中，一般是将计算机按地理位置或所属部门加入到不同的工作组中，如财务部的计算机都加入“财务部”工作组，人事部的计算机都列入“人事部”工作组，这样位于同一个工作组内的计算机互访起来也比较方便。

三、访问工作组中的计算机

一般都是通过“网络”（Windows XP/Windows 2003 系统中称为“网上邻居”）来访问各个工作组以及其中的计算机。

当用户打开“网络”之后，系统就会自动扫描列出局域网中属于同一个工作组中的所有计算机，如图 4-3 所示。如果想访问其他工作组中的计算机，也可以单击“工作组”菜单进行切换。

图4-3　显示同一工作组中的计算机

四、工作组模式的特点

由于通过“网络”来访问局域网中计算机这种操作方式的效率不高，因而关于“工作组”这项服务本身在生产中用得并不多，关键是要了解“工作组”作为一种网络组织形式所具有的特点。

在工作组模式下，网络中的用户、资源和权限这些内容都是由每台计算机的使用者自行管理的。例如，网络中的某个用户“张三”，只要他愿意，可以随时将自己计算机中的某个资源共享，至于谁能访问使用这个共享资源，并且在访问资源时拥有什么权限，都是由张三自己决定并进行设置的，而且张三也可以随时将这个已经共享的资源停掉。在工作组模式下，一方面对每个用户的计算机技术水平要求较高，另一方面也很容易造成管理上的混乱，所以工作组模式主要适用于对网络管理或应用要求不高的小型网络。

总结一下，工作组通常用于家庭和小规模的商业网络，具有如下特点：

① 计算机的地位都是平等的。

② 每一台计算机都独立维护自己的资源，不能集中管理所有网络资源。

③ 网络规模一般少于 10 台计算机（有些网络规模较大，但也采用工作组模式，这是因为这种网络对管理的要求不高）。

任务二　管理本地用户账户和本地组

任务描述

对网络中各个用户的管理，也就是对他们的用户账户进行管理。

在本任务中，首先需要了解系统中内置的用户账户和组的特点，然后需要重点掌握如何在图形界面和字符界面下管理用户和组，最后通过建立隐藏账户来了解用户 SID 等知识点。

任务分析及实施

在计算机网络中，计算机和网络的服务对象是用户，而用户则是通过账户来访问计算机或网络上的资源，所以用户也就是账户，所谓的用户管理就是对用户账户的管理。组是用户账户的集合，一个组中的成员具有相同的属性，管理员可以通过组来对用户的权限进行统一设置，从而简化管理。

在 Windows 系统中，用户分为两种类型：本地用户和域用户，分别对应了工作组模式和域模式。利用本地用户账户只能登录到本机，并使用网络上工作组中的共享资源。而域用户则可以在域中的任何一台客户端上登录，可以使用域中的网络资源，并接受域控制器的统一管理。本项目只讨论本地用户账户。

一、系统内置用户和组

1. 系统内置用户

系统安装完成后会自动创建一些用户账户，打开“计算机管理”中的“本地用户和组”，可以看到 Windows 系统中默认内置的两个用户账户：administrator 和 guest。

① Administrator是系统的管理员账户，拥有对整个系统硬件和软件资源的完全控制权限。

② Guest是来宾账户，主要是供要访问本机上的共享资源的网络用户使用。该账户默认被禁用，如果计算机中没有需要在网络上共享的资源，则该账户不必开启。

另外，在部分软件的安装过程中，还有可能会自动创建一些具有特殊功能的用户账户。

一般情况下，都是以Administrator用户的身份在使用操作系统，所以很多黑客都习惯去猜解Administrator用户的密码。由于Administrator不能被删除，但可以被改名，因此为了提高安全性，可以将Administrator改名以后再使用，或者是再另外创建一个管理员账户，然后将Administrator账户禁用。

2. 系统内置组

在Windows系统中内置的本地组有多个，其中较重要的主要是Administrators组和Users组。

不同组的区别主要在于权限不同，Administrators组的成员拥有对计算机的完全控制权限，可以创建新的用户，并为其他用户指派权限。该组的默认成员是Administrator。

Users组的成员可以登录系统，能使用系统中已有的资源，但无法对系统进行调整设置，例如无法更改系统时间，不能设置共享等。对于2008R2之类的网络操作系统，普通用户连关机都不能。系统中所有后来创建的用户默认都属于Users组。

例如，完成下面的练习：

① 新创建一个名为Temp的用户，观察其默认属于哪个组。

② 将系统注销，以Temp用户的身份登录系统，验证能否进行以下操作：修改系统时间、修改TCP/IP设置、在C盘根目录下读/写文件。

③ 将系统注销，以Administrator用户身份登录系统，然后将temp用户加入到administrators组，再以该用户身份登录系统，验证能否进行上述操作。

另外，在Windows系统中还存在一些内置的特殊组，这些特殊组无法对其进行管理，一般只有在设置权限时才看得到，其中应用最多的就是Everyone组，这个组的成员包括了所有访问该计算机的用户。

二、利用图形界面管理用户和组

本地用户主要用于工作组环境中，只有当用户登录到本地计算机或者通过网络访问该计算机时，本地用户账户才起作用。但系统内置的用户账户并不能满足日常的使用和管理需要，所以很多时候需要为用户建立新的账户，那么什么时候需要创建新的用户账户呢？一般有以下几种情况：

① 一个用户需要交互式（在本地）登录到计算机，然后做一些基本的上网或文字处理工作，而又不希望该用户具有关机或者格式化硬盘的权限。

② 希望若干用户通过网络访问本地计算机的资源，而这些用户对这些资源又需要拥有不同的访问权限。

只有系统管理员才可以在本地创建用户和组，在图形界面下，可以使用“计算机管理”中的“本地用户和组”来对用户和组进行管理。

1. 创建用户账户

右击“本地用户和组”中的“用户”选项,选择“新用户”命令创建本地用户,创建用户时,需要输入和选择以下一些信息，如图 4-4 所示。

新用户
用户名(U):
全名(F):
描述(D):
密码(P):
确认密码(C):
用户下次登录时须更改密码(M)
用户不能更改密码(S)
密码永不过期(W)
帐户已禁用(B)
创建(E)
关闭(O)

图4-4　创建新用户

① 用户名：用户登录时所使用的名字，不能与当前系统里其他用户账户或者组账户重名。用户名最长 20 个字符，不区分大小写，也可以使用中文，但不能使用一些特殊字符(” /\:;|=,+*?<>)。一般情况下习惯使用用户的英文姓名或者姓名的拼音来组成用户账户名。

② 全名和描述：可选项，可以输入一些员工的个人信息和公司信息，如姓名和部门等。

③ 密码和确认密码：输入用户将来登录时所使用的密码，输入两次而且必须相同，密码的最大长度可以达到 127 位。

④ 用户下次登录时须更改密码：一般情况下都是管理员为其他用户建立账户，但这时管理员就会知道用户账户的密码。为了避免将来不必要的麻烦，可以设置当用户下一次登录此台计算机时，系统强制用户更改密码。

⑤ 用户不能更改密码：默认情况下每个用户都可以更改自己的密码，但有时多个用户使用同一个账户，如果其中一个人更改了密码就会造成其他用户无法登录。可以设置此项，禁止用户更改密码。

⑥ 密码永不过期:默认情况下设置的密码会在 42 天后过期，选择此项后密码将永不过期。

⑦ 账户已禁用：当某用户出差或者暂时离开几个月时可以将此用户禁用，禁用后此账户将不能登录。

2. 重命名或删除用户账户

当一个员工离职，另一个员工接替工作时，可以将以前员工使用的用户账户更改为新员工的账户，并重设密码，更名后原用户账户的所有权限将全部保留下来。在要改名的用户账户上右击，选择“重命名”命令即可。

当用户账户确定不需要使用时，可以删除。当一个用户被删除后，再建立同名用户账户，也不能保留以前的权限。原因是系统内部有唯一标识用户的 SID，新建立的同名用户 SID 与被删除的原用户不同。右击要删除的账户，选择“删除”命令可完成删除操作。

3. 将用户加入到组

组是账户的集合，当一个用户加入到一个组以后，该用户会继承该组所拥有的权限，一个用户账户可以同时加入到多个组。

在 Windows 系统中可以为单个用户分配权限，但是当用户数量过多时，就会做很多重复性工作。这时可以为系统中的本地组分配权限，然后将用户加入本地组，这些用户就会继承本地组的权限。

创建本地组的界面如图 4-5 所示，输入组名，描述信息可以随意，单击“创建”按钮即可。

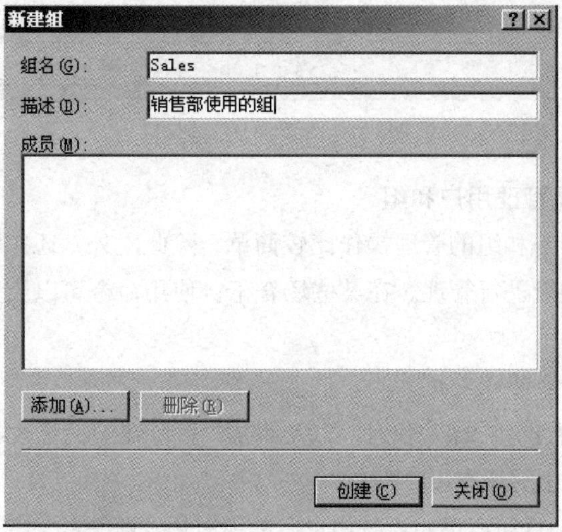

图4-5 创建本地组

向组中添加成员的方法有两种：

一种是打开要加入的组，单击“添加”按钮，在“选择用户”对话框（见图 4-6）中可以直接输入用户的名称；如果是多个用户需用分号分隔，这种方法适用于将多个用户加入到一个组的情况。

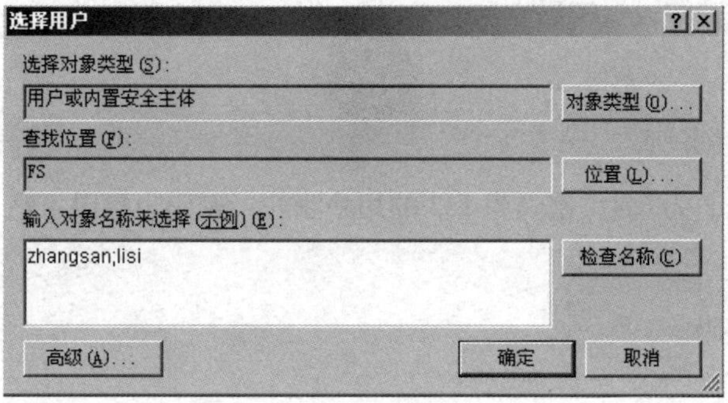

图4-6 向组中添加用户

另一种方法是打开用户的属性对话框，在“隶属于”选项卡（见图 4-7 ）中添加用户所要加入的组，这种方法适用于将一个用户加入到多个组的情况。

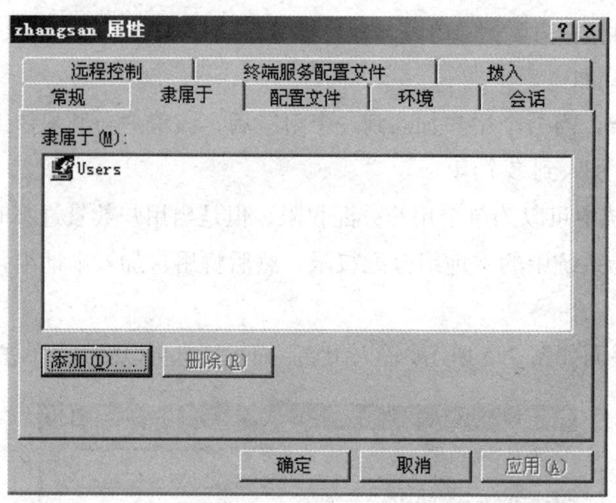

图4-7　将用户加入到组

三、利用字符界面管理用户和组

在图形界面下对用户和组的管理操作比较简单，除此之外，还应该掌握如何在字符界面下通过命令行对用户和组进行管理。在某些场合下，使用命令可以大大简化管理操作，提高工作效率。

1. 利用 net user 命令管理用户

net user 命令用于显示用户账户信息，以及添加、删除账户，更改账户信息。

（1）显示目前系统中的所有用户账户

直接执行 net user 命令可以显示系统中已有的所有用户账户。

（2）显示指定用户的账户信息

命令格式：

```
net user administrator
```

例如，显示 administrator 用户的信息：从显示的信息中可以发现该用户的类型、账户是否启用、上次的登录时间、用户登录是否需要密码等信息。

（3）新建用户账户并设置密码

命令格式：

```
net user [username] [password] /add
```

例如，添加一个名为 test、密码为 123 的用户账户（密码也可以省略）。

```
net user test 123 /add
```

（4）更改账户密码

命令格式：

```
net user [username] password
```

例如，将 test 用户的密码更改为 abc。

```
net user test abc
```

(5) 删除用户账户

命令格式：

```
net user [username] /del
```

例如，将 test 用户删除。

```
net user test /del
```

(6) 启用（禁用）某个用户账户

命令格式：

```
net user [username] /active:yes(no)
```

例如，将 test 用户禁用。

```
net user test /active:no
```

可以再执行 net user test 命令查看 test 用户信息，发现该账户状态为未启用。

2. 利用 net localgroup 命令管理组

net localgroup 命令用于添加、显示或更改本地用户组。一般使用该命令来显示某个组的成员或将某个已存在的用户添加到组里。

(1) 显示目前系统中的所有用户组

直接执行 net localgroup 命令可以显示目前系统中已有的所有用户组。

(2) 显示指定组中的所有成员用户

命令格式：

```
net localgroup
```

例如，显示管理员组中的所有成员用户账户。

```
net localgroup administrators
```

(3) 向组中添加或删除成员

命令格式：

```
net localgroup [groupname] [username] /add(del)
```

例如，将 test 账户加入到管理员组中。

```
net localgroup administrators test /add
```

例如，将 test 账户从管理员组中删除。

```
net localgroup administrators test /del
```

3. 创建批处理文件

学习命令的主要用途是用来创建批处理文件。批处理文件的扩展名为“.bat”，在文件中可以包含一系列的 DOS 命令，只要运行文件，系统就会按顺序依次执行文件中所包含的命令。灵活使用批处理文件，可以极大地提高网络管理效率。

创建批处理文件方法很简单，利用记事本就行，只需在保存时将文件扩展名改为“.bat”即可。

例如，创建如图 4-8 所示的批处理文件。

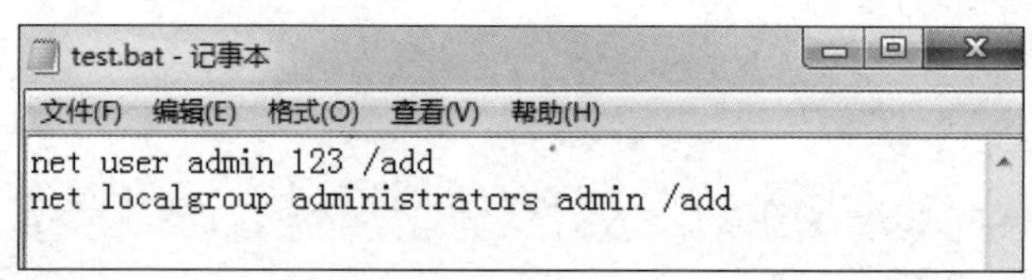

图4-8　批处理文件

只要运行该文件，就会自动在系统中创建一个名为admin的用户，并加入到管理员组。

任务三　管理用户密码

任务描述

用户密码管理是保证系统安全的一个重要环节。本任务要求掌握以下内容：

① 了解Hash加密算法的特点。

② 了解SAM数据库。

③ 掌握清除用户密码的方法。

④ 掌握密码破解的原理和常用方法。

任务分析及实施

在对用户账户管理的过程中，一个核心任务是如何管理好用户的密码。如果某个用户使用用户账户和密码成功通过了系统的登录认证，那么他之后执行的所有操作都自动具有该用户的权限，如果这个用户属于管理员组，那么他就对整个系统具有完全控制权限。因而，管理好用户账户以及密码是保证系统安全的第一道屏障。

下面将介绍一系列与用户密码相关的知识，以使大家能够对之有更深一步的了解。

一、Hash加密算法

Hash是一种在网络安全领域被广泛使用的加密算法。Hash算法，一般被翻译为散列算法，也可直接称之为哈希算法。这种算法非常特殊，它可以将一个任意大小的数据经过散列运算之后，得到一个固定长度的数值（Hash值）。例如，将一个大小只有10 B的文件和一个大小为5 GB的文件，分别用Hash算法进行加密，都将得到一个长度为128位或160位的二进制数的Hash值。

另外，Hash算法还有一个特点，那就是散列运算的过程是不可逆的，即无法通过Hash值来推导出运算之前的原始数据。

Hash算法的特征归纳起来主要是以下四点：

① 定长输出：无论原始数据多大，其结果大小一样。

② 不可逆：无法根据加密后的密文，还原原始数据。

③ 输入一样，输出必定一样。

④ 雪崩效应：输入微小改变，将引起结果巨大改变。

前两个特点已经介绍过，下面通过一个具体的操作来体会一下后两个特点。这里要用到一个名为MD5Calculator的小软件，它可以来对指定的文件进行MD5加密。

MD5 加密是 Hash 加密算法的一种具体应用，除了 MD5 之外，还有一种被广泛采用的同样基于 Hash 加密的加密算法——SHA1。MD5 和 SHA1 的主要区别是它们所生成的 Hash 值的长短不同，MD5 加密生成的 Hash 值长度为 128 位，SHA1 加密生成的 Hash 值长度为 160 位。操作步骤如下：

① 随意找一个文件，比如一个 Word 文档，用它来生成 Hash 值。注意，图 4-9 所示文档中最后没有句号。

> 本书内容选取依据企业网络管理背景，分析具体项目需求，提炼出 12 个教学项目。通过本书的学习，读者可顺利完成中小企业局域网的 Windows 系统运维工作。本书突出职业能力和实践技能的培养，内容结构采用项目式，设计了多个典型工作情境下的工作案例，步骤清晰，图文并茂，突出实用性和实践性

图4-9　准备加密的文档

② 用软件 MD5Calculator 对文件进行加密运算，生成 Hash 值，将其保存下来，如图 4-10 所示。

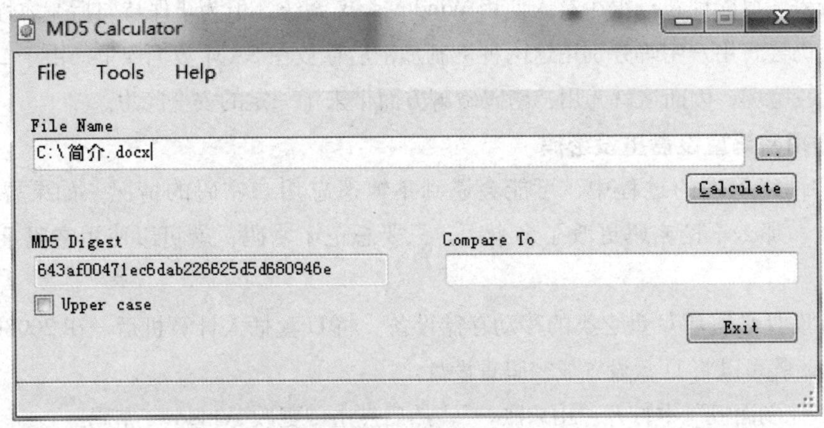

图4-10　进行MD5加密

③ 把原来的文件修改一下，在末尾增加一个句号，然后重新计算生成 Hash 值，如图 4-11 所示。

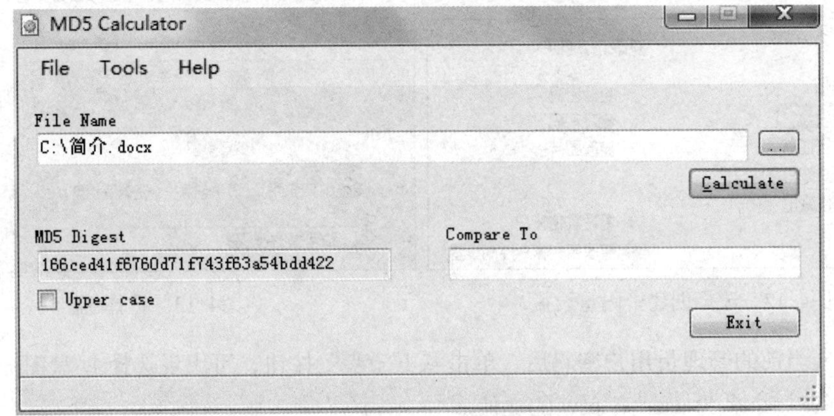

图4-11　文件修改后生成的Hash值

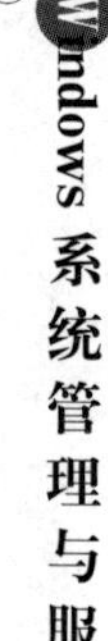

④ 对比可以发现，前后两次的 Hash 值差别非常大，但是 Hash 值的长度都是一样的，都是一个 32 位的十六进制数（即 128 位的二进制数）。

Hash 加密在网络安全领域应用得非常广泛，像在 Windows 系统以及 Linux 系统中，都是采用了 Hash 算法来对用户的密码进行加密。

二、SAM 数据库

在 Windows 系统中，对用户账户的安全管理采用了 SAM（Security Account Manager，安全账号管理）机制，用户账户及密码经过 Hash 加密之后，都保存在 SAM 数据库中。

SAM 数据库保存在 C:\WINDOWS\system32\config\SAM 文件中，当用户登录系统时，首先就要与 SAM 文件中存放的账户信息进行对比，验证通过方可登录。系统对 SAM 文件提供了保护机制，无法将其复制或删除，也无法直接读取其中的内容。

SAM 数据库中存放的用户密码信息采用了两种不同的加密机制。对于 Windows 9x 系统，采用的是 LM 口令散列，对于 Windows 2000 之后的系统，采用的是 NTLM 口令散列。LM 和 NTLM 都是基于 Hash 加密，但是它们的安全机制和安全强度存在差别，LM 口令散列的安全性相对比较差。尽管现在已很少有人使用 Windows 9x 系统，但为了保持向后兼容性，默认情况下，系统仍会将用户密码分别用这两种机制加密后存放在 SAM 数据库里。由于 LM 使用的加密机制比较脆弱，因而这就为用户密码破解方面带来了一定的安全隐患。

三、利用密码重设盘重设密码

在日常网络管理的过程中，可能会遇到不慎遗忘用户密码的情况。如果曾经创建了密码重设盘，那么不论密码更改了多少次，只要忘记了密码，就可以使用密码重设盘重设密码。

密码重设盘必须是 U 盘之类的移动存储设备。将 U 盘插入计算机后，在 2008R2 系统中通过下面的步骤可以将 U 盘设置成密码重设盘。

① 在“控制面板”中打开“用户账户”，然后点击“更改 Windows 密码”。

② 在“更改用户账户”界面中选择“创建密码重设盘”，如图 4-12 所示。

③ 打开“忘记密码向导”，选择刚才插入的 U 盘，如图 4-13 所示。

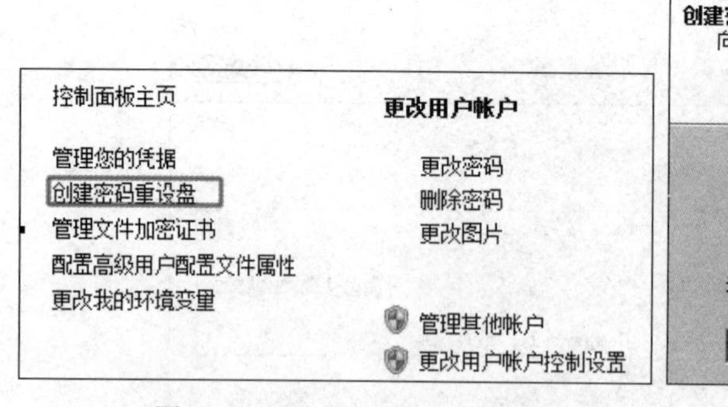

图4-12　选择创建密码重设盘

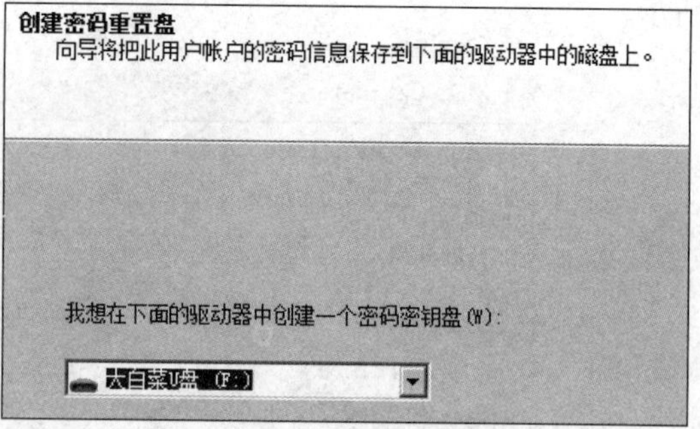

图4-13　选择U盘

④ 输入当前的管理员用户密码后，单击“下一步”按钮，可出现选择 U 盘图标。此时在 U 盘上会创建一个名为 userkey.psw 的文件。

下面是忘记密码后，使用密码重设盘重设密码的步骤。

① 登录系统时，输入错误登录密码后，会出现重设密码提示框。

② 单击“重设密码”(见图 4-14)，出现“重置密码向导”。

③ 在驱动器中选择 U 盘。

④ 系统会直接要求输入新密码并确认，如图 4-15 所示。

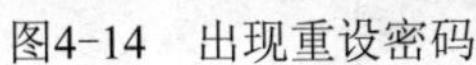
图4-14　出现重设密码

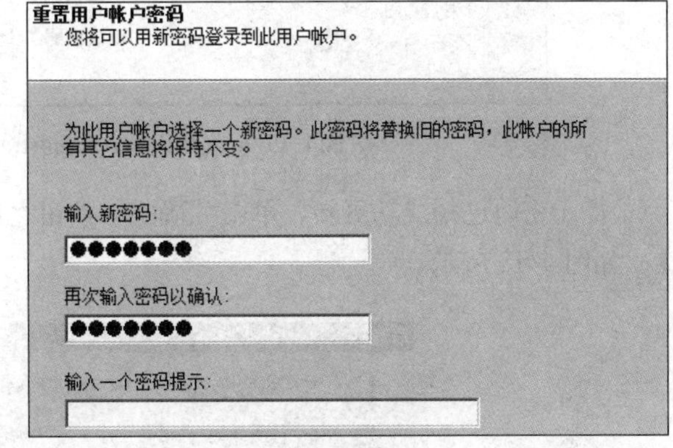

图4-15　设置新密码

⑤ 单击“设置新密码”图示下方的“完成”按钮，完成密码重设。

四、清除用户密码

如果没有创建密码重设盘，而又将管理员用户的密码遗忘了，该如何解决？

这时可以利用工具盘启动并进入 Windows PE 系统，在桌面或“开始”菜单中找到并运行“用户密码清除工具”。下面是利用该工具来清除密码的主要步骤。

① 在“选择目标路径”文本框中输入 Windows 系统的安装路径 C:\Windows，然后在左侧的“选择一个任务”项目列表中选择“修改现有用户的密码”，如图 4-16 所示。

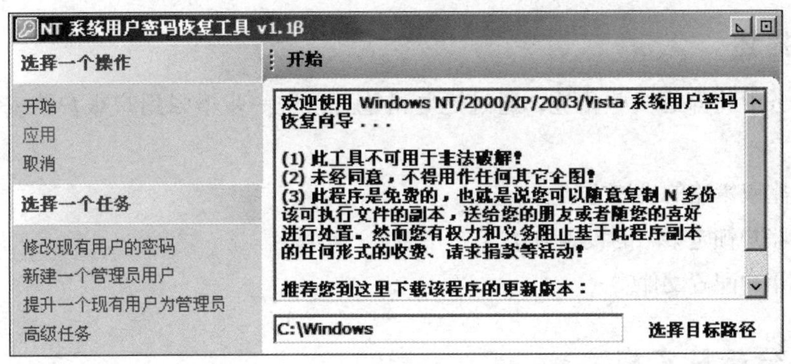

图4-16　软件界面

② 为管理员用户 Administrator 重新设置一个密码，并在左侧的“选择一个操作”项目列表中选择“应用”，如图 4-17 所示。

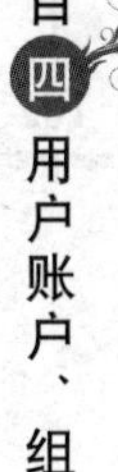

NT 系统用户密码恢复工具 v1.1β
选择一个操作
开始
应用
取消
选择一个任务
修改现有用户的密码
新建一个管理员用户
提升一个现有用户为管理员
高级任务
修改现有用户的密码
请选择您要修改密码的用户名，并输入新的密码。
密码最多支持 127 个字符。如果您在一个运行 Windows 9X 的计算机网络上，需要注意避免密码长度超过 14 个字符。
用户名：Administrator
新密码：***
确认密码：***

图4-17　重新设置Administrator用户密码

③ 提示密码已经成功更新，单击“确定”按钮之后重启系统，发现管理员用户密码已被更改，如图 4-18 所示。

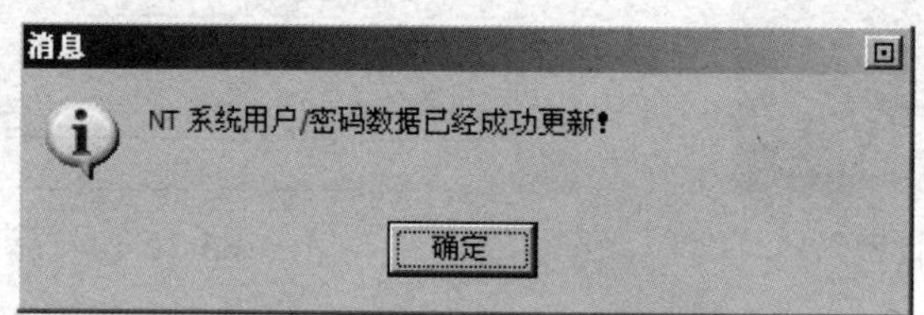

图4-18　提示密码成功更新

对于 2008R2 系统，利用这个“用户密码清除工具”可能无法清除 Administrator 用户的密码。这时可以在图 4-15 所示的界面中选择执行“新建一个管理员用户”，在系统中添加一个管理员账户，然后用此账户登录系统，再修改 Administrator 用户的密码。

任务四　用户账户安全性设置

任务描述

在本任务中将介绍一些措施，通过这些措施可以进一步增强用户账户的安全性。主要包括：

① 掌握密码策略的设置方法。

② 掌握账户锁定策略的设置方法。

③ 了解用户配置文件。

任务分析及实施

一、设置账户策略

在网络管理工作中，由于密码泄露而导致的安全性问题比较突出，黑客在攻击网络系统时也把破解管理员账号密码作为一个主要的攻击目标。下面通过组策略里的“账户策略”设置，来提高账户密码的安全级别。

账户策略主要分为两部分：密码策略和账户锁定策略。

1. 密码策略

密码策略的设置项目如图 4-19 所示。

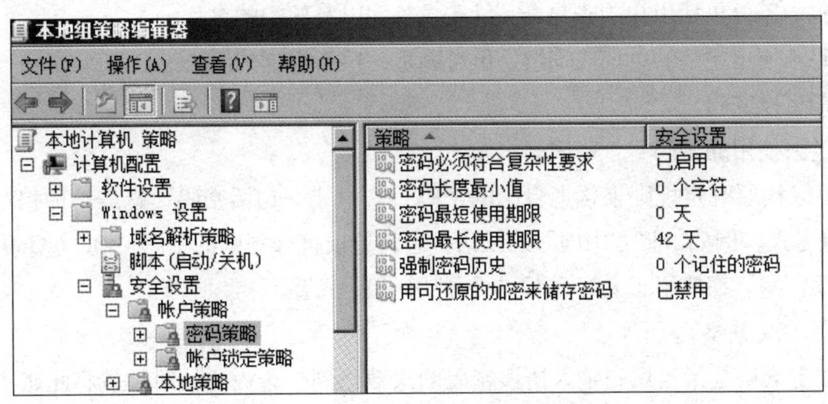

图4-19 配置密码策略

对设置项目的说明：

① 密码必须符合复杂性要求：复杂性要求是指用户账户使用的密码长度至少为 6 位（最多 127 位），且必须是大写字母、小写字母、数字、符号 4 种字符中的任意 3 种以上的组合。启用此策略后，系统中所有用户账户使用的密码都必须要符合复杂性要求。

② 密码长度最小值：该设置用于确定用户密码的最少位数，设置范围 0~14。注意，如果同时启用了密码复杂性要求，并设置了密码长度最小值，则以其中最严格的要求为准。例如，启用密码复杂性要求之后，又将密码长度最小值设为 8，那么系统中所有用户的密码最小长度必须为 8 位。

③ 密码最长使用期限：指密码使用的最长时间，单位为天。设置范围 0~999，默认设置为 42 天，到期之后，系统会提示用户更改密码。如果设置为 0 天，则代表密码永不过期。在实际使用时，对于某些固定用户账号，可以设置密码永不过期，这样就不会受到密码最长使用期限的限制。例如，某个账号专用于群集服务，如果该账号的密码过期而没有及时更改，那么可能会导致群集服务无法正常运行。

④ 密码最短使用期限：指应用密码后，到再一次更改密码的最短时间，单位为天。设置范围 0~998，默认值为 0，表示可以随时更改密码。注意，密码最短使用期限必须小于密码最长使用期限，除非密码最长使用期限设置为 0（表明密码永不过期），那么密码最短使用期限可以设置为 0 ～ 998 天之间的任意值。

⑤ 强制密码历史：指多少个最近使用过的密码不允许再使用，设置范围在 0~24。例如，将强制密码历史设置为 3，那么在为用户设置密码时就不能使用之前 3 次曾使用过的密码。该项设置的默认值为 0，代表可以随意使用过去曾用过的密码。

⑥ 用可还原的加密来储存密码：指密码的存储方式，是否用可以还原的加密方式存储。默认情况下，存储的密码只有操作系统能够访问，如果某些应用程序需要直接访问某个账户的密码，则必须将此策略启用。此策略的应用会使安全性降低，所以一般不必启用。

下面是为用户设置安全密码推荐的操作：

① 密码长度最小 7 个字符，而且包括大小写字母、数字及特殊符号。

② 密码中不要包括用户的账户名、姓名或公司以及部门的名称。

③ 密码不使用完整的单词或词组，但可以是一些不规则的组合。

④ 定期更换密码。

⑤ 与过去使用的密码尽量不同。

用户可以按照既定规则来构造自己的密码，其中"一句话密码"就是一种相对比较安全的密码构造方式。例如，将"中国"的汉语拼音构造成符合规则的密码"Zh0ngGu0"，注意其中的"Z"和"G"都使用了大写，而"o"则用"0"代替。

2. 账户锁定策略

账户锁定策略是指当用户输入错误密码的次数达到一个设定值时，就将此账户锁定。锁定的账户不能再登录，只有等超过指定时间自动解除锁定或由管理员手动解除锁定。注意，账户锁定策略对管理员账户 Administrator 无效。

账户锁定策略包括下面 3 个设置，如图 4-20 所示。

① 账户锁定阈值：指用户输入几次错误的密码后，将用户账户锁定。设置范围 0~999，默认值为 0，代表不锁定账户。

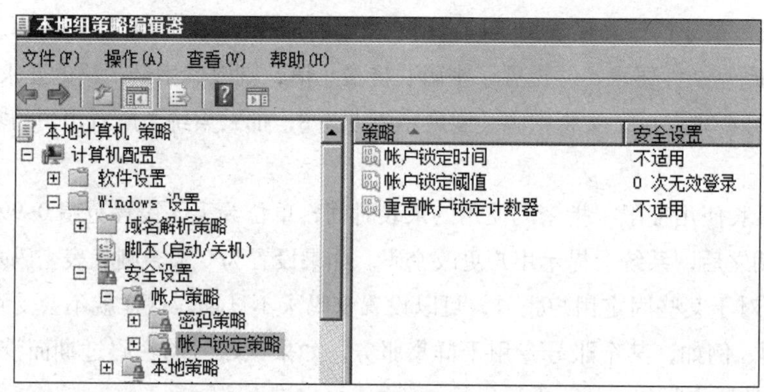

图4-20 账户锁定策略

② 账户锁定时间：指当用户账户被锁定后，多少分钟后自动解锁。设置范围 0~99999 min，0 代表必须由管理员手动解锁。

③ 复位账户锁定计数器：指用户由于输入密码错误开始计数时，计数器保持的时间，当时间过后，计数器将复位为 0。例如，将锁定阈值设置为 3，将锁定计数器设置为 30 min，则用户如果在 30 min 之内连续输入 3 次错误的密码，就会将该账户锁定。但是，如果用户输入 3 次错误密码之间的间隔时间超过了 30 min，则锁定计数器将复位，账户不会锁定。注意，锁定计数器的复位时间必须小于或等于账户锁定时间。

二、用户配置文件

Windows 是一个多用户操作系统，当以某个用户的身份第一次在系统中登录时，系统会自动为用户创建相应的用户配置文件。用户配置文件其实是一个文件夹，对于 Windows 7/2008 系统，用户配置文件位于 C:\Users 下面，都是以用户名命名，如图 4-21 所示。

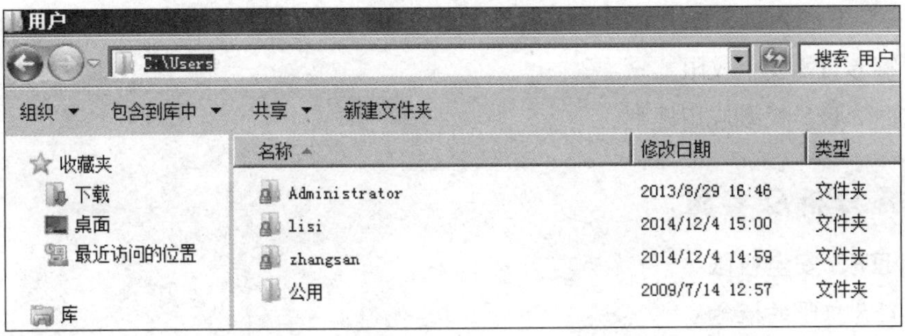

图4-21　2008R2中的用户配置文件夹

文件夹中存放的是用户在登录系统时所自动加载的一些环境设置和文件，如图 4-22 所示。当用户注销时，系统会把这些设置保存到用户配置文件中，下次用户在该计算机登录时，会自动加载配置文件，用户的工作环境又会恢复到上次注销时的样子。

不同用户的配置文件都是互相独立的，如当前用户为 Administrator，在其桌面上建立一个文本文件 test.txt，然后将系统注销，以另一个用户的身份登录，在桌面上则看不到这个文件。因为不同用户的桌面都是一个单独的文件夹。

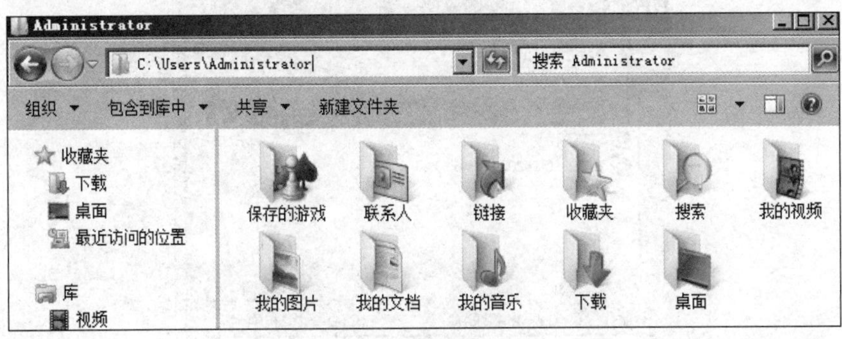

图4-22　用户配置文件

对于 Users 组中的普通用户，只对自己的用户配置文件拥有完全权限，这也是为什么当以一个普通用户的身份登录系统时，可以对“桌面”和“我的文档”进行任意修改，但是在其他目录下却没有权限的原因。

当系统崩溃后而无法进入系统时，可以进入 Windows PE 环境找到用户配置文件夹，将放在“桌面”或“我的文档”里的文件复制出来。这是在进行系统维护时经常用到的一项操作。

另外，在 C:\Users 中还有一个名为“公用”的文件夹，里面包括“公用图片”“公用文档”等子文件夹，放在这些子文件夹中的文件可以出现在所有用户的配置文件中。

任务五　设置NTFS权限

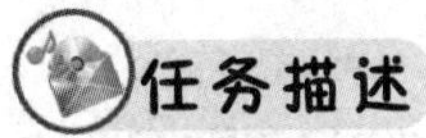

任务描述

NTFS 权限是 Windows 系统的基础服务，Windows 系统的很多高级功能都要依赖于 NTFS 权限。

本任务将介绍 NTFS 权限的配置方法，主要包括：

① 了解 NTFS 安全权限。

② 掌握 NTFS 权限应用规则。

任务分析及实施

一、NTFS 安全权限

1. NTFS 权限的概念

之前已经介绍过，文件系统是文件在磁盘上的存储格式，Windows 环境下常用的有 FAT32 和 NTFS 两种文件系统，其中 NTFS 就是为了弥补 FAT32 在安全性上的不足而设计的，利用 NTFS 文件系统可以针对不同用户和组设置各种访问权限。

在采用 NTFS 文件系统的磁盘分区中，在每一个文件或文件夹的属性中都增加了一个“安全”选项卡，在选项卡中有访问控制列表（ACL，图 4-22 上半部分）和访问控制项（ACE，图 4-22 下半部分）。访问控制列表中列出的是和当前文件或文件夹权限有关的用户和组，当选中某个组或用户后，访问控制项中列出的是和该用户和组相关的权限，如图 4-23 所示。

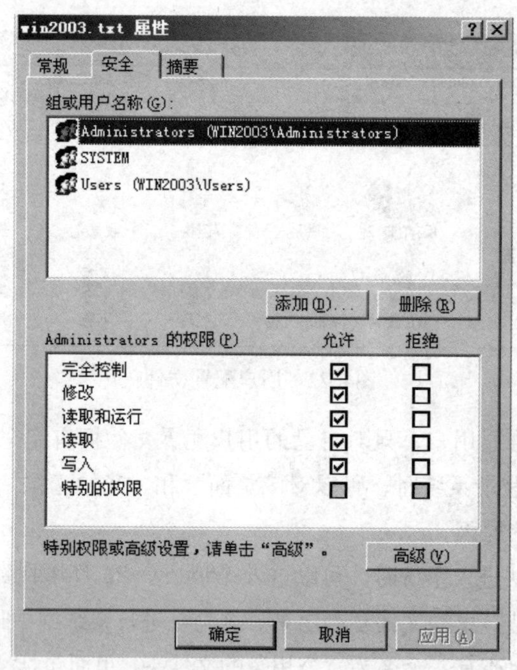

图4-23 “安全”选项卡

当一个用户试图访问一个文件或文件夹时，NTFS 文件系统会检查用户使用的账户或账户所属的组是否在 ACL 中。如果存在，则进一步检查访问控制项，然后根据控制项中的权限来判断用户最终的权限。如果访问控制列表中不存在用户使用的账户或账户所属的组，就拒绝用户访问。

安全权限只能在采用 NTFS 文件系统的磁盘分区中设置，因而也称之为 NTFS 权限。安全权限是 Windows 系统中一个比较基础和底层的服务，很多 Windows 系统的高级服务都要依赖于安全权限，这也是为什么 Windows 服务器的磁盘分区都强调必须采用 NTFS 文件系统的原因。

2. NTFS 权限类型

Windows 提供了非常细致的权限控制项，能够精确定制用户对资源的访问控制能力，大多数的权限从其名称上就可以基本了解其所能实现的内容。常用的 NTFS 权限有以下几种：

① 完全控制：对文件或文件夹可执行所有操作。

② 修改：可以修改、删除文件或文件夹，但无法进行权限设置。

③ 读取和运行：可以读取内容，并且可以执行应用程序。

④ 列出文件夹目录：可以列出文件夹的内容，此权限只针对文件夹存在。

⑤ 读取：可以读取文件或文件夹的内容。

⑥ 写入：可以创建文件夹或文件。与修改权限相比，无法删除原有的文件或文件夹，但可以删除自己创建的文件或文件夹。

⑦ 特别的权限，把某些权限进行了细化。

需要注意的是，权限是针对资源而言的，也就是说，设置权限只能以资源为对象，即“设置某个文件夹有哪些用户可以拥有相应的权限”，而不能是以用户为主，即“设置某个用户可以对哪些资源拥有权限”。这就意味着“权限”必须针对“资源”而言，脱离了资源去谈权限毫无意义。

每一个新建立的文件或文件夹都有一个默认权限，文件夹的默认权限如图 4-24 所示。文件或文件夹的默认权限是继承自上一级文件夹的权限，如果文件或文件夹位于根目录下，则继承磁盘分区的权限。

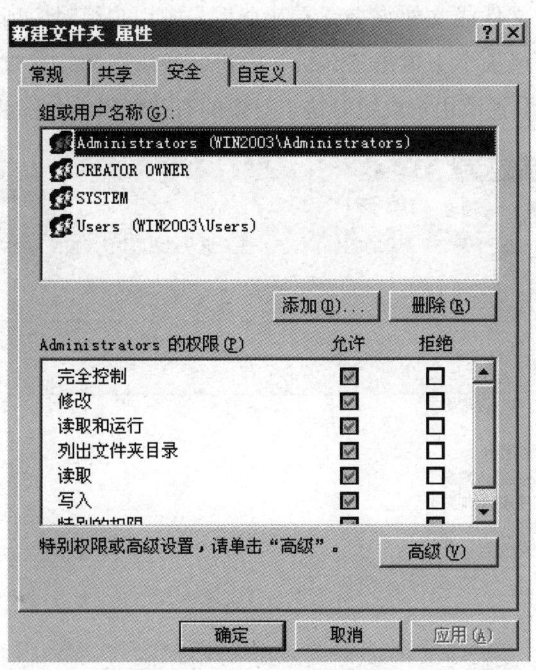

图4-24 文件夹的默认权限

3. 应用 ALP 规则设置权限

如果需要添加用户账户的访问权限，只需将用户账户添加到文件或文件夹的权限列表中，

并设置好相应的权限即可。如果对多个用户设置权限，可以结合组来进行管理。如果需要删除用户账户的访问权限，则在文件或者文件夹的权限列表中删除该用户账户即可。

在工作组环境下，多个用户账户访问相同的资源时，可以分别给每个用户账户分配权限，但这并非最佳方法，通常推荐的方法是应用 ALP 规则，即先将用户账户加入到用户组，然后再为用户组分配权限。这样，用户组中的所有用户账户就会有相应的访问权限。

ALP 是用户账户（Account）、本地组（Localgroup）和权限（Permission）的英文简称。一般情况下，为多个用户账户分配权限时，建议采用 ALP 规则。

二、NTFS 权限应用原则

只有系统管理员或者是具有“完全控制”权限的用户才可以设置文件或文件夹的 NTFS 权限。在设置权限时要掌握其应用原则，下面结合实例来分别说明。

假设系统中存在 userA 和 userB 两个用户以及 group1 和 group2 两个用户组，userA 和 userB 同时都属于是 group1 和 group2 用户组的成员。现在来设置它们对文件夹 test 以及文件夹中的两个文件 test1.txt 和 test2.txt 的 NTFS 权限。

1. 权限累加原则

用户对资源的有效权限是分配给用户账户的权限和用户所属各个组的累加权限。

如果用户对文件具有读取权限，该用户所属的组又对该文件具有写入的权限，那么，该用户就对该文件同时具有读取和写入的权限。

设置 userA 对文件 test1.txt 的权限为读取权限，group1 对文件 test1.txt 的权限为写入权限，此时用户 userA 的有效权限就是读取和写入，而用户 userB 的权限为读取。

我们可以针对一个文件或文件夹来查看某个用户或用户组对它所具有的有效权限。在要查看的对象的“安全”选项卡中单击“高级”按钮，然后选择“有效权限”选项卡，输入要查询的用户或组，即可看到该用户或组对这个对象的有效权限，如图 4-25 所示。

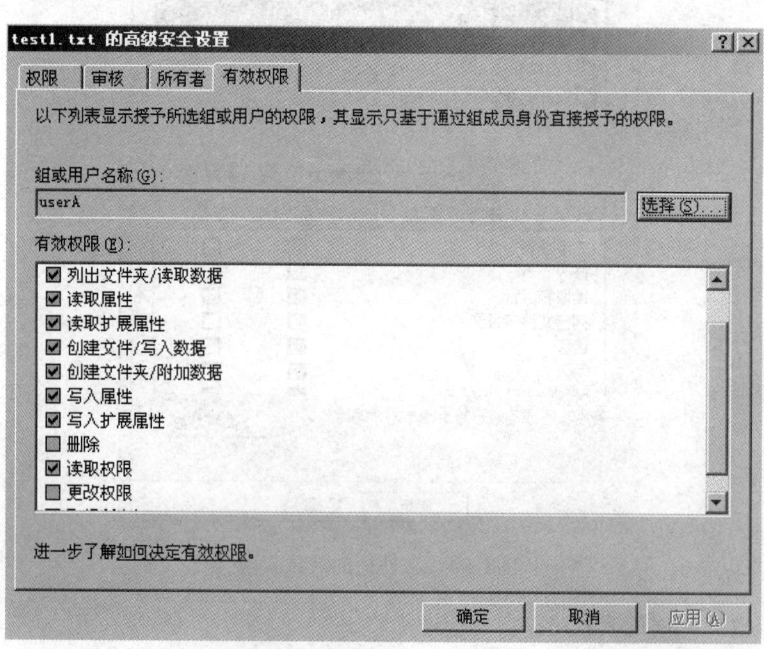

图4-25　查看用户的有效权限

下面继续针对文件 test2.txt 进行设置：group1 组具有读取权限，group2 组具有写入权限。则用户 userA 和 userB 都对该文件具有读取和写入权限。

2. 拒绝优先原则

拒绝权限要优先于其他所有权限，即“拒绝优先”。

有时某些文件可能会要求拒绝某些用户的访问，但是由于用户会自动累加其所属的多个组的权限，就会造成虽然没有直接为用户分配权限，但由于组的关系，用户还是会访问文件。这就需要设置拒绝权限进行解决。

例如，针对文件 test2.txt，用户 userA 从组 gourp1 和组 group2 中自动获得了读取加写入的权限。如果希望 userA 对该文件只能读取而不能写入，如何实现？这就需要给 userA 设置拒绝写入权限，如图 4-26 所示。

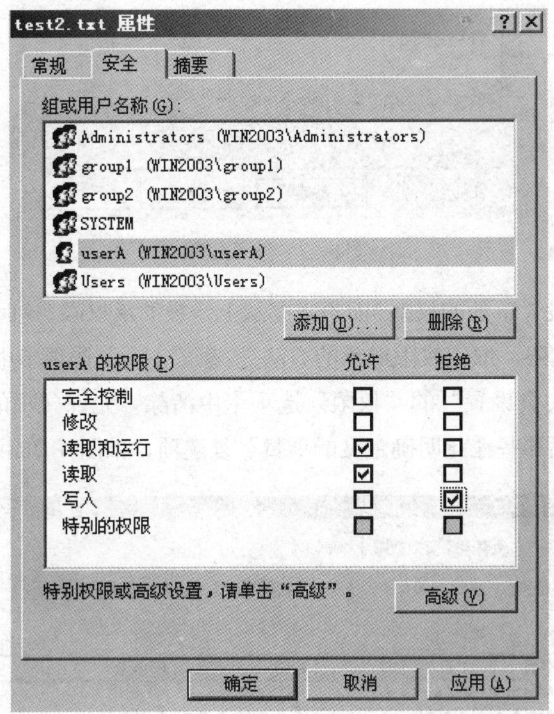

图4-26 用户的拒绝写入权限

如果有大量的用户需要拒绝，可以建立一个拒绝组，然后将需要拒绝的用户加入此组，再给这个组设置拒绝相关的权限即可。

如果一个用户账户明确设置了访问权限，但是被拒绝访问，这时就需要检查其所在的组是否被设置了拒绝的权限。

3. 权限继承原则

分配给文件夹的权限可以自动被其中的子文件夹和文件继承。

如果 userA 对 test 文件夹拥有“读取 + 写入”权限，那么他对 test 文件夹中的子文件夹和文件也自动具有“读取 + 写入”权限。但这些从上一级继承下来的权限，显示为灰色，不能直接修改，只能在此基础上添加其他的权限，如图 4-27 所示。

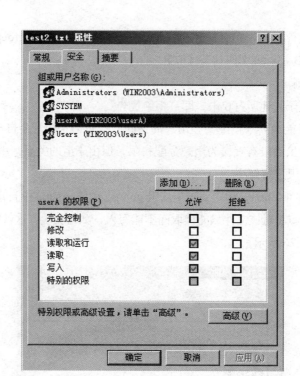

图4-27　继承权限

如果需要对文件设置单独的权限，而不需要从上一级继承权限，这时可以将继承权限删除，然后重新设置 NTFS 权限。取消权限继承的方法是：在“安全”选项卡中单击右下角的“高级”按钮，然后在“高级安全设置”的“权限”选项卡中清除“允许父项的继承权限传播到该对象和所有子对象。包括那些在此明确定义的项目”复选项，如图 4-28 所示。

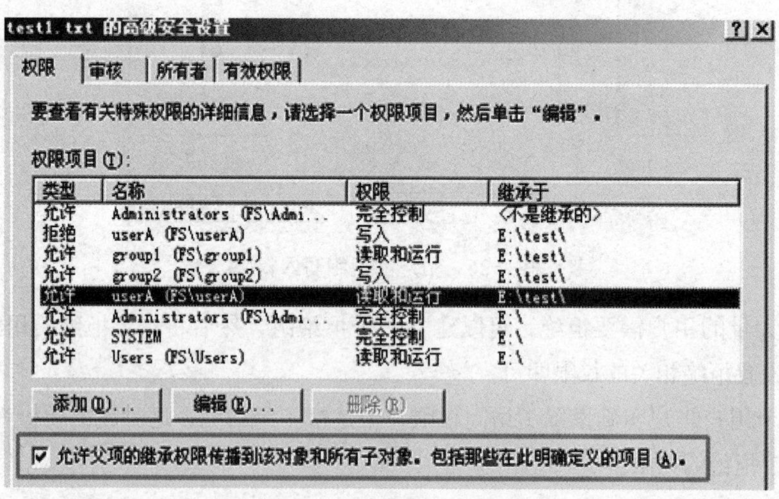

图4-28　取消继承权限

清除之后系统会提示以前从上一级继承下来的权限是保留还是全部删除。如果保留权限可单击“复制”按钮；如果不保留权限，可单击“删除”按钮，如图 4-29 所示。

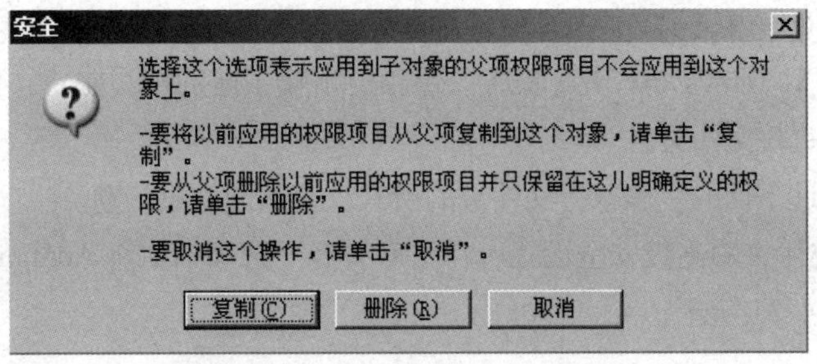

图4-29　选择复制或删除继承权限

4. 底层优先原则

对于文件夹中的子文件夹或文件设置的权限，要优先于从父文件夹继承而来的权限。

例如，用户希望 userA 对 test 文件夹以及文件夹内的其他所有文件和子文件夹都具有读取和写入权限，但唯独对 test1.txt 文件只具有读取权限，该如何设置？

可以先对 test 文件夹设置 userA 具有读取和写入权限，然后再针对 test1.txt 文件给 userA 设置拒绝写入权限，这样便可以满足要求。

显然，拒绝优先原则是用于解决权限设置上的冲突问题的；权限继承原则是用于自动化执行权限设置的；而权限累加原则和底层优先原则则是让权限的设置更加灵活多变。

三、NTFS 权限的其他设置

1. 复制和移动操作对权限的影响

对于已经设置好 NTFS 权限的文件或文件夹，有时需要复制或者移动。在复制或者移动后，权限可能就会发生变化，如表 4-1 所示。

表4-1　NTFS文件系统上文件或文件夹的移动和复制后的权限

分　区	移　动	复　制
在同一个分区内	保留原来的权限	继承目的地文件夹的权限
在不同分区之间	继承目的地文件夹的权限	继承目的地文件夹的权限

在进行复制操作时，无论是在当前分区内复制还是在不同分区之间复制，都将继承目的文件夹的权限。

例如，文件夹 files 在 C:\，要将其复制到文件夹 C:\doc 中。已经设置了 test 用户对文件夹 files 有写入权限，test 用户对文件夹 doc 没有写入权限。那么当将文件夹 files 复制到文件夹 doc 中时，文件夹 files 的 NTFS 权限继承了 doc 的权限。也就是说，test 用户对 files 不再具有写入权限。

在进行移动操作时，如果是在当前分区内移动文件或文件夹，那么将保留原有的权限；如果是在不同分区之间移动文件或文件夹时，则将继承目的地文件夹的权限。

2. 取得所有权

NTFS 磁盘内的每个文件和文件夹都有所有者，默认情况下，创建文件或文件夹的用户就是该文件或文件夹的所有者。所有者可以更改其所拥有的文件或文件夹的权限，使其他用户无法访问。管理员则可以通过特殊权限，取得文件或文件夹的所有权。

例如，用户userB创建了文件夹soft，并将其设置为只有自己有完全控制权限，其他人无任何权限，如图4-30所示。userB离职后，管理员删除了他的用户账户，但却发现此时即使管理员也无法访问soft文件夹。

管理员可以通过下面的步骤取得文件夹的所有权，从而解决问题。

① 打开soft文件夹的高级安全设置，在“所有者”选项卡中将Administrator设置为文件夹的所有者，如图4-31所示。

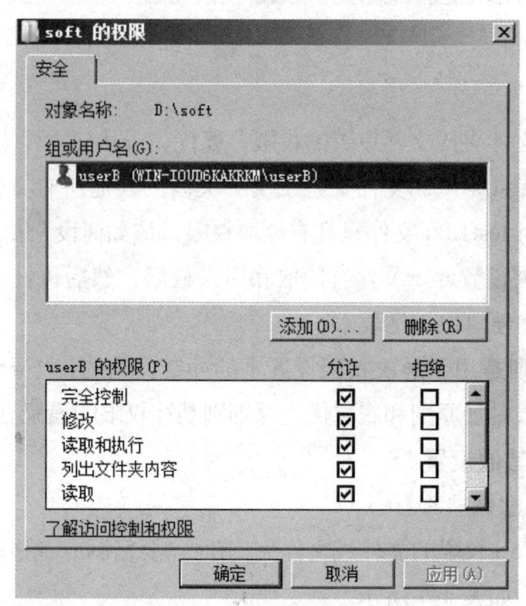

图4-30　userB完全控制

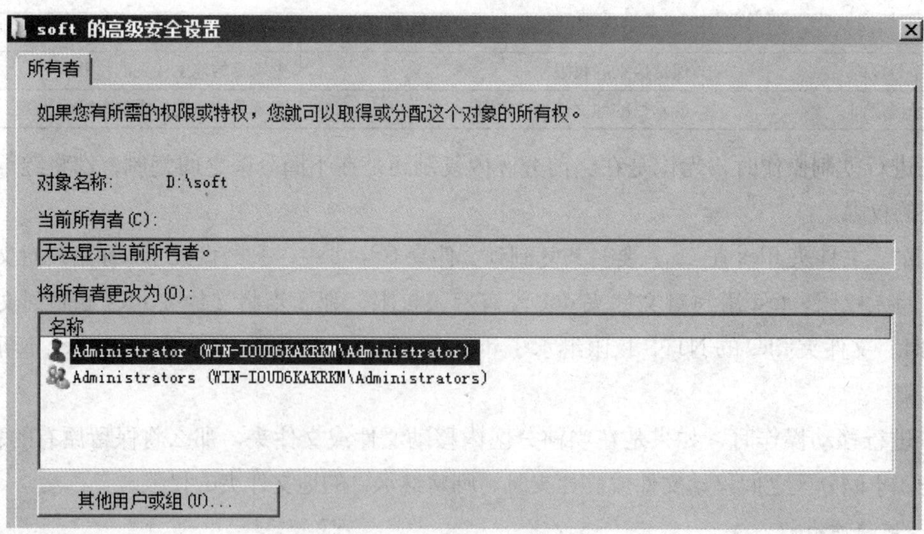

图4-31　改变所有者

② 关闭文件夹属性对话框，再次打开“安全”选项卡，就可以使用“添加”和“删除”按钮来设置权限。

任务训练

▶ 选择题

1. 下列关于账户删除的描述中，正确的是（　　）。

A. Administrator 账户可以删除

B. Administrator 账户不可以被改名

C. 删除后的账户，可以建立同名账户，并具有原来账户的权限

D. 删除了账户，即使创建了同名账户，也不具有原来账户的权限

2. 在 Windows 系统中，下列作为密码的字符串中符合复杂性要求的有（　　）。

A. Itat2007　　B. ABcd1234　　C. guest234　　D. Abcdefghijklmn

3. 在系统中进行了如图 4-32 所示的密码策略设置，则用户 ABC 可以采用的密码是（　　）。

A. ABC007　　B. deE#3　　C. Test123　　D. adsjfs

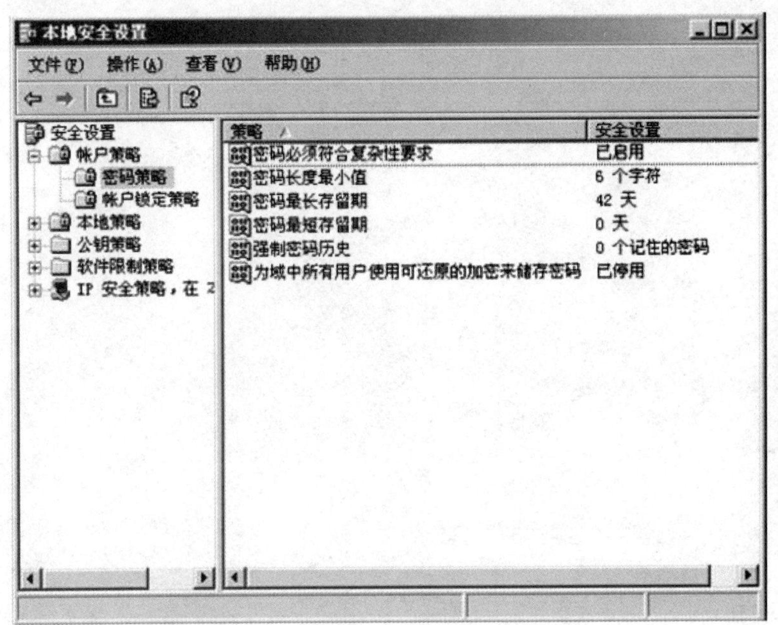

图4-32　密码策略

▶ 操作题

1. 打开之前创建的 xp_01、xp_02、2003_01 虚拟机。将两台 Windows XP 虚拟机的计算机名分别改为 XP1、XP2，同属于 XP 工作组；将 Windows 2003 虚拟机的计算机名改为 sever1，属于 server 工作组。

2. 在图形界面下管理用户和组。

（1）在系统中创建 3 个用户账户：super、bob、alice，其中 super 属于管理员账号。

（2）创建 caiwu 组，将 bob、alice 设为 caiwu 组成员。

（3）修改 bob 用户的密码。

（4）将 alice 用户禁用。

3. 编辑批处理文件，实现如下操作：建立用户 super、密码 123，并将其加入到管理员组中。

4. 在系统中创建一个名为 admin$ 的完全隐藏账户。

5. 清除 Windows 7 系统中的管理员账户密码。

6. 按如下要求设置并测试账户策略。

（1）设置账户的密码长度最小值为 8。

更改管理员账户 Administrator 的密码，检验能否将密码修改成小于 8 位长度的密码。

（2）设置账户如果连续 3 次输错密码就会被锁定。

将系统注销后以普通账户登录，故意输错密码 3 次，检验该账户是否被锁定。

7. 某台计算机因系统崩溃而无法进入系统，在用户 super 的桌面上有一份非常重要的文档需要复制出来，该如何操作？

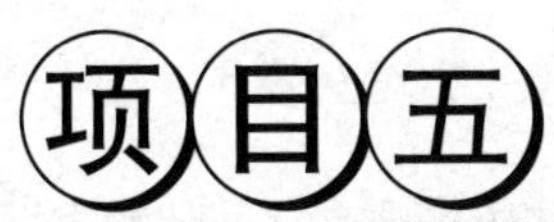

项目五

文件与打印服务器的配置与管理

学习目标：

通过本项目的学习，读者将能够：

- 理解 RAID 技术原理与设置；
- 会实现网络共享的设置与使用；
- 掌握限制用户磁盘使用空间；
- 理解文件服务器安全管理；
- 掌握网络打印机的设置与使用。

用 Windows Server 2008 作为打印服务器平台无疑是个非常不错的选择，因为其提供的强大的打印管理功能足以满足我们的各种打印需求。不过，因为其强大、复杂，并且是一个对大多数管理员来说不是那么熟悉的系统平台，所以在遭遇打印故障进行排错时比较麻烦。下面将学习文件与打印服务器的配置与管理。

任务一　RAID技术原理与设置

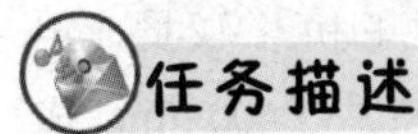

任务描述

在某些存放有关键数据的服务器中通常会安装多块 SCSI 接口硬盘，组成不同级别的磁盘阵列（RAID），以提高数据读 / 写速度或者数据存储的安全性。

本任务将介绍 RAID 的基本原理以及常用的 RAID 级别。

任务分析及实施

文件服务器中往往集中存储了网络中的大量关键数据。企业网络中的数据可以分为操作系统数据和应用程序数据，关键数据主要是指应用程序数据，这些数据一般都需要集中存储和备份。

文件服务器通常配置有 RAID 卡和高速的 SCSI 硬盘，既可保证数据存储的安全，又可避免由于硬盘损坏造成的数据丢失。

文件服务器一般都会配备多块硬盘，如 1 块 SATA 硬盘加 2 块 SCSI 硬盘。在 SATA 硬盘上安装操作系统，存放操作系统数据；2 块 SCSI 硬盘通过 RAID 卡组成磁盘阵列，存放应用程序数据。

因而在学习如何配置和管理文件服务器之前，应对这些常用的存储技术有所了解。

下面就介绍这些在服务器中经常用到的存储技术。

一、硬盘接口类型

硬盘接口是硬盘与主机系统间的连接部件，作用是在硬盘缓存和主机内存之间传输数据。每种接口拥有不同的技术规范，具备不同的传输速度，性能差异较大。在目前服务器的存储系统中普遍采用的硬盘接口主要是 SATA 和 SCSI。

SATA（串行 ATA）是由前期的 IDE（并行 ATA）接口发展而来的，主要用于 PC 和一些中低端的服务器。SATA 和 IDE 接口硬盘如图 5-1 所示。

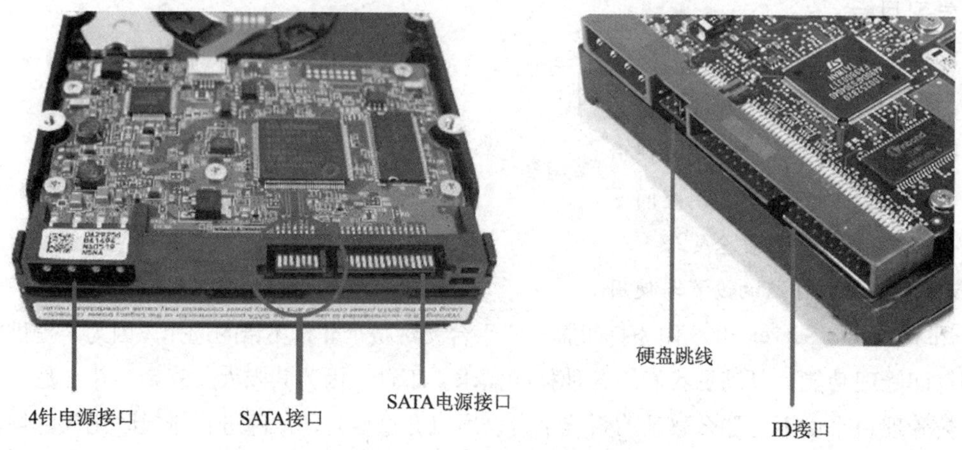

图5-1　SATA接口和IDE接口硬盘

SCSI（Small Computer System Interface，小型计算机系统接口）则主要应用于服务器。SCSI 技术到今天已经发展到第六代，目前的主流 SCSI 硬盘都采用了 Ultra 320 SCSI 接口，能提供 320 MB/s 的接口传输速率，并且支持热插拔。与 SATA 硬盘相比，SCSI 硬盘的价格较贵，但其品质性能更高，更加具备适合中高端存储应用的技术优势。SATA 硬盘转速是 5 400 r/min 或 7 200 r/min，SCSI 硬盘是 10 000 r/min 或 15 000 r/min，而且平均无故障时间也要更长。SCSI 接口硬盘如图 5-2 所示。

图5-2　SCSI接口硬盘

二、廉价冗余磁盘阵列

廉价冗余磁盘阵列（RAID）简称磁盘阵列，是一种把多块独立的硬盘按不同的方式组合起来形成一个硬盘组，从而提供比单个硬盘更高的存储性能和提供数据备份的技术。在用户看来，组成的硬盘组就像是一个硬盘，用户可以对它进行分区、格式化等，对磁盘阵列的操作与单个硬盘基本一样。不同的是，磁盘阵列的存储速度要比单个硬盘高很多，而且可以提供自动数据备份功能。

RAID 技术的两大特点：一是速度；二是安全。组成磁盘阵列的不同方式称为 RAID 级别，常用的 RAID 级别主要包括 RAID 0、RAID 1、RAID 0+1、RAID 5，不同的 RAID 级别对应了不同的技术特点。

1. RAID 0

RAID 0 级别专用于提升硬盘工作速度，要组建 RAID 0 至少要用 2 块硬盘。

组成 RAID 0 之后，数据并不是保存在一块硬盘上，而是分成数据块保存在不同的硬盘上。在进行数据读 / 写操作时，对这两块硬盘同时进行，从而大幅提高硬盘性能，其效果示意如图 5-3 所示。

在所有的 RAID 级别中，RAID 0 的存取速度最快，磁盘利用率也最高。缺点是没有冗余功能，如果一个硬盘损坏，则所有数据都将无法使用，因此 RAID 0 主要适用于对性能要求较高，而对数据安全要求低的领域。

2. RAID 1

RAID 1 由两块硬盘实现，它的原理是将用户写入到其中一块硬盘中的数据原样地自动复制到另外一块硬盘上。当读取数据时，系统先从 RAID 1 的源盘读取数据，如果读取数据成功，则系统不去管备份盘上的数据；如果读取源盘数据失败，则系统自动转而读取备份盘上的数据，不会造成用户工作任务的中断。其效果示意如图 5-4 所示。

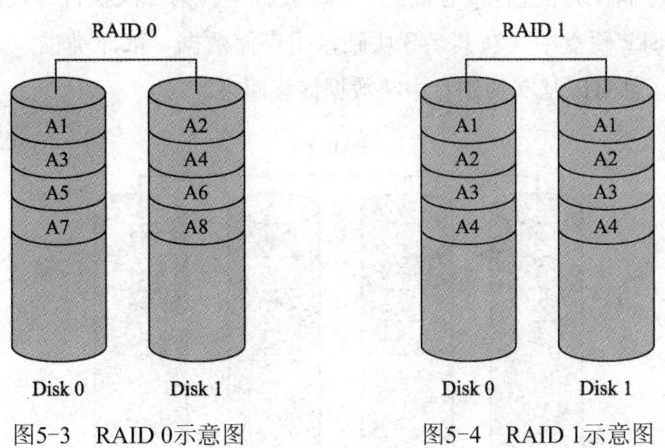

图5-3　RAID 0示意图　　图5-4　RAID 1示意图

在所有的 RAID 级别中，RAID 1 提供了最高的数据安全保障。但是其写入速率低，存储成本高，所能使用的空间只是所有磁盘容量总和的一半，所以主要用于存放重要数据，如服务器和数据库存储等领域。

3. RAID 0+1

RAID 0+1 是 RAID 0 和 RAID 1 的组合形式，也称为 RAID 10，需要由 4 块硬盘实现。其中 2 块硬盘做成 RAID 0，另外两块硬盘做成他们的镜像，即 RAID 1，如图 5-5 所示。

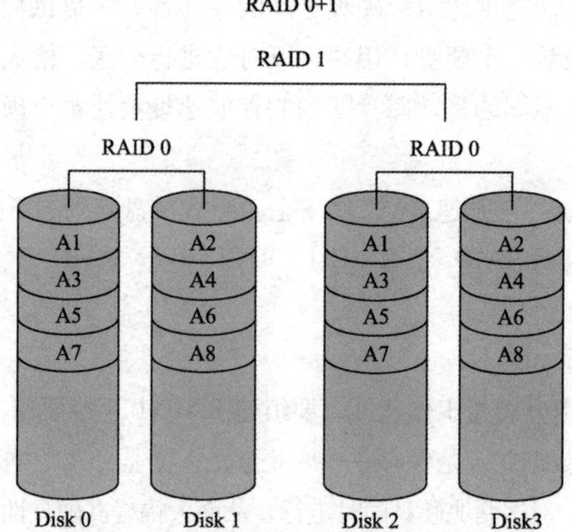

图5-5 RAID 0+1示 意图

RAID 0+1 既具有出色的读 / 写性能，又具有非常高的安全性。但是存储成本高，磁盘空间利用率与 RAID 1 相同，只有 50%。适用于既有大量数据需要存储，同时又对数据安全性要求严格的领域，如银行、金融、商业超市等。

4. RAID 5

RAID 5 是由至少 3 块磁盘实现的冗余磁盘阵列，将数据分布于不同的磁盘上，并在所有磁盘上交叉地存取数据及奇偶校验信息。图 5-6 所示为由 4 块硬盘组成的 RAID 5，当第一次执行写入操作时，将数据 A1、A2、A3 分别写入到 Disk0、Disk1、Disk2 三块硬盘中，同时将由这些数据产生的奇偶校验信息 Ap 存储到 Disk3 硬盘中。第二次执行写入操作时，再将奇偶校验信息存储到 Disk2 硬盘中，在其余 3 块硬盘中存储数据，依此类推。这样当阵列中的任何一块硬盘损坏时，都可以从其他硬盘中将数据恢复回来。

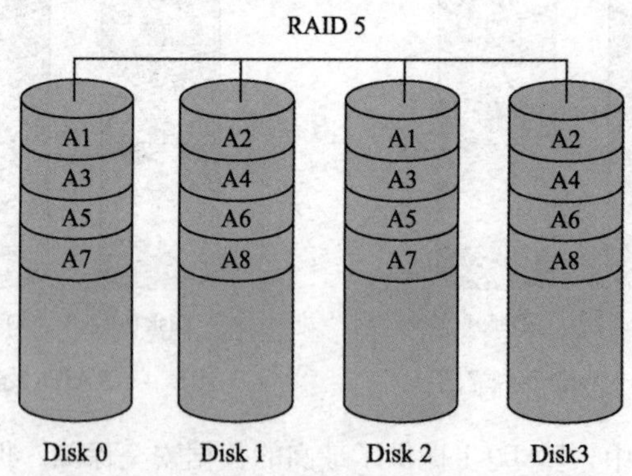

图5-6 RAID 5示意图

采用 RAID 5 时，数据存储安全，读取速率较高，磁盘利用率较高，但写入速率较低。因此，在所有的 RAID 级别中，RAID 5 应用最多，被广泛用于各种类型的服务器，如文件服务器、数据库服务器、Web 服务器、E-mail 服务器等。

不同级别的 RAID 特性对比如表 5-1 所示。

表5-1　RAID级别特点对比

RAID级别	RAID 0	RAID 1	RAID 0+1	RAID 5
磁盘数	2个或更多	只需2个	4个或多个	3个或更多
容错功能	无	有	有	有
读/写速度	最快	/	快	快
磁盘空间利用率	100%	50%	50%	$(n-1)/n$，其中n为磁盘数

三、设置软 RAID

目前基本所有的服务器都配置了 RAID 卡或者在主板上集成了 RAID 控制芯片，因而都可以实现硬 RAID。在我们的实验环境中，可以通过 Windows Server2003/2008 系统提供的软 RAID 功能先来熟悉一下 RAID 技术。

1. 动态磁盘

在 Windows Server2003/2008 系统中要实现软 RAID，首先需要将硬盘转换成动态磁盘。Windows 系统将硬盘分为基本磁盘和动态磁盘两种类型，默认使用的都是基本磁盘，而要使磁盘具有较强的扩展性、可靠性等特性，就需要将基本磁盘转换成动态磁盘。

下面在虚拟机 FileSrv 中新添加 3 块硬盘，使虚拟机共包括 4 块硬盘，其中 1 块硬盘作为基本磁盘，用于安装操作系统，其他 3 块硬盘都转换成动态磁盘，以实现软 RAID。操作步骤如下：

（1）为虚拟机添加硬盘

① 将虚拟机关机，打开虚拟机设置界面，单击“添加”按钮，添加的硬件类型选择硬盘，磁盘类型选择 SCSI。

② 选择“创建新虚拟磁盘”，磁盘大小默认为 40 GB，单个文件存储。

③ 按照同样的方法为虚拟机添加 3 块 SCSI 接口的虚拟硬盘，如图 5-7 所示。

设备	摘要
内存	256 MB
处理器	1
硬盘(SCSI)	40 GB
硬盘 2 (SCSI)	40 GB
新硬盘(SCSI)	40 GB
新硬盘(SCSI)	40 GB
CD/DVD (IDE)	正在使用文件 F:\iso\win7\YLMF_GH...
网络适配器	仅主机模式
USB 控制器	存在
打印机	存在
显示器	自动检测

图5-7　虚拟机共配备了4块硬盘

（2）将磁盘初始化

将虚拟机开机，在“服务器管理器”中打开“存储”→“磁盘管理”，可以看到新添加的 3 块硬盘。这些硬盘还都处于脱机状态，在其上右击，选择“联机”命令，然后才可以对其进行操作，如图 5-8 所示。

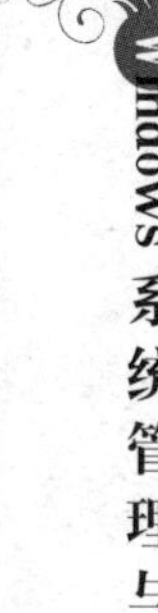

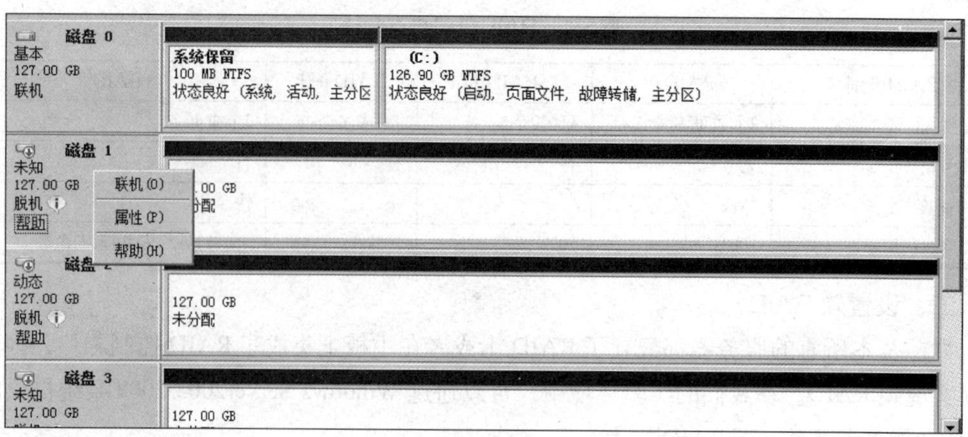

图5-8　将磁盘联机

联机之后选择初始化，将 3 块硬盘都初始化成 MBR 类型的磁盘。

① MBR 磁盘是标准的传统样式，磁盘分区表存储在 MBR 内，MBR 位于磁盘的最前端，计算机启动时，主板上的 BIOS 会先读取 MBR，并将计算机的控制权交给 MBR 内的程序，然后由此程序继续后面的启动工作。

② GPT 磁盘的分区表存储在 GPT 内，它也是位于磁盘的前端，而且它有磁盘分区与备份磁盘分区表，可提供排错功能。GPT 磁盘通过 EFI 来作为计算机硬件与操作系统之间通信的桥梁，EFI 类似于 MBR 磁盘的 BIOS。一个 GPT 磁盘内最多可以创建 128 个主分区，因此 GPT 磁盘不需要扩展分区。如果分区的容量大于 2 TB 就必须使用 GPT 磁盘。这里选择传统的 MBR 磁盘，如图 5-9 所示。

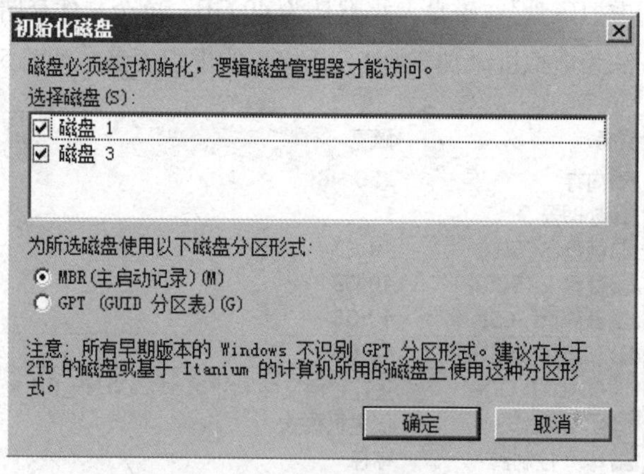

图5-9　初始化磁盘

(3) 转换为动态磁盘

磁盘初始化以后可以再将其转换为动态磁盘，动态磁盘支持多种类型的动态卷，每种不同类型的动态卷所起到的功能也不一样。这些卷包括：简单卷、跨区卷、带区卷（RAID-0）、镜像卷（RAID-1）、RAID-5 卷。下面将分别来介绍这些动态卷。

2. 简单卷

简单卷是动态磁盘的基本单位，当将一块硬盘转换成动态磁盘以后，其中原有的分区都会自动被转换成简单卷。

简单卷的地位与基本磁盘中的分区相当，它也可以被格式化为 NTFS 或 FAT32 文件系统，它的优点是容量大小可以动态扩展（必须采用 NTFS 文件系统）。

下面的操作将在磁盘 1 中新建一个简单卷。

① 在磁盘 1 中未分配的空间上右击，选择“新建简单卷”命令，打开“新建简单卷向导”对话框，创建一个容量 5 GB 的简单卷，如图 5-10 所示。

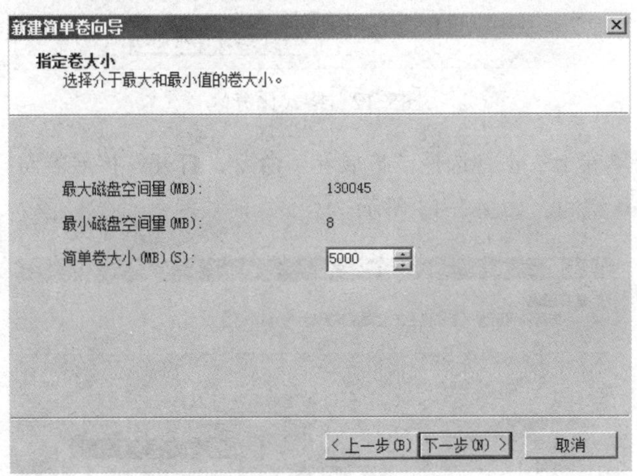

图5-10　指定卷大小

② 指定盘符为 E 盘，如图 5-11 所示。

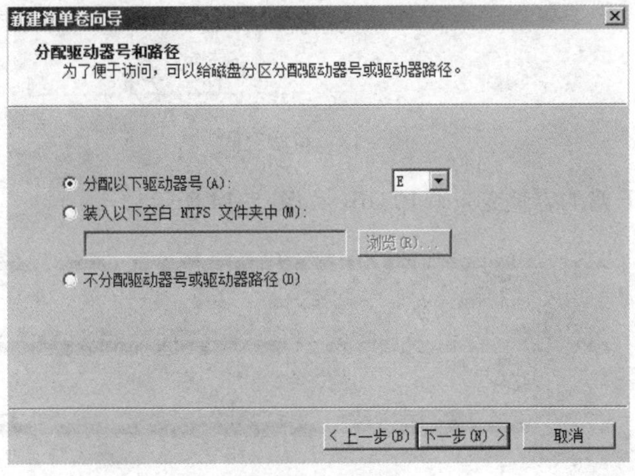

图5-11　指定盘符

③ 格式化成 NTFS 文件系统，如图 5-12 所示。

简单卷创建好之后，可以随时根据需要对其容量进行扩展。新增加的空间，可以是与简单卷在同一个磁盘内的未分配空间，也可以是另外一个磁盘内的未分配空间。

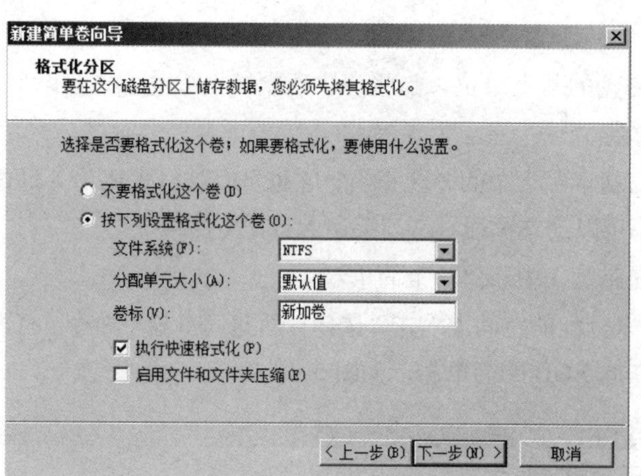

图5-12　格式化分区

④ 在建好的简单卷上右击，选择“扩展卷”命令，打开“扩展卷向导”对话框，从磁盘1中再为其分配5 GB空间，如图5-13所示。

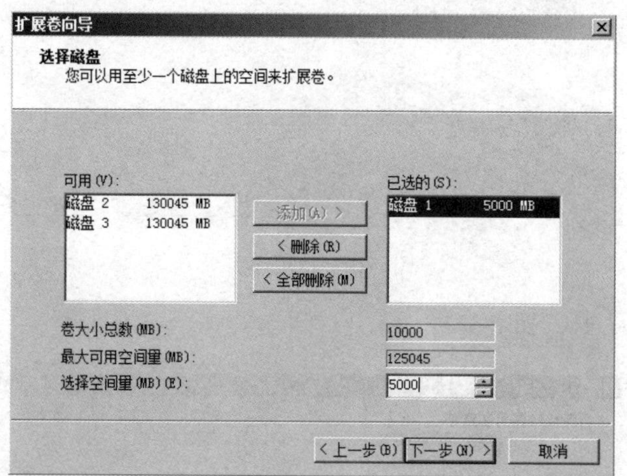

图5-13　新增空间

⑤ 扩展之后，E盘的容量变为了10 GB，如图5-14所示。

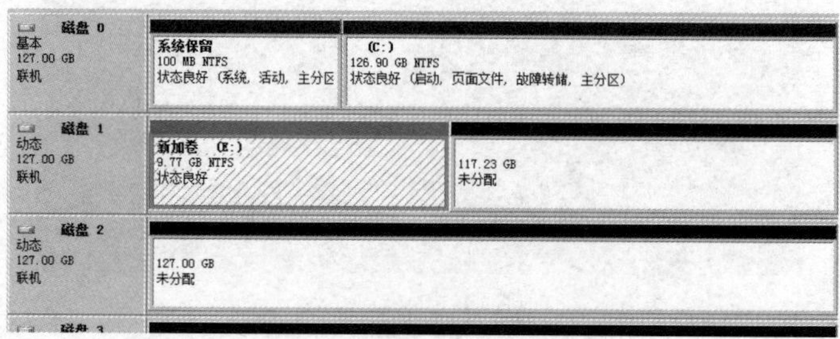

图5-14　E盘容量增为10 GB

3. 跨区卷

跨区卷可以将一个分区横跨于不同的磁盘上。通过跨区卷可以将多个动态磁盘内未分配的容量较小的磁盘空间组成一个容量较大的跨区卷，以便有效地利用磁盘空间。或者当一个动态磁盘的空间全部用完之后，可以随时增加新的硬盘，再将原先的分区通过跨区卷扩展到新的磁盘上。

下面将刚才创建的简单卷（E 盘）扩展到磁盘 2 上，使之成为跨区卷。打开扩展卷向导，将磁盘 2 加入到“已选的”列表中，从中分配 3 GB 空间给 E 盘，如图 5-15 所示。

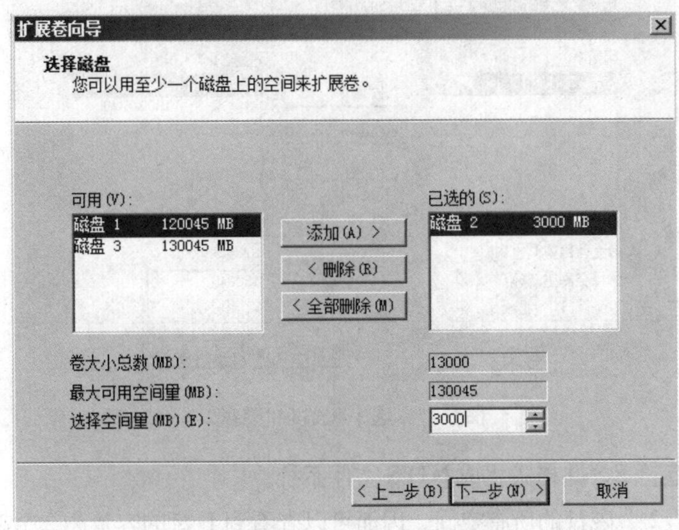

图5-15　从磁盘2中分配3 GB空间

完成之后，可以看到 E 盘横跨在 2 个磁盘之上，颜色也变成了跨区卷的紫色，如图 5-16 所示。

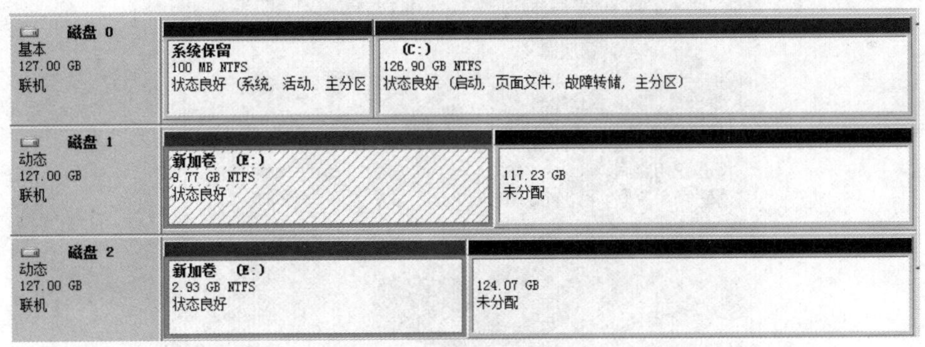

图5-16　E盘变为跨区卷

当向跨区卷中存储数据时，是先存储到其成员中的第一个磁盘内，待其空间用尽时，才会将数据存储到第二个磁盘，依此类推。

4. 带区卷

带区卷实现的是 RAID 0，要创建带区卷，至少需要 2 块磁盘，而且组成带区卷的每个成员，其容量大小也必须是相同的。

下面首先将刚才创建的跨区卷删除，使磁盘 1 和磁盘 2 的所有空间都处于未分配状态，然后将这两个磁盘组成带区卷。

① 在磁盘 1 的未分配空间上右击，选择“新建带区卷”命令，打开向导。

② 将磁盘 1 和磁盘 2 添加到“已选的”磁盘列表中，如图 5-17 所示。

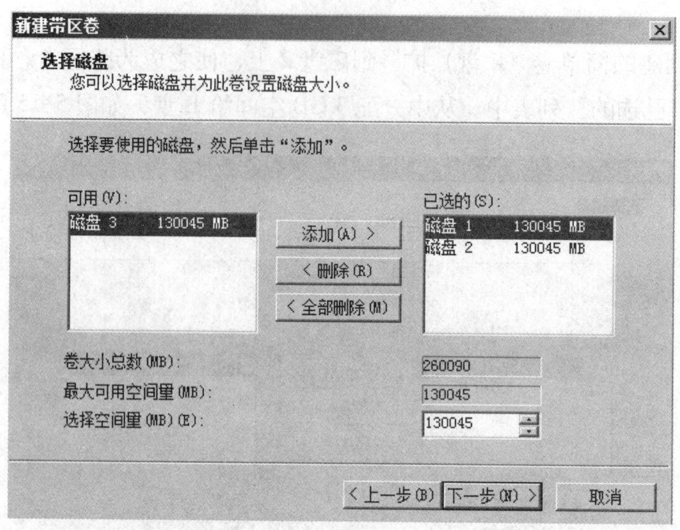

图5-17　选中磁盘1和磁盘2

③ 为其分配盘符 E，并格式化成 NTFS 文件系统。

带区卷使用了 2 个磁盘的所有空间，因而可以查看到 E 盘的容量为 2 个磁盘的容量之和，如图 5-18 所示。

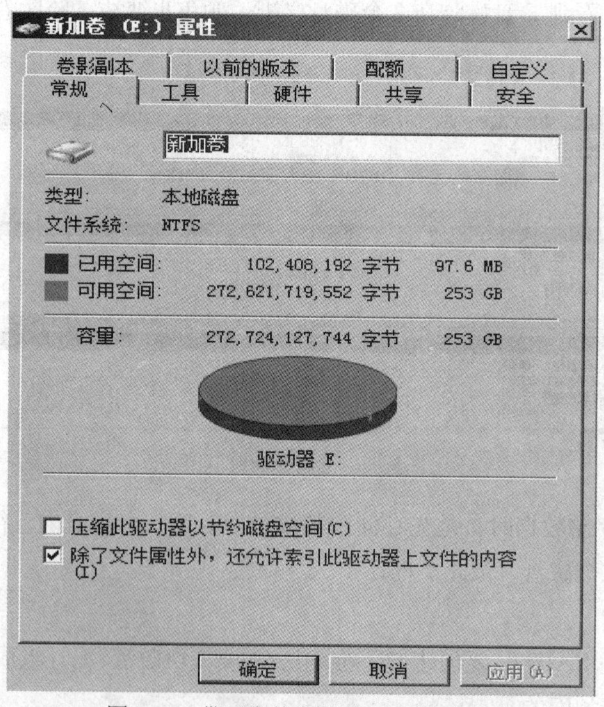

图5-18　带区卷的容量是2个磁盘之和

带区卷一旦创建好之后，就无法再被扩展，除非将其删除后再重建。当向带区卷中存储数据时，会将数据拆分成每个大小为 64 KB 的分组，每一次将 2 个分组分别写到 2 个磁盘内，因而可以大幅提高读 / 写效率。但是，带区卷不具备排错功能，成员中任何一个磁盘发生故障时，整个带区卷内的数据都将跟着丢失。

5. 镜像卷

镜像卷实现的是 RAID 1，要创建镜像卷，必须要 2 块磁盘，而且组成镜像卷的每个成员，其容量大小也必须是相同的。镜像卷中的每个磁盘都将存储完全相同的数据，当有一个磁盘发生故障时，系统仍然可以使用另一个正常磁盘内的数据，因此它具备排错的能力。

将前面创建的带区卷删除，仍然用磁盘 1 和磁盘 2 来组成镜像卷。

镜像卷的创建与带区卷基本相同，也是在磁盘 1 的未分配空间右击，选择“新建镜像卷”命令，然后通过向导完成操作。这里仍然为镜像卷分配盘符 E，格式化为 NTFS 文件系统。

镜像卷的磁盘利用率只有 50%，可以看到 E 盘只使用了 1 个磁盘的空间，如图 5-19 所示。

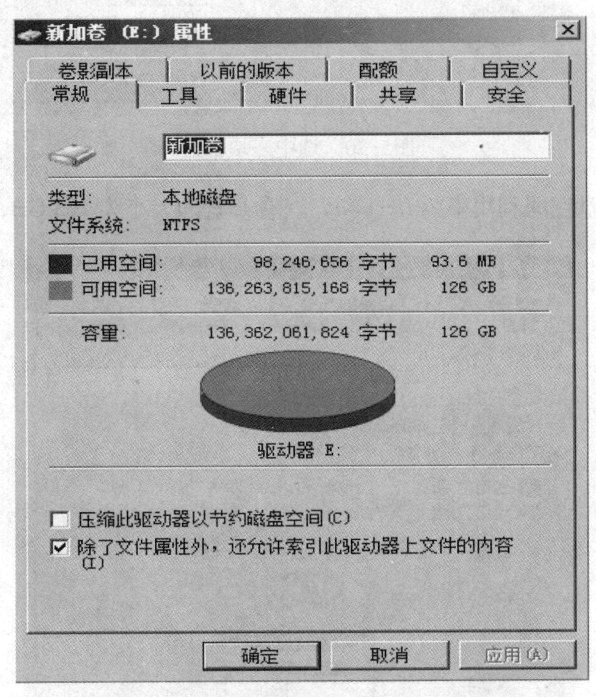

图5-19　镜像卷的容量只是单个磁盘容量

镜像卷创建好之后，也无法再被扩展。

6. RAID-5 卷

要创建 RAID-5 卷，至少要 3 块磁盘，而且每个 RAID-5 成员的容量也必须是相同的。在向 RAID-5 卷中存储数据时，会另外根据数据内容计算出其奇偶校验，并将奇偶校验一并写入到 RAID-5 卷内。写入数据时，也是将数据以 64 KB 为一组分别写入到每个磁盘。当某个磁盘因故无法读取时，系统可以利用奇偶校验，推算出故障磁盘内的数据，让系统能够继续运行。因此，RAID-5 卷具备排错功能。只有在一个磁盘发生故障的情况下，RAID-5 卷才提供排错功能，如果同时有多个磁盘发生故障，系统将无法继续运行。

下面将创建好的镜像卷删除，利用磁盘 1、磁盘 2、磁盘 3 来实现 RAID-5 卷。

根据前面同样的操作，将 3 块磁盘都添加到磁盘列表中（见图 5-20），仍然为 RAID-5 卷分配盘符 E，格式化为 NTFS 文件系统。

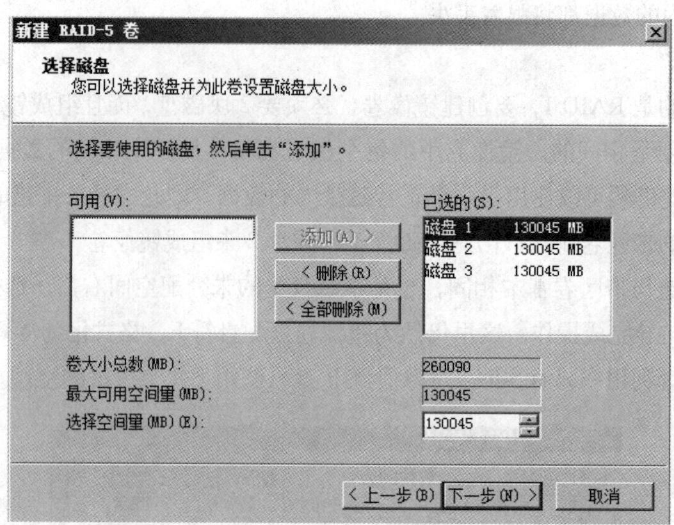

图5-20　选中三块磁盘

RAID-5 卷的磁盘空间利用率为 $(n-1)/n$，查看 E 盘的大小为 253 GB，如图 5-21 所示。

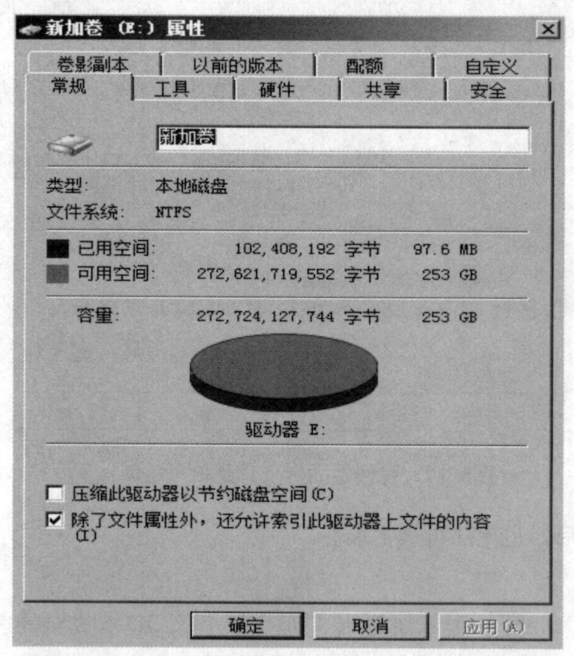

图5-21　查看RAID卷的容量

如果组成 RAID-5 卷的 3 块硬盘中的某 1 块坏了，该如何修复？

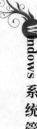

首先在 E 盘中存储几个测试文件，然后在虚拟机设置中将磁盘 1 删除，此时可以发现测试文件仍可正常打开，但是在磁盘管理中，RAID-5 卷的状态变为了“失败的重复”，并提示某个磁盘丢失，如图 5-22 所示。

可以通过以下步骤修复该 RAID 5 卷。

① 在虚拟机设置中再添加一块磁盘用以代替磁盘 1。

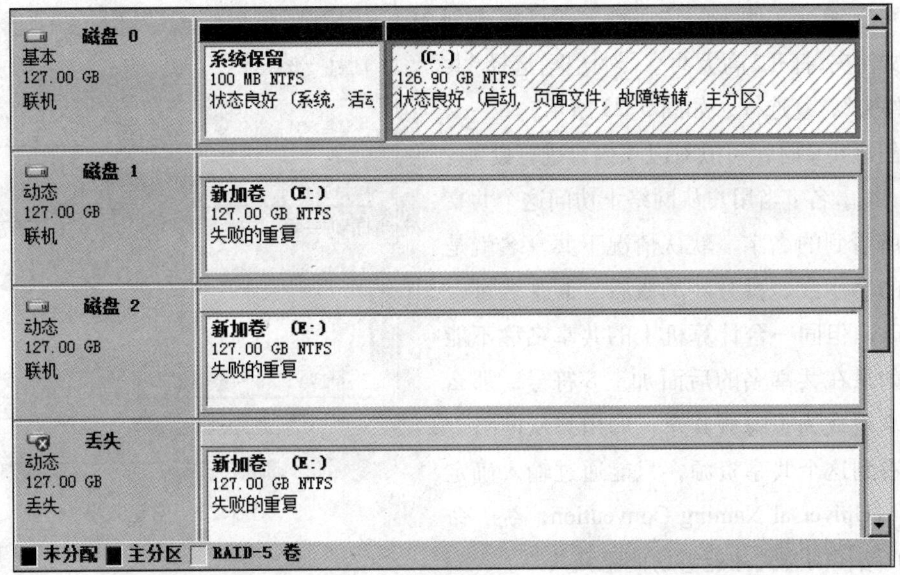

图5-22　RAID-5卷的错误提示

② 在磁盘管理中将新添加的磁盘初始化并转换为动态磁盘。

③ 右击 RAID 5 卷“E:”，选择“修复卷”命令。

④ RAID 5 卷将进行重新同步，同步完成后 RAID 5 卷的状态变为“状态良好”，修复完成。

7. RAID 6 卷

RAID 6 与 RAID 5 的不同之处在于除了每个磁盘上都有同级数据校验区外，还有一个针对每个数据块的校验区。由于 RAID 6 要执行两次不同的校验计算，它的容错性能更好，可以应付两个驱动器同时发生的故障。随着业界对其的认同度的不断加深，RAID 6 正成为读取密集型应用，视频点播和其他固定内容实施中的首选技术。

任务二　网络共享的设置与使用

任务描述

在企业办公网络中，文件服务器可算是应用最为广泛的一类服务器。通过设置文件共享，既可以方便文件分发和收集，也有利于增强数据的安全性。

本任务将详细介绍在工作组模式下共享资源的设置与使用方法。

一、创建共享

1. 在图形界面下创建共享

只有 Administrators 组的成员才有创建共享的权限。右击要共享的文件夹上，选择“共享”→“特定用户”命令，然后输入要与其共享的用户或组名，并设置相应权限，单击“共享”按钮即可。

也可以通过文件夹的“属性”对话框来创建共享文件夹,打开“高级共享”对话框,选择“共享此文件夹”,复选框，如图 5-23 所示。

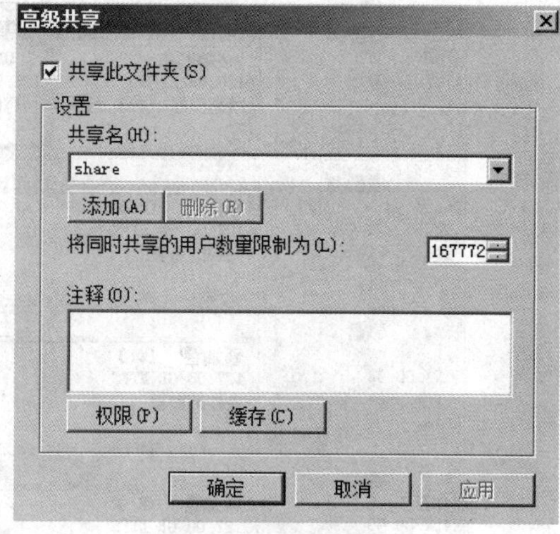

图5-23　创建共享

在创建共享时，可以对以下内容进行设置：

① 共享名：当用户从网络上访问这个共享资源时所看到的名字，默认情况下共享名就是文件夹的名字或磁盘分区的盘符，共享名可以随意更改，但同一台计算机上的共享名称不能重复。如果在共享名的后面加上 $ 符号，那么这个共享就成为了隐藏共享，即用户从网络上无法查看到这个共享资源，只能通过输入确定的 UNC（Universal Naming Convention，统一命名约定）路径的方式才能够访问隐藏共享。

② 注释：对此共享文件夹的简单描述，可以让网络用户快速判断此共享文件夹的内容。注释信息可以不必设置。

③ 用户数限制: 限制同时访问此共享文件夹的最大用户数，默认设置是最多用户。对于 Windows Server 系统，最大用户数是由服务器上所安装的授权数量决定的，对于 Windows XP 以及 Windows 7 这类客户端操作系统，最大用户数都有固定的上限，例如 Windows XP 最多只允许 10 个用户，而 Windows 7 最多允许 20 个用户。

注意：很多人习惯在桌面上创建共享文件夹，这种操作是不正确的。因为桌面属于用户配置文件，其权限受到限制，默认情况下只有创建者本人才有权限访问。

【例 5-1】在 FlieSrv 服务器中创建一个名为 share 的文件共享，任何人都允许访问。操作步骤如下：

① share 文件夹右击，选择“共享”→“特定用户”命令，然后输入 everyone，单击“添加”按钮，将 everyone 添加到用户列表中，如图 5-24 所示。最后单击“共享”按钮即可。

注意：这里的 everyone 指的是 FlieSrv 服务器中所有本地用户，即客户端可以利用 FlieSrv 服务器中的任何一个用户账户进行身份验证来访问文件共享。

② 在 FlieSrv 服务器中创建用户账号 Jack 和 Alice，并设置密码。在后续操作中，可以任选一个用户访问共享。

2. 在字符界面下创建共享

除了图形界面之外，建议还能够掌握如何用命令行的方式创建共享，这里用到的命令是 net share，这个命令可用于创建、删除或查看共享。

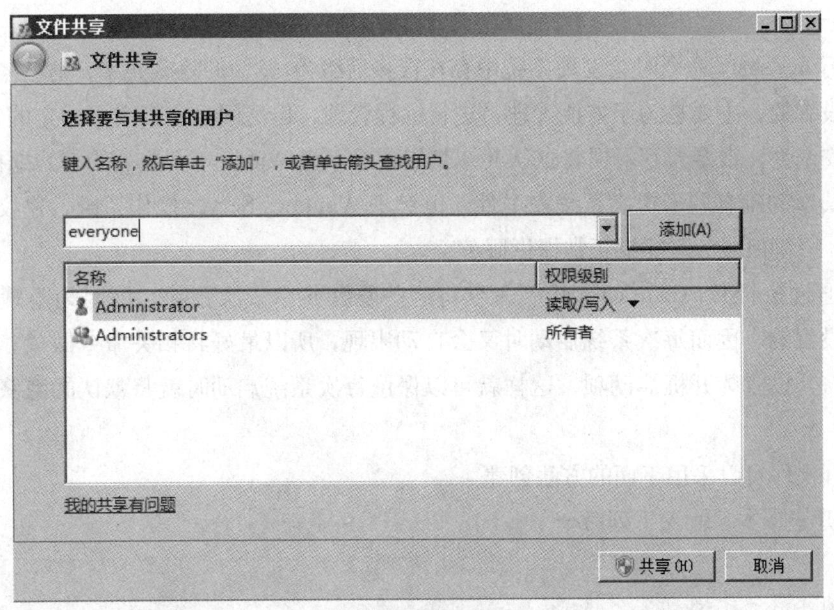

图5-24　创建共享

(1) 查看系统中已存在的共享资源

直接执行 net share 命令可以显示系统中的共享资源：

```
C:\Documents and Settings\Administrator>net share
共享名              资源                                    注释
-------------------------------------------------------------------------------
D$                  D:\                                     默认共享
F$                  F:\                                     默认共享
IPC$                                                        远程 IPC
ADMIN$              C:\WINDOWS                              远程管理
C$                  C:\                                     默认共享
share               D:\share
```

(2) 设置共享

命令格式：

```
net share [共享名]=[路径]
```

例如，将 D 盘的 test 文件夹设为共享，共享名为 test。

```
C:\Documents and Settings\Administrator >net share test=d:\test
```

(3) 删除共享

命令格式：

```
net share [共享名] /del
```

例如，删除名为 test 的共享。

```
C:\Documents and Settings\Administrator >net share test /del
```

3. 默认共享

在执行 net share 命令时会发现系统中存在很多后缀为“$”的隐藏共享，这些隐藏共享是系统默认设置的，主要是为了方便管理员进行远程管理，但这同时也带来了一定的安全隐患。为了提高安全性，很多人都习惯将默认共享禁用，对于像 Windows 7 这类的客户端操作系统，禁用默认共享的确有助于提高系统安全性。但对于 Windows Server 操作系统，建议还是保留默认共享，以确保服务器能够正常提供服务。

可以通过执行 net share c$ /del 等命令将这些隐藏共享依次删除，但因为隐藏共享是由系统默认设置的，因而每次系统启动时又会自动出现，所以最好将相关命令做成一个批处理文件，再将其设置为开机启动项，这样就可以保证每次系统启动时就将默认的隐藏共享全部删除。

批处理文件可以采用下面的方法创建：

① 打开记事本，输入下列命令：

```
@ echo off
net share c$ /del
net share d$ /del
net share e$ /del
…
```

② 保存成文本文件，再将文件的扩展名改为“.bat”即可。

打开组策略编辑器，展开“计算机配置”→“Windows 设置”→“脚本（启动 / 关机）”→“启动”，然后将做好的脚本文件添加进来，如图 5-25。

> 注意：添加脚本时必须要将脚本添加到指定的路径下 C:\Windows\System32\Group Policy\Machine\Scripts\Startup，这样便可以实现开机自动启动。

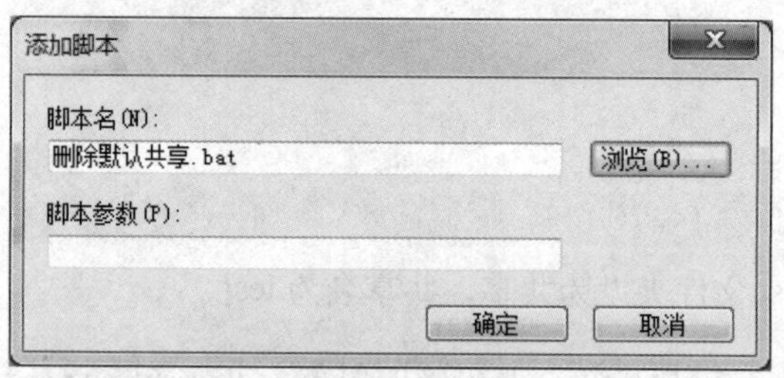

图5-25　添加脚本

另外，也可以通过修改注册表的方式将系统的默认共享功能禁用，从而从根本上解决默认共享的问题。对于 Windows 7 系统，在注册表编辑器中展开 HKEY_LOCAL_MACHINE\SYSTEM\CurrentControlSet\Services\LanmanServer\Parameters 项，新建一个类型为 dword、名为 AutoShareWks 的键值，并将值设为 0。对于 2008R2 系统，新建的键值名称应改为 AutoShareServer。

二、访问共享

在工作组模式下访问共享资源，主要有 3 种方法：网上邻居、UNC 路径、映射网络驱动器。

注意：2008R2系统不允许空密码访问，必须为管理员用户Administrator或其他有共享访问权限的用户设置好密码之后，2008R2中的共享资源才能被访问。

1. 网络

网上邻居一直是Windows系统中经常用到的访问共享资源的方法，从Windows 7/2008开始改称为“网络”。当首次使用“网络”时，需要启用网络发现功能，然后就可以搜索到网络上的计算机，并访问其中的共享资源，如图5-26所示。

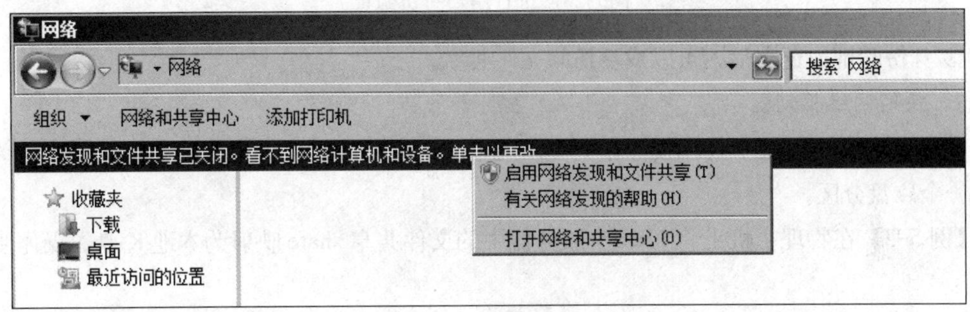

图5-26 启用网络发现功能

由于系统自身的缺陷，使用“网络”访问共享的速度比较慢，并且容易出现各种问题，所以一般不建议采用。

2. UNC路径

采用UNC路径的方式可以更加方便灵活地访问共享资源。

UNC是网络共享资源路径的统一表示形式。UNC路径表明了一个共享资源在网络中的具体位置，只有明确了UNC路径，才能够准确地去访问指定的共享资源。UNC路径可以是“\\IP\共享名”的方式，也可以是“\\计算机名\共享名”的方式。

选择“开始”→“运行”命令，在打开的“运行”对话框中输入UNC路径可以直接访问共享目标，如果在UNC路径中不加共享名，则直接打开共享资源所在的计算机。

采用这种方式的缺点是需要记住每个提供共享资源的主机IP地址或者计算机名。

【例5-2】在物理主机上通过UNC路径的方式访问FileSrv服务器中的文件共享。操作步骤如下：

① 在物理主机中选择“开始”→“运行”命令，在打开的“运行”对话框中输入UNC路径\\192.168.10.10，如图5-27所示。

② 进行用户身份验证。可以输入FileSrv服务器中任意用户（Jack或Alice）进行验证，如图5-28所示。

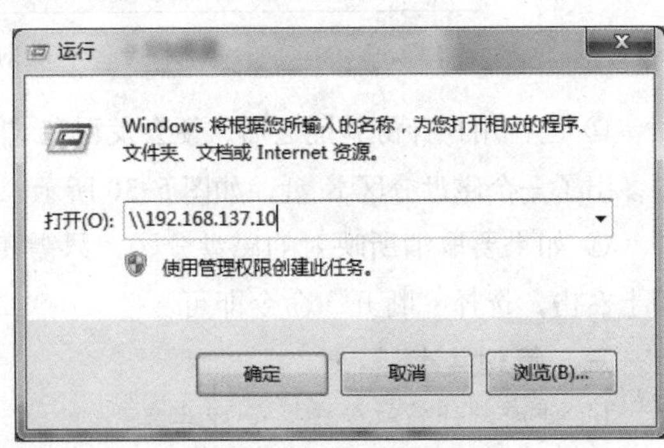

图5-27 输入UNC路径

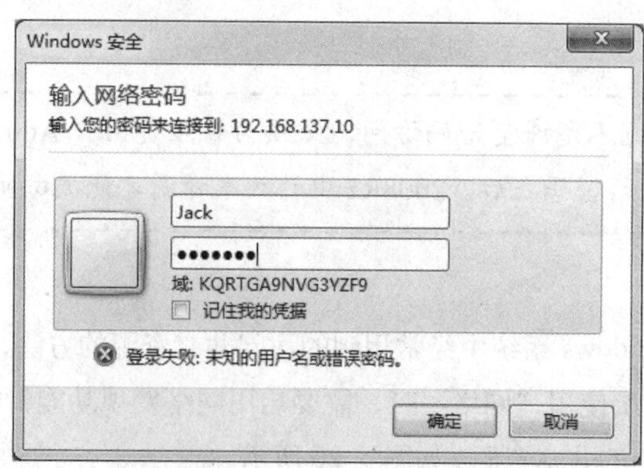

图5-28 进行用户身份验证

③ 身份验证通过之后，可以成功访问文件共享。

3. 映射网络驱动器

如果要经常访问某个共享资源，则可以通过映射网络驱动器的方式将共享资源映射为本地的一个磁盘分区。

【例 5-3】在物理主机上将 FileSrv 服务器中的文件共享 share 映射为本地 K 盘。操作步骤如下：

① 在物理主机的“网络”或“计算机”右击，选择“映射网络驱动器”命令，为映射后的分区选择盘符 K，填入所要映射的网络共享资源的 UNC 路径，如图 5-29 所示。

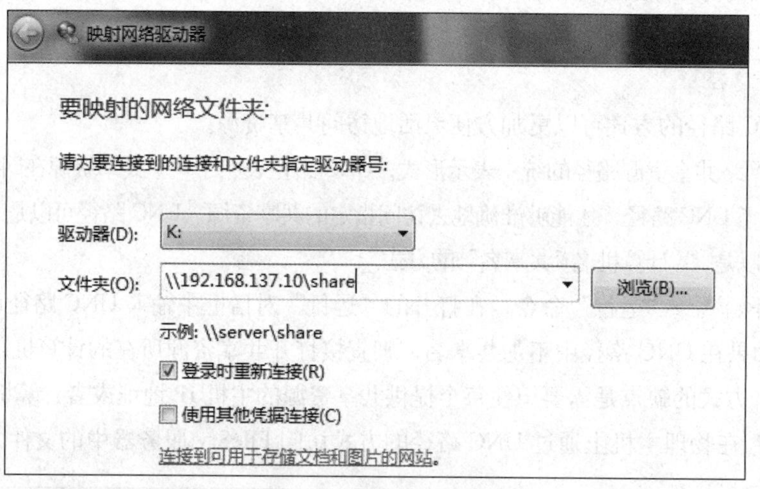

图5-29 映射网络驱动器

② 进行用户身份验证之后，便会发现在“计算机”中多出了一个磁盘分区 K 盘，如图 5-30 所示。

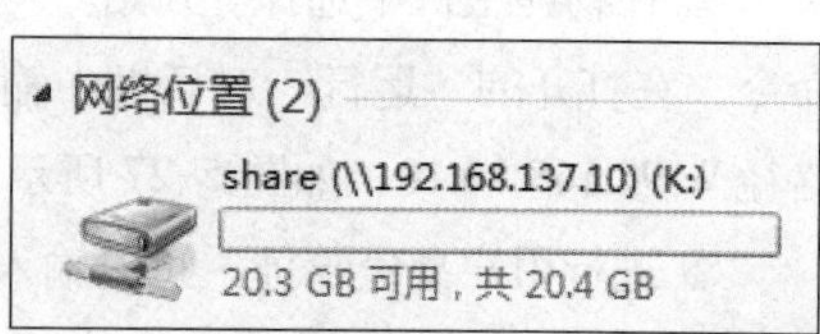

图5-30 映射后的本地驱动器

③ 如果要取消所映射的磁盘分区，只需在分区盘符上右击，选择“断开”命令即可。

三、管理共享

1. 使用“计算机管理”管理共享

“计算机管理”工具主要是在服务器端使用，通过其中的“共享文件夹”可以对共享进行管理。

在“共享”中可以查看到目前系统已经设置的所有共享，包括隐藏共享和默认共享，如图 5-31 所示。在这里也可以新建共享、删除共享或对已有的共享进行设置。

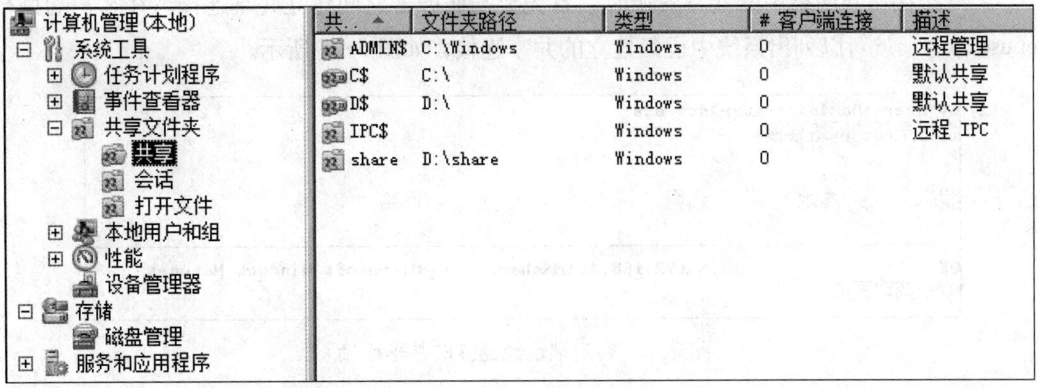

图5-31 “共享文件夹”管理工具

在“会话”中，可以查看有多少客户端连接到当前计算机上，连接者的身份、计算机、操作系统类型、打开的文件数量、连接的时间、空闲的时间等，如图 5-32 所示。

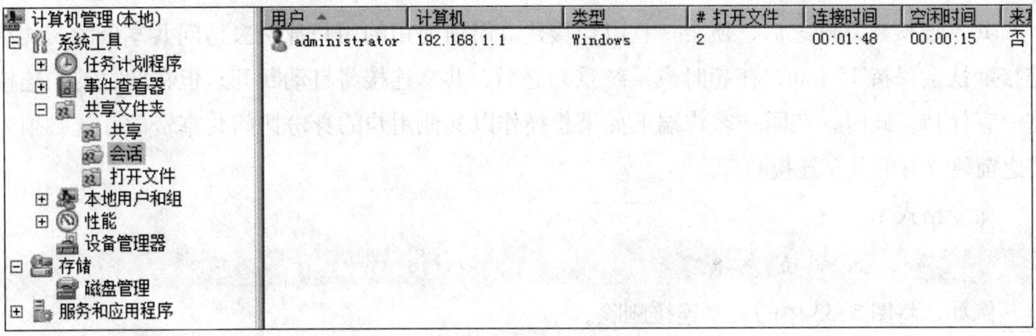

图5-32 “会话”窗口

在“打开文件”中，可以查看当前网络用户在共享中打开的文件，并且能够查看到访问者的用户名以及打开模式，如图 5-33 所示。

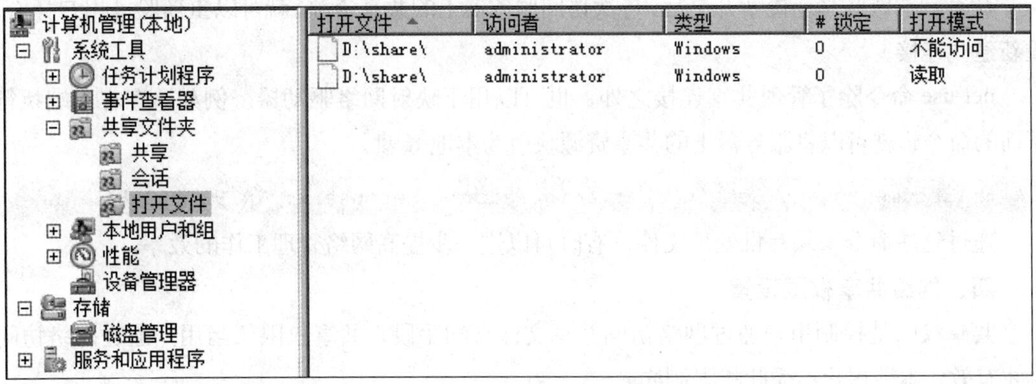

图5-33 “打开文件”窗口

2. 使用 net use 命令管理共享

net use 命令主要在客户端使用，它主要用于建立或断开与远程服务器上共享资源的连接。

客户端在访问网络中的共享资源时，首先要与服务器之间建立共享连接。在客户端执行 net use 命令，就可以列出系统中已经建立的共享连接，如图 5-34 所示。

```
C:\Users\Administrator>net use
会记录新的网络连接。

状态        本地        远程                       网络

-------------------------------------------------------------------------------
OK                      \\192.168.1.10\share       Microsoft Windows Network
命令成功完成。
```

图5-34　客户端已经建立的共享连接

建立共享连接的主要作用是进行用户身份验证。例如，在客户端访问文件服务器中的共享资源时，会要求用户进行身份验证，必须要输入服务器中已存在的用户名和密码才能继续访问共享资源。如果在正确输入用户名和密码之后，成功地访问到了服务器中的共享资源，就会以该用户的身份在客户端与服务器之间建立一个共享连接。

共享连接建立好之后，便会一直以连接建立时所使用的用户身份去访问共享资源。共享连接默认会保持 15 min，在超时或系统重启之后，共享连接将自动断开。但在此之前，连接将一直保持。此时，在同一客户端上如果想换作以其他用户的身份访问共享资源，就必须先将之前建立好的共享连接断开。

命令格式：

```
net use [UNC 路径] /del
```

例如，将图 5-33 中的共享连接删除。

```
C:\Documents and Settings\Administrator > net use \\192.168.81.2\share /del
```

或者使用通配符“*”删除所有共享连接。

```
C:\Documents and Settings\Administrator > net use * /del
```

在客户端将共享连接断开之后，再次访问服务器上的共享资源，就可以重新验证用户身份，重新建立连接。

net use 命令除了管理共享连接之外，也可以用于映射网络驱动器。例如，在客户端执行下面的命令，就可以将服务器上的共享资源映射为本地 K 盘。

```
C:\Documents and Settings\Administrator > net use k: \\192.168.81.2\share
```

通过这些命令来编写批处理文件，有时可以进一步提高网络管理工作的效率。

四、网络共享权限设置

共享权限是控制用户通过网络访问共享文件夹的手段，共享权限仅当用户通过网络访问时才有效，本地用户不受此权限制约。

相比 NTFS 权限，共享权限的设置要简单得多。共享权限只有 3 种：完全控制、更改、读取，默认的共享权限是 Everyone 组有读取权限。共享权限的规则与 NTFS 权限类似，用户最终的权限遵循权限累积原则和拒绝优先原则。

如果共享文件夹位于 NTFS 分区，那么用户通过网络访问共享文件夹的最终权限是两种权限的交集，也就是最严格的权限。

例如，用户 test 属于 financial 组，test 对共享文件夹具有“完全控制”共享权限，financial 组对文件夹具有“读取”的 NTFS 权限，那么当 test 从网络上访问这个文件夹时，将只具有“读取”权限。

当用户从本地计算机直接访问文件夹时，不受共享权限的约束，只受 NTFS 权限的约束。

【例 5-4】对文件服务器中的文件共享 share 进行权限设置，要求只有财务部的员工能够访问共享，并且只有用户 Jack 具有写入权限。

首先分析在默认情况下用户远程访问 share 文件夹时具有什么权限。

① 共享权限：默认 Everyone 具有读取权限。

② 安全权限：默认 Users 组具有“读取和执行”权限以及“创建文件夹 / 写入数据”特殊权限，所有的用户账号默认都属于 Users 组的成员。

③ 用户远程访问 share 文件夹时的有效权限为共享权限和安全权限的交集。

可以推断，在默认情况下任何用户账号在远程访问 share 文件夹时都具有读取权限。根据任务要求，首先应将共享权限中的 Everyone 删掉，然后赋予财务组读取权限，赋予 Jack 用户读取 + 更改权限。至于安全权限，由于所有用户都属于 Users 组，都从中获得了相应的权限，因此此处无须设置安全权限。

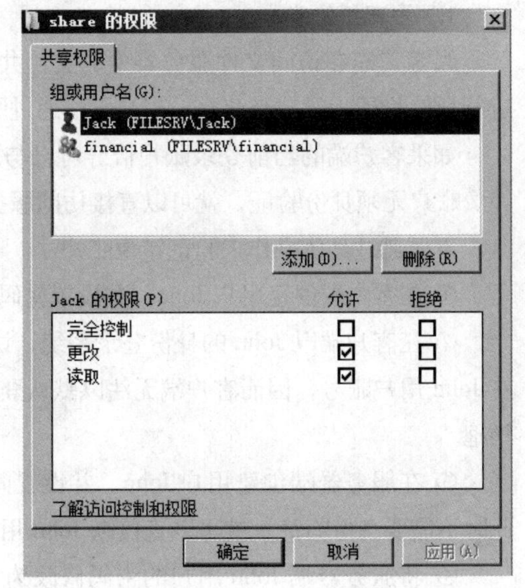

图5-35　设置共享权限

操作步骤如下：

① 创建财务组 financial，将财务部的员工账号（Jack、Alice）加入到 financial 组。

② 设置共享权限。删除 Everyone 组，添加 financial 组，赋予读取权限；添加 Jack 用户，赋予“更改”和“读取”权限，如图 5-35 所示。

③ 在客户端分别以 Alice 和 Jack 的身份访问共享，进行权限测试。

【例 5-5】对例 5-4 的要求进行改动，要求只有财务部的员工能够访问共享，并且用户 Jack 具有完全控制权限。

任务分析：例 5-5 相比例 5-4 只是对用户 Jack 的权限设置要求不同，实例 5-4 中要求 Jack 具有写入权限，而这里要求具有完全控制权限。虽然只有细微差别，但设置方法却有很大不同。

首先分析在这个实例中，如果只设置共享权限是否可行。通过之前的分析，Jack 默认的

安全权限是“读取和执行”权限以及“创建文件夹 / 写入数据”特殊权限，因此如果只在共享权限中给 Jack 赋予完全控制权限，那么他最终的权限交集就只有“读取和执行”以及“创建文件夹 / 写入数据”。因此在本实例中，还必须要为 Jack 赋予“完全控制”的安全权限，即同时在共享权限和安全权限中添加用户 Jack，并赋予其完全控制权限。

操作步骤如下：

① 创建财务组 financial，将财务部的员工账号（Jack、Alice）加入到 financial 组。

② 设置共享权限。删除 Everyone 组，添加 financial 组，赋予读取权限；添加 Jack 用户，赋予“更改”和“读取”权限。

③ 在客户端分别以 Alice 和 Jack 的身份访问共享，进行权限测试。

最后可以得出结论，在什么样的情况下需要不仅只设置共享权限，同时还需要设置安全权限。结论应该是如果用户的权限要求超过了默认的“读取和执行”以及“创建文件夹 / 写入数据”安全权限，就需要同时设置共享和安全权限。另外，由于共享权限的设置项目比较少，当对用户的权限设置要求比较细致时，也要考虑设置安全权限。

总之，权限设置是一项比较细致又容易出错的工作，管理员应根据要求全面考虑，并反复验证。

五、共享访问安全设置

1. 管理镜像账户

当客户端在访问文件服务器中的文件共享时，默认会自动以客户端当前登录的用户身份进行身份验证，只有当前登录用户无法通过验证时，才会出现身份验证对话框。

如果客户端的当前登录账户恰好可以与服务器端的本地用户相匹配，就称之为镜像账户。镜像账户无须身份验证，就可以直接访问服务器。

下面通过具体操作来验证镜像账户：

① 在客户端创建用户 John，并设置密码 abc123。（此时文件服务器上没有 John 用户）

② 在客户端以 John 的身份登录系统，访问文件服务器上的共享。此时由于服务器端不存在 John 用户账号，因而客户端无法以默认登录的 John 用户通过身份验证，会打开身份验证对话框。

③ 在服务器端创建用户 John，并设置同样的密码 abc123。在客户端再次访问文件共享，此时不需要身份验证，就可以直接以 John 用户的身份访问。

④ 将服务器端 John 用户的密码修改为 123abc，在客户端断开共享连接，然后再次访问共享。此时，由于双方用户身份不一致，因而会弹出身份验证对话框。

镜像账户同样也带来了安全隐患。假设某企业网络中共有 10 台服务器，每台服务器的 Administrator 用户密码都是相同的。如果其中某台服务器被黑客入侵或者中了病毒，那么由于系统中默认共享的存在，黑客或病毒就可以无须通过身份验证，而可以直接去访问进而控制网络中的所有其他服务器。因此在生产环境中，每台服务器应尽量设置不同的管理员密码，以杜绝安全隐患。

2. 设置匿名访问

默认情况下，用户在访问文件服务器中的共享文件时，必须要进行身份验证。但在有些场合可能会需要设置一个公共的共享文件夹，允许所有人可以直接匿名访问，而无须进行身份验证。

实现匿名访问，必须要启用 guest 用户账号，并且要对组策略进行设置。

操作步骤如下：

① 创建共享文件夹 public，允许 Everyone 有读取权限。

② 启用 guest 用户。在 guest 用户的属性设置界面中，取消勾选“账户已禁用”复选框，如图 5-36 所示。

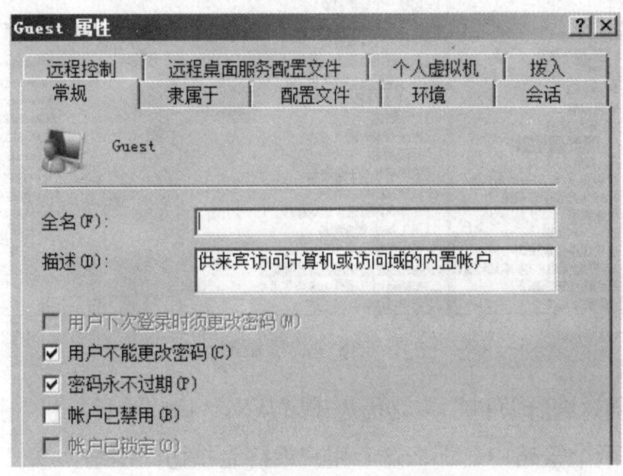

图5-36　启用guest用户

③ 修改组策略，改变访问 2008R2 系统的文件共享时必须进行身份验证的默认设置。

选择“开始”→“运行”命令，输入 gpedit.msc，打开组策略编辑器，展开“计算机配置”→“Windows 设置”→“安全设置”→“本地策略”→“安全选项”，在右侧窗口中找到“网络访问：本地账户的共享和安全模型”设置项，将其设为“仅来宾”模式如图 5-37 所示。

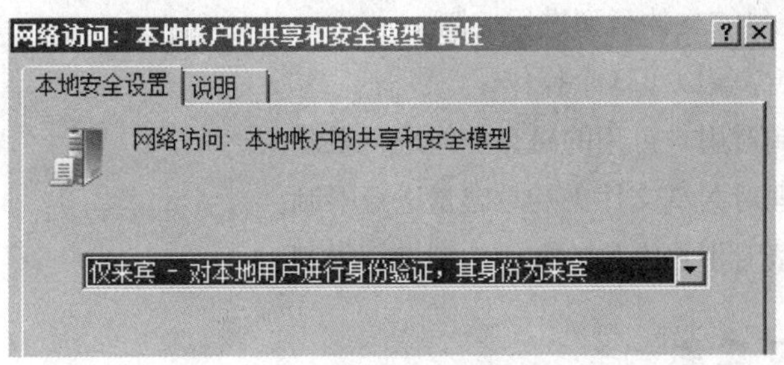

图5-37　设置组策略

④ 在客户端访问测试，无须进行任何身份验证，即可直接访问文件服务器上的共享。

匿名访问时依然要注意权限设置，对于那些没有为 guest 用户分配权限的共享，匿名用户是无权访问的。

3. 设置共享策略

在组策略中有两项相关设置，可用于设置允许或禁止哪些用户可以访问网络共享。

在服务器端打开组策略编辑器，展开“计算机配置”→“Windows 设置”→“安全设

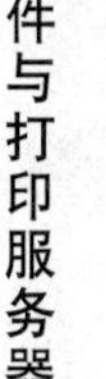

置”→“本地策略”→“用户权限分配”，其中的“拒绝从网络访问这台计算机”和“从网络访问此计算机”分别提供了一个访问列表，如图 5-38 所示。出现在“拒绝从网络访问这台计算机”访问列表中的用户账户将无法通过网络访问当前计算机，而出现在“从网络访问此计算机”访问列表中的用户账户则允许访问。

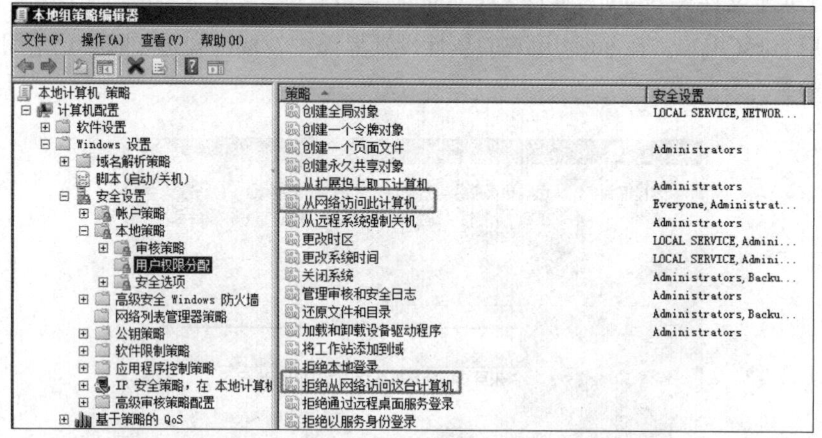

图5-38　共享策略

“拒绝从网络访问这台计算机”策略优先于“从网络访问此计算机”策略，即如果某个用户账户同时出现在这两个策略中，那么这个用户最终无权访问网络共享。

任务三　限制用户磁盘使用空间

管理员在配置文件服务器时，对于那些具有上传权限的用户，还经常需要对他们可用的磁盘空间以及能够上传的文件类型进行控制。

本任务要求重点掌握以下 3 个操作：

① 通过磁盘配额对用户可用的磁盘空间进行限制。

② 通过配额管理对共享文件夹的总容量进行限制。

③ 通过文件屏蔽对用户上传的文件类型进行限制。

一、设置磁盘配额

管理员可以利用磁盘配额功能来限制用户在 NTFS 磁盘内的存储空间，还可以追踪每个用户的 NTFS 磁盘空间的使用情况。通过磁盘配额的限制，可以避免用户不小心将大量文件复制到服务器的硬盘内。

需要注意的是，在使用磁盘配额时存在着诸多限制：

① 只有 NTFS 分区才支持磁盘配额功能。

② 无法针对文件夹设置磁盘配额，而只能针对文件夹所在的磁盘分区设置配额。

③ 磁盘配额只能针对单一用户进行控制，无法对用户组设置配额。

【例 5-6】为共享文件夹 share 设置磁盘配额，限制用户 Jack 只能上传不超过 10 MB 的数据。

操作步骤如下：

① 针对 share 文件夹所在的分区 D 盘启用配额管理，并拒绝将磁盘空间给超过配额限制的用户。

② 为用户指定配额。单击“配额项”按钮（见图 5-39），打开配额项窗口，系统默认已经为一些用户启用了配额功能，但级别为无限制。选择新建配额项，为用户 Jack 设置配额，为了便于测试，将其磁盘空间限制为 10 MB，如图 5-40 所示。

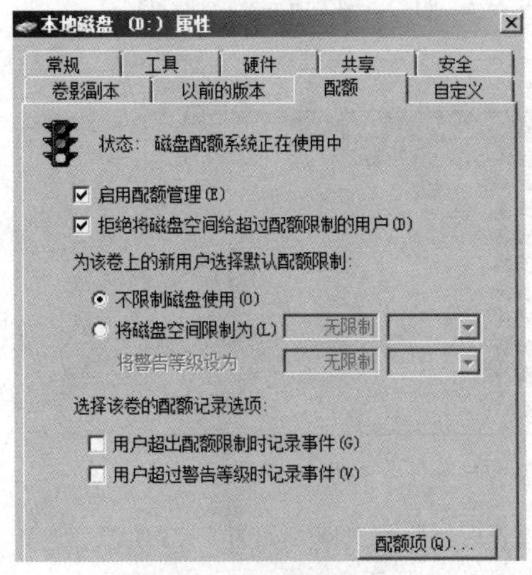

图5-39　启用配额管理

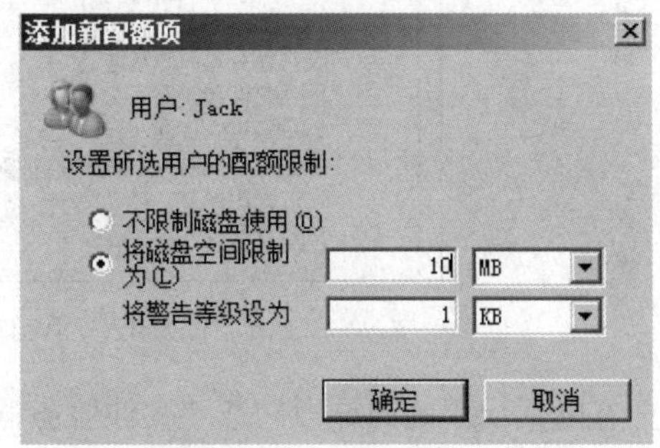

图5-40　为Jack设置配置

③ 在客户端进行配额测试。在客户端以 Jack 的身份访问共享，并上传文件，当超过 10 MB 的配额限制时，就会出现错误提示，如图 5-41 所示。

图5-41　超过配置限制

二、设置配额管理

磁盘配额只能跟踪、控制每个用户在指定磁盘分区内的配额，在文件服务器中还提供了一个“文件服务器资源管理器”工具，它可以以磁盘或文件夹为单位进行配额管理。如果设置 share 文件夹的配额为 10 MB，那么无论用户是谁，只能在 share 文件夹中最多存储 10 MB 的数据。例如，Jack 将 6 MB 的数据存储到此文件夹后，另一个用户 Alice 还要存储一个 5 MB 的文件，Alice 就会被拒绝，因为此文件夹总容量不允许超过 10 MB。

【例 5-7】为共享文件夹 share 设置配额管理，限制文件夹的总容量为 10 MB。

操作步骤如下：

① 要使用配额管理功能，首先需要添加“文件服务器资源管理器”角色服务。在“服务器管理器”的“角色”界面中点击“添加角色服务”，如图 5-42 所示。

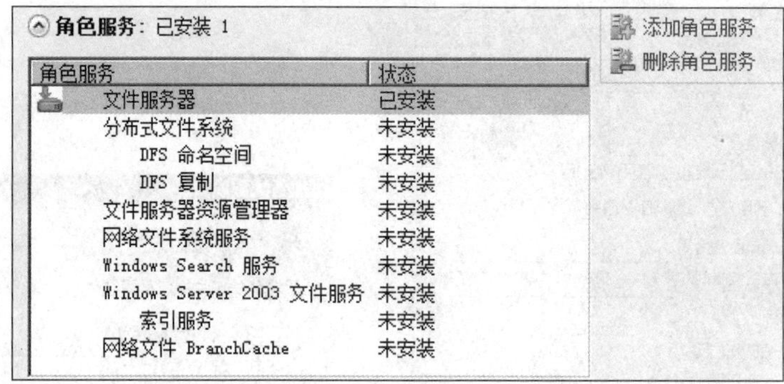

图5-42 单击“添加角色服务”按钮

在随后出现的向导中勾选“文件服务器资源管理器”复选框，如图 5-43 所示。

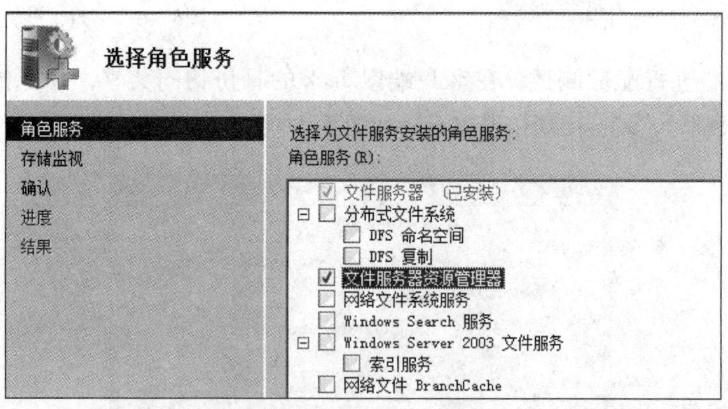

图5-43 勾选“文件服务器资源管理器”角色服务

② 安装完成后，在“管理工具”中打开“文件服务器资源管理器”进行配置。

在“配额管理”中的“配额”上右击，选择“创建配额”命令，如图 5-44 所示。

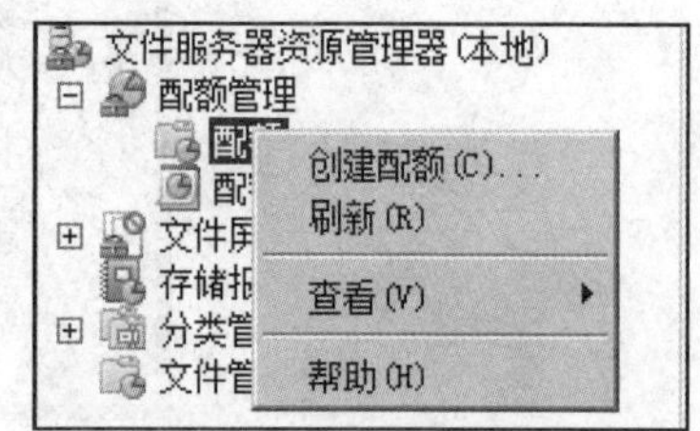

图5-44 选择“创建配额”命令

在打开的“创建配额”对话框的“配额路径”中输入要创建配额的文件夹或磁盘的路径；在下面选择“在此路

径上创建配额”，然后，在下方选择“定义自定义配额属性”，并单击“自定义属性”按钮，如图 5-45 所示。

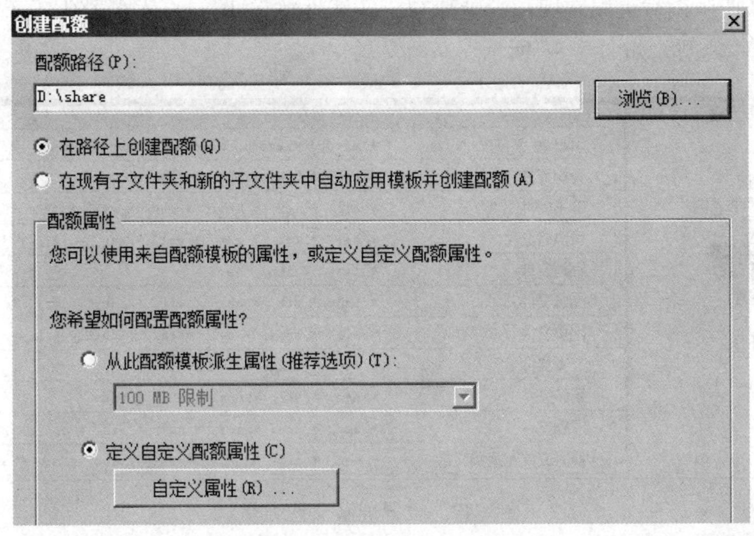

图5-45 “创建配额”对话框

在打开的配额属性对话框的“空间限制”中将配额限制为 10 MB，配额类型设置为“硬配额”不允许用户超出限制，如图 5-46 所示。

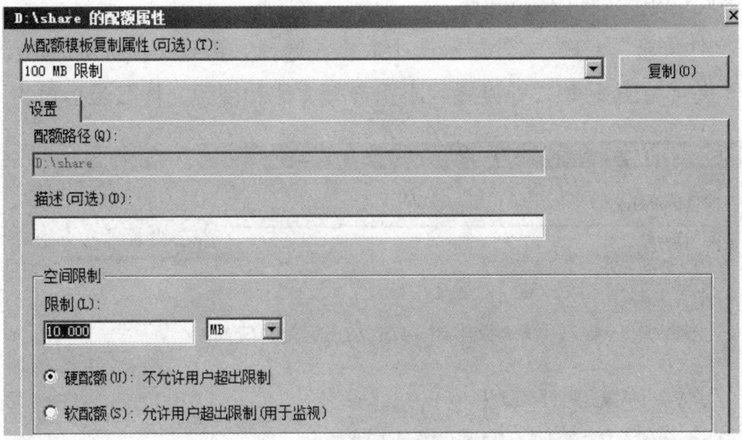

D:\share 的配额属性
从配额模板复制属性(可选)(T):
100 MB 限制
复制(O)
设置
配额路径(Q):
D:\share
描述(可选)(D):
空间限制
限制(L):
10.000
MB
硬配额(U): 不允许用户超出限制
软配额(S): 允许用户超出限制(用于监视)

图5-46 设置配额属性

回到“创建配额”对话框，单击“创建”按钮，选择“保存自定义配额，但不创建模板”。

③ 在客户端进行访问测试。设置 Alice 对共享文件夹 share 具有访问权限，然后以 Alice 的身份在客户端访问共享。虽然在磁盘配额中并没有对 Alice 进行限制，但是当 Alice 向共享文件夹中上传超过 10 MB 的文件时，仍然会提示报错，对文件夹的配额管理在发生了作用。

二、文件屏蔽管理

利用“文件服务器资源管理器”中提供的“文件屏蔽管理”功能，可以限制用户将某些类型的文件存储到指定的文件夹中，例如禁止存放音频或视频类型的文件等。

【例 5-8】为共享文件夹 share 设置文件屏蔽管理，不允许用户上传音频或视频文件。

操作步骤如下：

① 在“文件服务器资源管理器”中找到“文件屏蔽管理”，首先需要在“文件组”中设置所要屏蔽的文件类型，如图 5-47 所示。

文件服务器资源管理器(本地)
配额管理
配额
配额模板
文件屏蔽管理
文件屏蔽
文件屏蔽模板
文件组
存储报告管理
分类管理
文件管理任务

文件组	包含文件
Office 文件	*.accdb, *.accde, *.accdr, *.accdt, *.adn, *.adp, *.doc, ...
备份文件	*.bak, *.bck, *.bkf, *.old
电子邮件文件	*.eml, *.idx, *.mbox, *.mbx, *.msg, *.ost, *.otf, *.pab, ...
可执行文件	*.bat, *.cmd, *.com, *.cpl, *.exe, *.inf, *.js, *.jse, *....
临时文件	*.temp, *.tmp, ~*
图像文件	*.bmp, *.dib, *.eps, *.gif, *.img, *.jfif, *.jpe, *.jpeg, ...
网页文件	*.asp, *.aspx, *.cgi, *.css, *.dhtml, *.hta, *.htm, *.htm...
文本文件	*.asc, *.text, *.txt
系统文件	*.acm, *.dll, *.ocx, *.sys, *.vxd
压缩文件	*.ace, *.arc, *.arj, *.bhx, *.bz2, *.cab, *.gz, *.gzip, *...
音频文件和视频文件	*.aac, *.aif, *.aiff, *.asf, *.asx, *.au, *.avi, *.flac, ...

图5-47　设置屏蔽文件类型

系统已经将一些不同类型的文件进行了分类，并分别为它们创建了不同的文件组。可以对已有的文件组进行编辑，在其中新增或删除某种文件类型，也可以创建新的文件组。

由于系统默认的“音频文件和视频文件”文件组中已经涵盖了绝大多数常见的音频或视频文件类型，因此这里无须再额外设置。

② 设置“文件屏蔽”。在“文件屏蔽”上右击，选择“创建文件屏蔽”命令。然后指定要进行屏蔽的文件夹（见图 5-48），并设置“阻止音频文件和视频文件”，最后单击“创建”按钮。

创建文件屏蔽
文件屏蔽路径(P):
D:\share
浏览(B)...
文件屏蔽属性
您可以使用来自文件屏蔽模板的属性，或定义自定义文件屏蔽属性。
您希望如何配置文件屏蔽属性?
从此文件屏蔽模板派生属性(推荐选项)(T):
阻止音频文件和视频文件
定义自定义文件屏蔽属性(C):
自定义属性(R)...

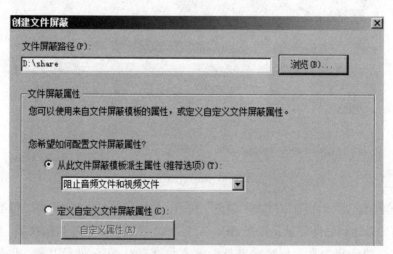

图5-48　创建文件屏蔽

③ 在客户端进行访问测试，当向 share 文件夹中上传一个 rmvb 类型的视频文件时，系统就会报错。

任务四　文件服务器安全管理

任务描述

管理员在配置文件服务器时，也不能忽视其中潜在的一些安全风险。

本任务要求重点掌握以下 3 个操作：

① 对客户端缓存的用户网络凭据进行管理。

② 管理镜像账户。

③ 设置匿名访问，允许所有用户无须身份验证，直接访问文件服务器。

任务分析及实施

一、管理缓存的网络凭据

之前提到，当用户在客户端通过身份验证，成功地访问到文件服务器上的共享资源之后，便会在客户端与服务器之间建立起一条共享连接，同时也会将客户端在访问文件服务器时的网络凭据缓存到客户端本地。这种设计模式虽然在客户端再次访问服务器时提供了便利，但同时也带来了安全隐患，尤其是在客户端缓存的网络凭据具有管理员权限的情况下，具有相当高的安全风险。

例如，当在客户端以管理员用户的身份与服务器建立好共享连接之后，就可以直接去远程管理服务器上的服务或注册表，因为此时服务器将客户端用户视作自己的管理员。

下面通过操作进行测试验证：

① 在客户端以管理员用户的身份访问文件服务器上的共享，建立好共享连接。

② 远程控制服务器上的服务。

在客户端在“开始”→“运行”命令，输入 services.msc，打开“服务管理工具”。右击“服务”，选择“连接到另一台计算机”命令，并输入服务器的 IP 地址，就可以远程管理器服务器中的服务，如图 5-49 所示。

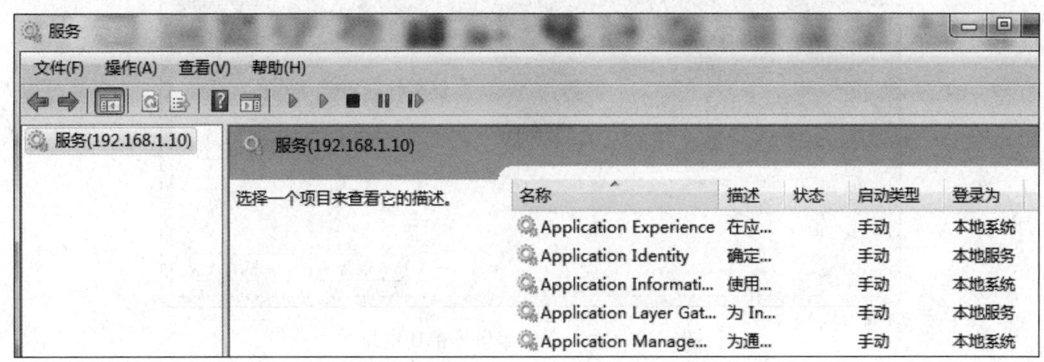

图5-49　远程管理服务

③ 远程控制服务器上的注册表，如图 5-50 所示。

在客户端选择“开始”→“运行”命令，输入 regedit，打开“注册表编辑器”。选择“文

件”→“连接网络注册表”命令，并输入服务器的 IP 地址，就可以远程管理服务器中的注册表，并进行完全控制。

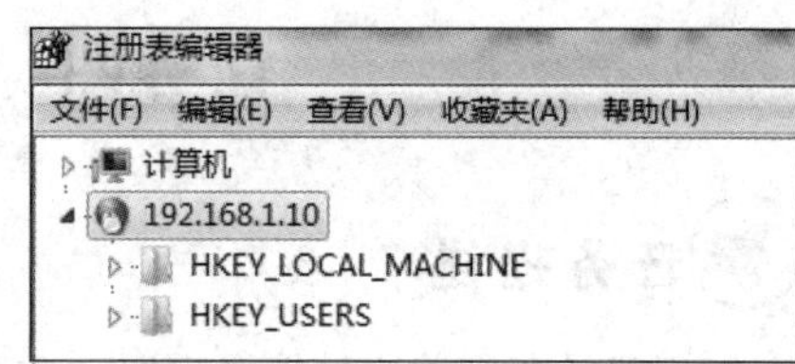

图5-50 远程管理注册表

④ 断开网络连接。已经建立的网络连接或缓存的网络凭据，只有当系统注销或者超时之后才会失效，因此当管理员在访问完网络共享之后，要尽量养成主动断开共享连接的习惯。

在命令提示符界面中，输入 net use * /del 命令，即可断开网络连接。

当用户在客户端通过身份验证，成功地访问到文件服务器上的共享资源之后，便会在客户端与服务器之间建立起一条共享连接，同时也会将客户端在访问文件服务器时的网络凭据缓存到客户端本地。这种设计模式虽然为客户端再次访问服务器时提供了便利，但同时也带来了安全隐患，尤其是在客户端缓存的网络凭据具有管理员权限的情况下，更是具有相当高的安全风险。

【例 5-9】在客户端以管理员的身份访问文件服务器，建立好共享连接，然后在客户端就可以直接远程控制文件服务器上的注册表和服务。

操作步骤如下：

① 在客户端访问 FileSrv 服务器上的文件共享，并以管理员 Administrator 用户的身份通过验证。

② 远程控制服务器上的服务。

在客户端打开“控制面板”→“管理工具”→“服务”，右击“服务（本地）”，选择“连接到另一台计算机”命令，如图 5-51 所示。

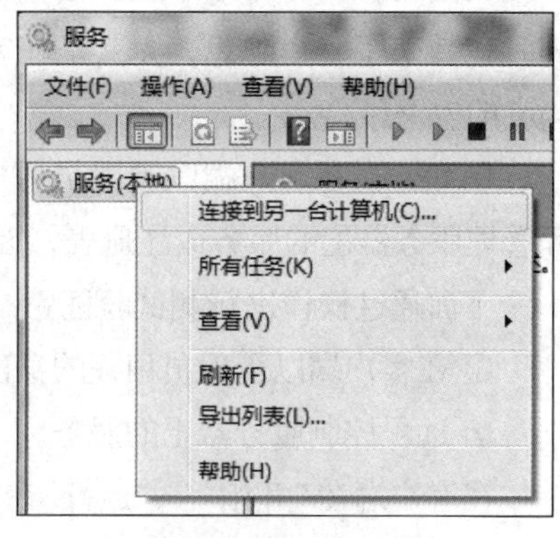

图 5-51 连接到远程计算机上的服务

输入文件服务器的计算机名或者 IP 地址，如图 5-52 所示。

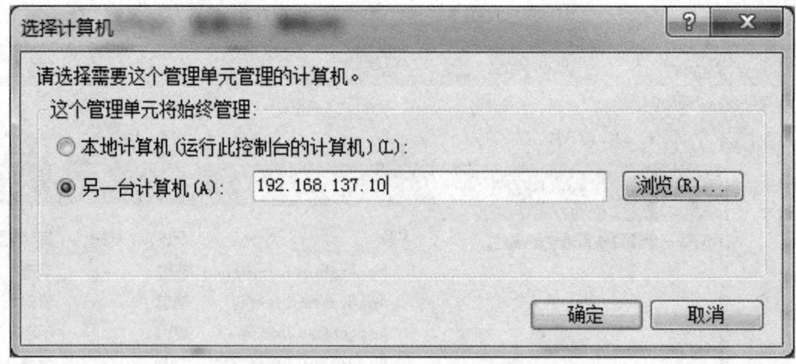

图5-52 输入文件服务器的IP地址

成功打开了文件服务器上的服务管理，由于网络凭据具有管理员权限，因此可以直接启动或停止服务器上的任意服务，如图 5-53 所示。

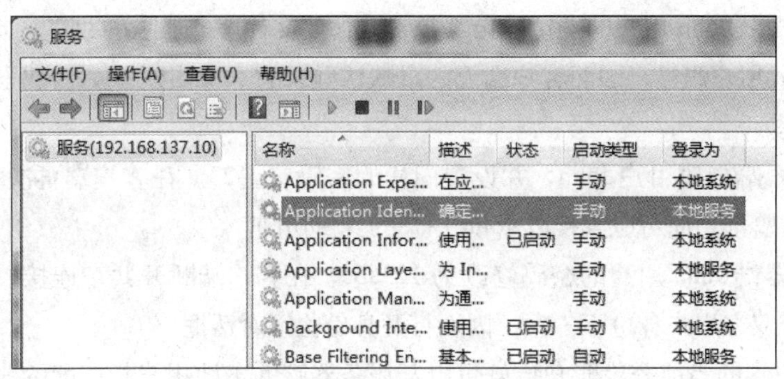

图5-53　远程控制服务

③ 远程控制服务器上的注册表。

在客户端选择“开始”→“运行”输入 regedit，打开注册表编辑器。选择“文件”→“连接网络注册表”命令，如图 5-54 所示。

输入文件服务器的计算机名或者 IP 地址，如图 5-55 所示。

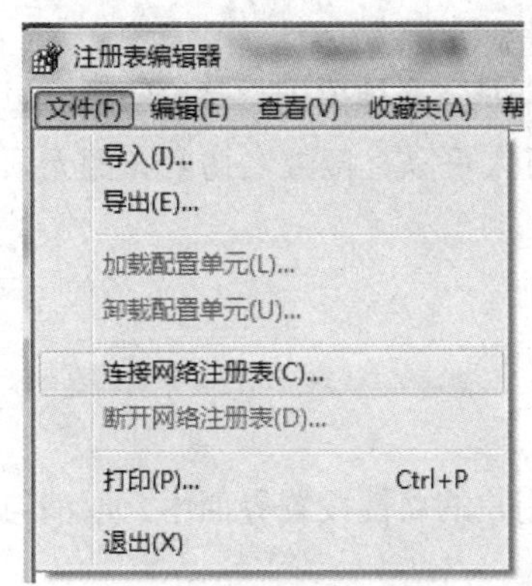

图5-54　连接网络注册表

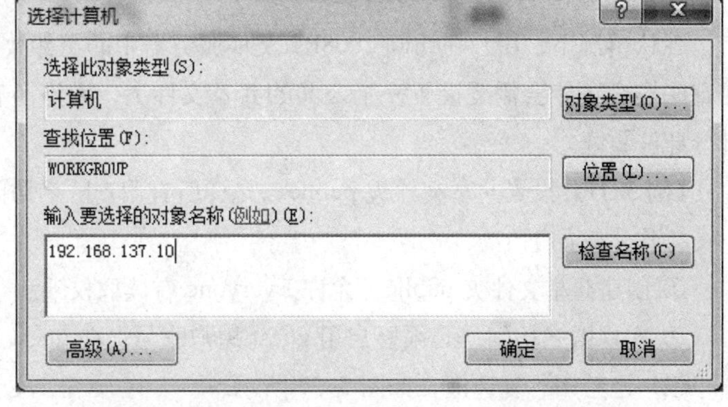

图5-55　输入服务器的计算机名或IP地址

单击“确定”按钮后，就可以成功连接到服务器上的注册表，并进行完全控制，如图 5-56 所示。

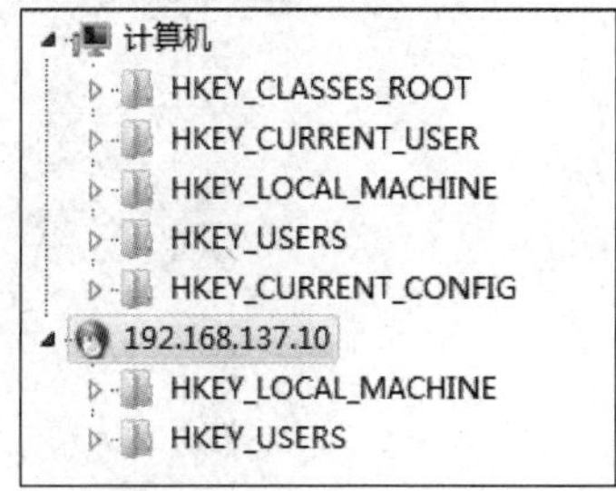

图5-56　成功控制服务器的注册表

④ 断开网络连接。已经建立的网络连接或缓存的网络凭据，只有当系统注销或是超时之后才会失效，因此当管理员在访问完网络共享之后，要尽量养成主动断开共享连接的习惯。

在命令提示符界面中，输入 net use * /del 命令，即可断开网络连接。

二、管理镜像账户

当客户端在访问文件服务器中的文件共享时，默认会自动以客户端当前登录的用户身份去进行身份验证，只有当前登录用户无法通过验证时，才会出现身份验证的对话框。

【例 5-10】验证镜像账户。

操作步骤如下：

① 在客户端创建用户 John，并设置密码 abc123。（注意，此时文件服务器上没有 John 用户。）

② 在客户端以 John 用户的身份登录系统，并访问文件服务器上的共享。此时，由于服务器端不存在 John 用户账号，因而客户端无法以默认登录的 John 用户通过身份验证，会打开身份验证的对话框。

③ 在服务器端创建用户 John，并设置同样的密码 abc123。在客户端再次访问文件共享，此时不需要身份验证，而可以直接以 John 用户的身份访问。

④ 将服务器端 John 用户的密码修改为 123abc，在客户端断开共享连接，然后再次访问共享。此时由于双方用户身份不一致，因而打开身份验证对话框。

像这种客户端的当前登录账户恰好可以与服务器端的本地用户相匹配的账户，称为镜像账户。镜像账户无须身份验证，可以直接访问服务器，这同样就带来了安全隐患。

假设某企业网络中共有 10 台服务器，每台服务器的 Administrator 用户密码都是相同的。如果其中某台服务器被黑客入侵或者中了病毒，那么由于系统中默认共享的存在，黑客或病毒就可以无须通过身份验证，而可以直接去访问进而控制网络中的所有其他服务器。因此在生产环境中，每台服务器应尽量设置不同的管理员密码，以杜绝安全隐患。

三、设置匿名访问

默认情况下，用户在访问 2008R2 文件服务器中的文件共享时，必须要进行身份验证。但在有些场合可能会需要设置一个公共的共享文件夹，允许所有人可以直接匿名访问，而无须进行身份验证。

【例 5-11】设置共享文件夹 public，允许所有用户匿名访问。

操作步骤如下：

① 创建共享文件夹 public，允许 Everyone 有读取权限。

② 实现匿名访问，必须要启用 guest 用户账号。在 guest 用户的属性设置界面中，取消勾选“账户已禁用”复选框，如图 5-57 所示。

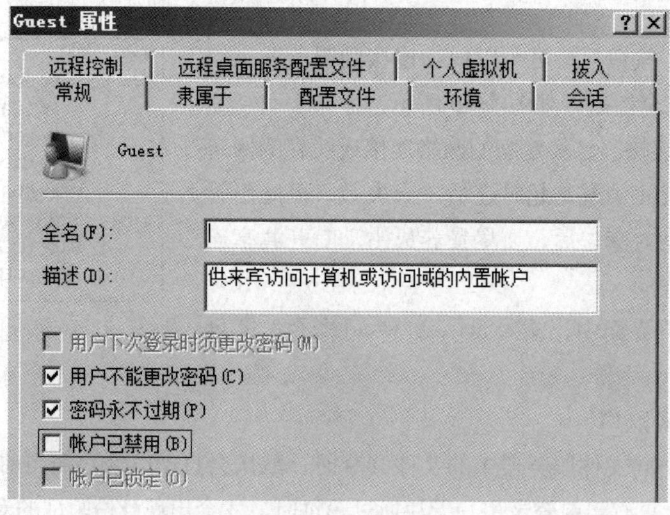

图5-57　启用guest用户

③ 修改组策略，改变访问 2008R2 系统的文件共享时必须进行身份验证的默认设置。

选择“开始”→“运行”命令，输入 gpedit.msc，打开组策略编辑器，展开“计算机配置”→“Windows 设置”→“全设置”→“本地策略\安全选项”,在右侧窗口中找到“网络访问：本地账户的共享和安全模型”设置项，将其设为“仅来宾”模式，如图 5-58 所示。

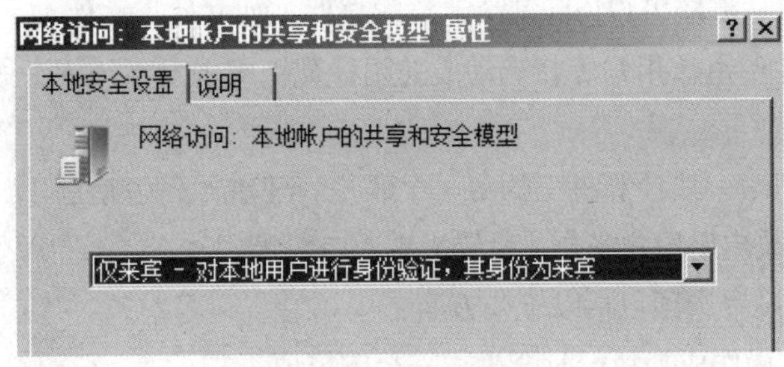

图5-58　网络访问设置

④ 在客户端访问测试，无须进行任何身份验证，即可直接访问文件服务器上的共享。但是这里依然要注意权限设置，对于那些没有为 guest 用户分配权限的共享，匿名用户是无权访问的。

四、配置审核策略

在企业内部网络中架设了一台文件服务器，其中有一个名为 share 的共享文件夹。管理员希望能够记录下来曾经有哪些用户访问或改动过共享文件夹中的内容，以防范可能发生的安全风险。

通过配置审核策略可以对系统中指定的事件进行跟踪。

1. 了解审核策略

审核策略用日志的形式记录系统中被定义审核的事件，系统管理员通过日志文件可以发现和跟踪发生在所管理区域内的可疑事件。例如，谁曾经访问过哪个文件、哪些非法程序入侵了计算机等。

审核策略在组策略中配置。选择“开始”→“运行”命令，输入 gpedit.msc 打开组策略编辑器，在“计算机配置”→“Windows 设置”→“安全设置”→“本地策略”中可以找到审核策略，如图 5-59 所示。

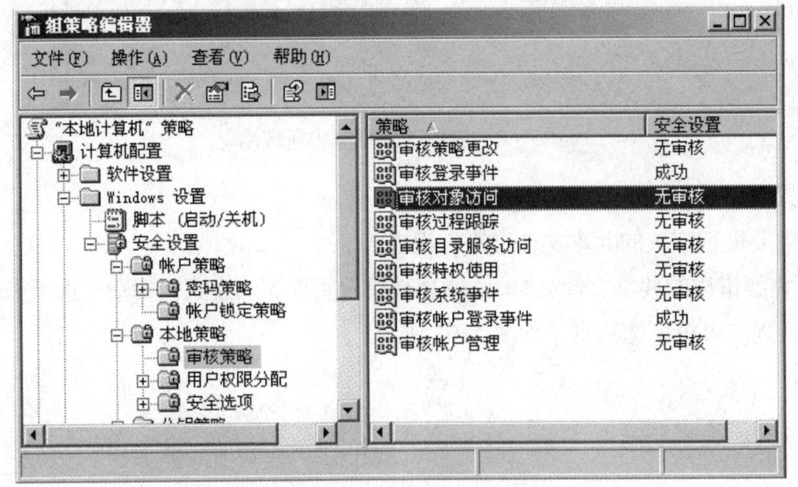

图5-59　设置审核策略

从图 5-59 中可以看出，系统共可以审核 9 种类型的事件，其中比较常用的是：

① 审核登录事件：审核所有用户的登录和注销事件。

② 审核对象访问：审核用户访问某个对象的事件，如文件、文件夹、注册表项等。

③ 审核系统事件：审核用户重新启动或关闭计算机或者对系统安全或安全日志有影响的事件。

④ 审核账户管理：审核计算机上的每一个账户管理事件，包括创建、更改或删除用户账户或组，命名、禁用或启用用户账户，设置或更改密码等。

审核策略的安全设置选项包括以下几方面：

① 成功：请求的操作成功执行时会生成一个审核项。

② 失败：请求的操作失败时会生成一个审核项。

③ 无审核：相关操作不会生成审核项。

下面主要介绍“审核对象访问”策略的配置和使用。

2. 配置审核对象访问策略

系统管理员希望能够记录下曾经有哪些用户访问或改动过共享文件夹 share 中的内容，可以通过配置“审核对象访问”策略来完成这项要求。

(1) 启用审核策略

需要启用审核对象访问策略。在组策略编辑器中打开“审核对象访问”的属性设置对话框，在“审核这些操作”中勾选“成功”“失败”，即记录用户的所有访问操作，如图 5-60 所示。

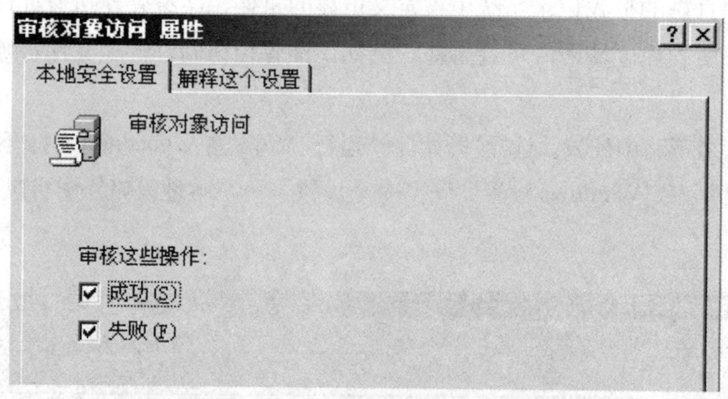

图5-60　启用审核对象访问策略

(2) 设置审核对象

下面对需要进行审核的共享文件夹进行设置。

① 打开需要审核的共享文件夹 share 的属性设置页面，切换到“安全”选项卡。单击“高级”按钮切换到“审核”选项卡，如图 5-61 所示。

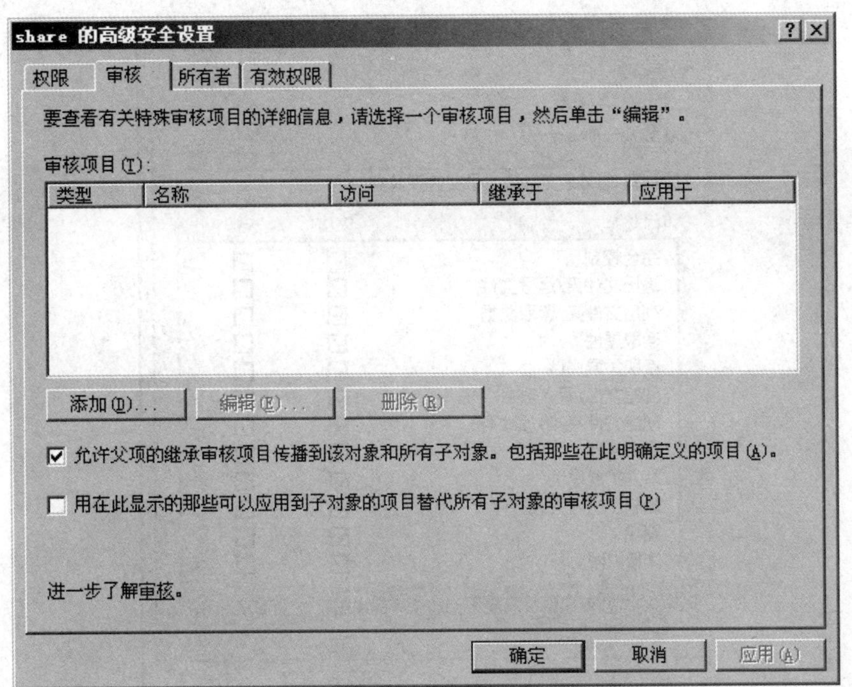

图5-61　对共享文件夹share进行审核

② 单击“添加”按钮，打开“选择用户、计算机或组”对话框，在这里可以设置需要对哪些用户或组进行审核。如果要对所有的用户都进行审核，可以在“输入要选择的对象名称”栏中输入 everyone，如图 5-62 所示。

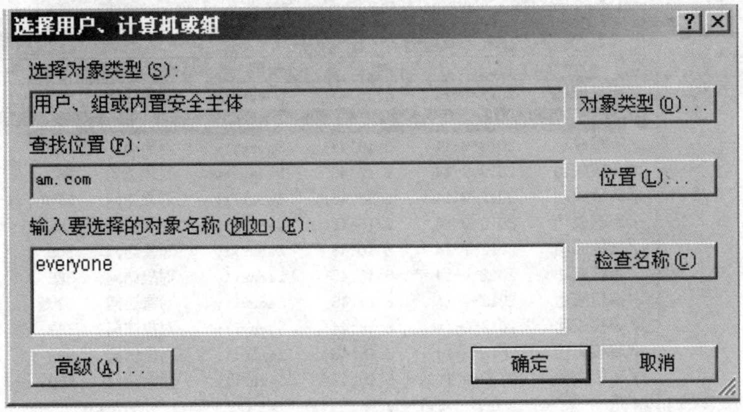

图5-62　确定审核对象

单击“确定”按钮，选择对 everyone 用户要审核的范围。这里设置对 everyone 用户进行的所有操作都进行审核，如图 5-63 所示。

(3) 查看日志

审核后的结果记录在安全日志中，管理员可以通过事件查看器来查看已经审核的事件。

选择“开始”→“控制面板”→“管理工具”→“事件查看器”打开“事件查看器”窗口，如图 5-64 所示。

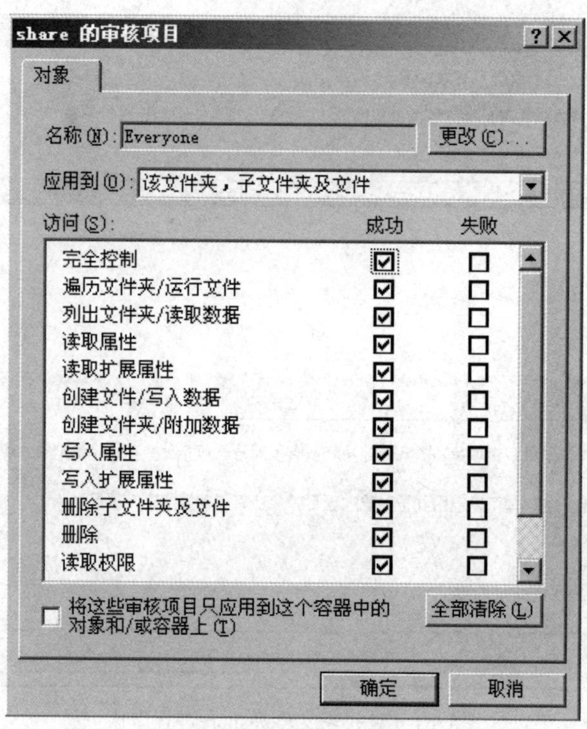

图5-63　确定审核范围

图5-64　“事件查看器”窗口

事件查看器用来查看计算机中产生的日志，默认情况下，有 3 种类别的日志：

① 应用程序日志：包含由应用程序或系统程序记录的事件。例如，用数据库程序可在其中记录文件错误，程序开发人员决定记录哪些事件。

② 安全性日志，记录诸如有效和无效的登录尝试事件，以及记录与资源使用相关的事件，如创建、打开或删除文件或其他对象。

③ 系统日志：包含 Windows 系统组件记录的事件。例如，在启动过程中加载驱动程序或其他系统组件失败等信息都记录在系统日志中。

在 3 种日志中，安全日志相对更加重要，主要记录用户登录和对象访问的信息。我们所要审核的用户对共享文件夹的访问信息就存放在安全日志里。

下面做一个用户访问测试：

以用户 user1 的身份通过网络访问共享文件夹 share，然后在安全日志中就会发现数条与 user1 用户有关的日志。打开其中一条日志，可以清楚地看到用户访问了哪个文件夹，并进行了哪些操作。

3. 审核策略注意事项

审核策略的功能非常强大，不过在使用审核策略的同时也要注意一些问题：

① 审核是一种很占用计算机资源的操作，尤其是当要审核的对象非常多时，很有可能会降低系统的性能。因此，只有在需要的时候才打开必需的审核策略。

② 保存审核日志是需要硬盘空间的，如果审核的对象非常多，而对象的变动也很频繁，那么短时间内审核日志就可能会占据大量的硬盘空间，因此日志需要经常性查看和清理。在日志的属性界面中可以根据需要设置日志的大小，如图 5-65 所示 。

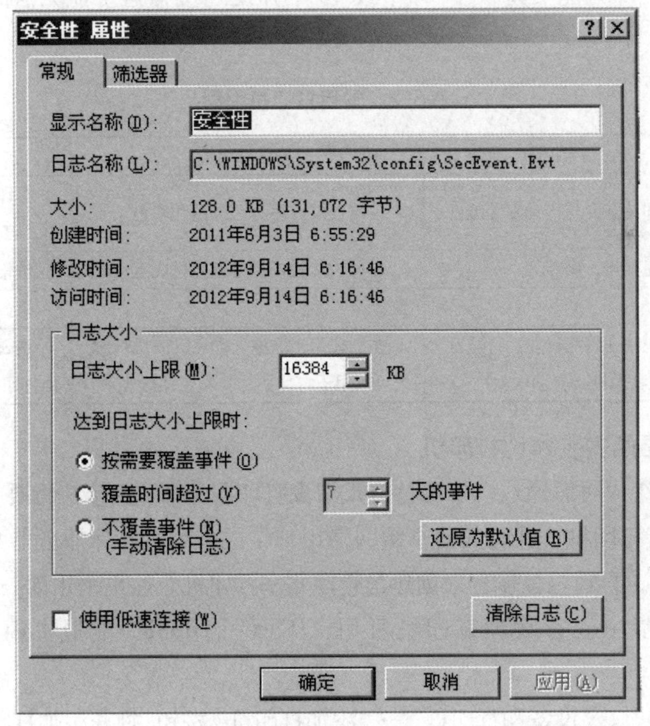

图5-65 设置日志大小

任务五　网络打印机的设置与使用

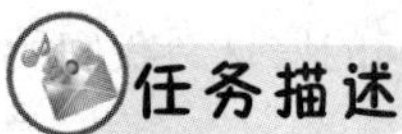

任务描述

在网络系统的共享资源中，除了共享文件夹之外，打印设备也可以作为共享资源提供给网络用户使用，这样可以最大限度地使用每台打印设备，提高打印设备的利用率。

本任务将详细介绍在工作组模式下网络打印机的设置与使用方法。

任务分析及实施

打印机是常用办公设备，主要有针式、喷墨、激光 3 种类型，其特性对比如表 5-2 所示。

虽然有些打印机本身自带有网络接口，可以独立地接入到网络中，但这类打印机一般成本较高。对于人们平常使用的普通打印机，需要先将之连接到一台服务器上，然后再将其共享给网络中的用户使用，这台连接有共享打印机的服务器就是打印服务器。为了节省成本，通常都是用文件服务器同时兼任打印服务器的角色。

打印服务器推荐使用 Windows Server 网络操作系统，如果使用 Windows XP/Windows 7 这种客户端系统，那只能支持最多 10 个或 20 个并发连接，这可能无法满足多个用户同时打印的需求。

表5-2　常用打印机类型

	针式打印机	喷墨打印机	激光打印机
优势	可打印特殊介质，如复写纸	价格便宜，可打印黑白和彩色	打印速度快，打印效果很好，打印平均成本低
缺点	打印速度慢，噪声大	打印速度较慢，墨盒耗材成本较高	价格昂贵
主要耗材	色带	墨盒	硒鼓
简介	主要应用在特殊行业和特殊设备中，如收款机、自动取款机	主要应用于家庭，彩色的喷墨打印机可以用于打印照片、彩色图纸等	是公司中使用最广泛的文件打印机

一、在服务器端安装本地打印机

在 2008R2 系统中可以通过以下两种方式架设打印服务器：直接在将要充当打印服务器角色的计算机上安装打印机，并将其共享给网络用户；或者添加打印服务器角色，它会顺带安装打印管理控制台，再通过控制台来创建与管理共享打印机。这里采用前一种方法。

由于实验环境中没有物理打印机可用，下面在 2008R2 虚拟机中添加一台虚拟打印机。

① 单击“开始”→“设备和打印机”→“添加打印机”按钮，打开添加打印机向导，选择“添加本地打印机”，如图 5-66 所示。

② 选择打印机所连接的端口。如果是真实的打印机，目前一般都采用了 USB 接口，将打印机连接到计算机上以后，系统将会自动发现打印机。这里选择使用默认的 LPT 端口，如图 5-67 所示。

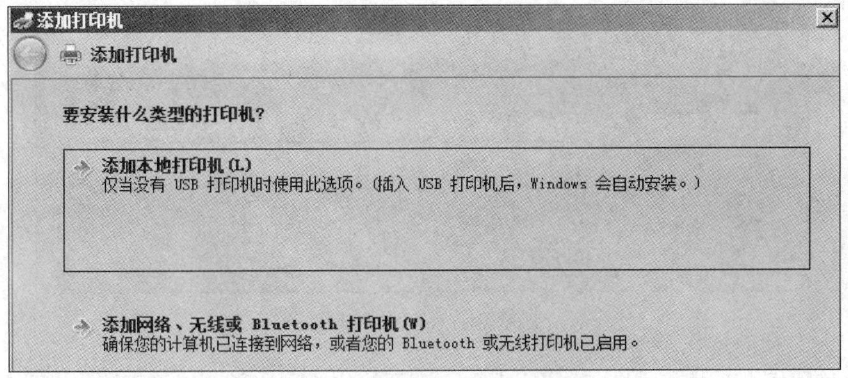

图5-66　选择安装打印机的类型

图5-67　设置打印机端口

③ 为打印机安装驱动程序。真实打印机的驱动程序一般都在程序光盘里或从网上下载。这里随意选择一个系统自带的打印机驱动程序，如图 5-68 所示。

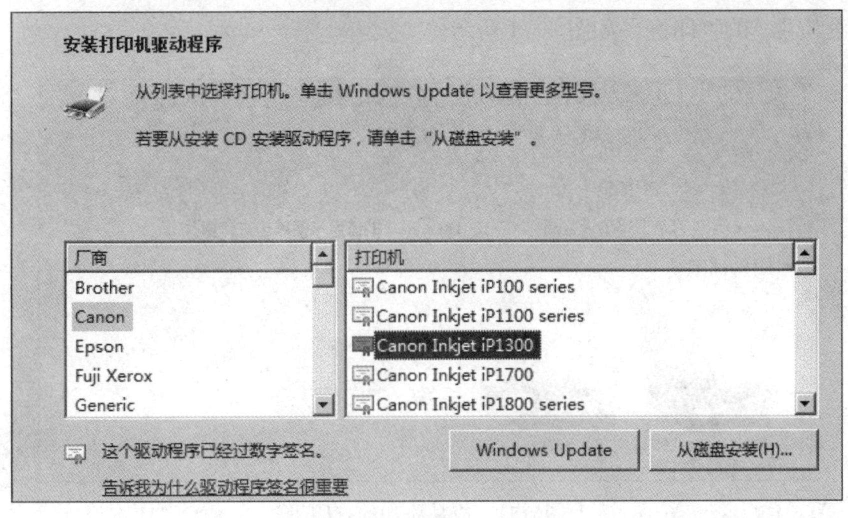

图5-68　选择打印机型号

④ 为打印机命名，默认以打印机的产品型号命名，这里将打印机命名为 printer，如图 5-69 所示。

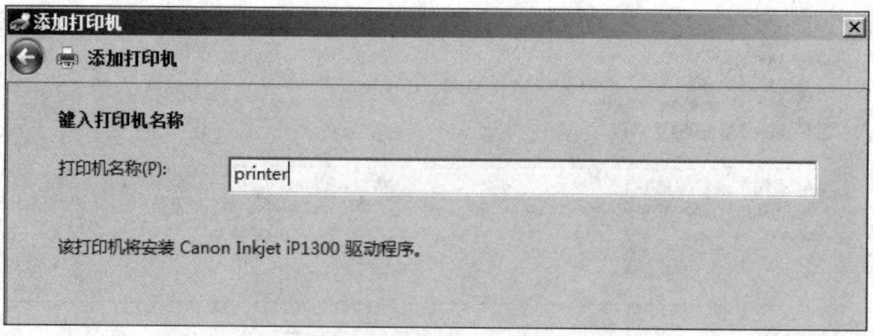

添加打印机
添加打印机
键入打印机名称
打印机名称(P):
printer
该打印机将安装 Canon Inkjet iP1300 驱动程序。

图5-69　为打印机命名

⑤ 将打印机设为共享，共享名为 printer，下面的位置和注释可填可不填，如图 5-70 所示。

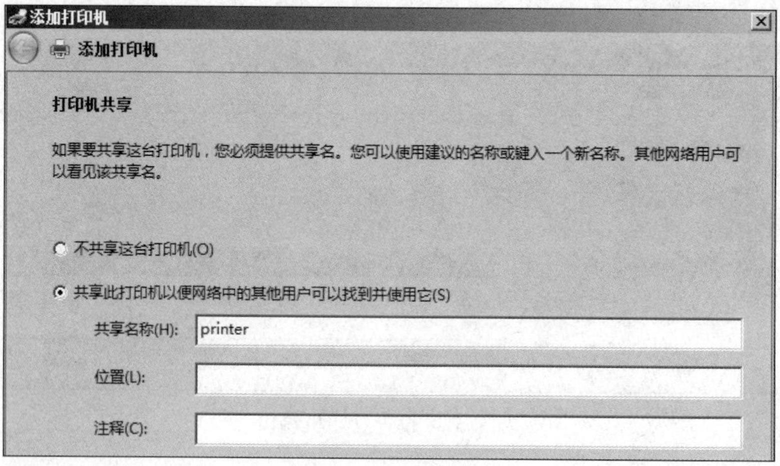

添加打印机
添加打印机
打印机共享
如果要共享这台打印机，您必须提供共享名。您可以使用建议的名称或键入一个新名称。其他网络用户可以看见该共享名。
不共享这台打印机(O)
共享此打印机以便网络中的其他用户可以找到并使用它(S)
共享名称(H):
printer
位置(L):
注释(C):

图5-70　将打印机共享

⑥ 由于是虚拟打印机，所以也不要选择打印测试页。安装向导完成之后，可以看到成功添加并被设为共享的打印机，如图 5-71 所示。

设备和打印机
控制面板 ▸ 硬件 ▸ 设备和打印机
添加设备
添加打印机
Windows 可以显示增强型设备图标和来自 Internet 的信息。请单击进行更改...
打印机和传真 (2)
Microsoft XPS Document Writer
printer

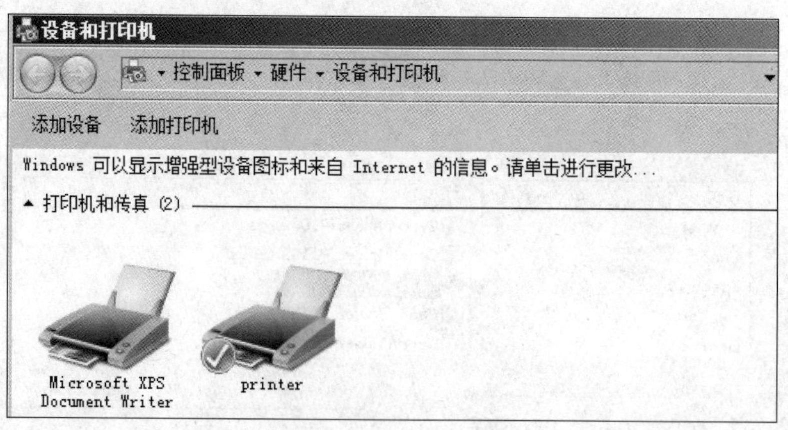

图5-71　成功添加的打印机

二、在客户端安装网络打印机

下面在另一台 Windows 7 虚拟机上作为客户端安装已经被共享的网络打印机，操作步骤如下：

① 单击“开始”→“设备和打印机”→“添加打印机”按钮，打开添加打印机向导，在图 5-66 的界面中选择安装网络打印机。

② 选择网络打印机之后，会有 3 种方式连接到网络打印机，推荐采用第二种方式，直接输入共享打印机的 UNC 路径，如图 5-72 所示。

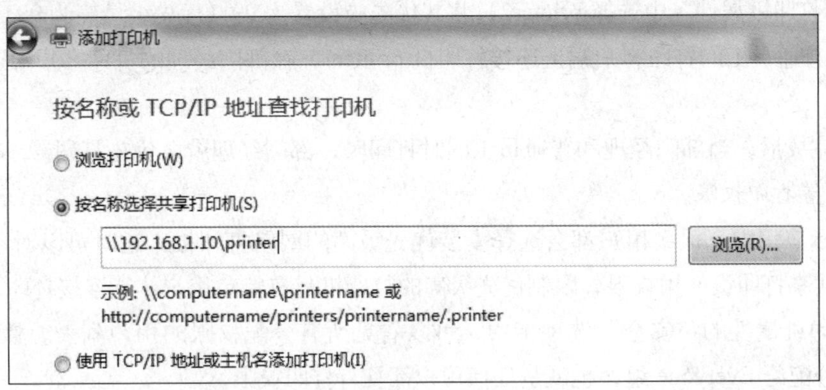

图5-72　指定网络打印机路径

③ 客户端会自动从打印服务器处获取并安装打印机驱动程序，从而省去了查找驱动这一步。

④ 网络打印机安装好之后，选择打印测试页，在打印服务器中会出现相应的打印任务，证明网络打印机安装成功，如图 5-73 所示。

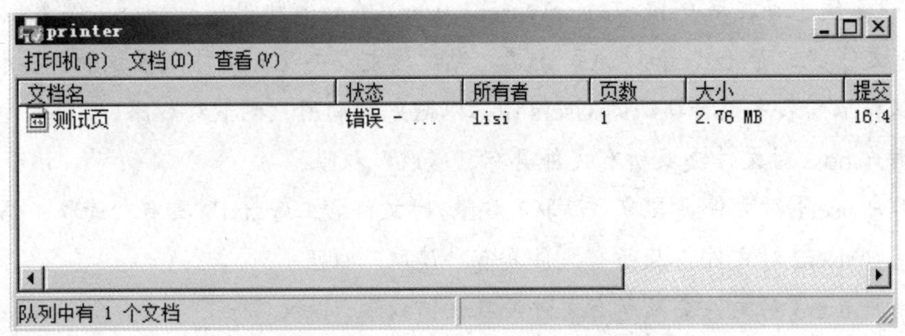

图5-73　打印服务器中显示的打印任务

三、打印机属性设置

在打印服务器上对打印机属性进行配置，可以让打印机更好地工作。

1. 设置打印时间

在打印机属性的“高级”选项卡中，可以设置打印机的使用时间，如只允许在工作时间内使用网络打印机等。

2. 设置打印优先级

一般情况下，打印的顺序是按照时间的先后顺序，即先来先打。但有时个别用户或者管理人员需要打印一些比较紧急的文件，这时就可以通过设置打印机的优先级来实现。

假设有部门经理和普通员工，部门经理发送的打印作业要比普通员工紧急。设置打印优先级的步骤如下：

① 在打印机服务器处为一台打印机多次安装驱动程序，生成多个不同的逻辑打印机，并分别为之设置不同的优先级。

在打印服务器里再添加一台逻辑打印机 printer2，操作过程同之前一样。

② 安装完成之后，打开 printer2 的高级属性设置界面（两台逻辑打印机被合并到一个图标内，在“打印机属性”中选择 printer2），将其优先级设置为 99（优先级最高为 99，最低为 1）。

③ 在普通员工的打印客户端上连接打印机 printer1，在部门经理的打印客户端连接打印机 printer2。

配置完成后，当部门经理和普通员工同时打印时，部门经理就会优先打印。

3. 设置打印权限

在实际应用中，很多用户都会选择安装优先级高的网络打印机，这时可以对不同用户设置不同的共享打印机使用权限，限制优先级高的打印机只有特定用户才能连接打印。

在打印机属性的“安全”选项卡中，可以看见所有分配权限的用户列表。默认情况下，打印权限分配给 Everyone 组，也就是任何用户都具有打印权限。

共享打印机的权限设置方法与前面的共享文件夹类似，将默认的 Everyone 组删掉，再添加指定的用户账户并赋予权限即可。

任务训练

▶ 操作题

1. 假设系统中存在用户 boss、user1、user2、user3，在计算机里建立一个文件夹“公司文档”，其中存放有文件“工资 .txt”和“通知 .txt”，现对该文件夹及其文件设置权限。要求：

（1）从权限列表中删除默认的 Users 组，以避免影响用户的最终权限。

（2）用户 boss 对文件夹及所有文件具有“修改”权限。

（3）用户 user1 对文件夹具有“读取”权限，对文件“工资 .txt”具有“读取 + 写入”权限。

（4）用户 user2 对文件夹及所有文件具有“读取”权限。

（5）用户 user3 对文件夹及所有文件没有任何权限。

2. 通过编写批处理文件实现下列操作：

在 D 盘建立一个名为 share 的文件夹，将 share 文件夹设为共享，共享名为 share。

3. 在 Windows 7 中禁用系统默认共享。

4. 准备 2 台虚拟机，完成下列操作：

（1）在服务器上建立共享文件夹 share。

（2）在客户端分别通过网上邻居和 UNC 路径的方式访问服务器上的共享资源。

（3）在客户端将服务器中的共享资源映射为本地驱动器 K 盘。

5. 某公司下属两个部门：财务部和销售部，每个部门各有 2 名员工和 1 名经理。应用 ALP 规则完成下列要求：

（1）建立一台文件服务器，使每个部门的员工只能以只读方式访问本部门对应的共享文件夹。

（2）部门经理可以完全权限访问本部门的共享文件夹，以只读方式访问其他部门的共享文件夹。

6. 按下列要求配置网络打印机：

（1）设置打印服务器。

（2）在两台客户端虚拟机上分别安装网络打印机，其中一台虚拟机作为部门经理使用的客户机，其打印优先级要高于另一台虚拟机。

7. 在文件服务器上为销售部创建共享文件夹 xiaoshou，并在其中存放文件“订单统计表 .xls”。销售部的每位员工都有独自的账号，要求通过审核策略记录哪些员工访问或改动了订单统计表。

8. 某企业文件服务器中配置了 3 块 500 GB 硬盘，为了方便使用，创建简单卷用来存放各个部门的技术资料，建立 RAID-5 卷用来存放财务部的重要资料。限制各部门存储资料使用的磁盘空间大小，部门经理为 500 MB，普通员工为 200 MB。

操作要求：

（1）在虚拟机中安装硬盘并初始化。

（2）将新添加的基本磁盘转换为动态磁盘。

（3）在磁盘 1 上创建一个大小为 80 GB 的简单卷。

（4）对简单卷进行扩展，使其容量增大为 90 GB。

（5）将简单卷扩展到磁盘 2，使其容量为 100 GB（变为跨区卷）。

（6）利用三块硬盘剩余的空间创建 RAID-5 卷。

（7）为简单卷启用磁盘配额。

项目六

活动目录服务的配置与管理

学习目标：

通过本项目的学习，读者将能够：

- 理解活动目录和域；
- 会搭建域环境；
- 掌握利用组策略对域进行管理；
- 理解部署额外域控制器。

在小型网络中，管理员通常独立管理每一台计算机，当网络规模扩大到一定程度后，许多管理工作需要在每台计算机上重复做多遍。这时就可以通过搭建活动目录服务器，将网络转换到域管理模式，从而对网络中的计算机进行集中管理。

本项目将介绍如何搭建域环境，以及如何在域环境下进行一些常规的网络管理操作。

任务一　了解活动目录和域

任务描述

本任务将通过工作组与域的对比，了解域管理模式的特点，以及域的一些基本概念。要求重点掌握以下内容：

① 了解域和工作组的区别。

② 了解域管理模式的特点。

③ 了解域中的计算机、域用户以及 DNS 等概念。

任务分析及实施

一、工作组和域的对比

工作组和域是 Windows 环境下两种不同的网络组织形式。

在工作组这种网络组织形式下，网络中每台计算机的地位是平等的，没有管理和被管理的关系。作为运维管理人员，只能针对每台计算机分别进行管理维护。因此，工作组模式采用的是分散管理、安全性不高，比较适合于小型的网络环境。

在域这种网络组织形式下，首先网络中计算机的地位是不平等的，有一种被称为域控制器的计算机，它可以管理域中的所有其他计算机；其次作为运维管理人员，可以对域中的计算机进行批量的管理维护。因此，域模式采用的是集中式管理、安全性高，比较适合于大型的网络环境。

下面通过一个实例来进一步说明工作组和域的区别。

假设在之前搭建好的文件服务器上要设置一个名为 test 的共享文件夹，并且只允许公司内的员工张三可以访问这个共享文件夹。

实现这个任务的思路就是在服务器上为张三这个用户创建一个用户账号，如果访问者能回答出张三账号的用户名和密码，则认可这个访问者就是张三。

在小型网络中，工作组模式没有暴露出什么问题。但是如果把问题扩展一下，现在假设公司网络内有 500 台服务器，在这 500 台服务器上都有资源要分配给张三，那会有什么样的后果呢？由于工作组的特点是分散管理，这就意味着每台服务器都要给张三创建一个用户账号，张三这个用户就必须记住自己在每个服务器上的用户名和密码，服务器管理员也必须将每个用户账号都要重新创建 500 次。我们难以想象这样管理网络资源的后果，这一切的根源都是由于工作组的分散管理造成的。因此，工作组这种散漫的管理方式和大型网络所要求的高效率是背道而驰的。

二、域模式的特点

域管理模式弥补了工作组的缺陷，域实现的是集中式管理，其特点主要体现在以下两方面：

① 可以对网络中的计算机或用户进行统一管理。

② 可以对网络中的用户进行统一的身份验证。

域是专门针对大型网络的管理需求而设计的，域就是共享用户账号、计算机账号和安全策略的计算机集合。从域的基本定义中可以看到，域模式的设计中考虑到了用户账号等资源的共享问题，这样域中只要有一台计算机为公司员工创建了用户账号，其他计算机就可以共享账号，这就很好地解决了之前提到的账号重复创建问题。

域中的这台集中存储用户账号的计算机就是域控制器（Domain Controler，DC），用户账号、计算机账号和安全策略都被存储在域控制器上一个名为活动目录（Active Directory，AD）的数据库中。

关于域和活动目录之间的关系，也可以这样理解：活动目录是 Windows 服务器中提供的一项服务，只要安装了活动目录服务的服务器就成为了域控制器，而只要有了域控制器，一个新的域也就诞生了。

三、域和 DNS 之间的关系

域控制器是域的核心，域中的所有计算机都必须要能够准确地定位到域控制器，并与之保持联系。域中定位依靠的是 DNS 服务，即通过域名来完成定位。

DNS 是域正常工作的基础，在创建域之前就需要先做好 DNS 服务器的准备工作。如果网络中已搭建好 DNS 服务器，可直接使用它作为首选 DNS 服务器；如果网络中不存在 DNS 服务器，则可以将域控制器同时也设置成一台 DNS 服务器。一般采用后者，将域控制器同时也作为 DNS 服务器。

另外，域的名字也必须要遵循 DNS 域名规范，如 coolpen.net。由于大多数情况下，域仅在内网中使用，因而域名无须注册，可以使用任意域名，但也要注意尽量不用使用 Internet 中已存在的 DNS 域名。

任务二　搭建域环境

任务描述

本任务将新克隆出一台 2008R2 虚拟机，通过安装活动目录角色，将之配置成一台域控制器，然后再学习掌握一些域中的基本操作。

要求重点掌握以下几种操作：

① 掌握活动目录的安装方法。

② 能够将客户机加入到域。

任务分析及实施

一、安装活动目录

域的核心是域控制器，而域控制器是建立在活动目录的基础之上的。在一台服务器中安装了活动目录之后，这台服务器也就成为了域控制器。

1. 安装前的准备工作

下面新克隆出一台虚拟机，将其命名为 DC，然后做好下列准备工作。

① 保证磁盘分区的文件系统为 NTFS。活动目录要求必须安装在 NTFS 分区上，如果系统所在分区为 FAT32 格式，可以用“convert c: /fs:ntfs”命令进行转换。

② 确定服务器的计算机名。如果在活动目录安装好之后再将域控制器改名，将会对域造成一定的影响，所以需要在安装活动目录之前将域控制器的计算机名设置好，这里将其命名为 DC。

③ 规划好 DNS 域名。可以根据需要设置一个符合 DNS 命名规则的域名，这里采用“coolpen.net”域名。

④ 为服务器设置好静态 IP 地址以及 DNS 服务器，如图 6-1 所示。由于这里将 DC 也作为 DNS 服务器，因此将首选 DNS 服务器也指向 DC。

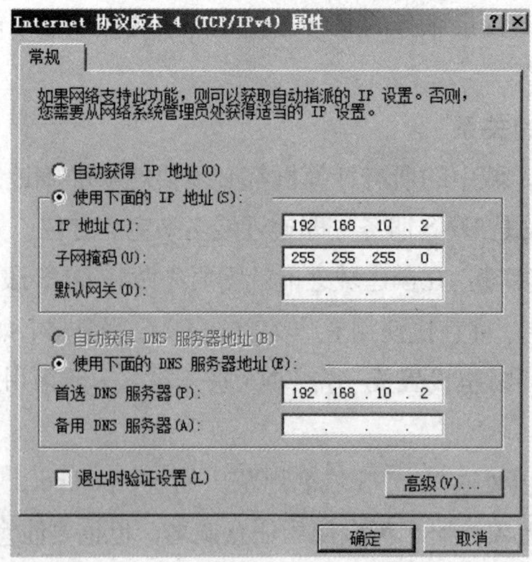

图 6-1　DC的TCP/IP设置

2. 安装活动目录过程

(1) 添加活动目录角色

① 打开“服务器管理器”，在“角色”中单击“添加角色”按钮，如图 6-2 所示。

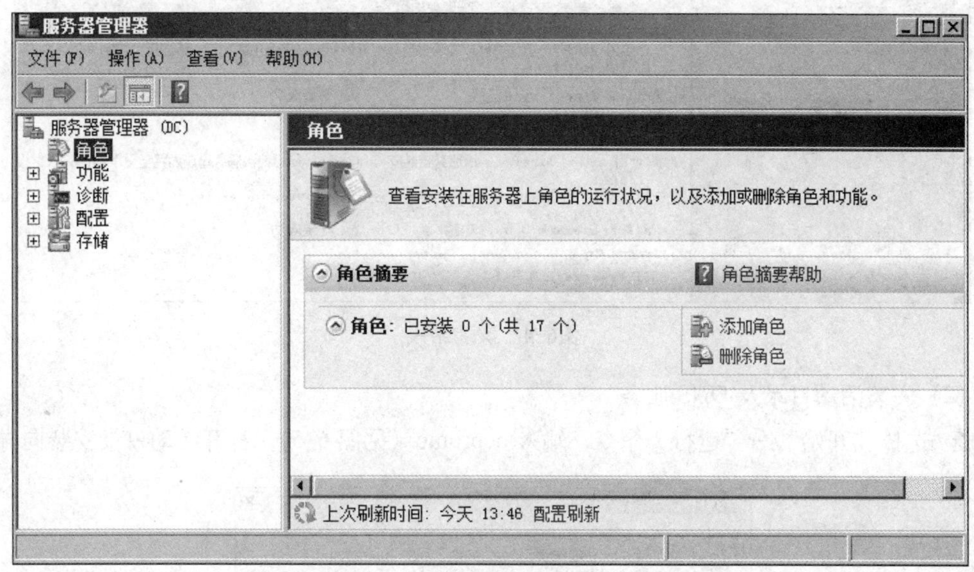

图6-2　添加角色

② 打开添加角色向导后单击“下一步”按钮，选择服务器角色为“Active Directory 域服务”（见图 6-3），同时根据提示添加“.NET Framework 功能”。

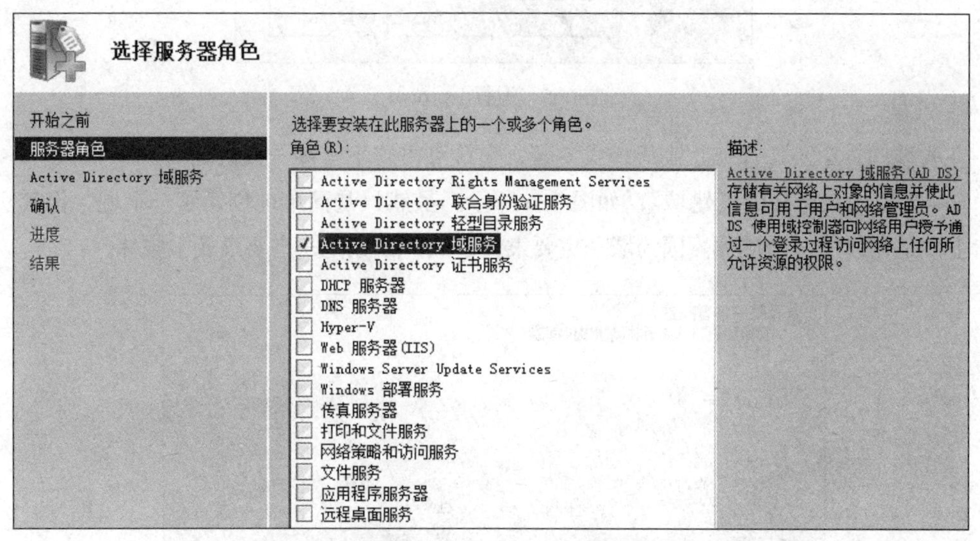

图6-3　添加“Active Directory 域服务”角色

③ 安装完成后，系统提示已安装“Active Directory 域服务”和“.NET Framework”功能，如图 6-4 所示。从对话框中可知还必须运行 Active Directory 域服务安装向导(dcpromo.exe)后，这台服务器才能成为功能完整的域控制器。

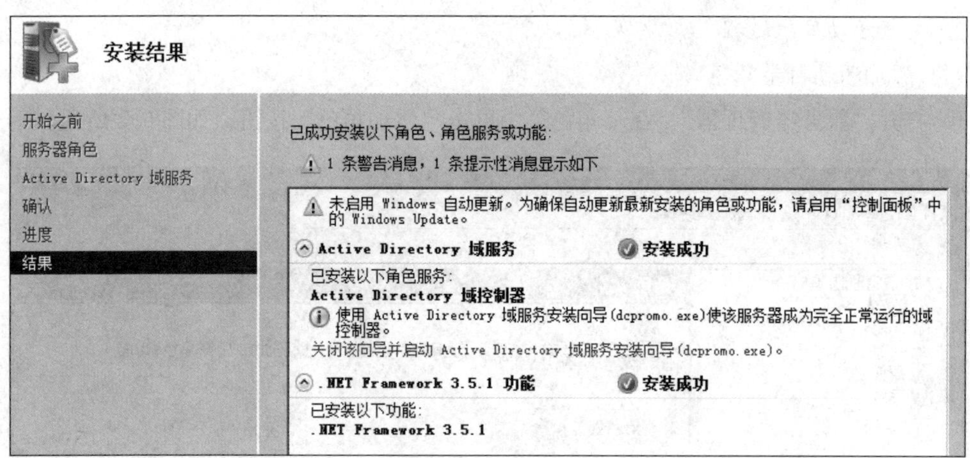

图6-4　安装结果

(2) 安装活动目录及 DNS 服务

① 选择“开始”→“运行”命令，输入 dcpromo（见图 6-5），打开活动目录安装向导。

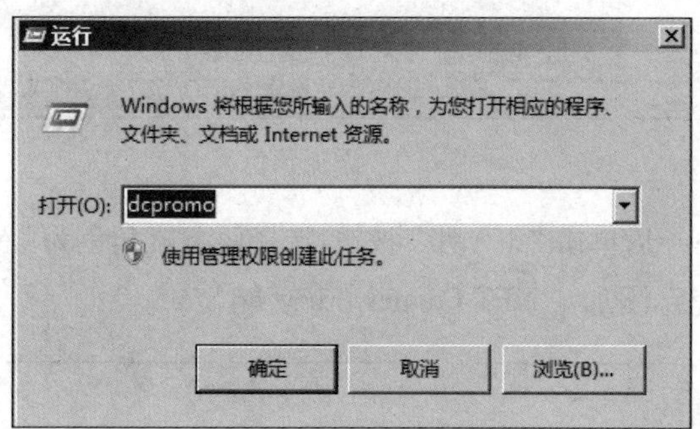

图6-5　运行dcpromo

在安装向导中不选择使用高级模式安装，直接点击“下一步”按钮。

② 选择“在新林中新建域”，如图 6-6 所示。虽然只是简单地创建了一个域，但其实从逻辑上讲是创建了一个域林。因为域一定要隶属于域树，域树一定要隶属于域林。

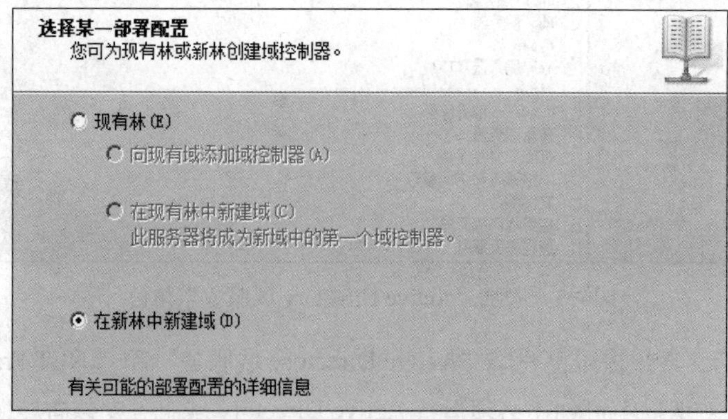

图6-6　在新林中新建域

③ 输入事先规划好的 DNS 域名 coolpen.net，如图 6-7 所示。

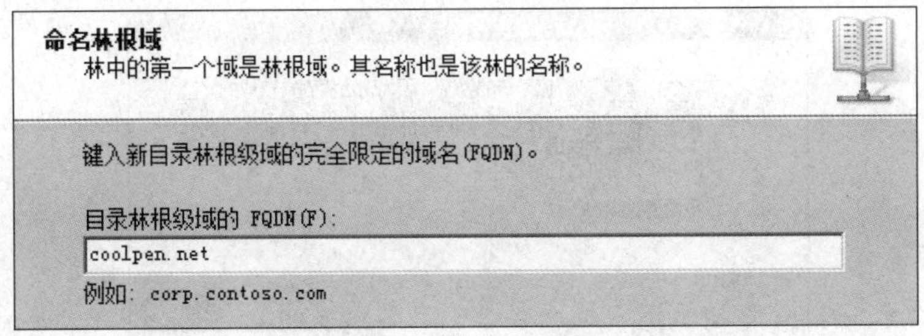

图6-7　输入域名

林功能级别和域功能级别都采用默认的“Windows Server 2003”，功能级别应根据网络中存在的最低 Windows 版本的域控制器来选择，如图 6-8 所示。

图6-8　设置域功能级别

④ 选择在此服务器上安装 DNS 服务器，如图 6-9 所示。

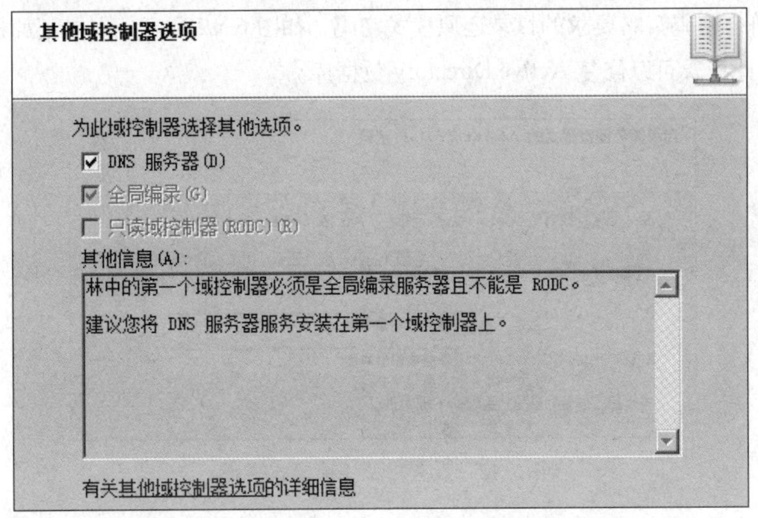

图6-9　安装DNS服务

弹出如图 6-10 所示的警告对话框，提示没有找到父域，无法创建 DNS 服务器的委派。单击“是”按钮，继续下面的操作。

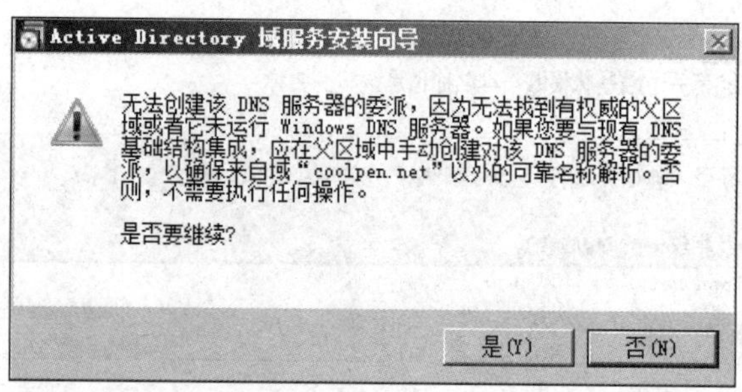

图6-10　警告对话框

⑤ 选择数据库文件夹、日志文件夹、sysvol 文件夹的存放位置，这里全部采用默认设置，如图 6-11 所示。

- 数据库文件夹：用来存放 Active Directory 数据库。
- 日志文件文件夹：用来存储 Active Directory 的更改日志。
- SYSVOL 文件夹：用来存储域共享文件，如各种组策略文件等。

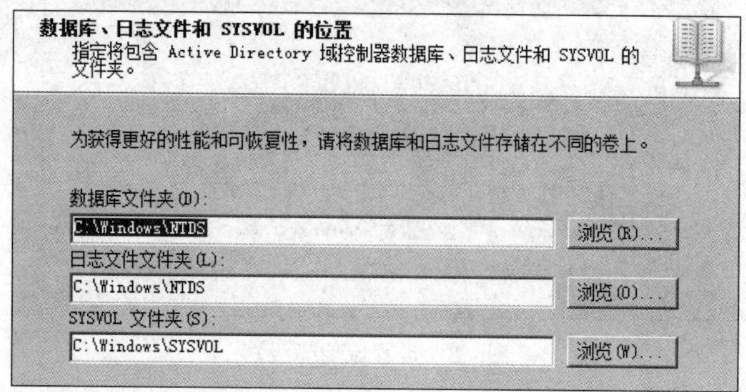

图6-11　各种文件的存放位置选择默认设置

⑥ 设置符合密码策略要求的目录还原模式密码，如图 6-12 所示。目录还原模式是一个安全模式，进入此模式可以修复 Active Directory 数据库。

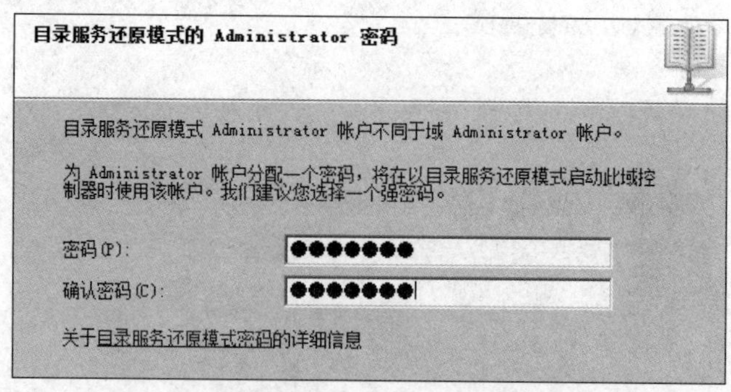

图6-12　设置目录还原模式密码

最后出现"摘要"界面，单击"下一步"按钮，系统开始安装活动目录以及 DNS 服务（见图 6-13），并在完成后重新启动。

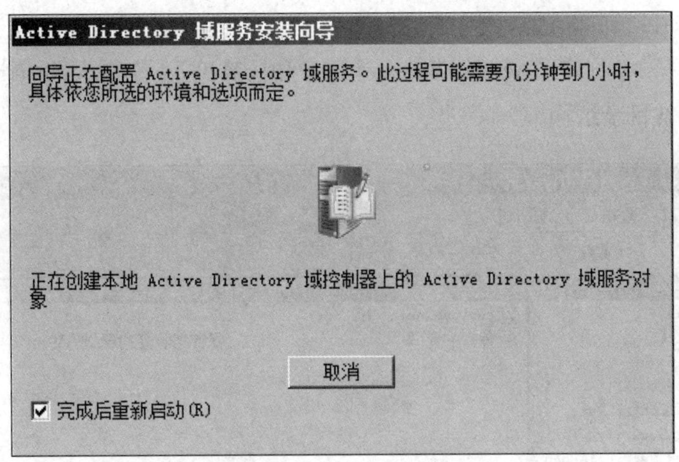

图6-13　安装活动目录

3. 安装完活动目录之后的检查

安装完活动目录之后，这台服务器就成为了域控制器。域控制器中原有的本地用户将全部自动升级为域用户，在登录系统时也将只能使用域用户的身份登录，域用户账号名称前需要附加域名 COOLPEN，如图 6-14 所示。

登录之后，需要做一些检查工作，以确认活动目录服务安装正常。

(1) 更改域控制器使用的 DNS 服务器

默认安装完活动目录后，首选 DNS 会指定成 127.0.0.1，所以系统启动后的第一件事就建议将首选 DNS 服务器改为指向自己的 IP 地址。

(2) 检查 DNS 上的 SRV 记录

SRV 记录即 Server 记录，用于定位域中的服务器。打开“服务器管理器”，在 DNS 服务器角色中检查，注意上面是 4 项，下面是 6 项，如图 6-15 所示。

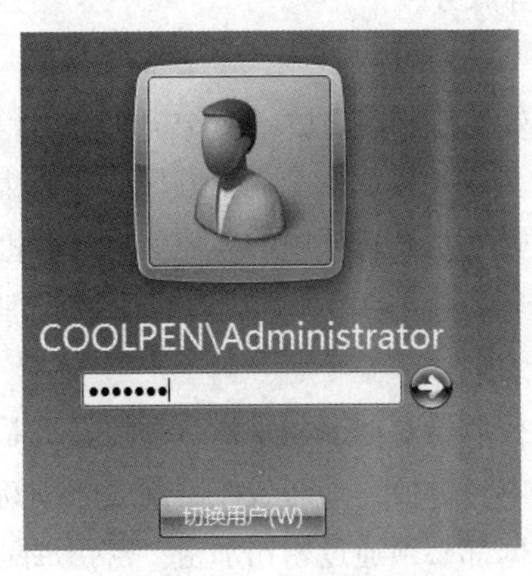

图6-14　域用户登录

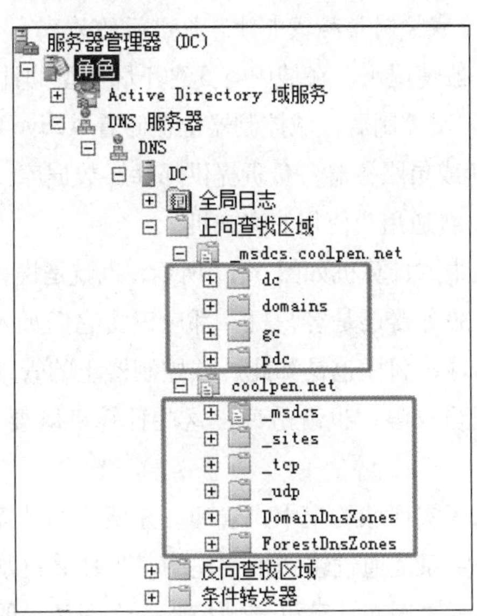

图6-15　DNS上的SRV记录

（3）检查活动目录的默认结构

在“管理工具”中打开“Active Directory 用户和计算机”，检查 coolpen.net 域是否具有如图 6-16 所示的正常目录结构。

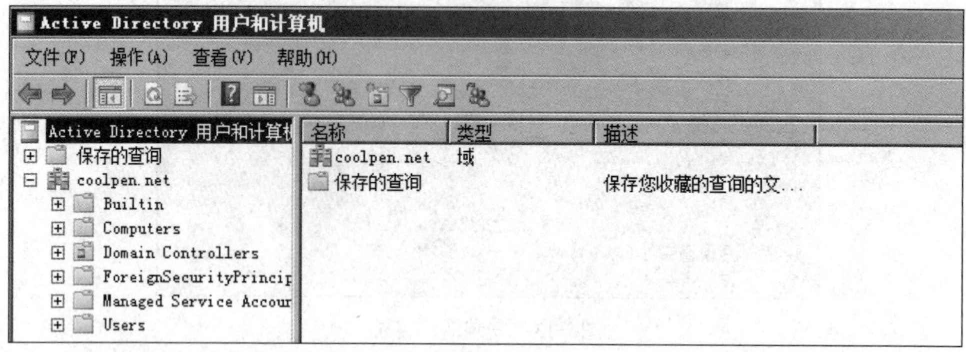

图6-16　目录结构

至此，活动目录的安装成功。如果想删除活动目录和域，可以将域控制器降级为普通的服务器。DC 降级的命令与升级为域控制器的命令相同，均为 dcpromo。在降级的过程中，系统会提示当前域控制器是否为此域的最后一台域控制器，可以根据实际情况选择。另外，会提示输入降级以后普通服务器的管理员账户的密码。

另外需要注意的是，当一台服务器在被配置为域控制器之后，将自动禁用所有的本地用户账户，目的是为了禁止从本地登录，以提高系统安全性。打开“服务器管理器 \ 配置”界面，可以发现其中已经没有了“本地用户和组”的设置选项。

二、将计算机加入域

域控制器是域的核心，但一个域中只有域控制器是不够的，还必须要将网络中的其他计算机也加入到域中，成为域的成员。

1. 域控制器和域中计算机之间的关系

一般情况下，在域中有 3 种不同类型的计算机：

① 域控制器，域控制器上存储着 Active Directory。

② 成员服务器，负责提供邮件、数据库、DHCP 等服务。

③ 普通用户使用的客户机。

域中的计算机如图 6-17 所示，也就是说，当创建好域控制器之后，网络中的其他计算机，无论是服务器还是客户机，都应该将它们加入到域中，这才构成一个完整的域。作为集中式管理的域，同样也是如此。域控制器上的管理员（域管理员）对域中的其他所有计算机都具有管理员权限，也就是说，这些计算机既要受到本地管理员的控制，同时也受域管理员的控制。

为了实现域的集中式管理，在域中的计算机和域控制器之间必须维持一种信任关系，这种信任关系是通过密钥来实现的。当计算机加入到域中时，便自动与域控制器之间协商好一个密钥，之后在计算机与域控制器之间传输的所有数据都必须通过密钥加密。密钥每隔一段时间会自动更新，以保证安全性。

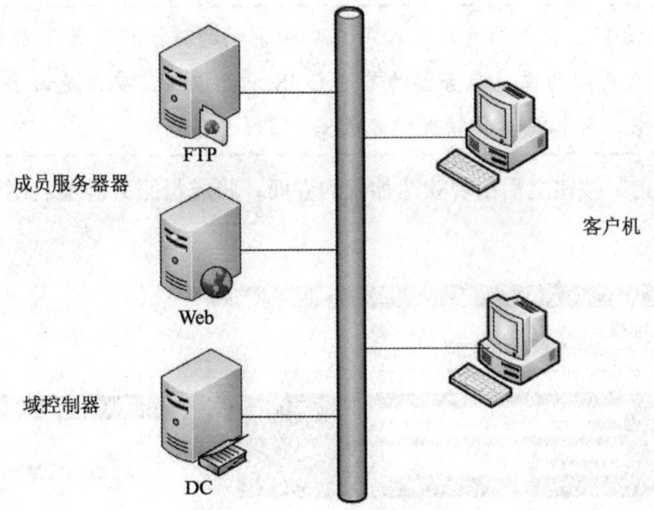

图6-17　域中的计算机

2. 将文件服务器加入域

下面将之前的文件服务器 FileSrv 加入到域。

① 要将计算机加入域，首先必须要正确设置“首选 DNS 服务器”。因为这里是将域控制器同时也当作 DNS 服务器使用，所以必须要将文件服务器的“首选 DNS 服务器”设置为域控制器的 IP 地址，如图 6-18 所示。

② 在“系统属性”界面中打开“计算机名 / 域更改”对话框，选择隶属于域，输入域名 coolpen.net，如图 6-19 所示。

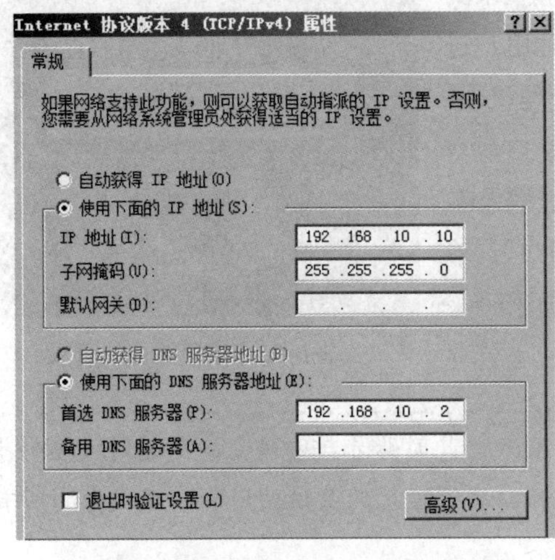

图6-18　设置为域控制器的IP地址

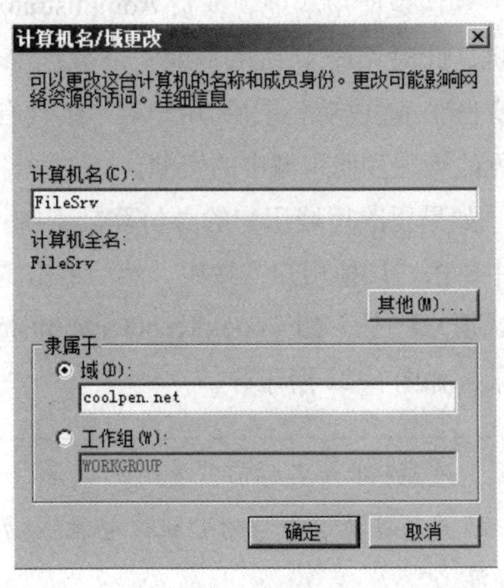

图6-19　加入域

③ 单击“确定”按钮，这时系统会提示要求输入具有加入域权限的域用户名和密码（见图 6-20），这里一般都是输入域管理员的用户名和密码。普通域用户也可以将客户机加入到域，但有数量限制，最多只能添加 10 台客户机。

注意：如果没有出现上面要求输入用户名和密码的对话框，多半都是由于DNS服务导致的故障。要么是因为成员服务器的首选DNS设置错误，要么是由于域控制器上DNS服务未能正确安装，可根据具体情况排查故障。

④ 单击“确定”按钮之后出现欢迎加入的界面，将成员服务器重启便可生效，如图6-21所示。

图6-20 输入域管理员账户及密码

图6-21 欢迎加入的界面

下面读者可以克隆一台Windows 7虚拟机，并将其加入到域。

3. 在成员服务器上登录

计算机加入到域中之后，在该计算机上登录时便可以选择登录到域或登录到本机。

默认是使用本地管理员Administrator的身份登录到本机，此时系统会利用本地安全数据库SAM对用户进行身份验证。成功登录后，用户对本机具有完全管理权限，但无法管理和使用域中的资源。

如果要改用域用户的身份登录系统，需要在登录界面中单击“切换用户”按钮，然后单击“其他用户”，输入域用户账号，如“coolpen.net\administrator”与密码来登录，如图6-22所示。

图6-22 成员服务器登录

注意：账号名称前需要附加域名“coolpen.net\”，此时账号与密码会被发送到域控制器中的活动目录进行身份验证，登录成功后，就可以域管理员的身份使用和管理域中的所有资源。

4. 对计算机账号的管理

计算机加入到域中之后，在域控制器上的“Active Directory用户和计算机”管理工具中，打开Computers组织单元，在其中会列出所有已经加入到域中的计算机，如图6-23所示。

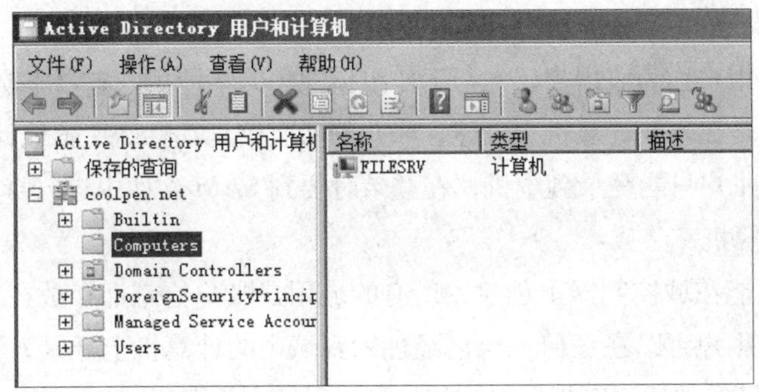

图6-23　DC上的客户端列表

也可以在域中创建一个组织单元，如 sales，然后将某些计算机账号移动到指定的组织单元中，如图 6-24。

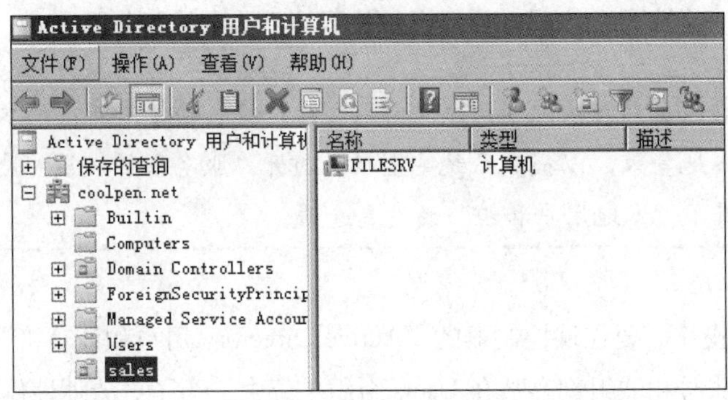

图6-24　创建组织单元

也可以在指定的计算机账号上右击，选择“禁用账户”命令，如图 6-25 所示。之后，用户就无法在该计算机上登录到域。

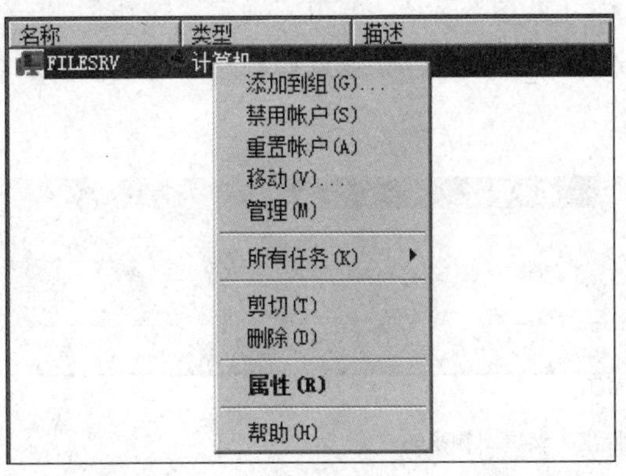

图6-25　选择“禁用账户”命令

三、域用户账号的管理和应用

如果用户要访问域中的资源，则必须要拥有一个域用户账号，因而在将计算机加入到域中之后，还需要为企业内的每名员工都在 Active Directory 中创建一个相关联的用户账号。

1. 域用户和本地用户的比较

在域中使用的用户称为域用户，它与工作组模式中的本地用户有着本质的区别。

本地用户账户是在本地计算机上创建，账户的所有信息都存储在本地计算机的 SAM 文件中。利用本地用户账户只能登录到本机，在登录时要到 SAM 文件中进行身份验证，其作用范围也仅限于本地计算机。

域用户账户只能在域控制器上创建，所有的域用户账户信息都存放在域控制器的活动目录中。使用域用户账户可以在任何一台已经加入到域中的计算机上登录，在登录时要到域控制器上进行身份验证，然后可以根据相应的权限使用域中的资源。

由于所有的域用户信息都集中存储在域控制器上，因而在域中的其他计算机上无须再创建用户账号，而是可以直接从域控制器中调用。例如，之前提到的文件服务器问题，无论网络中有多少台服务器，管理员只需在域控制器上一次性创建好域用户账号即可。对于域中的用户，也只需记住一个账号和密码，就可以按权限访问域中的服务器。

注意：当一台服务器在被配置为域控制器之后，将自动禁用所有的本地用户账户，目的是为了禁止从本地登录，以提高系统安全性。打开“服务器管理器\配置”界面，可以发现其中已经没有了“本地用户和组”的设置选项。

2. 创建组织单位

创建域用户的操作需要在域控制器的“Active Directory 用户和计算机”管理工具中进行，系统默认的域用户账号和域组都存放在 Users 组织单位中，为了更清晰地体现出企业的组织架构，方便对用户的管理，一般应先根据公司的部门设置创建出相应的组织单位（OU），然后在组织单位里创建相应的用户账户。

打开“Active Directory 用户和计算机”窗口，在域 coolpen.net 上右击，选择新建组织单位，输入组织单位的名称（见图 6-26），单击“确定”按钮后，一个组织单位就创建完成。如果在创建组织单位时选中了“防止容器被意外删除”复选框，那么这个 OU 将无法被随意删除。

图6-26 创建组织单位

如果管理员希望删除某个 OU，但却由于勾选了“防止容器被意外删除”复选框而无法删除，那么可以在“查看”菜单中启用“高级功能”，如图 6-27 所示。然后在 OU 的“对象”属性中就可以去掉“防止对象被意外删除”的勾选，如图 6-28 所示。

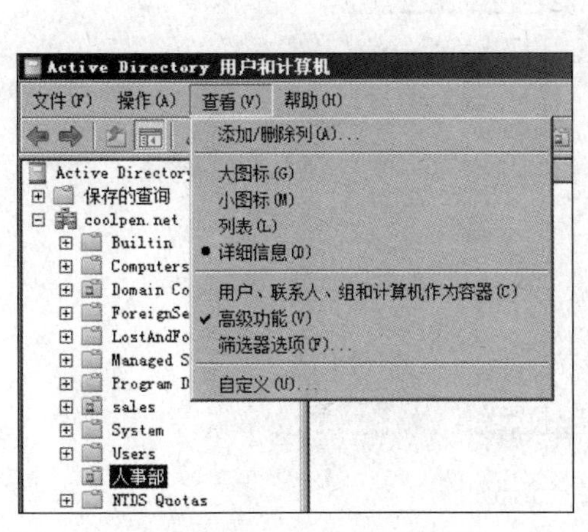

图6-27　高级功能

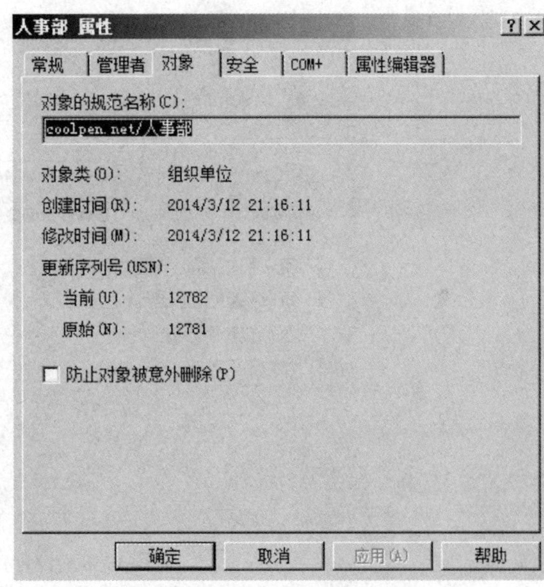

图6-28　人事部属性

3. 创建域用户账号

创建了组织单位后，就可以在组织单位中创建域用户账号。例如，在“人事部”OU 上右击，选择“新建”→“用户”命令，打开“新建用户对象”对话框。

在“姓名”栏中填入用户真实姓名，并在“用户登录名”中输入用户登录时使用的账户名称，如图 6-29 所示。这里的“姓名”是对域用户账户的描述；“用户登录名”即 lisi@coolpen.net，是用户用来登录域所使用的名称，在活动目录内，这个名称必须是唯一的。

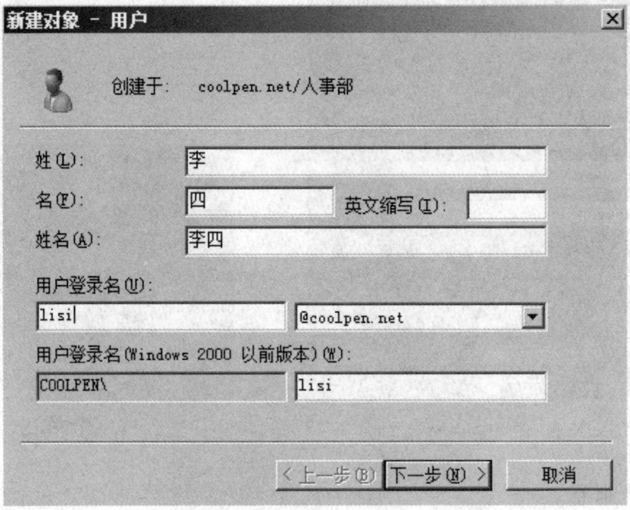

图6-29　创建域用户账户

单击“下一步”按钮，为用户设置密码。密码必须要符合复杂性要求，长度最小 7 个字符。同时默认选中了“用户下次登录时须更改密码”复选框，以方便用户自己修改密码，如图 6-30 所示。

新建对象 - 用户

创建于：　coolpen.net/人事部

密码(P)：●●●●●●●

确认密码(C)：●●●●●●●

☑ 用户下次登录时须更改密码(M)

☐ 用户不能更改密码(S)

☐ 密码永不过期(W)

☐ 帐户已禁用(O)

<上一步(B)　下一步(N)>　取消

图6-30　设置用户密码

有了域用户账号，便可以在任何一台已加入到域中的计算机上登录。如图 6-31 所示，在登录界面中输入“域名\用户账号名称（coolpen.net\lisi）”与密码进行登录。

由于在创建用户时选中了“用户在下次登录时须更改密码”复选框，所以此时会出现“用户首次登录之前必须更改密码”的提示，如图 6-32 所示。单击“确定”按钮，重新为用户设置一个与之前不同的密码，就可成功登录系统。

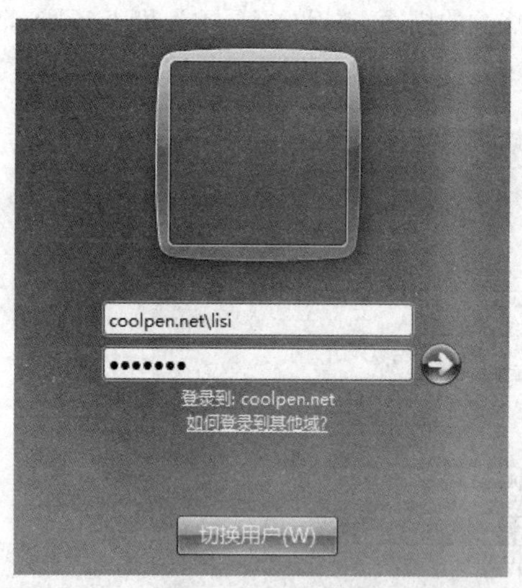

图6-31　利用域用户账户登录到域

图6-32　更爱密码提示

4. 共享域用户账号

在前面提到过，域的优点之一就是可以在所有已加入到域的服务器中共享域用户账号，现在已经搭建好了一个基本的域环境，下面就体验一下如何共享域用户账号。

首先在域控制器 DC 上为公司员工王五创建一个域用户账号 wangwu@coolpen.net。

然后，以域管理员的身份在文件服务器上登录到域，创建一个共享文件夹，使用户王五具有读取和写入权限。此时，在 FileSrv 服务器上就可以直接调用域控制器上创建好的域用户账号，如图 6-33 所示。

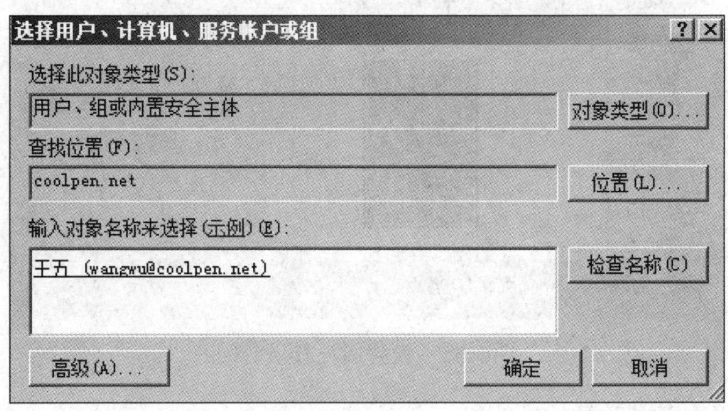

图6-33　调用域用户账号

5. 设置域用户属性

在域模式下，对域用户账号可以实现很多本地用户账号所不具备的管理功能。下面是几种比较常用的域用户账号属性设置。

（1）设置登录时间

打开域用户账号的属性设置界面，在“账户”选项卡中单击“登录时间”按钮（见图 6-34），可以用来设置允许用户登录到域的时段。例如，只允许该账号在工作时间即从周一到周五的 9:00~17:00 的时间段内登录。

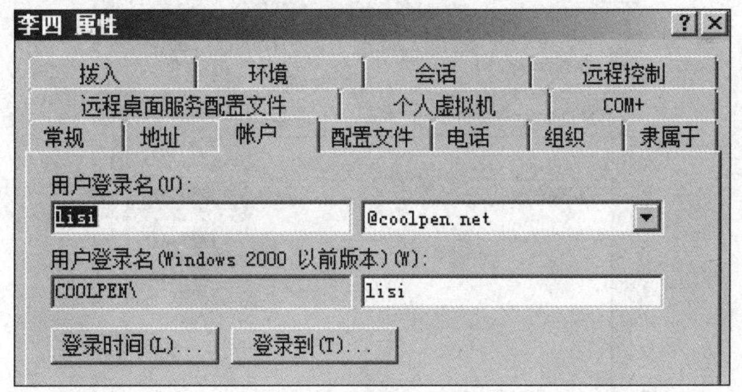

图6-34　用户属性设置

打开登录时间设置界面后，其中蓝色的格子代表允许登录的时间段，默认情况下用户可以在任意的时间内登录到域中。先将所有的格子选中，然后选中“拒绝登录”单选按钮，将所有的格子设成白色。再选中允许登录的时间段内的格子，单击“允许登录”单选按钮，将格子设成蓝色，如图 6-35 所示。这样这个域用户就只能在周一到周五的 9:00~17:00 的时间段内登录到域中。

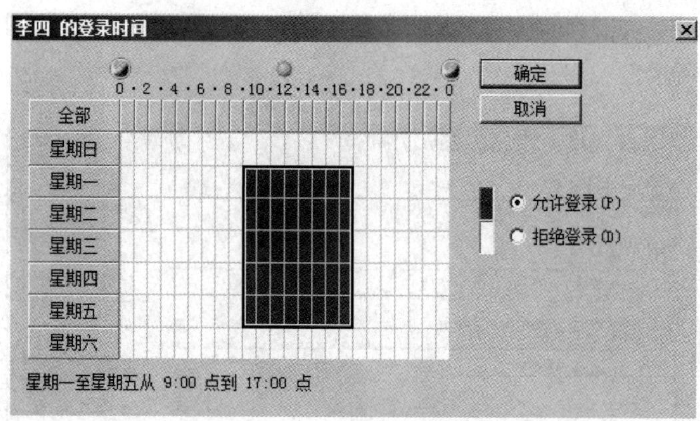

图6-35　设置用户登录时间

（2）设置域用户可以登录的计算机

单击“账户”选项卡中的“登录到”按钮，可以用来设置允许用户登录到域的计算机。域用户账号的特性决定了它可以在域中的任意一台计算机上，在此可以限制用户只能从指定的计算机上登录。

单击“登录到”按钮，打开“登录工作站”对话框，如果只允许该账号在文件服务器上登录，则选中“下列计算机”单选按钮，输入客户端计算机的名字 FILESRV”，单击“添加”按钮即可，如图 6-36 所示。

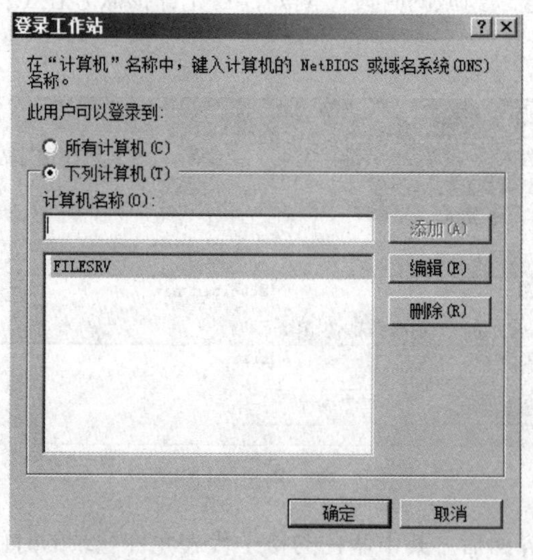

图6-36　设置用户登录计算机

（3）为域用户指定主目录

用户主目录可以让域用户在登录时，自动为其映射一个网络驱动器，从而使域用户可以非常方便地访问到网络上某台服务器中的共享目录。

首先在文件服务器上创建一个共享目录 home，使 Everyone 都具有读 / 写权限，然后在域控制器上将其设置为用户的主目录。

在为域用户设置属性时，可以同时对多个用户设置公共属性。这里再创建一个张三用户，然后同时选中张三和李四用户，打开属性设置，在“配置文件”选项卡中选中“主文件夹”复选框，选中“连接”单选按钮，设置盘符为“Z:”，位置为“\\FileSrv\home\%username%”，如图 6-37 所示。由于主目录位于网络上的服务器中，因而必须使用 UNC 路径（在域环境中使用 UNC 路径时，应尽量使用计算机名表示），路径中的“%username%”是参数，会自动以用户的登录名替代，确定后再重新看用户配置文件的属性就会发现名字已经变成相应的用户名。当用户在客户端登录时，就会自动在主目录中以用户的登录名创建一个子文件夹。

设置好之后，以域用户张三或李四的身份在客户端登录，便会发现系统中多出一个映射的驱动器 Z 盘，如图 6-38 所示。

多个项目属性
常规 | 帐户 | 地址 | 配置文件 | 组织
要为多个对象更改属性，首先选择复选框启用更改，然后键入更改。
用户配置文件
配置文件路径(P):
登录脚本(S):
主文件夹(H)
本地路径(L):
连接(C): Z: 到(T): \\FileSrv\home\%username%
确定 取消 应用(A)

图6-37 “配置文件”选项卡

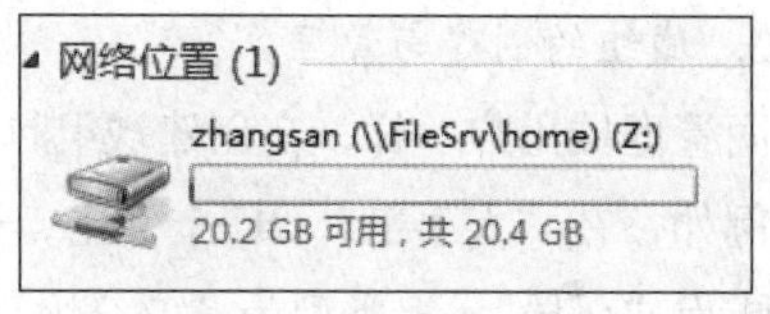

图6-38 登录客户端

四、域组的管理和应用

组是用户账号的集合，同工作组模式一样，在域环境下为用户分配权限时，同样也需要先将域用户加入到域组，然后再为域组设置权限，从而简化操作。

1. 典型域组介绍

域控制器中的域组默认都存放在 Users 容器里，域组的数目众多，这里只介绍其中最常用的 Domain Users 组和最重要的 Domain Admins 组。

所有的域用户账户默认都属于 Domain Users 组。在计算机加入到域中时，系统会自动将 Domain Users 域组添加到本地的 Users 组中。因而所有的域用户账户都属于本地 Users 组的成员，所以才可以在任意一台计算机上登录，并且只具有本地 Users 组成员的权限。

Domain Admins 是域的管理员组。在计算机加入到域中时，系统会自动将 Domain Admins 域组添加到本地的 Administrators 组中。所以 Domain Admins 组中的成员既是域管理员，同时也是域中所有计算机的本地管理员，对所有计算机都具有完全控制权限。

下面在域控制器中创建一个名为 boss 的域用户账户，该账户默认属于 Domain Users 域组，再将 boss 加入到 Domain Admins 组中，并将 Domain Admins 设置为主要组，如图 6-39 所示。

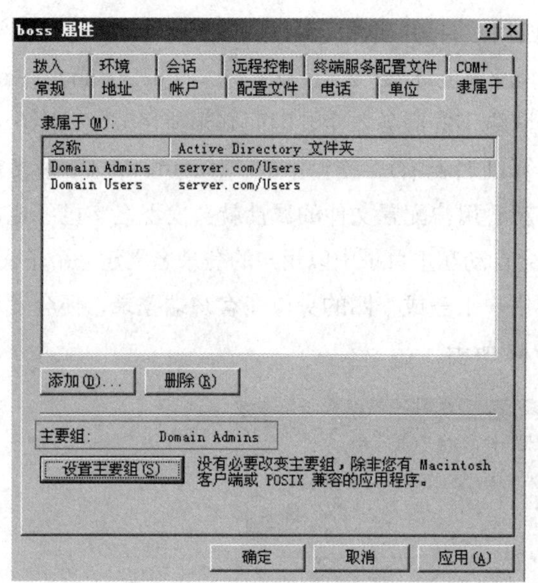

图6-39　改变用户所属组

此后，用这个账户就可以在域中的任何一台计算机上登录，并拥有完全控制权限。

可见，Domain Admins 组中的成员权限很大，为保证网络的安全性，网络管理人员应严格保管好域管理员账户的密码。

2. 域组的创建与管理

同管理域用户一样，在创建域组时，最好也将域组放置在相应的 OU 中。

例如，在“人事部”OU 上右击，选择“新建”→“组”命令。创建一个名为 renshi、组作用域为“全局”、组类型为“安全组”的域组，如图 6-40 所示。

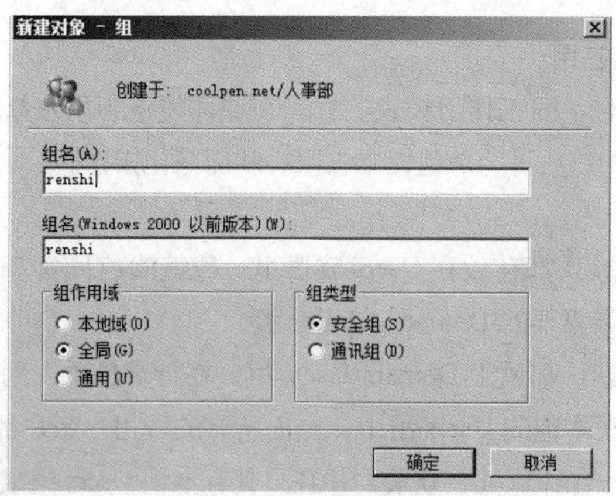

图6-40　创建域组

刚创建的域组内默认没有任何成员，可以将相应的域用户添加到域组中。向域组内添加用户的方法与工作组模式下相同，可以对域组进行操作，也可以对域用户进行操作，这里不再重复。

3. 域组的类型

Active Directory 内的域组主要分为两种类型：安全组和通讯组，如图 6-41 所示。

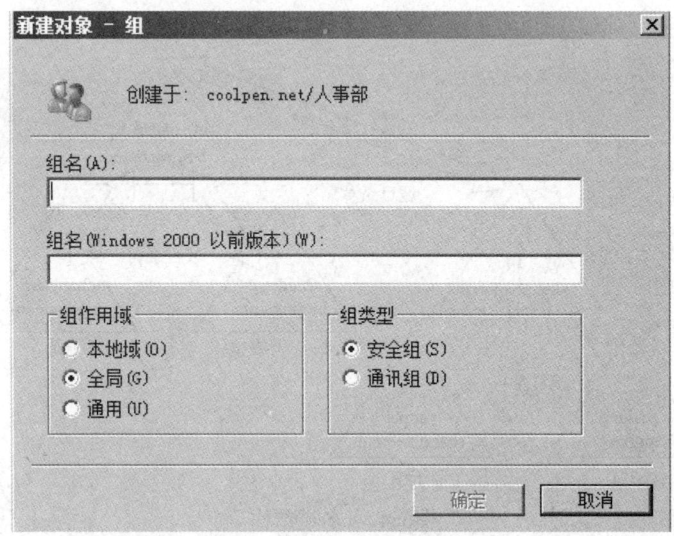

图6-41 组的类型和作用域

① 安全组：安全组主要用来设置用户权限，也可用于电子邮件通信。

② 通讯组：只能用于电子邮件通信。

一般情况下，管理 Active Directory 时使用的都是安全组，本书后面所有和域组相关的内容都指的是安全组。

4. 域组的作用范围

在创建域组时，按照作用域不同，有三种不同类型的域组：本地域、全局和通用（见图 6-41 所示。

下面首先介绍一下全局组和本地域组的区别。

① 全局组：主要用来根据用户的职责、身份合并用户。

② 本地域组：代表的是对某个资源的访问权限。

例如，我们可以根据用户所属的部门分别创建“财务部”“销售部”等全局组，然后将各自部门的员工账号加入到相应的域组中；也可以根据用户的身份分别创建“教师组”“学生组”等全局组，并添加用户账号。总之，全局组的作用就是归集合并用户。

本地域组则主要用于分配权限，例如创建一个名为 writeShare 的本地域组，并设置它对共享文件夹 share 具有更改权限，之后只要将相应的域用户或全局组加入到 writeShare 本地域组，这些用户就自动具备了对共享文件夹的更改权限。

这样设置的主要目的是为了尽量减少用户变动对权限设置的影响，尤其是在规模较大、用户较多的网络中，更是体现出这种设置方法的科学性和合理性。

域环境本来就适用于规模较大的网络，有些公司的网络可能会根据公司规模而设置成多域结构。除了上面介绍的区别之外，全局组和本地域组更重要的区别在于在多域结构中的作

用域不同。

一个典型的多域结构如图 6-42 所示，由主域（根域）和子域构成了域树，多个域树又构成了域林。

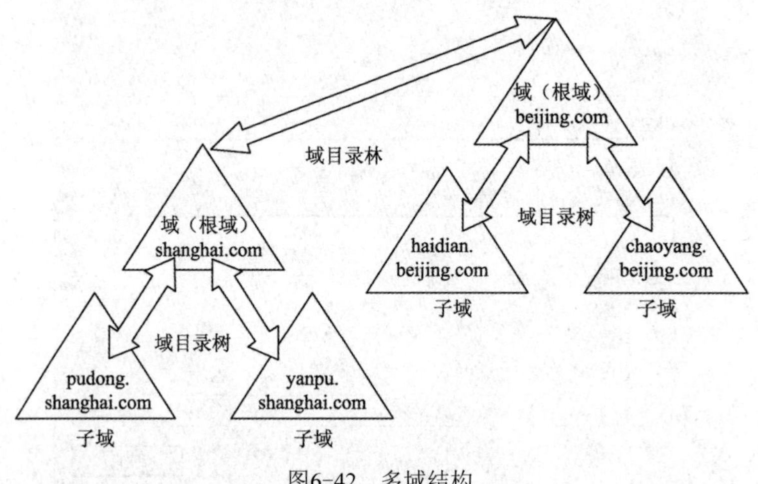

图6-42　多域结构

作用域的区别主要在于域组在一个多域结构中的使用范围，以及域组成员的来源范围。

① 本地域组：成员可以是来自整个域林范围内任何域中的用户账户以及全局组，但只能在本域范围内使用。

② 全局组：成员只能是来自于同一域内的用户账户或全局组，但却可以在整个域林范围内所有的域中使用。

③ 通用组：成员可以是来自任何域中的用户账户、全局组或其他的通用组，并在所有的域内都可以使用。

通用组由于在实践中很少用到，所以在本书中不予介绍。

5. AGDLP 规则

前面介绍了全局组和本地域组的区别和特点，它们在实际应用中的主要体现就是 AGDLP 规则。

在实际应用中，一般都是先将部门中的用户加入全局组，再将全局组加入本地域组，最后给本地域组赋予权限，这就是 AGDLP 规则。A 表示账户、G 表示全局组、DL 表示本地域组、P 表示权限。

使用 AGDLP 规则的好处是可以尽量减少用户变动对权限设置的影响，尤其适用于用户数量众多的大型网络。

例如，在根域 beijing.com 中有个共享文件夹 share，两个子域 haidian.com 和 chaoyang.com 中的用户对 share 文件夹也都要有访问权限。

按照 AGDLP 规则可以这样来设置权限：

① 在两个子域中各创建一个全局组：haidian 和 chaoyang，然后将两个子域中的用户分别加入到相应的全局组中。

② 在根域中创建一个本地域组 beijing，将子域中的全局组 haidian 和 chaoyang 加入到本地域组 beijing 中。

③ 为本地域组 beijing 设置对 share 文件夹的访问权限。

权限设置好之后，假设张三原先是海淀分部中的一名员工，后从公司辞职，那么他使用的账号就不能对 share 文件夹有访问权限。这时只需要由海淀分部的管理员将其从全局组 haidian 中删除即可，而对于其他组或权限无须做任何改动。

虽然并不要求必须要用 AGDLP 规则，但在规模较大的域环境，尤其是多域结构中，建议应尽量采用 AGDLP 规则来分配权限。

6. 设计组织单位 OU

一个域中有很多种对象需要管理，如用户账户、组、计算机、共享资源等，要在一个平面内有条理地管理所有对象非常困难。域中的组织单位（OU）提供了一种解决方案，它采用逻辑的等级结构来组织域中所有的对象，方便了管理。

这里要注意区分域组和 OU，域组主要用于合并用户或设置权限，而 OU 则用于管理员对用户和计算机进行管理。

在活动目录中，域一般对应于公司级别，而 OU 则对应于公司中的部门。OU 是活动目录中的对象，也是活动目录中的容器。在 OU 中可以包含域用户、域组等其他对象，也可以在 OU 中建立子 OU。

为了有效组织活动目录对象，可以根据公司业务模式的不同来创建不同的 OU 层次结构。以下是几种常见的设计方法：

① 基于部门的 OU。为了和公司的组织结构相同，OU 可以基于公司内部各种各样的业务功能部门创建，如行政部、人事部、工程部、销售部、财务部等。

② 基于地理位置的 OU。如果公司网络分散在各地，就可以为每一个地理位置创建 OU，如北京、上海、广州等。

③ 基于对象类型的 OU。在活动目录中，将各种对象分类，为每一类的对象建立 OU，如用户、计算机、打印机、共享文件夹等。这种层次结构的 OU 使管理员可以快速地定位到需要管理的对象。

OU 的设计也可以是混合的，例如，可以先在域中创建部门 OU 为“销售部”，然后在部门 OU 下创建 2 个子 OU 为“用户”OU 和“计算机”OU。在“用户”OU 中存放本部门所有的用户账户，在“计算机”OU 中存放本部门所有的计算机。

打开“Active Directory 用户和计算机”窗口，右击域名，选择“新建”→“组织单位”命令，输入 OU 的名称“销售部”，单击“确定”按钮。然后，在“销售部”OU 下面再创建两个子 OU“用户”和“计算机”，如图 6-43 所示。

最后，可以在“用户”OU 中为销售部的员工每人创建一个域用户账户。由于客户机在加入到域中后，被自动存放在 Computers 容器中，所以可以从 Computers 容器中将属于销售部的客户机全部移动到“计算机”OU 中。

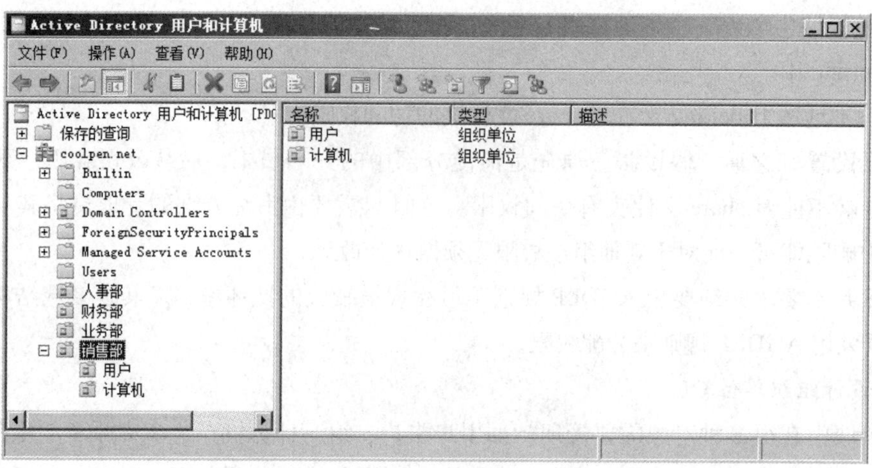

图6-43　创建OU

任务三　利用组策略对域进行管理

任务描述

域环境的一大特色就是管理员可以对域中的计算机和用户进行统一管理，这些管理操作主要是通过设置组策略来完成的。

我们之前所用的 gpedit.msc 是本地组策略，它只能对本地计算机进行管理配置，管理的对象只是单独的一台计算机。在这里要用到的是域组策略，通过它可以对域中所有的或部分指定的计算机或域用户进行统一管理，功能要更为强大。

本任务要求重点掌握以下几个操作：

① 利用组策略来管理计算机。

② 利用组策略来管理用户。

任务分析及实施

一、组策略的基本设置

管理员可以通过“开始”菜单中的“管理工具”→“组策略管理”对组策略进行统一管理，如图 6-44 所示。

1. 组策略的设置对象

在活动目录中，可以设置组策略的对象有：站点、域、组织单位（OU）。如果网络中只存在一个域，那么可以设置组策略的对象只有域和 OU。

这 3 个对象之间存在层次关系，站点的级别最高，OU 则处在最底层。在每个上层对象上设置的组策略都会自动继承到下层对象。例如，在域上设置了一个组策略，则域中的所有 OU 也都会有相同的设置。但是越下层对象组策略的优先级越高，如分别在域和 OU 上各自设置了一个组策略，这两个组策略中的某些设置产生了冲突，则以 OU 的组策略为准，因为它的优先级更高。

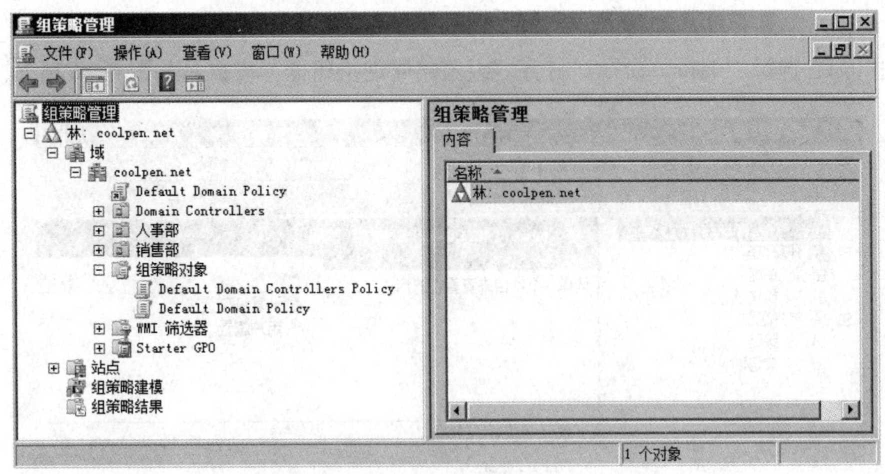

图6-44 “组策略管理”窗口

2. 组策略对象 GPO

组策略是通过组策略对象（Group Policy Object，GPO）来设置的，只要将 GPO 链接到指定的站点、域或组织单位，此 GPO 内的设置值就会影响到该站点、域或组织单位内的所有用户与计算机。

在活动目录中已经有两个内置的 GPO：

① Default Domain Policy：此 GPO 默认已经被链接到域，因此其设置值会被应用到整个域内的所有用户与计算机。

② Default Domain Crotoller Policy：此 GPO 默认已经被链接到组织单位 Domain Controllers，因此其设置值会被应用到组织单位 Domain Controllers 内的所有用户与计算机。在组织单位 Domain Controllers 内，默认只有域控制器的计算机账号。

对这两个默认的 GPO 建议不要做任何改动设置，之后的所有操作都是通过在“组策略对象”中新建 GPO 来完成。

例如，在“组策略对象”中新建一个名为 test 的 GPO（见图 6-45），然后就可以按住左键将 GPO 拖动到域或 OU 上，组策略便会对相应的对象生效。也可以随时将已经链接的 GPO 从对象上删除，这样组策略便不再发挥作用。

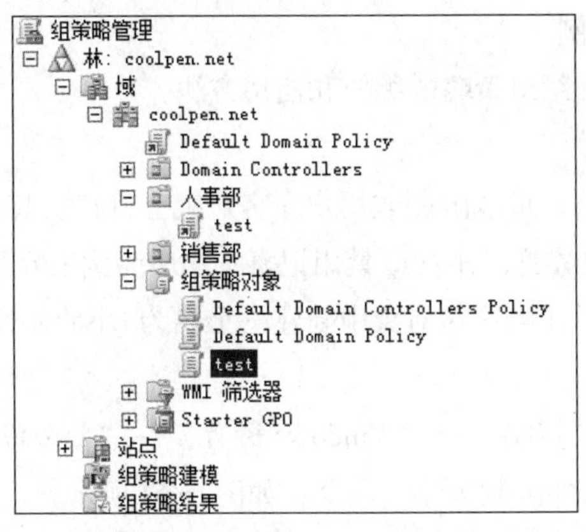

图6-45 创建名为test的GPO

3. 计算机配置和用户配置

右击 test，选择“编辑”命令，打开“组策略管理编辑器”窗口，如图 6-46 所示。

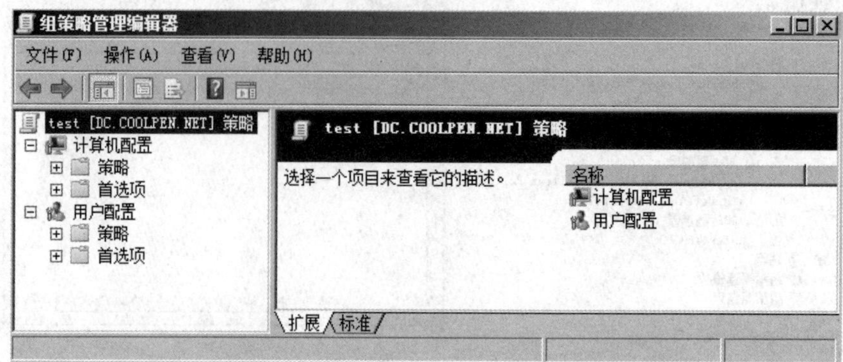

图6-46 “组策略管理编辑器”窗口

组策略内包含着计算机配置与用户配置两大部分：

① 在“计算机配置”中做的所有设置，面向的对象是域中的计算机账号，这些设置会在客户端计算机启动时生效。

② 在“用户配置”中做的所有设置，面向的对象是域中的用户账号，设置会在域用户登录时生效。

组策略内的设置可再区分为“策略设置”与“首选项设置”两种：

① 策略设置是强制设置，客户端应用这些设置后就无法更改。

② 首选项设置非强制性，客户端可自行更改设置值，因此首选项设置适合用来当作默认值。

在策略设置与首选项设置内有部分相同的设置项目，如果这些项目都已做了设置，而其设置值却不相同时，则以策略设置优先。

注意：要应用首选项设置的客户端必须安装支持首选项设置的 Client-Side Extension（CSE），在 Window 7 或 Windows Server 2008 系统中已自带有 CES，如果是 Windows Server 2003 或 Windows XP 系统，需要先从微软网站下载安装 CSE。

二、组策略的应用实例

下面通过一些实例来介绍组策略的编辑和使用方法。

1. 限制软件运行

通过设置软件限制策略，可以限制域用户在客户机上自行安装使用某些未经许可的软件，从而提高网络的安全性和可靠度。下面以禁用记事本程序为例来介绍其相关操作。

打开组策略管理工具，在组策略对象中新建一个名为 Disable Notepad 的 GPO，并对其进行编辑。

展开“用户配置”→“策略”→“Windows 设置”→“安全设置”→“软件限制策略”，在其上右击，选择“创建软件限制策略”命令，如图 6-47 所示。

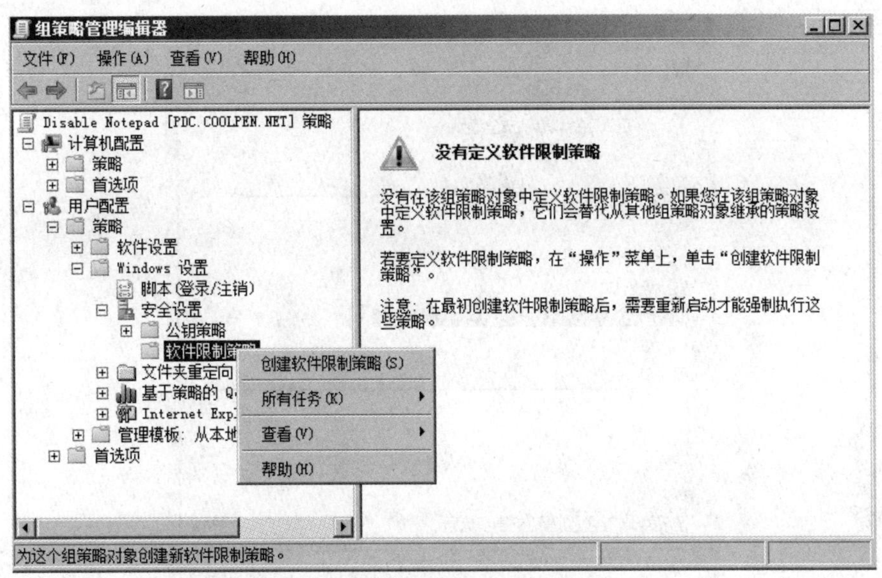

图6-47　创建软件限制策略

然后，在下方会多出“安全级别”和“其他规则”两个项目，右击“其他规则”，可以选择创建 4 种不同的软件限制规则，如图 6-48 所示。

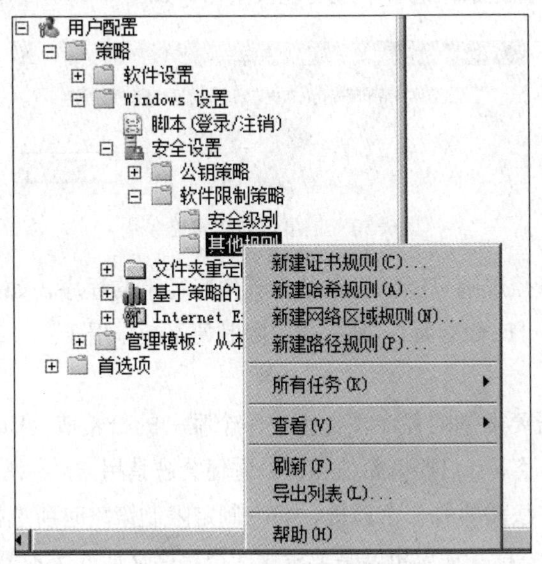

图6-48　选择软件限制规则

这 4 种规则分别对应了 4 种不同的软件限制方法，其优先级依次为:哈希规则、证书规则、路径规则、网络区域规则。4 种规则中比较常用的是路径规则和哈希规则，下面分别进行介绍。

(1) 路径规则

路径规则通过限制使用某个指定路径下的软件，以达到软件限制的目的。在软件限制规划中选择“新建路径规则”，在打开的对话框中输入要限制的记事本程序的路径 C:\windows\system32\notepad.exe，安全级别设为“不允许”，如图 6-49 所示。

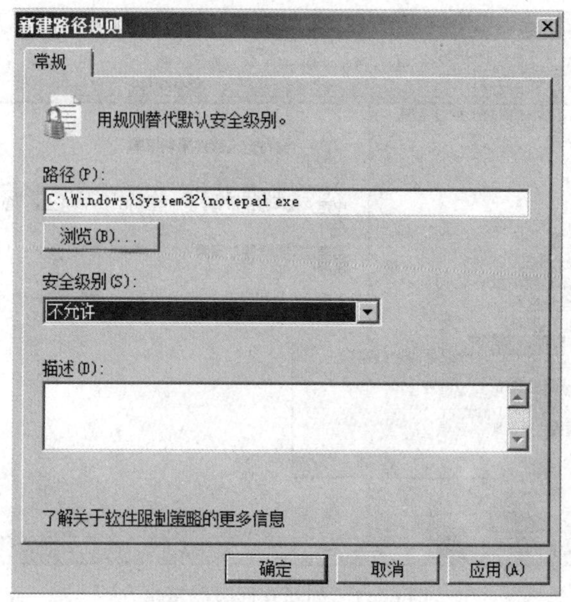

图6-49　设置路径规则

将 GPO 链接到人事部 OU 上，然后以人事部员工李四的身份在客户机上登录进行验证。当打开记事本时出现警告提示，记事本成功地被禁用，如图 6-50 所示。

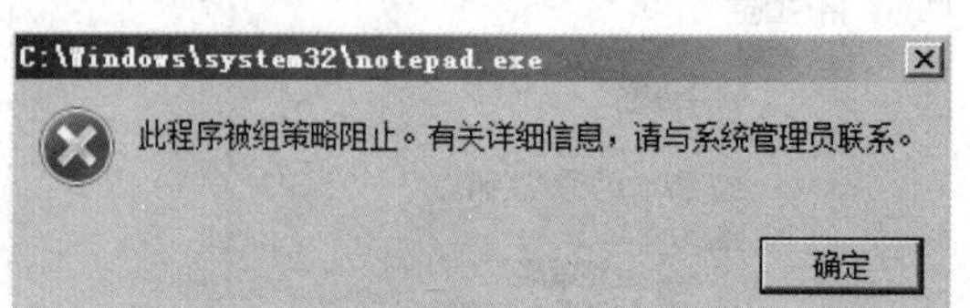

图6-50　记事本被组策略禁用

需要注意的是，路径规则只能限制在某个具体路径下的程序，如果域用户将记事本的程序文件复制到别的位置（比如桌面），那么这个限制便不起作用了。

（2）哈希规则

哈希规则是指将所要限制的程序文件生成一个唯一的哈希值（Hash 值），这样无论这个程序文件被放在什么路径下，只要哈希值相符，它便会被禁用。

但是，使用这种方法需要有一个前提，即在制定限制策略时所选择的生成哈希值的文件与所要限制的文件必须一模一样，也就是要求这两个程序文件的版本要一致。例如，Windows Server 2003 或 Windows XP 系统与 Windows 7 或 Windows Server 2008 R2 系统里的 notepad.exe 文件版本就不一致，所以在制定哈希规则时必须要先将所要限制的客户机中的程序文件复制到 DC 上以生成哈希值。

继续对 Disable Notepad GPO 进行编辑，在其中新建一个哈希规则，单击“浏览”找到要禁用的 notepad.exe 文件，系统会自动生成它的哈希值，安全级别设为“不允许”，如图 6-51 所示。

在客户端将李四注销并重新登录之后，再次运行复制在桌面上的记事本程序文件，发现也不能使用了，哈希规则生效。

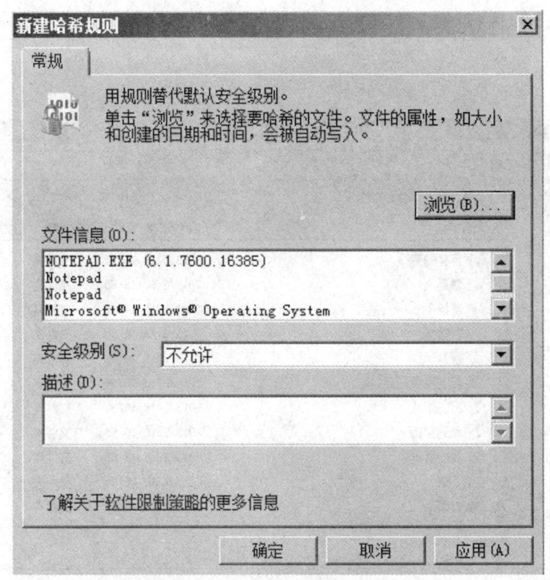

图6-51　设置哈希规则

如果要将 GPO 禁用，可以在 GPO 上右击，取消“已启用链接”前的勾选即可，如图 6-52 所示。

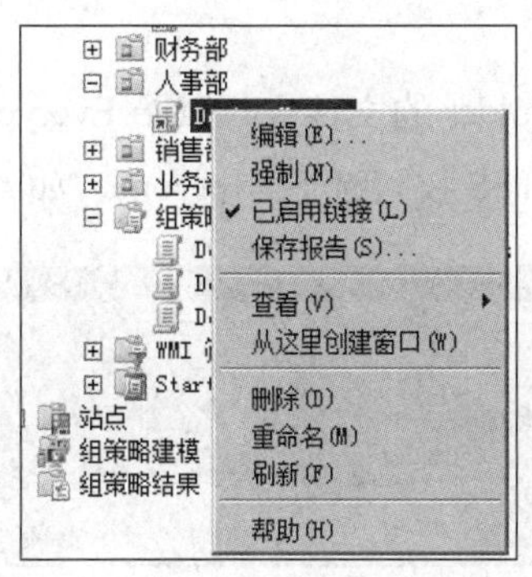

图6-52　取消“已启用连接”勾选

2. 文件夹重定向

当以域用户的身份登录到计算机上时，除了自身的用户配置文件外，该用户对本地计算机上的所有其他文件和文件夹最多只具有读权限，所以域用户如果要存放文件最好存放到自己的用户配置文件中。用户配置文件其实是一个文件夹，默认位置在 C 盘（系统盘）根目录下一个名为“用户（Users）”的文件夹中，每个在这台计算机上登录过的域用户，都会在这个“用户”文件夹中创建一个和自己用户名相同的文件夹，例如 zhangsan。在用户配置文件夹中包含了“桌面”“联系人”“我的文档”“收藏夹”“我的图片”等个人资料的配置（见图 6-53），用户放在“桌面”或“我的文档”中的文件其实都是保存在用户配置文件中。

将用户配置文件夹存放在本地计算机上，一是存在一定的安全风险，二是当域用户在别的计算机上登录时，这些文件夹中的内容就看不到了。

文件夹重定向就是将用户配置文件内的某些文件夹改为集中存储在某台服务器上，这样

无论域用户在哪台计算机上登录，都可以看到自己所存储的内容，实现了在域中的漫游，而且安全性也有所提高。

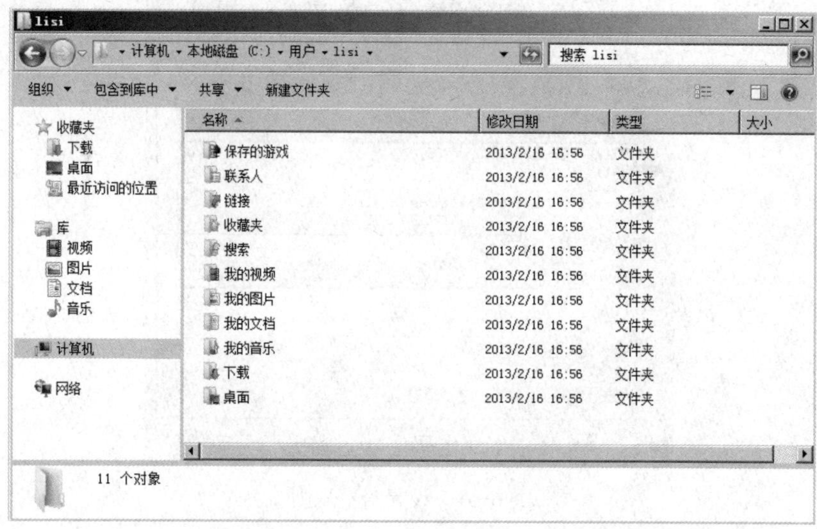

图6-53　用户配置文件夹中的资料配置

通常重定向最多的是“桌面”和“我的文档”文件夹，下面就将域用户的“桌面”文件夹改为集中存储在域控制器上。

① 在 DC 上建立一个名为 folder 的文件夹，赋予 Everyone“读取 / 写入”权限，系统会同时将完全控制的共享权限与 NTFS 权限赋予 Everyone，如图 6-54 所示。

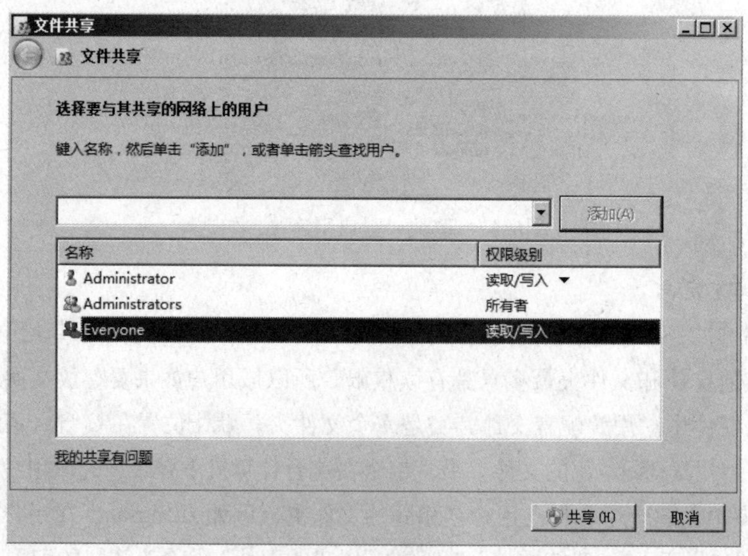

图6-54　文件共享

由于共享文件夹的权限开放得比较大，因此建议将共享文件夹隐藏起来，也就是在共享名的后面加上字符 $，如 folder$，如图 6-55 所示。

② 打开组策略管理工具，在组策略对象中新建一个名为 Folder Redirection 的 GPO，并对

共进行编辑。

③ 展开“用户配置”→“策略”→“Windows 设置”→“文件夹重定向”,在“桌面”上右击，选择“属性”命令，打开“桌面属性”对话框，如图 6-56 所示。

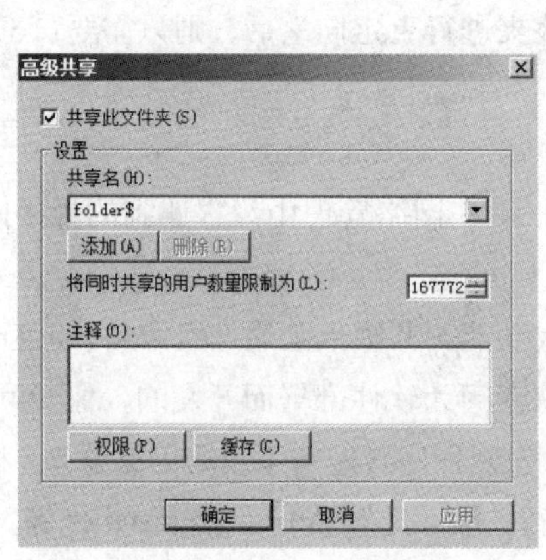

图6-55　隐藏共享文件

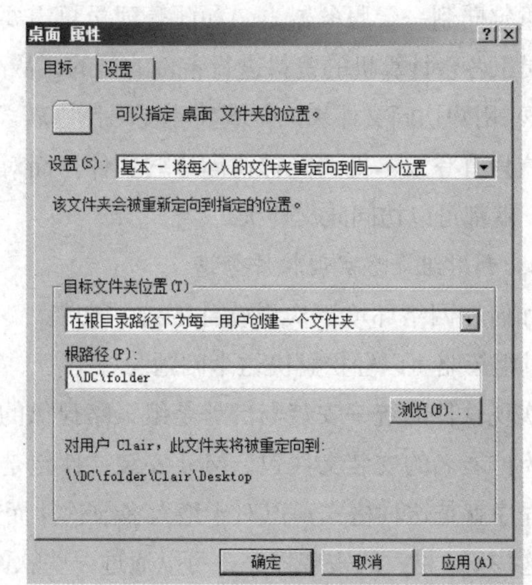

图6-56　设置文件夹重定向

首先在“目标”选项卡的“设置”项中选择“基本 - 将每个人的文件夹重定向到同一个位置”,在“目标文件夹位置”下拉列表中选择“在根目录路径下为每一用户创建一个文件夹”,在“根路径”文本框中输入文件夹重定向后的存放位置，也就是在 DC 上所设置的共享文件夹的 UNC 路径“\\DC\folder$”，系统会在此文件夹下自动为每一位登录的用户分别创建一个专属文件夹，例如账户名为 lisi 的用户登录后，系统会自动在“\\DC\folder$”之下，创建一个名为 lisi 的文件夹。

在“设置”下拉列表中共有以下几种选择：

- 基本 - 将每个人的文件夹重定向到同一个位置：将所有用户的文件夹都重定向到相同位置。
- 高级 - 为不同的用户组指定位置：将隶属于不同用户组的用户文件夹重定向到不同位置。
- 未配置：也就是不重定向。

④ 关闭组策略编辑器后，将文件夹重定向 GPO 链接到人事部 OU 上。

以人事部员工李四的身份在客户端计算机上登录，打开用户的本地配置文件夹后，发现里面已经没有了“桌面”文件夹,这是由于“桌面”文件夹的位置已经被重定向到了服务器中。

在 DC 上打开 folder 文件夹，可以看到里面自动创建了一个名为 lisi 的文件夹，其中包括了 Desktop 子文件夹。但这个文件夹无法打开，这是因为只有李四才具有对该文件夹的操作权限，这样设置的目的也是为了提高安全性。

注意：如果组策略未生效，可以在客户端执行 gpupdate /force 命令强制刷新组策略。

以李四的身份在客户端的桌面上创建一个测试文件，然后将李四用户注销（可以看到在注销时对文件进行了同步）,再到另一台客户端上以李四的身份重新登录，可以看到刚才在“桌

面”上创建的测试文件也随之出现。

文件夹重定向在实际工作中具有很大的作用，总结一下，它的作用主要体现在以下两方面：

① 可以利用该功能对相关文件或者文件夹进行统一备份。由于把分散在各个主机上的文件都重定向到一台服务器上，如此管理员只需要对这台服务器的文件夹进行备份，就可以达到对员工各台计算机的资料进行备份的目的，从而保障数据的安全。

② 用户访问文件夹的位置将不受限制。若“桌面”或者“我的文档”等资料保存在本地，则用户只有登录本机才能够访问这些文件。而对文件夹进行重定向之后，则只需要员工登录到域，就都可以访问此文件夹。

3. 利用组策略实现软件分发

如何在网络环境下实现软件的统一安装，这是一个在网络管理中经常遇到的棘手问题，而通过组策略可以轻松解决这个问题。

实现软件的统一安装与部署是组策略提供的强大功能，其缺点是通过组策略只能分发以MSI为扩展名的安装文件包。MSI安装文件包是微软专门为软件部署而开发的，像Office的安装程序就是这种格式，但对于绝大多数软件而言，安装程序普遍所采用的仍然是exe格式。对于这些exe格式的安装程序，可以通过一些软件进行转换，比如Advanced Installer等。

下面以安装Office为例，说明软件分发的操作过程。

（1）创建软件分发点

软件分发点就是包含MSI文件的共享文件夹，在文件服务器里建一个共享文件夹share，所有用户具有读取权限，将准备好的Office安装程序放入其中。

（2）编辑组策略对象

打开组策略管理工具，在组策略对象中新建一个名为software的GPO，并对其进行编辑。

在组策略编辑器中打开“用户配置”→“软件设置”→“软件安装”，在其上右击，选择“新建”→“程序包”命令，如图6-57所示。

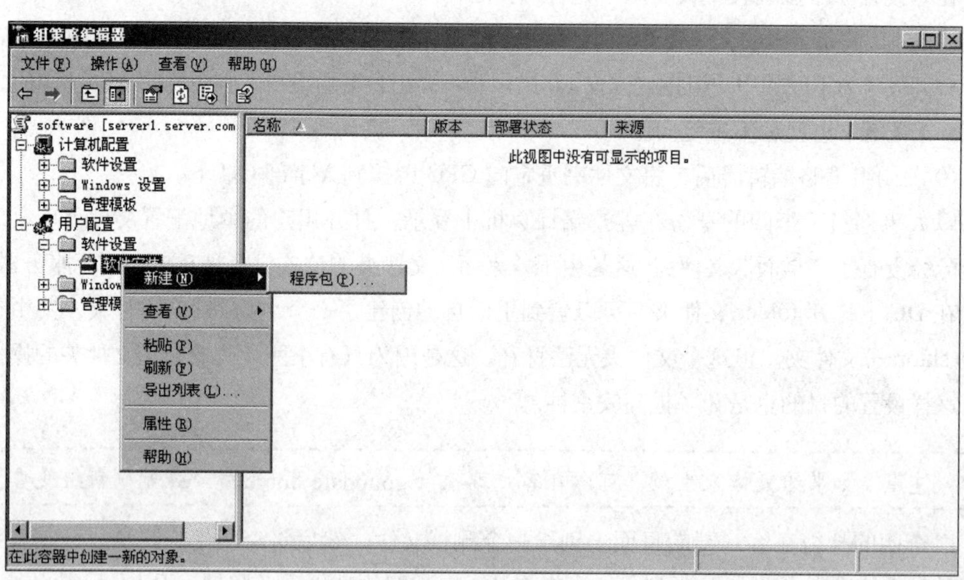

图6-57　新建程序包

然后，编辑组策略对象。这里假设只对人事部的员工进行软件分发，在“Active Directory 用户和计算机”中打开“人事部”OU 的属性设置界面，在“组策略”标签中新建一个名为 software 的组策略，并打开其编辑界面。

在随后打开的对话框中找到所要分发的软件，注意这里软件的路径必须要使用 UNC 路径，如图 6-58 所示。

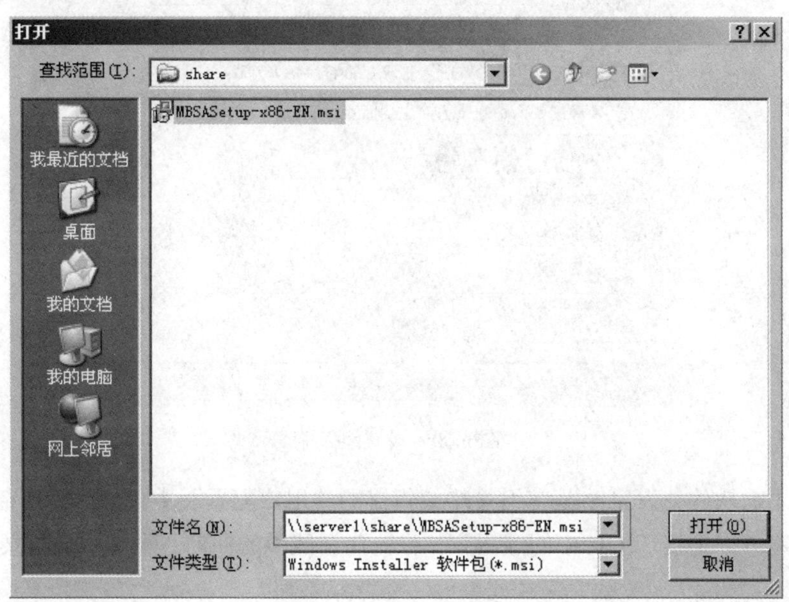

图6-58 选择要分发的软件

单击“打开”按钮，打开“选择软件部署方法”对话框，部署方法可以选择“已发布”或“已指派”，如图 6-59 所示。

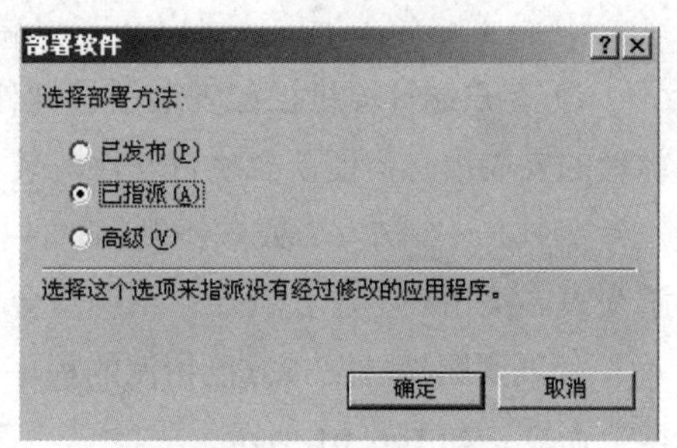

图6-59 “部署软件”对话框

①“已发布”方式的对象只能是域用户，这种方式不会自动为域用户安装软件，而是把安装选项放到客户机的“添加或删除程序”中，供用户在需要时自主选择安装。所以，“已发布”方式主要用于给用户提供各种软件工具，由用户按需选择。

②“已指派”方式的对象可以是计算机也可以是域用户。如果是计算机，将在计算机启动时自动安装软件，软件的安装位置是 Documents and Settings\All Users，普通域用户无权删除软件。对象如果是域用户，将不会自动安装软件本身，而只安装软件的相关信息，如快捷方式。当用户开始运行此软件或执行相关程序时将会自动安装。这里选择“已指派”方式。

这样，所要分发的软件便被添加到了组策略中。这里希望域用户能够在登录时自动安装整个软件，而不仅仅只是安装相关信息，所以还需要打开软件的属性设置界面，将“部署选项”中的“在登录时安装此应用程序”选中（见图 6-60），这样，就设置好了组策略。

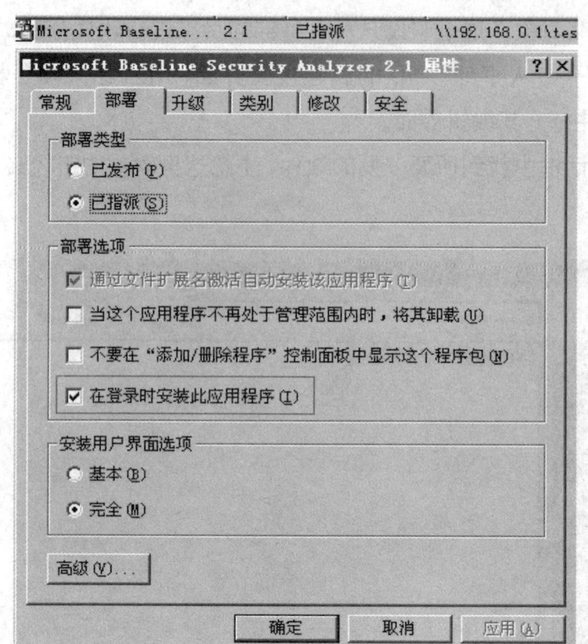

图6-60　设置组策略

由于刚才的软件分发策略是在组策略编辑器的“用户配置”中设置的，因而只会对OU中的用户生效，“人事部”OU中的域用户“张三”在域中的任何一台客户端登录时都将自动安装该软件。

在以上的操作中，如果软件没能正确安装，则可能是由以下原因造成的：

① 组策略尚未生效。可以在客户端执行命令gpupdate /force，强制组策略生效。

② 客户端计算机已经安装了该软件或曾经安装过该软件。系统只要发现在注册表中存在软件的安装信息，便不会执行软件安装策略。

另外，一个被发布或被指派的软件，在安装完成后，如果软件程序内有关键性的文件损坏、遗失或者被用户不小心删除，系统将会自动修复、重装此软件。

如果要删除已发布或已指派的程序包，可以在软件包的右键菜单中选择“所有任务”→“删除”命令，如图6-61所示。

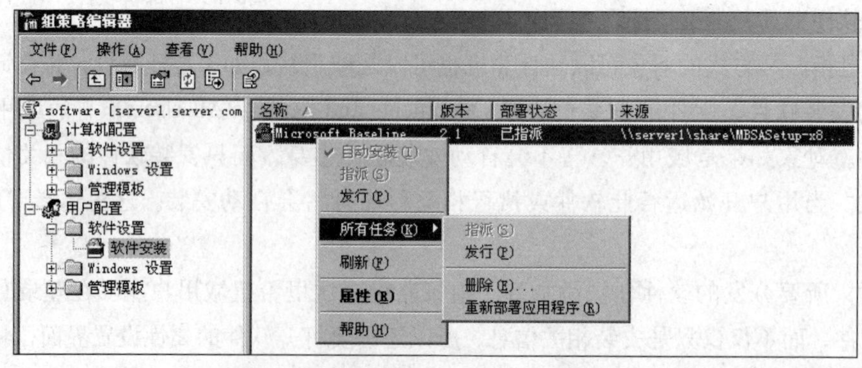

图6-61　删除已发布或已指派的程序包

在打开的“删除软件”对话框中选择“立即从用户和计算机卸载软件”（在用户下次登录或者计算机启动时自动卸载）或者“允许用户继续使用软件，但禁止新的安装”（已经安装了软件的用户不会删除软件，但在 OU 中新创建的用户不会再安装此软件），然后单击“确定”按钮即可，如图 6-62 所示。

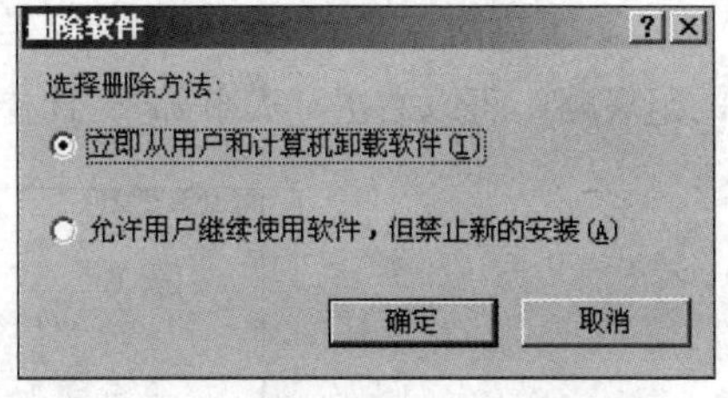

图6-62 “删除软件”对话框

三、组策略的应用规则

组策略的影响范围非常广泛，域内所有的用户和计算机都可能会受到它的约束，因此在应用组策略之前应明确组策略的各种应用规则，如组策略的继承、应用顺序和强制生效等，以方便利用这些规则顺利地实现用户的需求。

1. 组策略的继承与阻止继承

默认情况下，下层对象会继承来自上层对象的组策略，如“人事部”OU 会继承来自域 coolpen.net 的组策略。下面通过一个实例进行验证，操作步骤如下：

① 打开在域上所应用的默认策略 Default Domain Policy，在“计算机配置”→“策略”→“Windows 设置”→“安全设置”→“账户策略”→“密码策略”中，可以看到系统默认的设置，如图 6-63 所示。

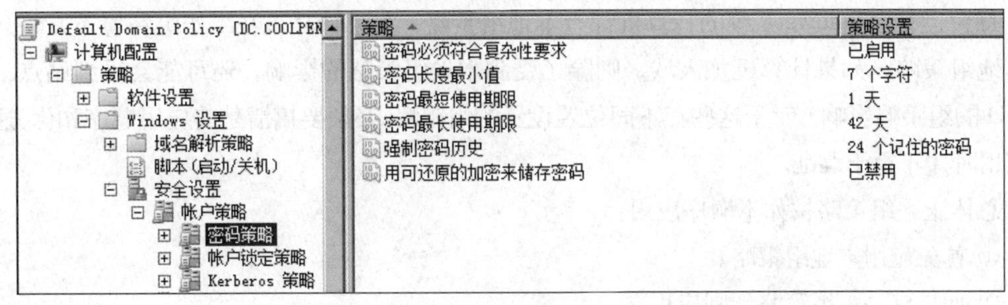

图6-63 密码策略设置

根据继承关系，域中的所有计算机在开机时就会自动应用这个密码策略。

② 可以在客户端计算机上进行验证，以本地管理员的身份登录计算机之后，打开本地组策略编辑器，可以看到应用了相同的密码策略，如图 6-64 所示。而且由于这些策略是继承而来的，因此本地管理员也无权更改。

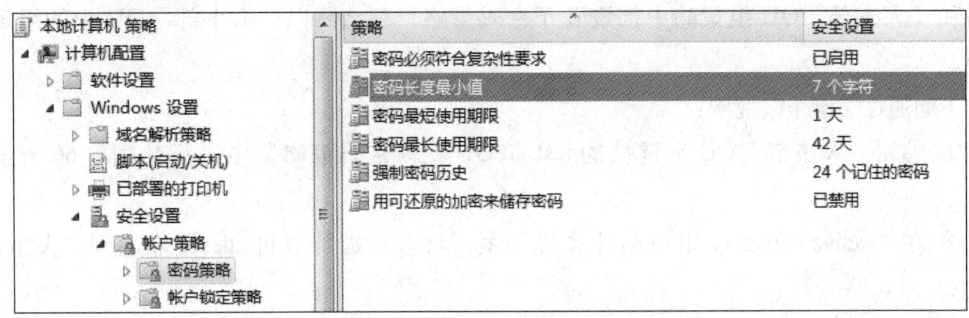

图6-64 客户端应用了相同的密码策略

③ 下层对象也可以阻止继承来自上层对象的组策略，例如“人事部”OU 要阻止来自域的组策略，可以右击“人事部”，选择“阻止继承”命令，如图 6-65 所示。

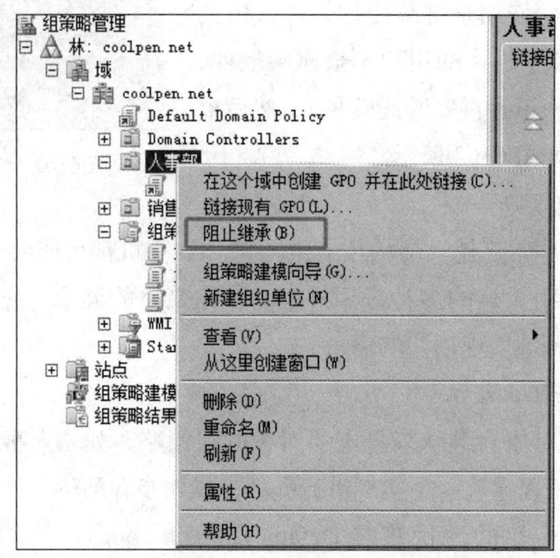

图6-65 阻止继承组策略

2. 组策略的应用顺序

每台运行 Windows 系统的计算机都有本地组策略，如果计算机在工作组环境下，将只应用本地组策略。如果计算机加入域，则除了受到本地组策略的影响，还可能会受到站点、域和 OU 的组策略影响。对于这些在不同位置设置的组策略，必须要搞清楚其应用顺序和优先级，在应用时才不至于混乱。

总体上，组策略按如下顺序应用：

① 首先应用本地组策略。

② 如果有站点组策略，则应用之。

③ 然后应用域组策略。

④ 如果计算机或用户属于某个 OU，则应用 OU 上的组策略。

⑤ 如果计算机或用户属于某个 OU 的子 OU，则应用子 OU 上的组策略。

⑥ 如果同一个容器下链接了多个组策略对象，则按照链接顺序逐个应用。

如果多个组策略之间存在冲突，则越往后应用的组策略优先级越高。例如，在域组策略和“人事部”OU 组策略中都设置了密码策略，那么将以“人事部”OU 中的组策略为准。

下面通过实例予以说明：

① 编辑“人事部”OU 上链接的 test GPO，在“密码策略”中进行如图 6-66 所示的设置。

② 在“Active Directory 用户和计算机”中，将客户端计算机 client1 拖入到“人事部”OU 中。

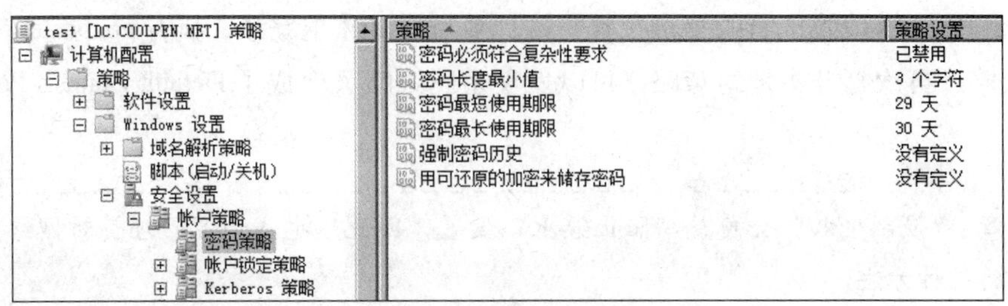

图6-66　设置“密码策略”

③ 以本地管理员的身份在client1计算机上登录，执行gpupdate /force命令强制刷新组策略。在成员计算机上，组策略默认每隔 60 min 刷新一次，并有正负 30 min 的偏差。

④ 打开本地组策略，可以看到密码策略已经应用了在 test GPO 中所做的设置，如图 6-67 所示。

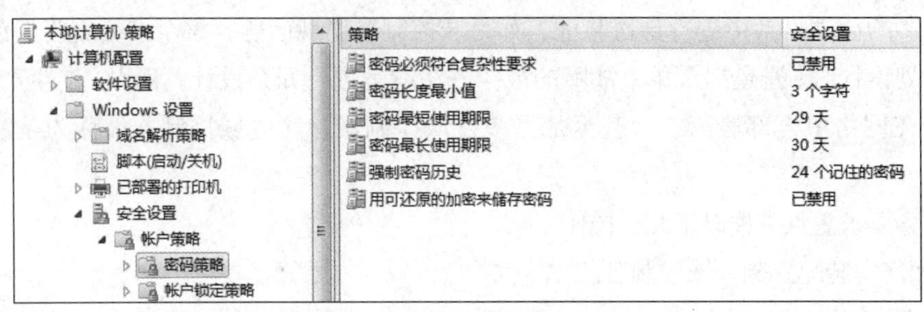

图6-67　应用test GPO中所做的设置

3. 组策略的强制生效

根据前面的介绍，可以对下层对象的 GPO 采用阻止继承的操作，或者下层对象设置一个与上层对象相冲突的 GPO，从而使得上层 GPO 不能生效。如果管理员希望上层的设置不被阻止，可以对上层对象的 GPO 设置强制生效。

例如，管理员希望在域的默认 GPO“Default Domain Policy”中做的所有设置，能够对域中的所有对象强制生效，而不被阻止，可以右击 Default Domain Policy，选择“强制”命令，如图 6-68 所示。

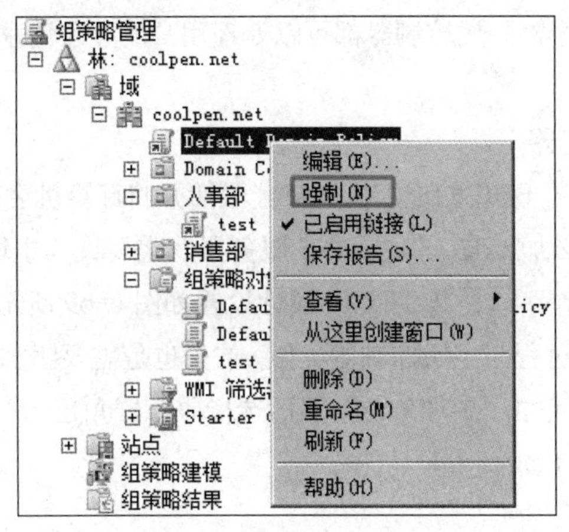

图6-68　选择“强制”命令

然后，仍以本地管理员的身份在客户端计算机 client1 上登录，执行 gpupdate /force 命令刷新组策略。再次打开本地组策略，可以发现密码策略又变成了 Default Domain Policy 中的设置。

注意："强制生效"会覆盖"阻止继承"设置，因此这也成为了管理员对网络进行统一管理的一种方法。

任务四　部署额外域控制器

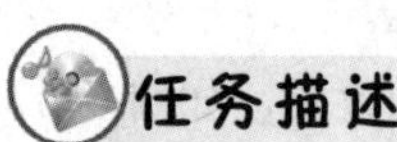

任务描述

在域模式的网络环境中，域控制器是整个网络的核心，每个域用户在登录系统时都要先到域控制器的活动目录中进行身份验证。如果域控制器出现问题，整个网络就将崩溃。在进行网络规划设计时，避免出现单点故障的最佳方法就是进行冗余设计。所以，在生产环境中，通常都要在网络中再部署第二台甚至是更多台域控制器，这些域控制器被称为是额外域控制器。

本任务要求重点掌握以下几个操作：

① 如何安装配置额外域控制器。

② 了解在不同的域控制器之间，Active Directory 如何进行复制与同步。

③ 了解站点的概念。

任务分析及实施

使用额外域控制器的好处很多，首先是避免了域控制器损坏所造成的业务停滞，如果一个域控制器损坏了，只要域内其他的域控制器有一个是工作正常的，域用户就可以继续完成用户登录、访问网络资源等一系列工作，基于域的资源分配不会因此停滞。其次，使用额外域控制器还可以起到负载平衡的作用，如果公司内只有一个域控制器，而公司用户达到上万人，假设域控制器处理一个用户登录的时间是 0.1 s，那么最后一个用户登录进入系统肯定要遭遇一定的延迟。如果有额外域控制器，每个额外域控制器都可以处理用户的登录请求，用户就不用等待较长的时间。

一、安装额外域控制器

下面再克隆出一台名为 BDC 的虚拟机，将其激活并将计算机名改为 BDC。

① 额外域控制器不必加入域，但是 DNS 服务器一定要设为主域控制器的 IP 地址。这里为 BDC 分配 IP 地址 192.168.1.2，其 TCP/IP 属性设置如图 6-69 所示。

额外域控制器的安装过程与主域控制器类似，首先也是需要添加活动目录角色。打开"服务器管理器"，在"角色"中单击"添加角色"，然后选择服务器角色为"Active Directory 域服务"，同时根据提示安装".NET Framework 功能"。

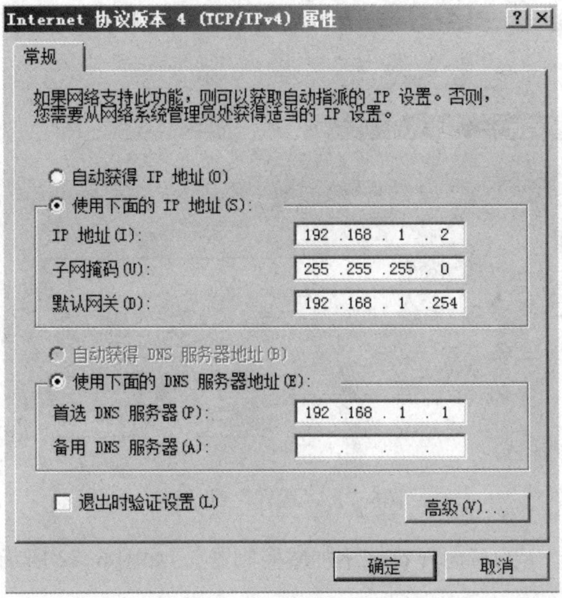

图6-69　TCP/IP属性设置

安装完成后，系统提示已安装“Active Directory 域服务”和“.NET Framework”功能，如图 6-70 所示。

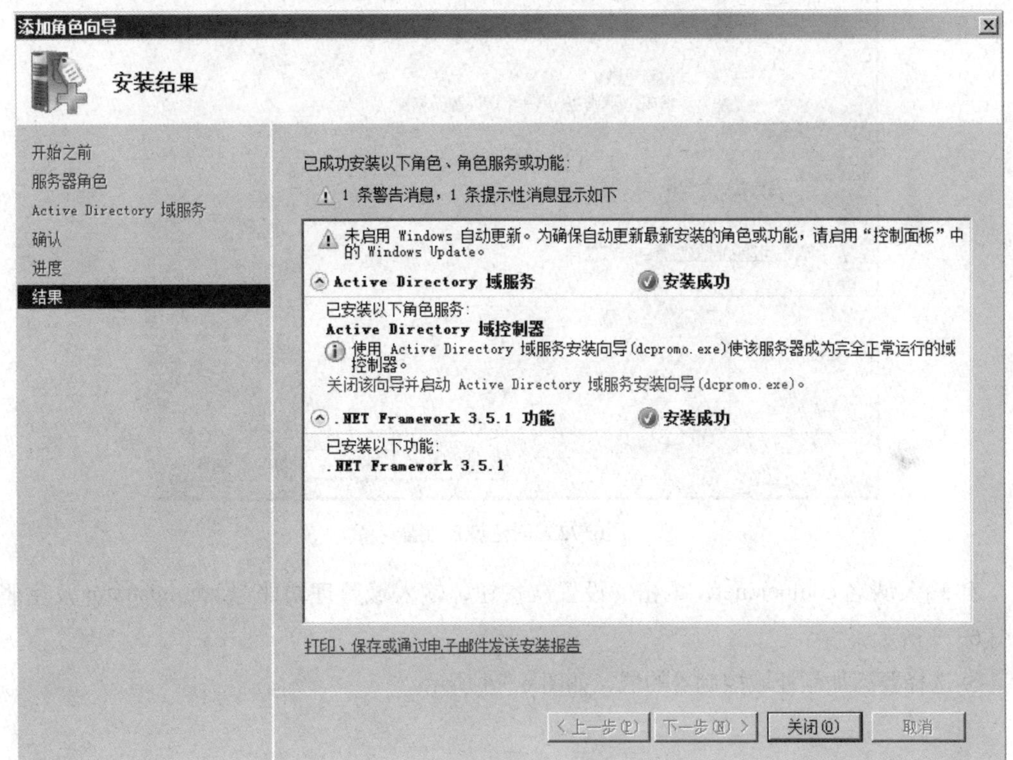

图6-70　提示已安装的服务

② 在选择“开始”→“运行”命令，输入 dcpromo（见图 6-71），打开活动目录安装向导。

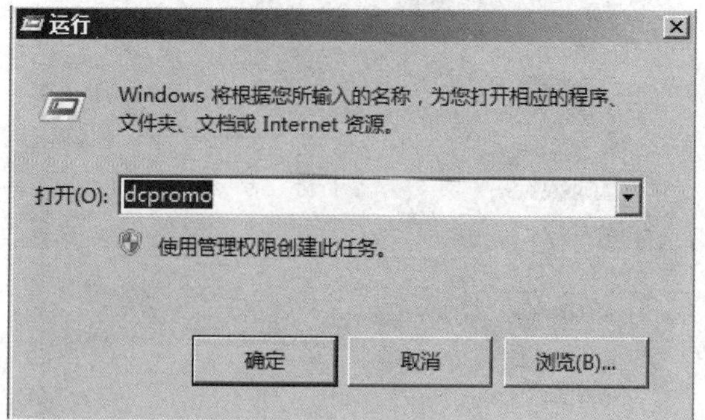

图6-71 “运行”对话框

③ 选择“现有林”下的“向现有域添加域控制器”，如图 6-72 所示。

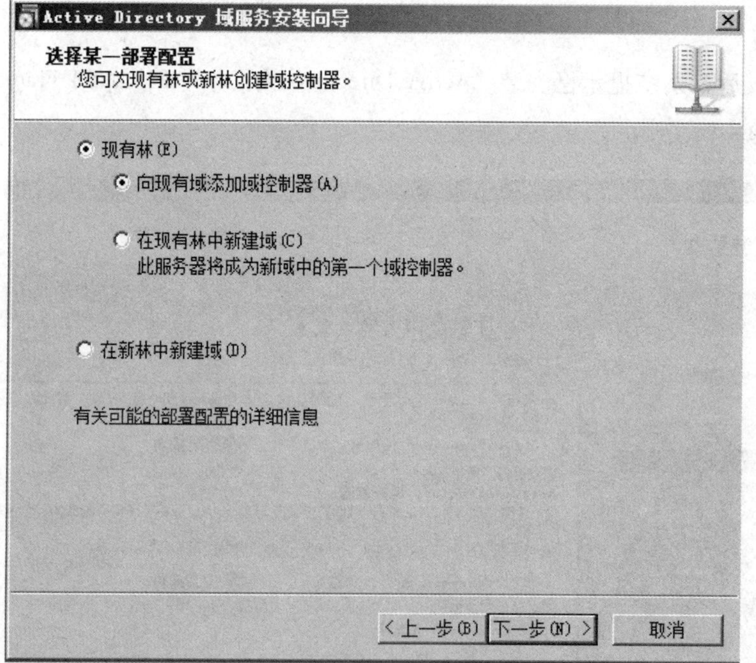

图6-72 创建域控制器

④ 输入域名 coolpen.net，单击“设置”按钮，输入域管理员账号 administrator 及密码，如图 6-73 所示。

⑤ 选择要添加额外域控制器的域，如图 6-74 所示。

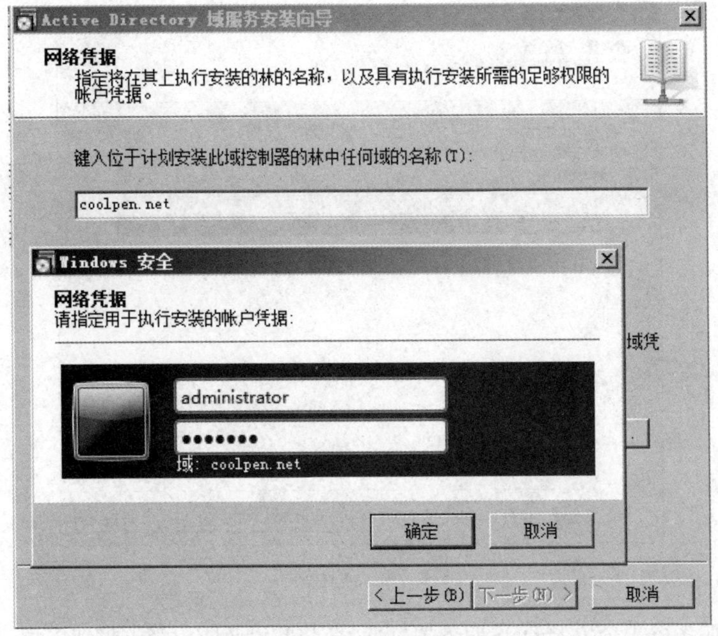

图6-73　设置域

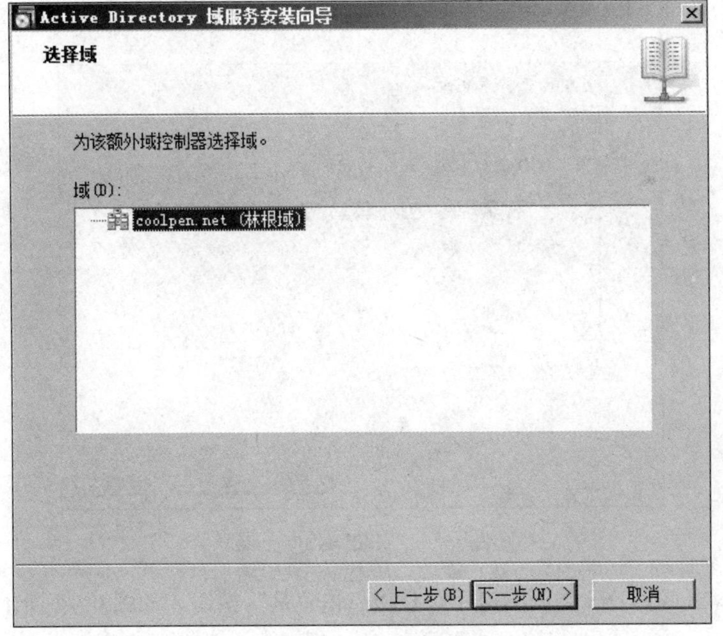

图6-74　选择域

⑥ 选择额外域控制器所在的站点，目前域中只有一个默认的站点 Default-First-Site-Name，直接单击“下一步”按钮，如图 6-75 所示。

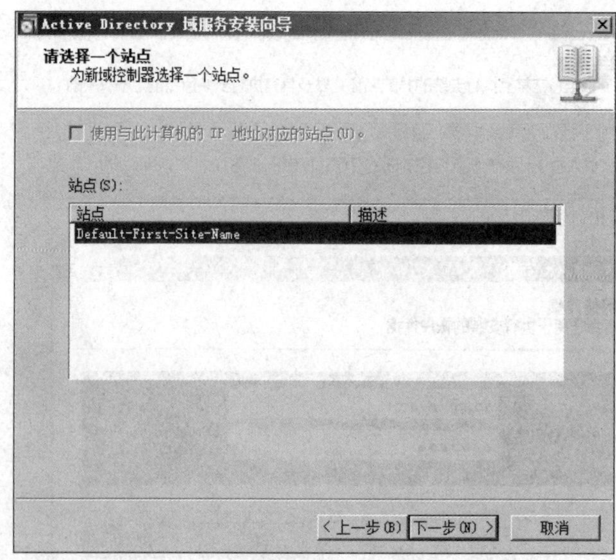

图6-75　选择站点

⑦ 在这台服务器上会安装DNS服务器，同时会将其设为"全局编录"服务器，如图6-76所示。

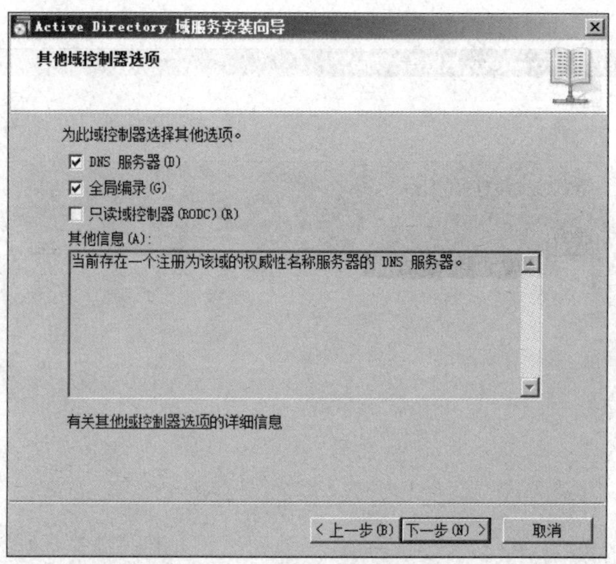

图6-76　安装DNS服务器

⑧ 出现无法创建 DNS 委派的提示，直接点击"是"按钮，如图 6-77 所示。

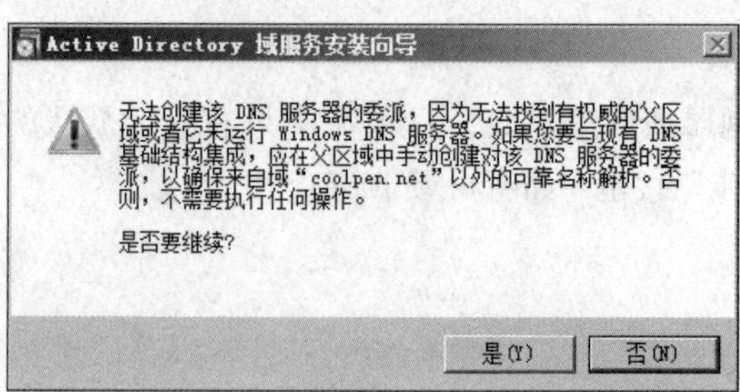

图6-77　无法创建DNS委派提示

⑨ 数据库文件夹、日志文件夹、SYSVOL 文件夹的存放位置仍然选择默认值，如图 6-78 所示。

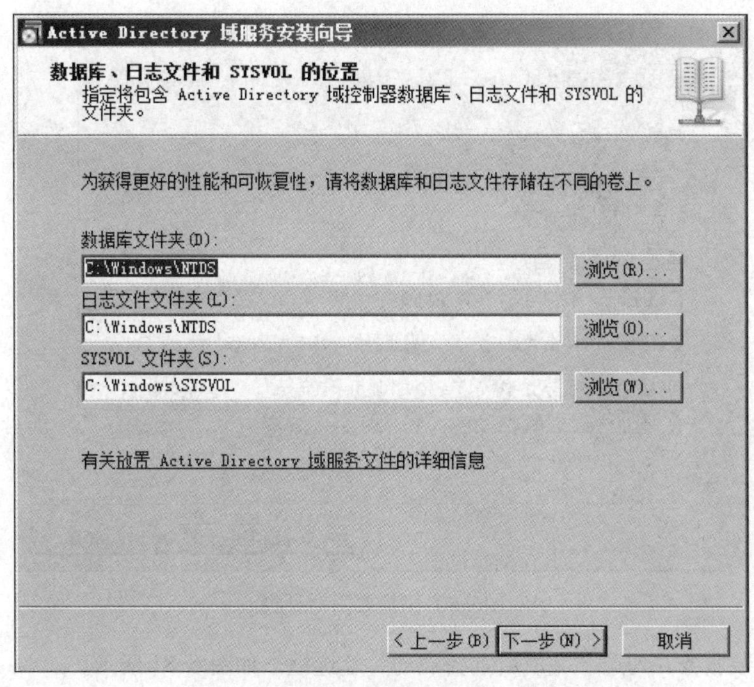

图6-78　确认文件夹的位置

⑩ 设置符合密码策略要求的目录服务还原模式密码，如图 6-79 所示。

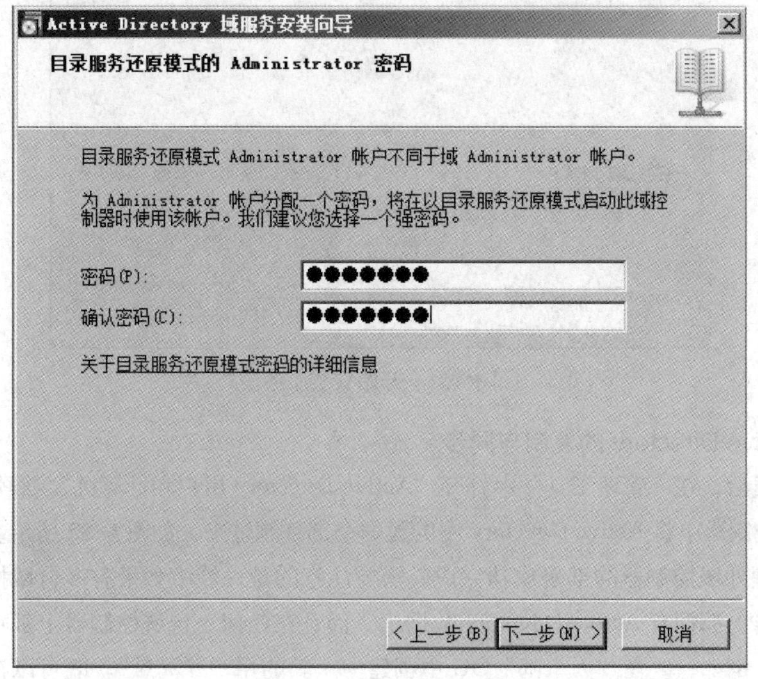

图6-79　设置还原模式密码

⑪ 打开“摘要”对话框，单击“下一步”按钮，如图 6-80 所示。

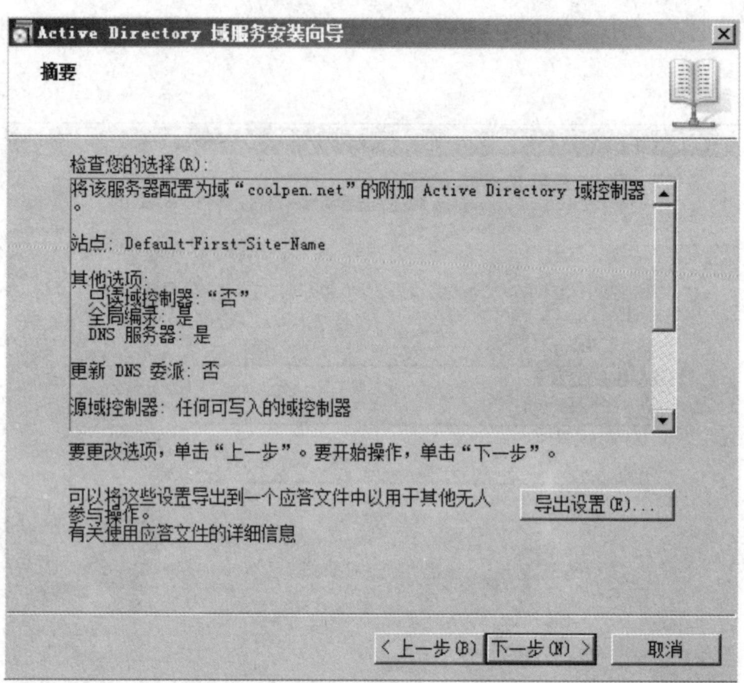

图6-80 “摘要”对话框

⑫ 开始安装服务并勾选“完成后重新启动”复选框，如图 6-81 所示。

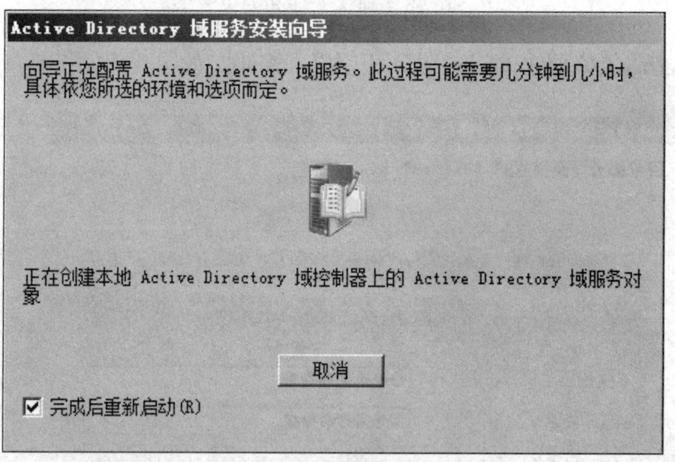

图6-81 开始安装服务

二、Active Directory 的复制与同步

启动完成后，在“管理工具”中打开“Active Directory 用户和计算机”，额外域控制器会自动从主域控制器中将 Active Directory 中的数据全部复制过来，如图 6-82 所示。

至此，额外域控制器的部署成功完成。需要注意的是，域中如果有多台域控制器，那么每台域控制器上都拥有 Active Directory 数据库，而且在任何一台域控制器上都可以对活动目录进行修改。例如，要在“人事部”OU 中创建一个新的用户“马斌”，既可以在主域控制器上完成，也可以在额外域控制器上进行操作。

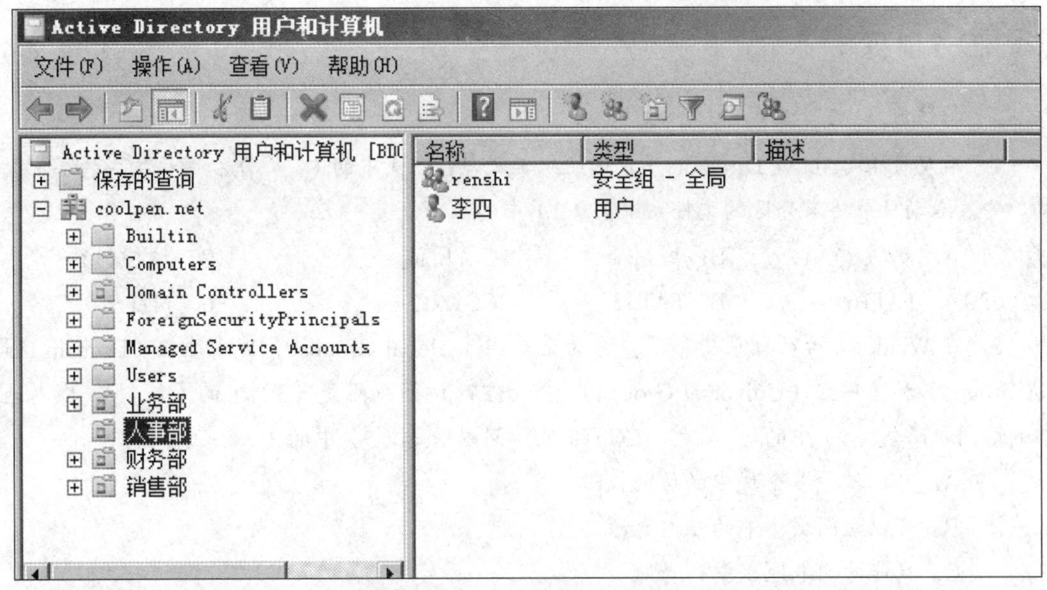

图6-82　复制Active Directory中的数据

Active Directory 内容是动态同步的，Active Directory 的默认复制周期是 5 min，但如果 Active Directory 中发生了一些紧急事件，例如，新建了一个用户，或修改了某个用户的密码，就会即时复制。

下面在额外域控制器（BDC）的“人事部”OU 中创建一个新用户“马斌”，马上就会发现在主域控制器（PDC）中也即时出现了该账户，如图 6-83 所示。

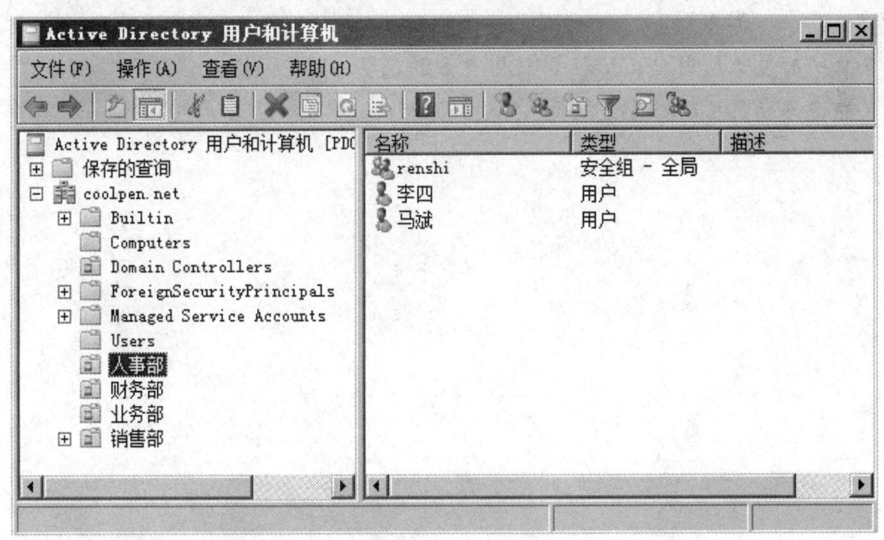

图6-83　加入新用户

像这种所有的域控制器都可以自主地修改 Active Directory 数据库的内容，并实现同步复制的域结构称为多主复制。在目前 Windows 的域环境中普遍采用的就是多主复制。

任务训练

▶ 选择题

1. 活动目录（Active Directory）是由组织单元、域、（1）中的（　　）和域林构成的层次结构，安装活动目录要求分区的文件系统为（2）中的（　　）。

（1）A. 超域　　B. 域树　　C. 团体　　D. 域控制器

（2）A. FAT16　　B. FAT32　　C. ext2　　D. NTFS

2. 在Windows活动目录中，用户分为全局组（Global Groups）、域本地组（Domain Local Groups）和通用组（Universal Groups）。全局组的访问权限是（3）中的（　　），域本地组的访问权限是（4）中的（　　），通用组 的访问权限是（5）中的（　　）。

A. 可以授予多个域中的访问权限

B. 可以访问域林中的任何资源

C. 只能访问本地域中的资源

3. 在Windows Server中，创建用户组时，可选择的组类型中，仅用于分发电子邮件且没有启用安全性的是（　　）。

A. 安全组　　B. 本地组　　C. 全局组　　D. 通信组

▶ 操作题

某公司网络采用了域环境，公司下设市场部、技术部等部门，要求完成下列管理要求。

1. 为技术部的每名员工映射一个网络驱动器K盘，使得他们的数据可以集中存储在文件服务器上。

2. 禁止所有员工使用Windows系统中自带的记事本。

3. 为市场部的员工统一安装软件MBSA。

项目七

DNS服务的配置与管理

学习目标：

通过本项目的学习，读者将能够：

• 理解域名空间结构；

• 理解 DNS 查询过程；

• 掌握 DNS 区域管理；

• 掌握转发器的配置。

当域控制器安装成功以后，DNS（Domain Name System，域名系统）服务也随同安装完成。DNS 是一种采用客户机 / 服务器机制，负责实现计算机名称与 IP 地址转换的系统。DNS 不仅是域正常工作的基础，而且其作为一种重要的网络服务，无论在互联网还是在企业内部网络中都得到了广泛应用。本项目将介绍 DNS 服务的相关知识及应用。

任务一　了解DNS体系结构

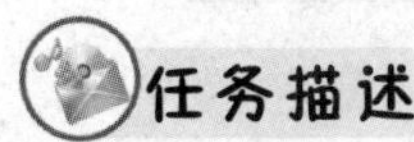

任务描述

DNS 作为 Internet 的基础，如何实现全球范围内的域名解析？在介绍如何配置和管理 DNS 服务器之前，有必要先讲解一下 DNS 的工作原理以及 DNS 体系结构。

本任务要求重点掌握以下几个操作：

① 了解 hosts 文件。

② 了解域名层级结构以及 DNS 域名空间。

③ 了解 DNS 域名解析的方式。

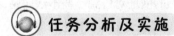

任务分析及实施

一、hosts 文件

在互联网早期并没有 DNS 域名系统，当时是采用 hosts 文件进行域名解析。hosts 文件里存放了网络中所有主机的 IP 地址和所对应的计算机名称，由专人定期更新维护并提供下载。在所有接入互联网的主机中都存有一份相同的 hosts 文件，每台主机利用这一个 hosts 文件就可以把互联网上所有的主机名都解析出来。

虽然人们早已不再使用 hosts 文件进行域名解析，但它仍然可以发挥作用。在所有已经安装好的 Windows 系统中都已经默认自带了 hosts 文件，位置在“%SystemRoot%\system32\drivers\etc\hosts”。可以通过记事本打开 hosts 文件，文件中有一条默认记录 127.0.0.1 localhost，即将 localhost 这个名称对应到了 127.0.0.1 这个 IP 上。

用户可以按照上面的格式在 hosts 文件中随意添加记录，如添加一条记录 202.108.22.5 www.baidu.com，这样就把 www.baidu.com 这个名字对应到了 202.108.22.5 这个 IP 上，如图 7-1 所示。

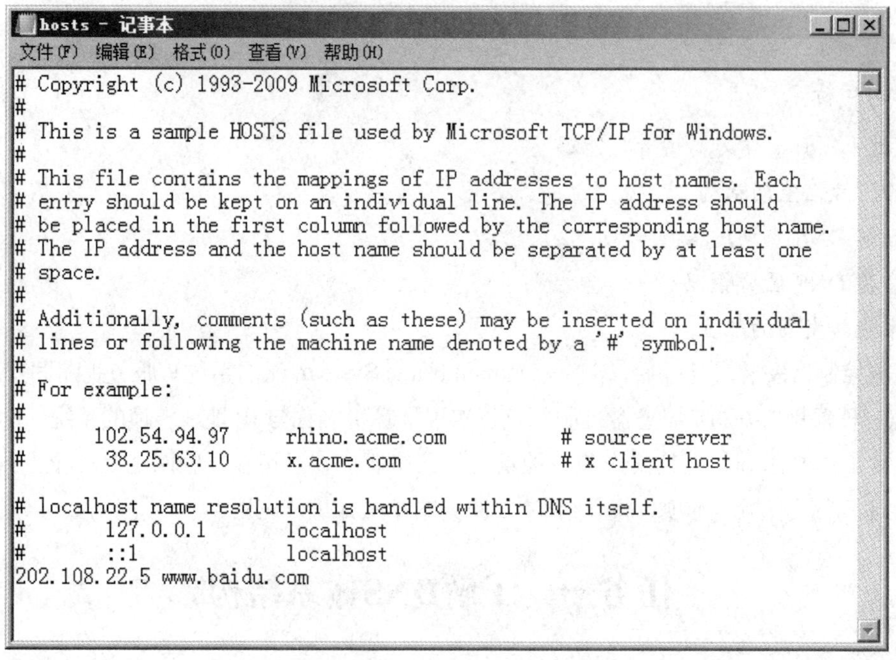


```
# Copyright (c) 1993-2009 Microsoft Corp.
#
# This is a sample HOSTS file used by Microsoft TCP/IP for Windows.
#
# This file contains the mappings of IP addresses to host names. Each
# entry should be kept on an individual line. The IP address should
# be placed in the first column followed by the corresponding host name.
# The IP address and the host name should be separated by at least one
# space.
#
# Additionally, comments (such as these) may be inserted on individual
# lines or following the machine name denoted by a '#' symbol.
#
# For example:
#
#      102.54.94.97     rhino.acme.com          # source server
#       38.25.63.10     x.acme.com              # x client host

# localhost name resolution is handled within DNS itself.
#       127.0.0.1       localhost
#       ::1             localhost
202.108.22.5 www.baidu.com
```

图7-1 添加记录

由于 hosts 文件的优先级高于 DNS 服务器，所以在我们访问百度时就会使用 202.108.22.5 这个 IP 地址。试想一下，如果将 www.baidu.com 对应到一个错误的 IP 上会怎么样呢？把 hosts 文件中刚才添加的这条记录改为 1.1.1.1 www.baidu.com，这时就会发现无法访问百度了。

所以，这个 hosts 文件的功能还是很强大的，在某些 DNS 服务器无法发挥作用的场合，可以用它来临时代替 DNS 服务器使用。此外，还可以用它来屏蔽恶意网站，将恶意网站的网址都对应到一些错误的或不存在的 IP 上，这些网站就无法访问了。

hosts 文件同样也可以被一些恶意软件利用，将一些正常网站的网址对应到一些不法网站的 IP 地址上。所以，对 hosts 文件要经常检查其内容，或者用 360 安全卫士等软件进行防护。

二、域名层次结构

如果网络规模较小，那么使用 hosts 文件是一个非常简单的解决方案，但对于目前已经包括有几十亿台主机的 Internet，hosts 文件很明显无法满足要求。所以，在 Internet 中才又引入了 DNS 系统，它的工作机制相比 hosts 要复杂、高效得多。

1. DNS 域名空间与委派机制

DNS 系统采用的是分布式的解析方案，整个 DNS 架构是一种层次树状结构（见图 7-2），这个树状结构称为 DNS 域名空间。

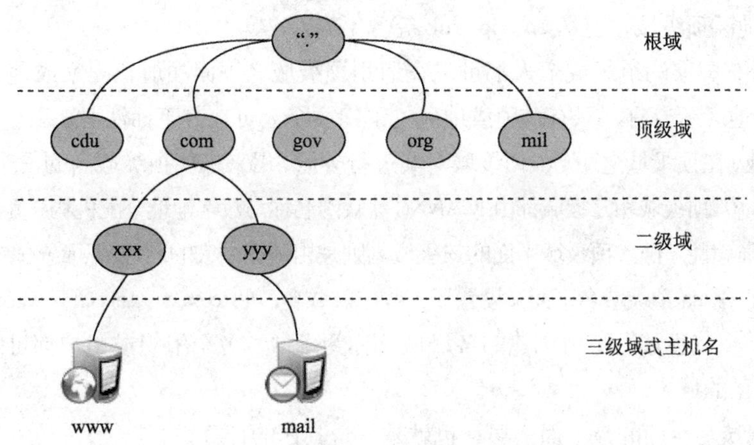

图7-2 DNS架构

这个树状结构的最顶层称为根域，根域用“·”表示，相应的服务器称为根服务器，互联网管理委员会规定，整个域名空间的解析权都归根服务器所有，也就是说根服务器对互联网上所有的域名都享有完全的解析权。

但试想一下，如果互联网中所有的域名都由根服务器来解析，那么即使性能再强大的服务器也必然无法承担如此庞大的负载。所以，为了减轻根服务器的压力，这里采用了一种“委派”机制，也就是在根域之下又设置了一些顶级域，然后由根服务器将不同顶级域的解析权分别委派给相应的顶级域服务器。例如，根服务器把 com 域的域名解析权委派给 com 域服务器，以后根服务器凡是接收到以 com 结尾的域名解析请求，都会转发给 com 域服务器，由它对域名进行解析。

同样的道理，为了减轻顶级域名服务器的压力，在每个顶级域之下又设置了若干二级域，并由顶级域服务器负责将二级域的解析权委派给相应的二级域名服务器。在二级域之下又可以再设置三级域……每个被委派的域名服务器都可以使用委派的方式向下发展。总之，正是通过这种层层委派的机制，才最终形成了现有的这种分布式的域名空间架构。

2. DNS 域名结构

在 DNS 这种层次树状域名空间中，每一层都有不同的含义和相应的表示方法，每一层的域名之间用点号“.”分开。

① 根域（root）：位于域名空间的最顶层，一般用一个“.”表示。

② 顶级域：处于根域下层，由根域对其进行委派，一般代表一种类型的组织机构或国家地区。

每个顶级域都有预设的用途，例如 com 域名用于商业公司，edu 域名用于教育机构，gov 域名用于政府机关等，这种顶级域名也被称为顶级机构域名。根服务器还针对不同国家进行了域名委派，例如把所有以 cn 结尾的域名委派给中国互联网管理中心，以 uk 结尾的域名委派给英国互联网管理中心，cn、uk 这些顶级域名被称为顶级地理域名。

按使用范围不同，顶级域主要分为 2 种类型：

• 通用顶级域，包括 net、com、org 等。

• 国家或地区顶级域，包括 cn、jp、uk 等。

世界上所有国家的组织或个人都可以在通用顶级域名下面注册，国家或地区顶级域名则为每个国家或地区所专有，只有该国或地区的组织或个人可在其下面注册。

③ 二级域，在顶级域之下，由顶级域对其进行委派，用来标明顶级域内的一个特定的组织。

在 Internet 中，顶级域和二级域都由 ICANN（互联网名称与数字地址分配机构）负责管理和维护，以保证它们的唯一性。国家顶级域下面的二级域名则是由所在国家的网络部门统一管理，例如中国互联网管理中心在 .cn 顶级域名下面又设置了一些二级域名，如 .com.cn、.net.cn、.edu.cn……

④ 子域，在二级域之下所创建的各级域统称为子域，各个组织或用户都可以在子域中自由申请注册自己的域名。

⑤ 主机，域名空间的最下面一层，也就是一台具体的计算机。

如图 7-2 中的 www、mail 都是具体的计算机的名字，我们可以用 www.sina.com.cn.、mail.sina.com.cn. 来表示它们，这种表示方式称为 FQDN 名（完全合格域名），也就是这台主机在域中的全名。

人们平时上网时所输入的网址也都是一些 FQDN 名，如 www.sina.com.cn，这其实表示要访问 sina.com.cn 域中一台名为 www 的计算机。DNS 的作用就是将每个域中的 FQDN 名解析为这些计算机所对应的 IP 地址，以使用户可以通过名字访问它们。在一般的网络应用中，FQDN 名最右侧的点可以省略，但在 DNS 服务器中这个点不能随便省略。因为这个点代表了 DNS 的根，有了这个点，完全合格域名就可以表达为一个绝对路径，去掉了点则会出现问题。

3. 注册域名

当一个公司或个人要申请域名时，需要到相应的域名服务提供商那里进行注册，一般来讲，层次越高的域名，收费也就越高。

目前有很多提供域名服务的网站，如万网就是国内一家著名的域名服务提供商。在这类网站上可以输入欲注册的域名进行查询，然后根据需要进行选择，如图 7-3 所示。

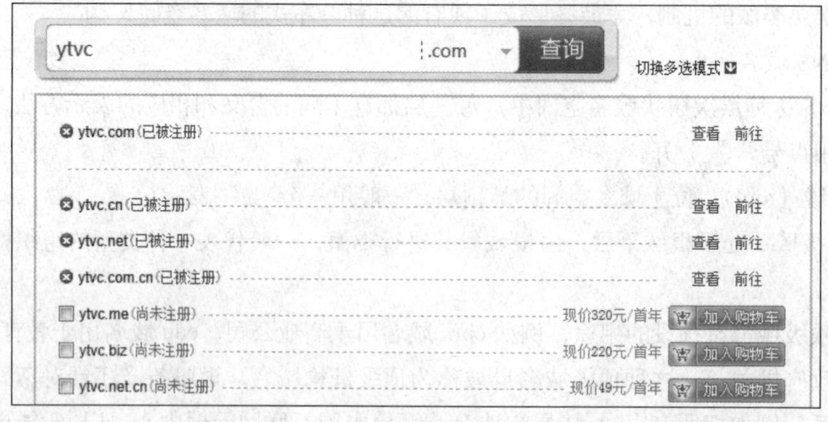

图7-3　域名查询

当用户成功注册了一个域名之后，就必须架设一台 DNS 服务器来负责解析这个域名。例如，某学校注册了 ytvc.com.cn 域名，就需要在校园网络中搭建一台 DNS 服务器，然后由负责 .com.cn 域名的服务器将 ytvc.com.cn 这个域名的解析权委派到自己的 DNS 服务器上。

有些公司虽然注册了域名，但是并不希望花费财力来架设DNS服务器进行域名解析，这时也可以将域名解析权委托给域名服务商，由其代为解析，而且这种方式在安全性方面更为可靠。

三、DNS 域名解析的方式

1. 域名解析的过程

在这种分布式的DNS体系结构中，DNS服务器是如何进行域名解析的？例如，注册了一个域名ytvc.com.cn，并指定由IP地址为220.181.111.85的DNS服务器负责解析这个域名，那么其他的DNS服务器是怎么知道由220.181.111.85负责解析ytvc.com.cn域名呢？

假设一个互联网用户想解析www.ytvc.com.cn这个FQDN名，其过程如图7-4所示。

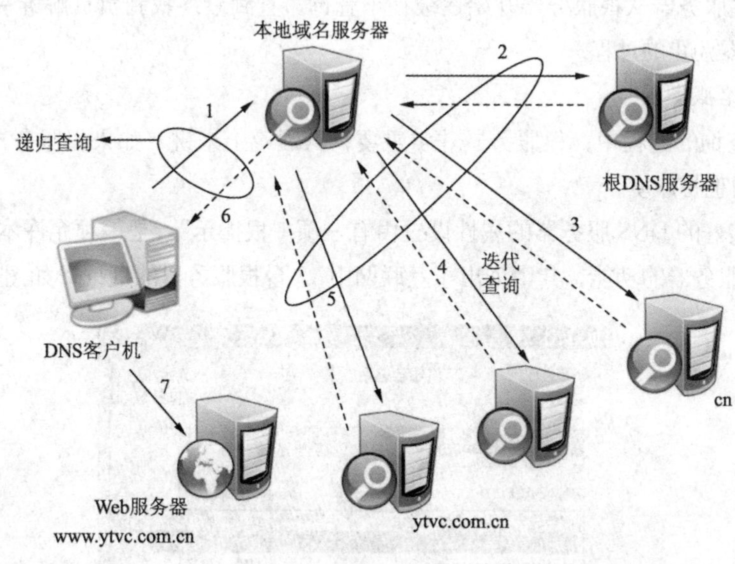

图7-4 解析域名

① 用户把解析请求发送给自己的首选DNS服务器（这里称之为本地域名服务器），服务器会检查区域数据库，发现自己无法解析www.ytvc.com.cn这个名字，于是就把这个解析请求发送到根服务器。

② 根服务器发现这个域名是以cn结尾，于是告诉本地域名服务器这个域名应该询问负责cn的DNS服务器，并将cn服务器的地址发送给本地域名服务器。这时本地域名服务器就会转而向负责cn的域名服务器发出查询请求。

③ 负责cn域名的DNS服务器同样会将com.cn域名服务器的地址发送给本地域名服务器，本地域名服务器又去向com.cn服务器发出查询请求。

④ com.cn服务器会回答说ytvc.com.cn这个域名已经被委派到DNS服务器220.181.111.85了，因此这个域名的解析应该询问220.181.111.85。

⑤ 于是本地域名服务器最后向220.181.111.85发出查询请求，这次终于可以如愿以偿，220.181.111.85会告诉查询者所需要的答案。本地域名服务器拿到这个答案后，在将结果发送给客户端的同时，会把查询结果同时放入到自己的缓存中。如果在缓存的有效期内有其他DNS客户再次请求这个域名，DNS服务器就会利用自己缓存中的结果响应用户，而不用再去

根服务器查询。

2. 递归查询与迭代查询

在上面的域名解析过程中，分别用到了两种不同类型的查询：用户和自己所设置使用的本地域名服务器之间的递归查询、本地域名服务器与其他 DNS 服务器之间的迭代查询。

① 递归查询：DNS 客户端发出查询请求后，如果本地域名服务器内没有所需的数据，则服务器会代替客户端向其他的 DNS 服务器进行查询。在这种方式中，本地域名服务器必须给客户端做出回答，告诉客户端请求查询的 IP 地址或者告诉客户端找不到请求的地址及找不到的原因。普通上网用计算机和自己所设置的 DNS 服务器之间都是采用递归查询。

② 迭代查询：DNS 服务器与服务器之间进行的查询。也就是在上面的例子中，用户所使用的本地域名服务器从根服务器开始逐级往下查询，直到最终找到负责解析 ytvc.com.cn 域名的 DNS 服务器为止的过程。

3. 根域名服务器

在迭代查询的过程中，根服务器非常重要，从理论上来讲，如果根服务器全部崩溃，那么整个互联网也将瘫痪。

在已安装好的 DNS 服务器的属性设置中有一项“根提示”，是一项允许本地 DNS 服务器查询根 DNS 服务器的功能，其中列出了互联网中 13 台根服务器的地址，如图 7-5 所示。

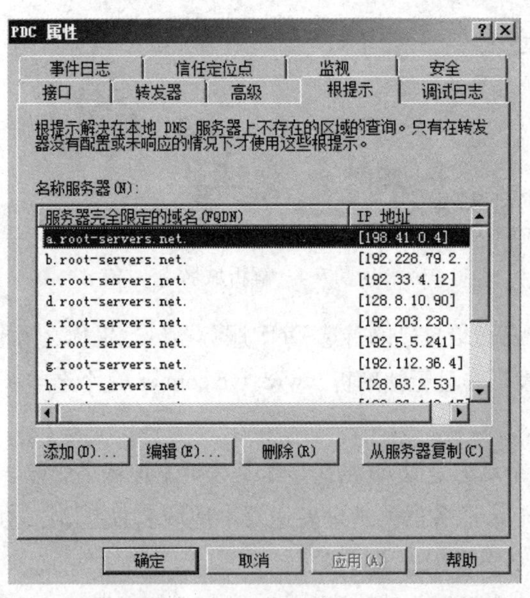

图7-5 “根提示”选项卡

对于 Internet，这 13 台根服务器至关重要，所以为了提高安全性，这些根服务器分别部署在不同的国家，其中 10 台设置在美国，另外分别各有一台设置于英国、瑞典和日本。

任务二　配置DNS服务器

任务描述

本任务将介绍如何在内网中架设一台 DNS 服务器，以及如何在客户端进行测试。

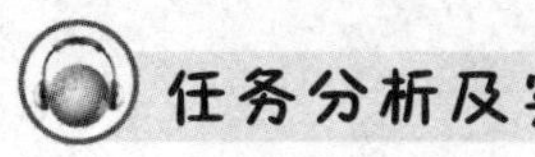

任务分析及实施

一、安装及测试 DNS 服务

由于 DNS 服务已经随同 Active Directory 安装完成，可以直接选择“开始”→“管理工具”→“DNS”打开“DNS 管理器”，对 DNS 服务进行配置与管理。

如果需要单独安装 DNS 服务，可以在“服务器管理器”中添加“DNS 服务”角色，安装过程非常简单。

DNS 服务安装完成后，可以测试其能否正常工作。

在“DNS 管理器”中打开 DNS 属性设置，在“监视”选项卡中可以对简单查询和递归查询进行测试，如图 7-6 所示。

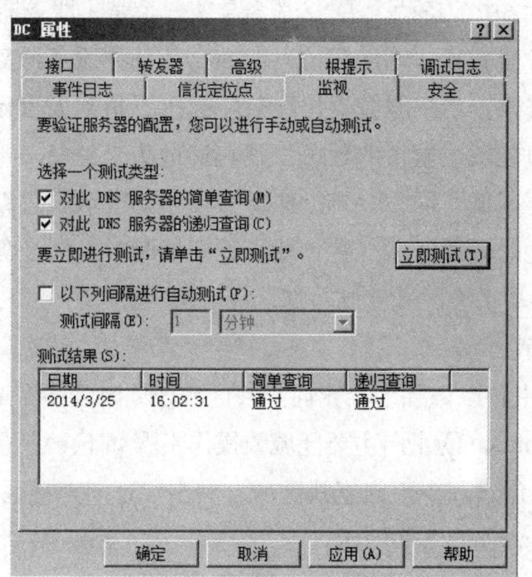

图7-6 “监视”选项卡

简单查询是指由当前的 DNS 服务器完成的域名解析。

递归查询是指当前的 DNS 服务器无法完成域名解析请求，需要向其他服务器求助。因此，要测试递归查询，必须要先确保服务器已经接入到 Internet。

二、配置正向查找区域及 DNS 记录

1. 查找区域的概念

配置 DNS 服务，首先要创建 DNS 查找区域。所谓查找区域是指 DNS 服务器所要负责解析的域名空间，如百度注册了 baidu.com 的域名，在百度的 DNS 服务器上就要创建名为 baidu.com 的查找区域。查找区域有正向和反向之分，正向查找区域负责把域名解析为 IP，而

反向查找区域负责把 IP 解析为域名。人们通常使用的主要是正向查找区域。由于之前已经创建了 coolpen.net 域，所以在 DNS 服务器中也就自动创建了 coolpen.net 正向查找区域，如图 7-7 所示。

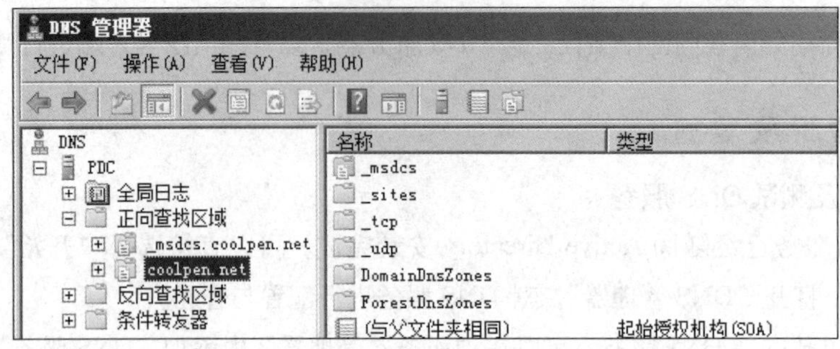

图7-7 创建正向查找区域coolpen.net

在 DNS 正向查找区域或反向查找区域里又包括 3 种不同的区域类型：主要区域、辅助区域和存根区域。

要理解区域类型，先要明白 DNS 服务器有主服务器和辅助服务器的区别。为了保证服务的可靠性，可以在企业网络中配备两个 DNS 服务器：一个是主服务器；另一个是辅助服务器。一般的解析请求由主服务器负责，辅助服务器的数据是从主服务器复制而来的，辅助服务器的数据是只读的，无法修改。当主服务器出现故障或由于负载太重无法响应客户机的解析请求时，辅助服务器会担负起域名解析的任务。现在回过头来解释一下什么是主要区域，主服务器使用的区域就是主要区域，同样，辅助服务器使用的区域是辅助区域。存根区域则可以看作是一个特殊的、简化的辅助区域。在创建查找区域时，必然是先创建主要区域，因为辅助区域和存根区域都需要从主要区域复制数据。

2. 创建正向查找区域

在一台 DNS 服务器中可以添加多个正向查找区域，同时为多个域名提供解析服务，下面就再创建一个名为 ytvc.com.cn 的正向主要区域。操作步骤如下：

① 在 DNS 服务器上创建一个正向查找区域。右击“正向查找区域”，在弹出的快捷菜单中选择“新建区域”命令，如图 7-8 所示。

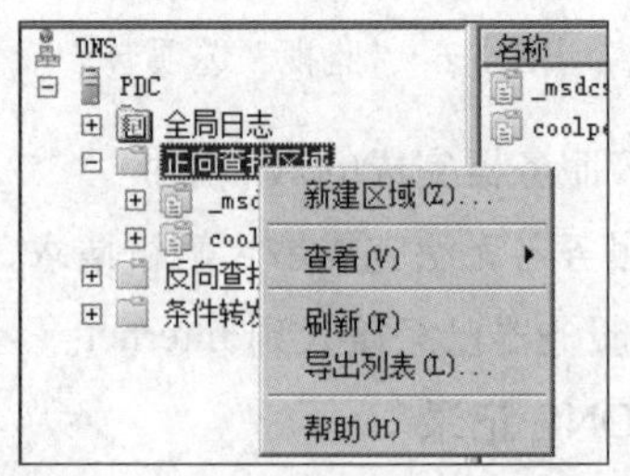

图7-8 选择“新建区域”命令

② 出现“新建区域向导”对话框，单击“下一步”按钮继续。在“区域类型”中选择创建一个主要区域，由于 DNS 服务器同时也是域控制器，所以 DNS 区域数据默认被存储在 Active Directory 中，如图 7-9 所示。

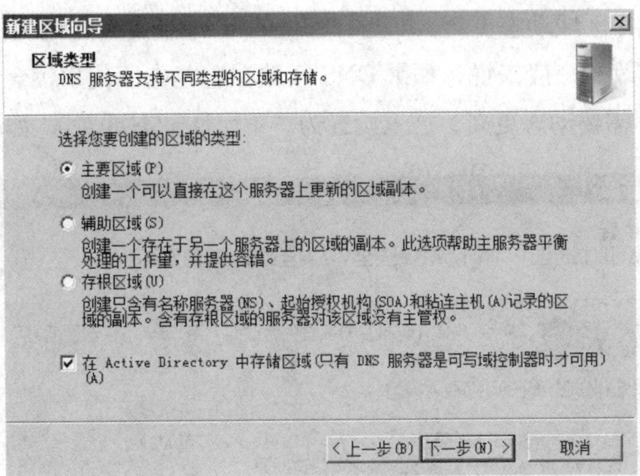

图7-9　选择区域类型

③ 系统默认会将新创建的 DNS 区域记录复制到 coolpen.net 域中所有同样也是 DNS 服务器的域控制器中，如图 7-10 所示。

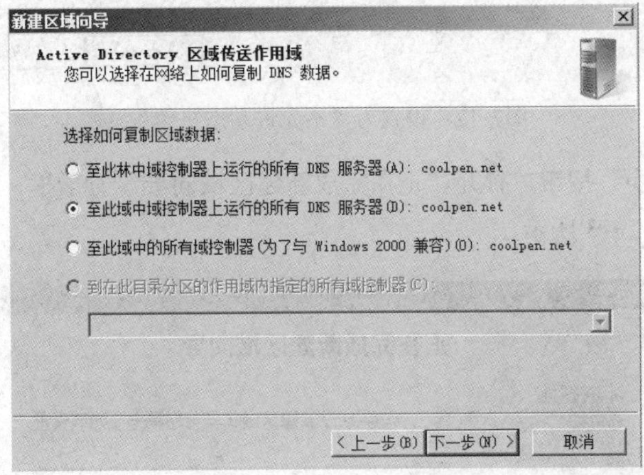

图7-10　复制区域数据

④ 指定区域名称 ytvc.com.cn，如图 7-11 所示。

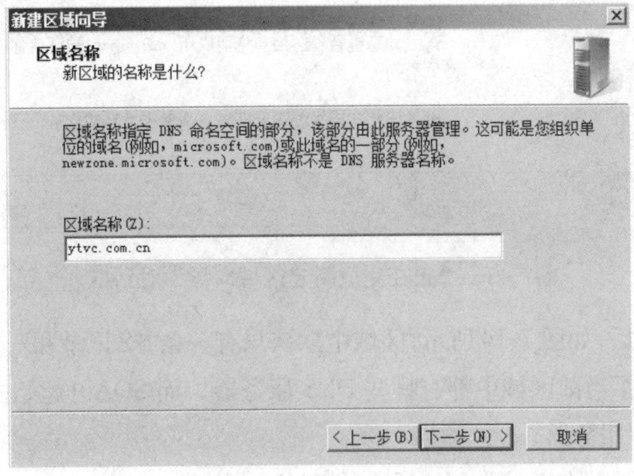

图7-11　指定区域名称

向导询问是否允许区域动态更新，即当计算机的IP地址发生变化时，DNS服务器中的相应记录是否会自动更改。一般来说，如果DNS区域在企业内网使用，会允许动态更新；如果用于Internet，一般不需要动态更新。这里设置为“不允许动态更新”，如图7-12所示

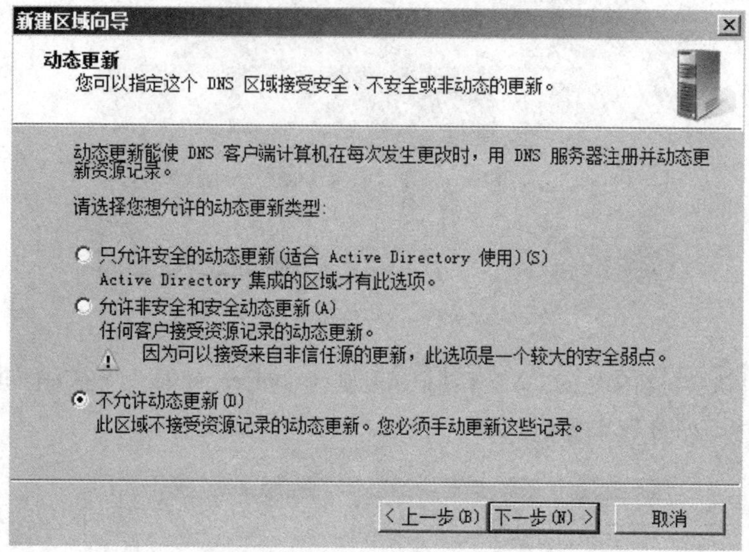

图7-12　设置为“不允许动态更新”

⑤ 单击“下一步”按钮，打开“正在完成新建区域向导”对话框，单击“完成”按钮，区域创建完毕，如图7-13所示。

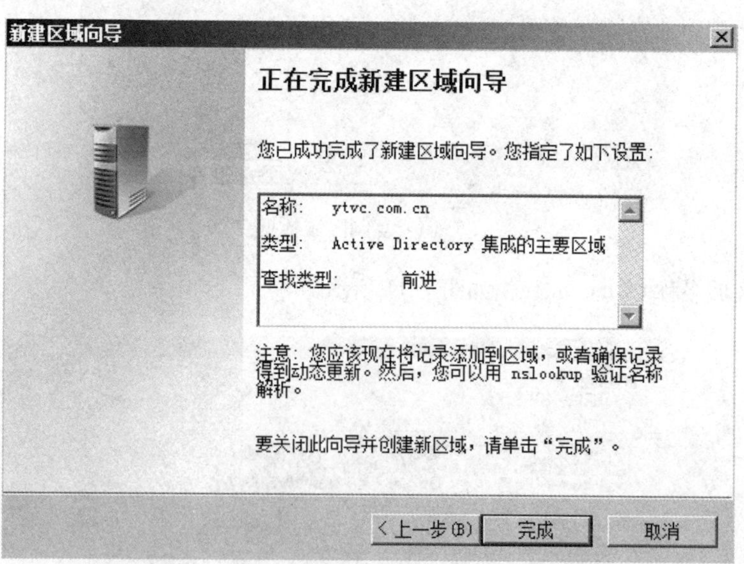

图7-13　“正在完成新建区域向导”对话框

区域创建完毕之后，如图7-14所示，区域中默认只有一条NS记录和一条SOA记录。NS（名称服务器）记录指明了当前区域中都有哪些DNS服务器，而SOA（起始授权机构）记录则指明了其中谁是主DNS服务器。

下面要做的工作就是在区域中创建适当的DNS记录。

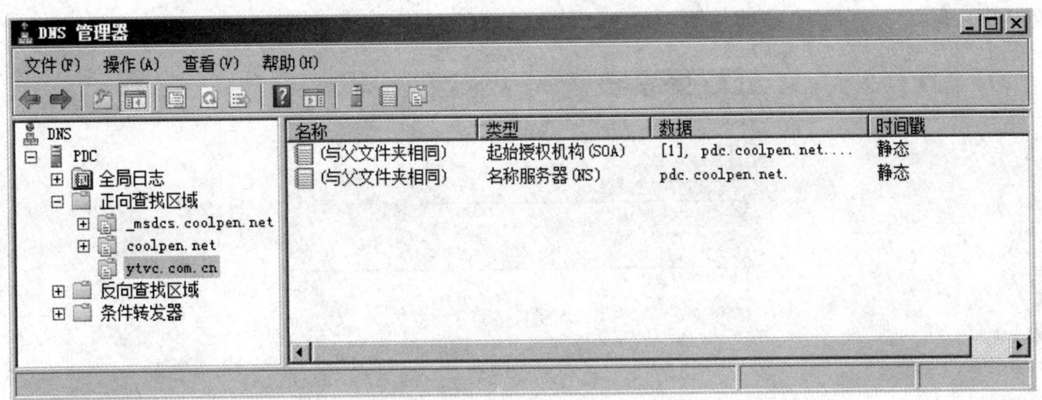

图7-14　区域创建完毕

3. 添加主机（A）记录

DNS 服务器要为所属的域提供域名解析服务，还必须先向 DNS 域中添加各种 DNS 记录，如 Web、FTP 等使用 DNS 域名的网站等，都需要添加 DNS 记录来实现域名解析。

主机记录也称为 A 记录，是使用最广泛的 DNS 记录，主机记录的基本作用就是说明一个主机名对应的 IP 是多少，例如 Web、FTP 等服务器的域名就是一个主机记录。

下面创建一条主机记录，将域名 www.ytvc.com.cn 对应到 IP 地址 192.168.1.11。如图 7-15 所示，右击 ytvc.com.cn，在弹出的快捷菜单中选择“新建主机”命令。

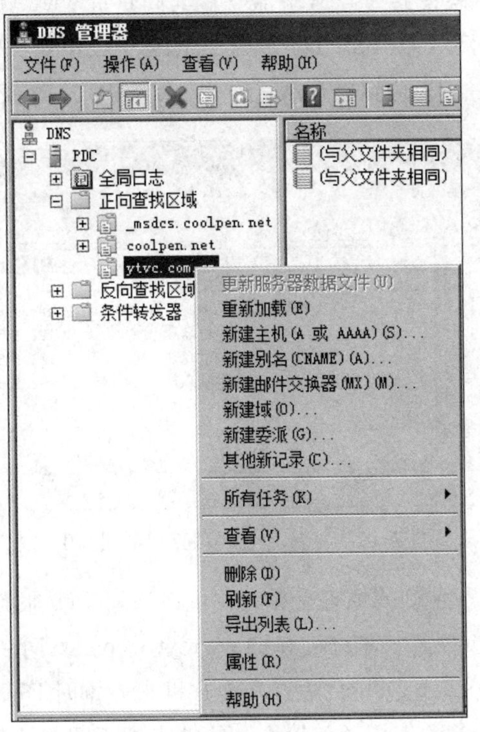

图7-15　选择“新建主机”命令

在打开的“新建主机”对话框的“名称”文本框中输入主机名称 www（见图 7-16），DNS 会自动在主机名称后面加上当前的区域名称作为后缀，形成完全合格域名。在“IP 地址”

文本框中输入对应的IP地址，然后单击“添加主机”按钮。

新建主机

名称(如果为空则使用其父域名称)(N):

www

完全限定的域名(FQDN):

www.ytvc.com.cn.

IP 地址(P):

192.168.1.11

创建相关的指针(PTR)记录(C)

允许所有经过身份验证的用户用相同的所有者名称来更新 DNS 记录(O)

添加主机(H)　取消

图7-16 “新建主机”对话框

记录创建好之后，可以在客户端执行 ping www.ytvc.com.cn 命令进行测试。

4. 利用A记录实现负载平衡

A记录的基本用法是描述域名和IP的对应关系，其实A记录还有一个高级用法，即负载平衡的作用。DNS经常被用作一个低成本的负载平衡解决方案，主要就是依靠A记录来实现的。

举个例子加以说明，假设有3台Web服务器共同负责www.ytvc.com.cn这个网站，3台Web服务器的IP地址分别为192.168.1.11、192.168.1.12、192.168.1.13，可以创建3条主机记录，将域名www.ytvc.com.cn分别对应到3个不同的IP上，如图7-17所示。

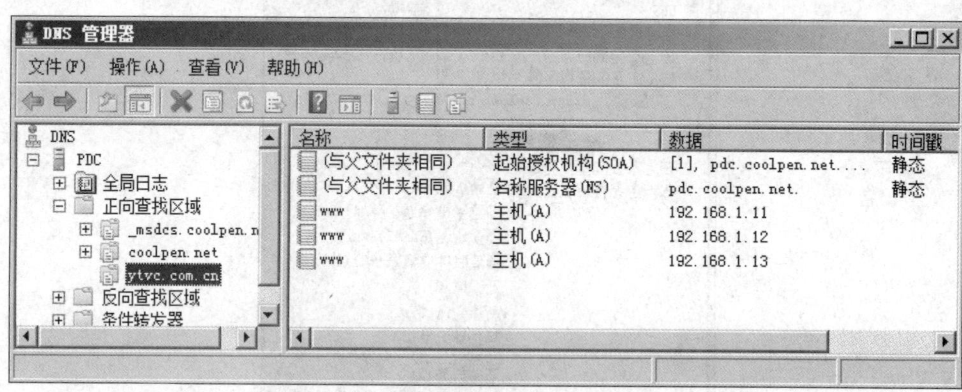

图7-17 将域名分别对应到不同的IP

通过这种方式实现负载平衡的原理是：客户机在访问Web服务器时需要先利用DNS服务器把域名解析为IP。当第一个客户机查询www.ytvc.com.cn时，DNS服务器会告诉客户机这个域名对应的IP是192.168.1.11，第二个客户机来查询时DNS服务器就会把答案改为192.168.1.12，依此类推，DNS使用了“轮询”的技术把不同的访问用户导向了3个不同的Web服务器，这样就达到了一个简易负载平衡的效果。

在DNS服务器属性设置的“高级”选项卡中，有一个“启用循环”选项，就是用来支持轮询技术的，如图7-18所示。

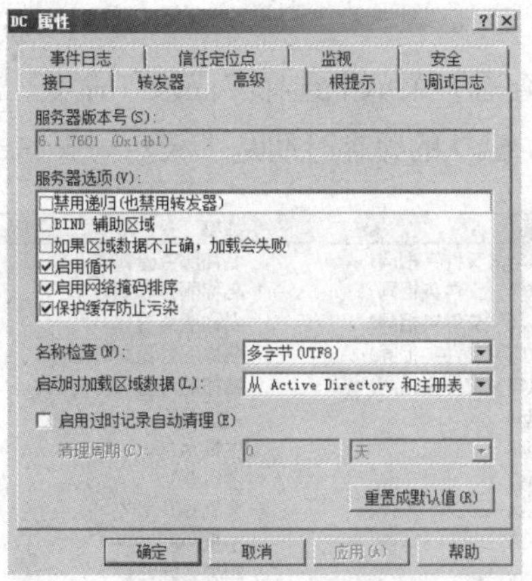

图7-18 “高级选项卡”

用户可以在客户端通过反复执行 ping www.ytvc.com.cn 命令来验证 DNS 轮询的效果，如图 7-19 所示，在客户机上执行该命令来查询域名对应的 IP，客户机两次查询域名得到的是同一个结果，这又是为什么呢？难道 DNS 轮询没起作用吗？

图7-19 验证DNS轮询效果

其实并非 DNS 轮询出了问题，而是由于客户机有 DNS 缓存机制，当客户机第一次查询 DNS 服务器获得了域名对应的 IP 地址时，客户机会把查询结果放入缓存，这样下次查询时就直接从缓存获取结果而不用再去问 DNS 服务器。可以通过执行 ipconfig /displaydns 命令查看 DNS 缓存表，执行 ipconfig /flushdns 命令清除客户机的 DNS 缓存。下面继续实验，实验结果如图 7-20 所示，可以看到 DNS 轮询已经发挥作用。

```
管理员: 命令提示符
C:\Users\Administrator>ping www.ytvc.com.cn

正在 Ping www.ytvc.com.cn [192.168.1.11] 具有 32 字节的数据:
Control-C
^C
C:\Users\Administrator>ipconfig /flushdns

Windows IP 配置

已成功刷新 DNS 解析缓存。

C:\Users\Administrator>ping www.ytvc.com.cn

正在 Ping www.ytvc.com.cn [192.168.1.12] 具有 32 字节的数据:
Control-C
^C
C:\Users\Administrator>ipconfig /flushdns

Windows IP 配置

已成功刷新 DNS 解析缓存。

C:\Users\Administrator>ping www.ytvc.com.cn

正在 Ping www.ytvc.com.cn [192.168.1.13] 具有 32 字节的数据:
Control-C
^C
```

图7-20 清除DNS缓存后的轮询结果

5. 查看缓存的记录

在“DNS 管理器”的“查看”菜单中选择“高级”命令，就可以查看到服务器中已经缓存的 DNS 记录（见图 7-21），默认的缓存时间是 1 天。

DNS
WIN-IOUD6KAKRKM
全局日志
正向查找区域
ytvc.com.cn
反向查找区域
条件转发器
缓存的查找
.(根)
arpa
cn
com
apnic
baidu
microsoft
msftncsi
shifen
windows
net

名称	类型	数据	时间戳
(与父文件夹相同)	名称服务器 (NS)	dns.baidu.com.	静态
(与父文件夹相同)	名称服务器 (NS)	ns2.baidu.com.	静态
(与父文件夹相同)	名称服务器 (NS)	ns3.baidu.com.	静态
(与父文件夹相同)	名称服务器 (NS)	ns4.baidu.com.	静态
(与父文件夹相同)	名称服务器 (NS)	ns7.baidu.com.	静态
dns	主机 (A)	202.108.22.220	静态
ns2	主机 (A)	61.135.165.235	静态
ns3	主机 (A)	220.181.37.10	静态
ns4	主机 (A)	220.181.38.10	静态
ns7	主机 (A)	119.75.219.82	静态
www	别名 (CNAME)	www.a.shifen.com.	静态

图7-21　查看服务器中已经缓存的DNS记录

6. 添加主机别名（CNAME）记录

别名记录也被称为 CNAME 记录，其实就是让一个服务器有多个域名。为什么需要 CNAME 记录呢？一方面是照顾用户的使用习惯，例如，人们习惯把邮件服务器命名为 mail，把 FTP 服务器命名为 ftp。如果只有一台服务器，同时提供邮件服务和 FTP 服务，那么该如何命名呢？此时，可以把服务器命名为 mail.ytvc.com.cn，然后再创建一个 CNAME 记录叫 ftp.ytvc.com.cn 就可以两者兼顾。以后如果服务器的 IP 地址发生了变化，就只需要对主机记录进行修改，别名记录由于对应的是主机记录，因此无须改动。

另外，使用 CNAME 记录也有安全方面的考虑因素，例如，如果不希望别人知道某个网站的真实域名，可以让用户访问网站的别名，例如百度的真实域名其实是 www.a.shifen.com，www.baidu.com 只是 www.a.shifen.com 的别名而已，如图 7-22 所示。

图7-22　查看别名

下面先创建一个主机记录 mail.ytvc.com.cn，然后再为其创建别名记录 ftp.ytvc.com.cn。

右击 ytvc.com.cn，选择“新建别名”命令，打开“新建资源记录”对话框，输入别名 ftp，同时指定目标主机的完全合格域名 mail.ytvc.com.cn，如图 7-23 所示。

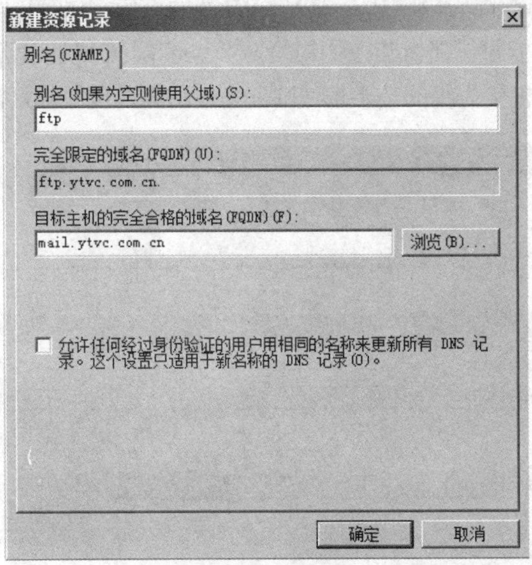

图7-23 “新建资源记录”对话框

对客户端对 ftp.ytvc.com.cn 进行解析，结果如图 7-24 所示，DNS 服务器告诉 ftp.ytvc.com.cn 就是 mail.ytvc.com.cn。

图7-24 解析客户端

7. 添加邮件交换器（MX）记录

邮件交换器记录也被称为 MX 记录，MX 记录用于说明哪台服务器是当前区域的邮件服务器，例如在 ytvc.com.cn 区域中，mail.ytvc.com.cn 是邮件服务器，那么所有发往后缀是 @ytvc.com.cn 的邮件都由该服务器负责接收。

要创建 MX 记录首先需要创建一条 A 记录，因为 MX 记录中描述邮件服务器时不能使用 IP 地址，只能使用完全合格域名。A 记录 mail.ytvc.com.cn 在前面已经创建好了，右击 ytvc.com.cn，选择“新建邮件交换器”命令，打开“新建资源记录”对话框，“主机或子域”一般都保持空白，不必填写；在“邮件服务器的完全限定的域名”中输入先前创建的 A 记录的 FQDN 名；邮件服务器优先级默认是 10，如图 7-25 所示。如果 ytvc.com.cn 区域中有多个 MX 记录，而且优先级不同，那么其他邮局给 ytvc.com.cn 发邮件时会首先把邮件发给优先级最高的邮件服务器，代表优先级的数字越低则优先级越高，优先级最高为 0。

图7-25 “新建资源记录”对话框

MX 记录对邮件服务器来说是不可或缺的，两个互联网邮局系统在相互信讯时必须依赖 DNS 的 MX 记录才能定位出对方的邮件服务器位置。例如，163.com 邮局给 126.com 邮局发一封电子邮件，163 邮局的 SMTP 服务器就需要向 DNS 服务器发出一个查询请求，请 DNS 服务器查询 126.com 的 MX 记录，这样 163 邮局的 SMTP 服务器就可以定位 126.com 的 SMTP 服务器，然后就可以把邮件发送到 126 邮局。

三、配置反向查找区域及指针记录

如果用户希望 DNS 服务器能够提供反向解析功能，以便客户机根据已知的 IP 地址来查询主机的域名，就需要创建反向查找区域。

1. 创建反向查找区域

在 DNS 服务器的反向区域中右击，选择“新建区域”命令，打开“新建区域向导”对话框，单击“下一步”按钮继续，在区域类型中选择“主要区域”（见图 7-26），并将新创建的 DNS 区域记录复制到 coolpen.net 域中所有同样也是 DNS 服务器的域控制器中。

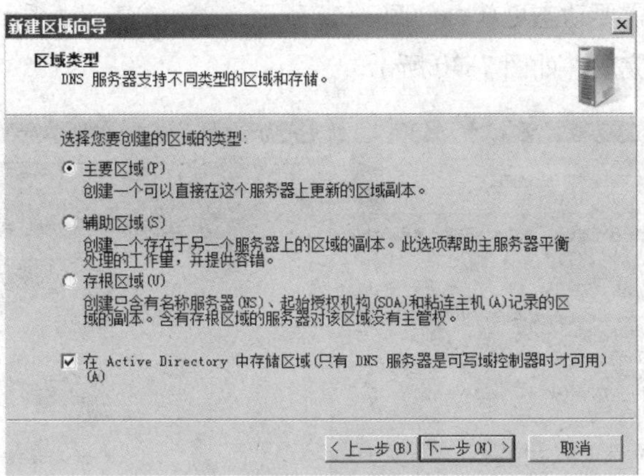

图7-26　选择区域类型

② 由于网络中只使用 IPv4，因此选中“IPv4 反向查找区域”，如图 7-27 所示。

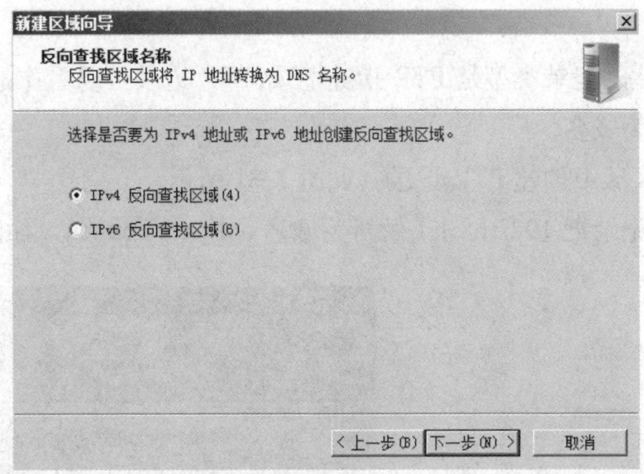

图7-27　选择IPv4反向查找区域

③ 向导要求输入当前的网络号，网络号是 IP 地址和子网掩码进行与运算后的结果。反向区域的名称不能随便设置，必须是颠倒的网络号再加上 in-addr.arpa 后缀。例如当前的网络号是 192.168.1，那么反向区域的名称就应该是 1.168.192.in-addr.arpa，如图 7-28 所示。

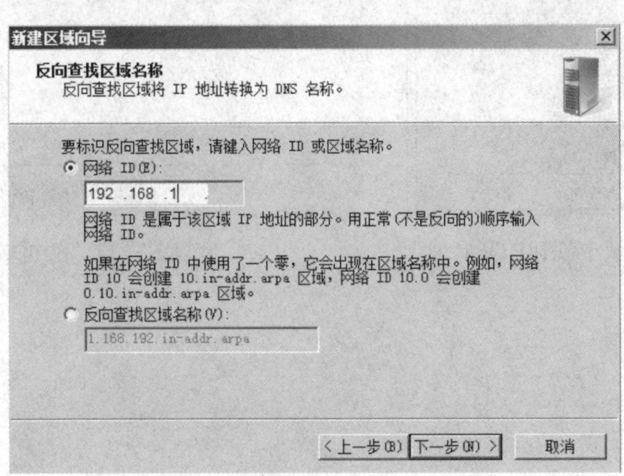

图7-28　设置反向区域的名称

④ 这个区域也不需要动态更新，如图 7-29 所示。

⑤ 反向区域创建完成，如图 7-30 所示。

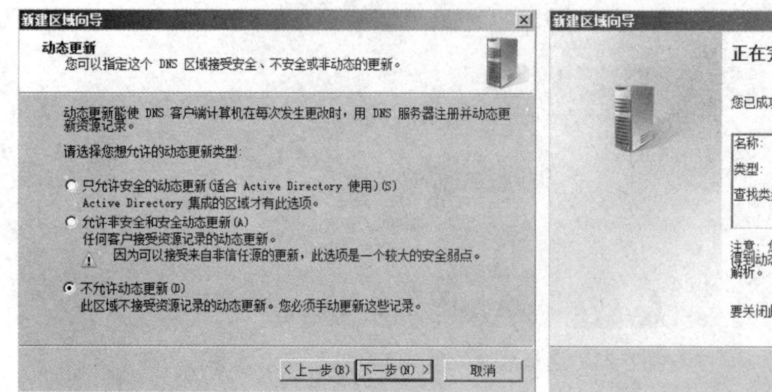

图7-29　选择“不允许动态更新”

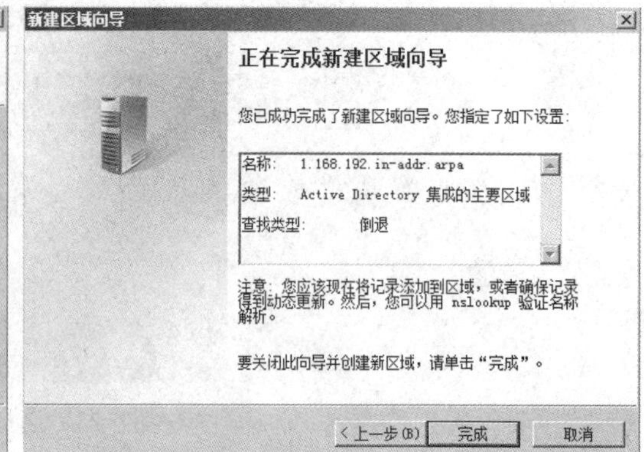

图7-30　反向区域创建完成

2. 添加指针记录

在反向区域中创建的记录类型是 PTR 指针记录，PTR 记录可以看作是 A 记录的逆向记录，作用是把 IP 地址解析为域名。

这里选择在反向区域中创建 PTR 记录，如图 7-31 所示。

我们创建的 PTR 记录把 192.168.1.1 解析为域名 ns1.ytvc.com.cn，如图 7-32 所示。

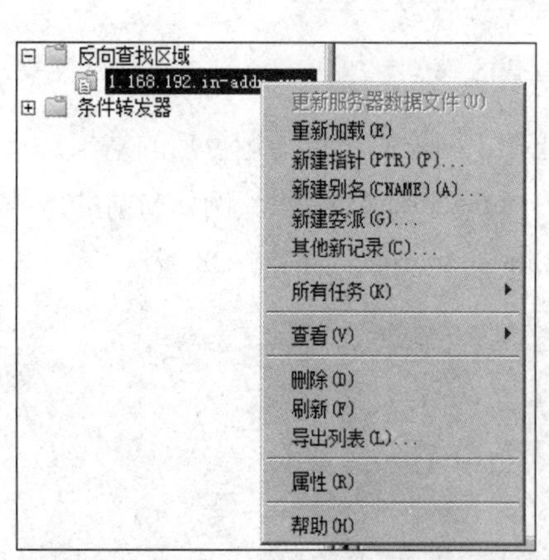

图7-31　要反向区域中创建PTR记录

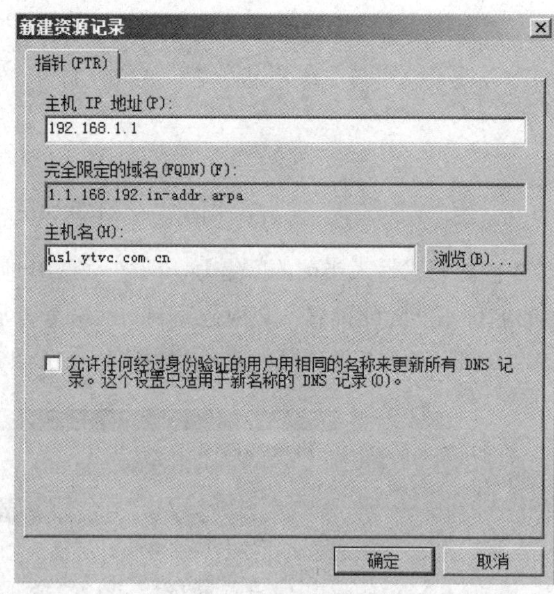

图7-32　解析域名

任务三　配置DNS客户端

任务描述

本任务 0 将介绍如何在客户端测试内网中架设好的 DNS 服务器。

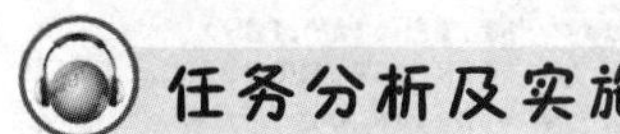

任务分析及实施

一、客户端的 DNS 配置

配置 DNS 客户端主要是为客户机指定 DNS 服务器的 IP 地址。

如果内网中没有架设 DNS 服务器，那么客户端的 DNS 服务器应该设置成公网 DNS 服务器的地址，如 202.102.134.68（山东联通 DNS 服务器）、8.8.8.8（美国谷歌 DNS 服务器）等。

客户端可以同时设置首选和备用两个 DNS 服务器地址，以实现容错。例如，有位用户的笔记本要轮流在单位和家庭中使用，单位网络采用的是域环境，这样用户在单位时就要将 DNS 设成内网 DNS 服务器的地址，在家中时又将 DNS 设成公网 DNS 服务器的地址，很烦琐。其实可以将这位用户的首选 DNS 服务器设为单位内网 DNS 服务器地址，将备用 DNS 设为公网 DNS 服务器地址，这样在单位时会优先采用首选 DNS 服务器，在家中时则会自动选用备用 DNS 服务器。

二、利用 nslookup 命令进行 DNS 测试

在 Windows 和 Linux 操作系统中都提供了一个诊断工具——nslookup，利用它可以测试域名服务器 DNS 的信息。

在客户端执行 nslookup 命令后，首先会显示当前提供域名解析服务的 DNS 服务器的信息，包括服务器的 IP 地址及名字，如图 7-33 所示。需要注意的是，DNS 服务器的名字是根据 IP 地址反向解析出来的，如果 DNS 服务器中未设置反向查找的指针记录，则无法解析出 DNS 服务器的名字，将会出现错误提示。

在 nslookup 命令中，采用交互的方式对用户输入的名称进行解析，如图 7-34 所示。

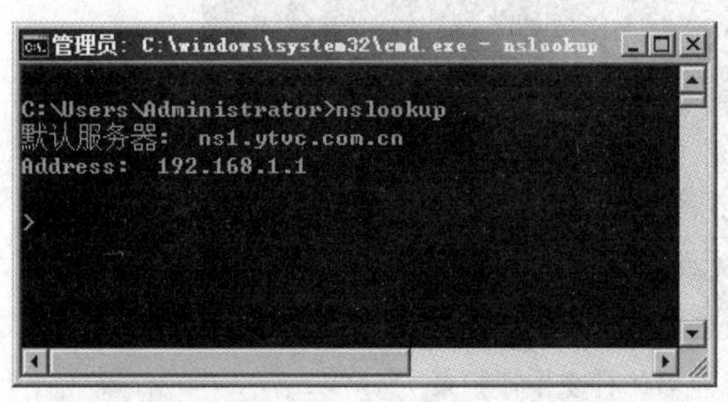

图7-33　执行nslookup命令后的显示信息

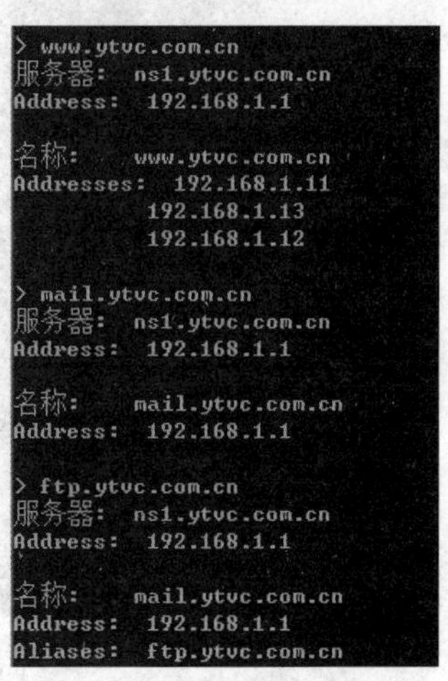

图7-34　解析用户输入名称

在域环境中执行 nslookup 命令，可能会在网址的后面自动加上域名作为后缀，这时可以执行 set nosearch 命令关闭后缀提示。

在用 nslookup 解析某些域名时，可能会提示非权威应答。这表示这些 DNS 记录并非存储在当前的 DNS 服务器中，而是它从其他的服务器中得到的解析结果，如图 7-35 所示。

```
C:\Users\Administrator>nslookup
默认服务器:  ns1.sdqdptt.net.cn
Address:  202.102.134.68

> www.baidu.com
服务器:  ns1.sdqdptt.net.cn
Address:  202.102.134.68

非权威应答:
名称:    www.a.shifen.com
Addresses:  61.135.169.105
          61.135.169.125
Aliases:  www.baidu.com
```

图7-35　解析域名

nslookup 命令默认只测试 A 记录，可以通过设置不同的参数来修改测试类型。

① Set type=cname：测试别名记录。

② Set type=mx：测试邮件交换器记录。

③ Set type=ptr：测试指针记录。

例如，来测试邮件交换机记录测试方法如下：

```
> set type=mx
> abc.com
server: UnKnown
Address: 1992.168.137.51

abc.com
        primay name server = dx.abc.com
        reaponsible mail addr = hostmaster
        serial   = 46
        refresh  = 900 <15 mins>
        retry    = 600 <10 mins>
        expire   = 86400 <1 day>
        default TTL = 3600 <1 hour>
```


如果 DNS 服务器已经接入互联网，可以查看一下 163.com 域中的邮件交换器记录，如图 7-36 所示。

```
> set type=mx
> 163.com
服务器:  ns1.sdqdptt.net.cn
Address:  202.102.134.68

非权威应答:
163.com MX preference = 10, mail exchanger = 163mx01.mxmail.netease.com
163.com MX preference = 10, mail exchanger = 163mx02.mxmail.netease.com
163.com MX preference = 10, mail exchanger = 163mx03.mxmail.netease.com
163.com MX preference = 50, mail exchanger = 163mx00.mxmail.netease.com

163.com nameserver = ns4.nease.net
163.com nameserver = ns2.nease.net
163.com nameserver = ns1.nease.net
163.com nameserver = ns3.nease.net
163mx01.mxmail.netease.com      internet address = 220.181.14.141
163mx01.mxmail.netease.com      internet address = 220.181.14.142
163mx01.mxmail.netease.com      internet address = 220.181.14.143
163mx01.mxmail.netease.com      internet address = 220.181.14.135
163mx01.mxmail.netease.com      internet address = 220.181.14.136
163mx01.mxmail.netease.com      internet address = 220.181.14.137
163mx01.mxmail.netease.com      internet address = 220.181.14.138
163mx01.mxmail.netease.com      internet address = 220.181.14.139
163mx01.mxmail.netease.com      internet address = 220.181.14.140
163mx02.mxmail.netease.com      internet address = 220.181.14.149
```

图7-36　查看邮件交换器记录

可以发现163的邮件服务器有十几台之多。执行exit命令可以退出nslookup命令的交互式界面。

任务四 DNS高级设置

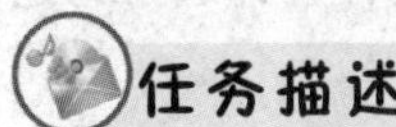

任务描述

本任务将详细介绍当DNS服务器收到DNS客户端的查询请求后，如何实现DNS服务器的解析过程，以及如何在客户端进行测试。

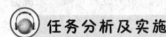

任务分析及实施

当DNS服务器收到DNS客户端的查询请求后，若要查询的记录不在其所管辖的区域内，而且在缓存区内也查不到，这时DNS服务器有两种方法可以帮客户端将域名解析出来。一种方法是直接转发查询请求到根域DNS服务器，进行迭代查询。另一种方法是直接将查询请求转发给网络上的其他DNS服务器，该DNS服务器即被指定为转发器。

一、测试迭代查询

首先第一种方法也是DNS服务器的默认选择，是向13台根服务器求助，从而展开迭代查询。下面做一个测试，首先保证DNS服务器已经接入Internet，然后在客户端执行ping www.baidu.com之类的命令进行测试，发现DNS服务器可以将这些公网上的域名解析出来。再回到DNS服务器，打开属性设置界面，选择“根提示”选项卡（见图7-37），将13台根服务器全部删除（最好先将虚拟机做好快照），然后分别在DNS服务器和客户端执行ipconfig /flushdns命令清空缓存。此时，在客户端再次执行ping www.baidu.com命令，就会发现DNS服务器无法解析这些公网上的域名。

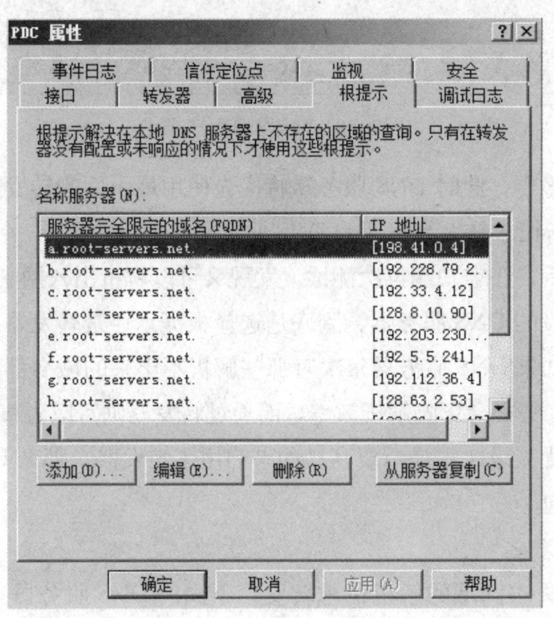

图7-37 “根提示”选项卡

二、配置转发器

让DNS服务器能够解析其他域名的第二种方法就是设置转发器，转发器的原理很简单，就是将所有不归自己管的解析任务都转发给其他的DNS服务器，由其代为完成，而自己只负责自己所在区域的查询任务。这些转发到的目的DNS服务器一般都是公网上由ISP提供的DNS服务器，当DNS服务器将查询请求转发给转发器时，这种查询通常为递归查询。

下面就来配置一个转发器，右击“DNS管理器”中的服务器，选择“属性”命令，打开服务器属性设置界面，选择“转发器”选项卡，如图7-38所示。单击“编辑”按钮，打开“编辑转发器”对话框，在其中输入要转发到的DNS服务器的IP地址。如果设置正确，系统会自动解析出远端DNS服务器的FQDN。

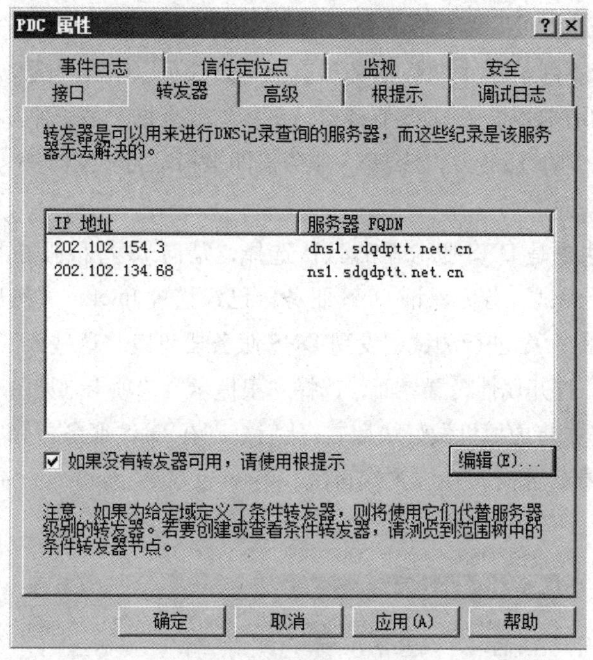

图7-38 “转发器”选项卡

转发器可以设置多个，此时DNS服务器将优先使用最上面的转发器，如果其无法完成解析任务，再依次将解析请求转发给下面的DNS服务器。

转发器设置完成后，在客户端再次测试，发现又可以解析出公网上的域名。

对于在内网中架设的DNS服务器，到底是选择根提示还是转发器能更好一些？个人认为转发器要更好一些，如果DNS服务器每次对那些解析不出来的域名都以迭代查询的方式从根服务器开始逐级查询，势必会影响解析效率，而通过转发器则可以省事得多。

另外，转发器的优先级比根提示要高。如果启用了转发器，那么DNS服务器就不会再向根服务器进行迭代查询。

三、配置条件转发器

条件转发器就是将不同域的解析请求转发给不同的DNS服务器来负责完成，例如，将

“com.”域的解析请求转发给 202.102.154.3，将“net.”域的解析请求转发给 202.102.134.68。

条件转发器的设置方法为在“DNS 管理器”中的“条件转发器”上右击，选择“新建条件转发器”命令，如图 7-39 所示。

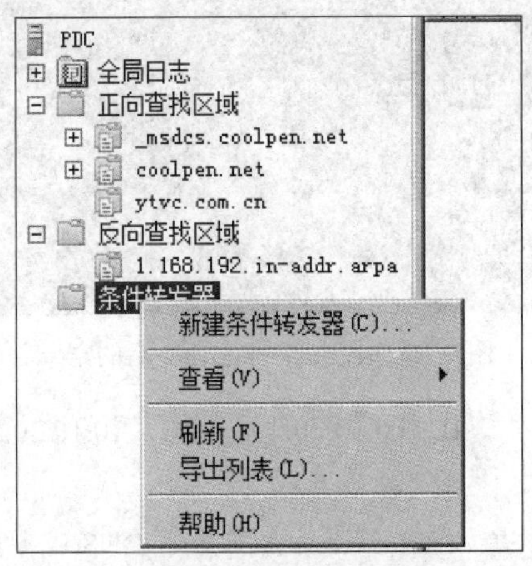

图7-39 选择“新建条件转发器”命令

在打开的“新建条件转发器”对话框中输入域名与转发器的 IP 地址，如图 7-40 所示。

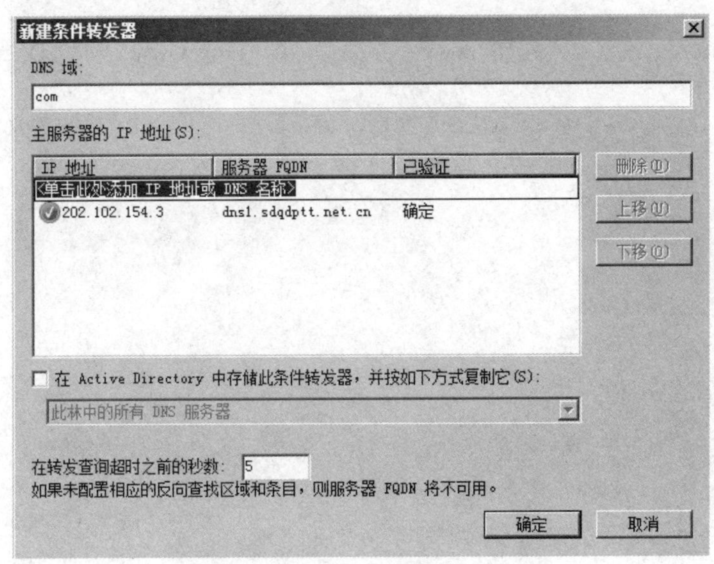

图7-40 “新建条件转发器”对话框

任务训练

▶ 选择题

1. 图 7-41 所示为在 Windows 客户端 DOS 窗口中使用 nslookup 命令后的结果，该客户端的首选 DNS 服务器的 IP 地址是（1）中的（　　）。在 DNS 服务器中，ftp.test.com 是采用新建（2）中的（　　）方式建立的。

```
C:\Documents and Settings\user>nslookup  score.test.com
Server:   nsl.test.com
Address:  192.168.21.252

Non-authoritative answer:
Name:     score.test.com
Address:  10.10.20.3

C:\Documents and Settings\user>nslookup  ftp.test.com
Server:   nsl.test.com
Address:  192.168.21.252

Non-authoritative answer:
Name:     nsl.test.com
Address:  10.10.20.1
Aliases:  ftp.test.com
```

图7-41　使用nslookup命令后的结果

（1）A. 192.168.21.252　　B. 10.10.20.3　　C. 10.10.20.1　　D. 以上都不是

（2）A. 邮件交换器　　B. 别名　　C. 域　　D. 主机

2. 在 Windows 命令窗口输入（　　）命令来查看 DNS 服务器的 IP。

A. DNSserver　　B. Nslookup　　C. DNSconfig　　D. DNSip

3. 某 Web 服务器的 URL 为 http://www.test.com，在 test.com 区域中为其添加 DNS 记录时，主机名称为（　　）。

A. https　　B. www　　C. https.www　　D. test

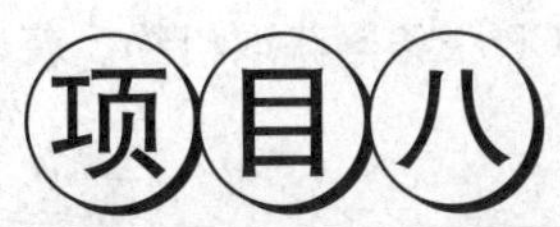

项目八 DHCP服务配置与管理

学习目标：

通过本项目的学习，读者将能够：

- 理解 DHCP 的工作过程；
- 掌握 DHCP 服务器的配置与管理；
- 掌握 DHCP 客户端的配置；
- 理解 DHCP 中继代理的概念。

在网络管理的过程中，如果网络规模较大、客户端数量很多，或者需要对客户端的 IP 地址进行统一规划和管理时，手工配置 IP 工作就会比较繁重，而且容易出现输入错误，影响网络正常通信。此时通常会利用 DHCP 服务器，自动为网络中的计算机分配 IP 地址，而且不会出错。

DHCP（Dynamic Host Configuration Protocol, 动态主机配置协议）是基于 TCP/IP 协议的一种动态地址分配方案，可以自动为网络中的计算机分配 IP 地址及 TCP/IP 设置，尤其适用于网络规模较大的情况。通过 DHCP 可以提高 IP 地址的利用率，减少 IP 地址的管理工作量，因而在目前的网络中得到了广泛的应用。

任务一　了解DHCP

任务描述

DHCP 技术是通过某网络内一台服务器提供相应的网络配置服务来实现的，可以为网络终端设备提供临时的 IP 地址、默认网关、DNS 服务器等网络配置。那么，如何来理解 DHCP 服务器的协议和授权呢？

在本任务中要求重点掌握以下几个操作：

- 理解 DHCP 协议工作过程。
- 理解 DHCP 服务器的授权。

任务分析及实施

一、DHCP 协议工作原理

DHCP 是基于客户端 / 服务器模型设计的，DHCP 协议使用端口 UDP 67（服务器端）和 UDP 68（客户端）进行通信，并且大部分 DHCP 协议通信以广播方式进行。

1. IP 地址租用的过程

DHCP 客户机首次启动时，会自动执行初始化过程以便从 DHCP 服务器获取租约。获取租约的过程大致分为 4 个不同的阶段，如图 8-1 所示。

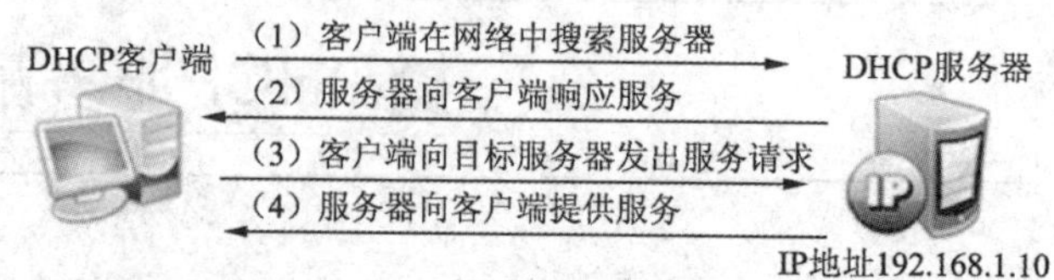

图8-1　获取租约的过程

（1）IP 租用请求。

当一个 DHCP 客户机启动时，客户机还没有 IP 地址，所以客户机要通过 DHCP 获取一个合法的地址。此时，DHCP 客户机以广播方式（因为 DHCP 服务器的 IP 地址对客户机来说是未知的）发送 DHCP Discover 信息来寻找 DHCP 服务器。广播信息中包含 DHCP 客户机的 MAC 地址和计算机名，以便 DHCP 服务器确定是哪个客户机发送的请求。

DHCP Discover 广播包的源 IP 地址为 0.0.0.0，目标 IP 地址为 255.255.255.255，如图 8-2 所示。

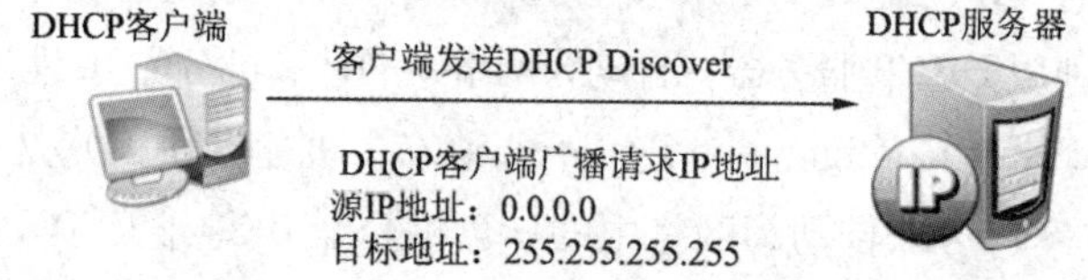

图8-2　客户端发送DHCP Discover信息

（2）IP 租用提供

当 DHCP 服务器接收到来自客户机请求 IP 地址的信息时，它就在自己的 IP 地址池中查找是否有合法的 IP 地址提供给客户机。如果有，DHCP 服务器就将此 IP 地址做上标记，并用广播的方式发送回客户端。这个广播数据包称为 DHCP Offer 数据包，它的源 IP 地址为 DHCP 服务器的 IP 地址，目标 IP 地址为 255.255.255.255，如图 8-3 所示。

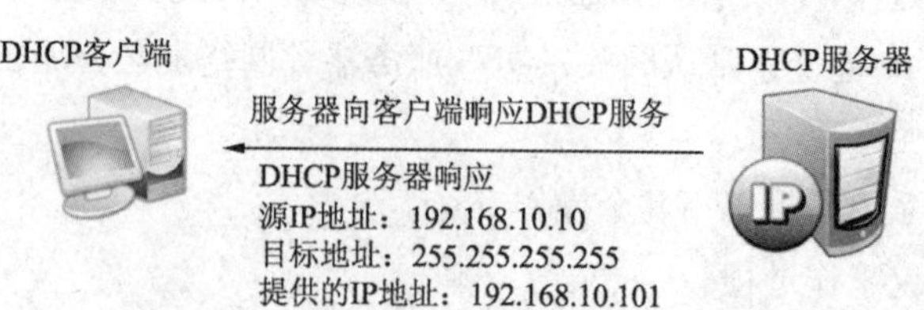

图8-3　服务器向客户端响应DHCP服务

当 DHCP 服务器收到 DHCP Discover 数据包后，会从地址池中找出第一个未被分配的 IP 地址。由于 DHCP 客户端没有 IP 地址，所以 DHCP 服务器同样使用广播进行通信。

（3）IP 租用选择

如果网络中存在多台 DHCP 服务器，客户机可能从不止一台 DHCP 服务器收到 DHCP Offer 消息。客户机只选择最先到达的 DHCP Offer，并向这台 DHCP 服务器发送 DHCP Request 消息。DHCP Request 消息中包含了 DHCP 客户端的 MAC 地址、接受的租约中的 IP 地址、提供此租约的 DHCP 服务器地址等，其他的 DHCP 服务器将收回它们为此 DHCP 客户端所保留的 IP 地址租约，以给其他 DHCP 客户端使用。此时，由于没有得到 DHCP 服务器的最后确认，DHCP 客户端仍然不能使用租约中提供的 IP 地址，所以 DHCP Request 消息仍然是一个广播数据包，源 IP 地址为 0.0.0.0，目的 IP 为广播地址 255.255.255.255，如图 8-4 所示。

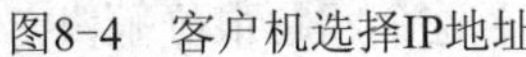

图8-4　客户机选择IP地址

(4) IP 租用确认

服务器接收到客户端发来的 DHCP Request 消息后，首先将刚才所提供的 IP 地址标记为已租用，然后向客户机发送一个确认（DHCP ACK）广播消息，该消息包含有 IP 地址的有效租约和其他可配置的信息。虽然服务器确认了客户机的租约请求，但是客户机还没有接收到服务器的 DHCP ACK 消息，因而客户机此时仍没有 IP 地址，所以 DHCP Ack 也是以广播的形式发送的。当客户机收到 DHCP ACK 消息时，它就配置了 IP 地址，完成 TCP/IP 的初始化，如图 8-5 所示。

图8-5　服务器确认

2. 客户机重新登录

DHCP 客户机每次重新登录网络时，不需要再发送 DHCP Discover 信息，而是直接发送包含前一次所分配的 IP 地址的 DHCP Request 请求信息。当 DHCP 服务器接收到这一信息后，它会尝试让 DHCP 客户机继续使用原来的 IP 地址，并回答一个 DHCP ACK 确认信息。当此 IP 地址已无法再分配给原来的 DHCP 客户机使用时（比如 IP 已经分配给其他的 DHCP 客户机使用），DHCP 服务器给 DHCP 客户机回答一个 DHCP Nack 否认信息。当原来的 DHCP 客户机收到此 DHCP Nack 否认信息后，它就必须重新发送 DHCP Discover 信息来请求新的 IP 地址。

另外，如果客户机改变了所处的网络，在开机时联系不上 DHCP 服务器，即使租约并未到期，也会将所获得的 IP 地址释放。

3. IP 续约

租约期限一般默认是 8 天，DHCP 客户机必须在租约过期前对它进行续约。

当 DHCP 服务器向客户机出租的 IP 地址租期达到一半（50%）时，就需要重新更新租

约，客户机直接向提供租约的服务器发送 DHCP Request 包，要求更新现有的地址租约。如果 DHCP 服务器应答，则租约延期。如果服务器始终没有应答，则在租期达到四分之三（75%）时，客户机将进行第二次续约。如果第二次续约仍不成功，那么客户机会在租约到期（100%）时，重新发送 DHCP Discover 广播包进行租约申请。如果此时网络中再没有任何 DHCP 服务器，那么客户机只能放弃当前的 IP 地址，而获得一个自动专用 IP 地址。

二、DHCP服务器的授权

在实际应用中，有可能会出现这种情况：有些用户在网络中架设了非法的 DHCP 服务器，或者在网络中接入了带有 DHCP 功能的路由器，这都会给网络管理工作造成混乱。因为当客户端在向 DHCP 服务器租用 IP 地址时，很可能就会由这些非法的 DHCP 服务器来提供 IP 地址给客户端，从而导致客户端使用了错误 IP 而无法连接网络。

如果网络使用的是域环境，那么这个问题很好解决。在域环境中，当 DHCP 服务器安装好以后，并不是立刻就可以对 DHCP 客户端提供服务，它还必须经过一个“授权”的程序，未经授权的 DHCP 服务器不会将 IP 地址租出给 DHCP 客户端，而只有域管理员才有资格进行授权。

如果网络使用的是工作组环境，问题就比较复杂。在工作组环境下，当 DHCP 服务器架设好之后，会首先检测网络内是否已经存在正在运行的 DHCP 服务器。如果有，那它就不会启动 DHCP 服务；如果没有，它就可以正常启动 DHCP 服务，并为客户端提供 IP 地址。

任务二　DHCP服务的安装、配置与测试

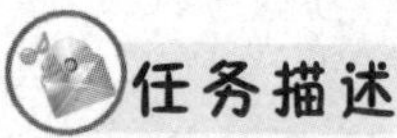

DHCP 技术能够为网络终端设备提供临时的 IP 地址、默认网关、DNS 服务器等网络配置。那么，如何来配置 DHCP 服务器呢？

在本任务中要求重点掌握以下几个操作：

- 理解规划 IP 地址段的方法。
- 掌握安装和配置 DHCP 服务器。
- 能配置和测试 DHCP 服务器。

任务分析及实施

一、规划 IP 地址段

在安装 DHCP 服务之前，需要规划以下信息：

① 确定 DHCP 服务器应分发给客户机的 IP 地址范围。

② 为客户机确定正确的子网掩码。

③ 确定 DHCP 服务器不应向客户机分发的所有 IP 地址，如保留一些固定 IP 地址提供给打印服务器等使用。

④ 决定 IP 地址的租用期限，默认值为 8 天。通常，租用期限应等于该子网上的客户端

的平均活动时间。例如，如果客户端是很少关闭的桌面计算机，理想的期限可以比 8 天长，如果客户端是经常离开网络或在子网之间移动的移动设备，该期限可以少于 8 天。下面着重介绍如何规划 IP 地址段。

在企业内部网络中主要使用私有 IP 地址，包括以下几个地址段：

① 192.168.0.0 ～ 192.168.255.255，子网掩码：255.255.255.0（适用于小型网络）。

② 172.16.0.0 ～ 172.31.255.255，子网掩码：255.255.0.0（适用于中型网络）。

③ 10.0.0.0 ～ 10.255.255.255，子网掩码 255.0.0.0（适用于大型网络）。

在小型网络中，使用 192.168.x.x 段的 IP 地址即可，不过应尽量避免使用 192.168.0.0 和 192.168.1.0 段。因为某些网络设备（如宽带路由器或无线路由器）或应用程序（ICS）拥有自动分配 IP 地址功能，而且默认的 IP 地址池往往位于这两个地址段，容易导致 IP 地址冲突。

在计算机数量较多的大型网络中，可选用 10.0.0.1 ～ 10.255.255.254 或 172.16.0.1 ～ 172.31.255.254 段。不过建议采用 255.255.255.0 作为子网掩码，以获取更多的 IP 地址段，并使每个子网中所容纳的计算机数量都较少。在通常情况下，不建议采用过大的子网掩码，每个网段的计算机数量都不要超过 250 台。同一网段的计算机数量越多，广播包的数量就越多，有效带宽损失得也越多，导致网络传输效率降低。

在我们的实验环境中所采用的 IP 地址段是 192.168.80.0/24。

① 预留 IP 地址段 192.168.80.1~192.168.80.20，用于为服务器配置静态 IP 地址，不分配给客户端。

② 客户端使用 IP 地址段 192.168.80.21 ～ 192.168.80.253，网关为 192.168.80.254，首选 DNS 服务器为 192.168.80.2。

二、安装 DHCP 服务

由于 DHCP 服务对系统资源的需求量并不高，因而通常可以将之与其他服务整合在一台服务器中。下面继续在域控制器中安装 DHCP 服务。

① 仍需要在“服务器管理器”中添加 DHCP 服务器角色，如图 8-6 所示。

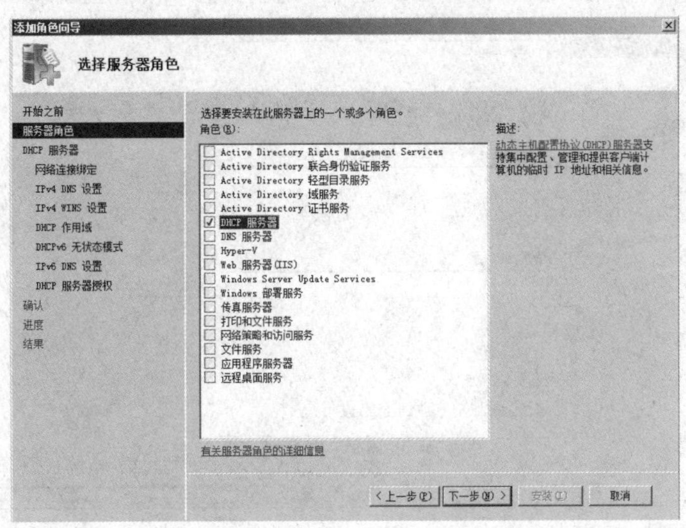

图8-6　添加DHCP服务器角色

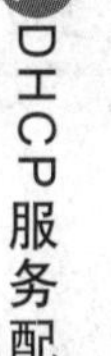

② 打开安装向导，首先需要选择向客户端提供服务的网络适配器（又称网卡），如图8-7所示。

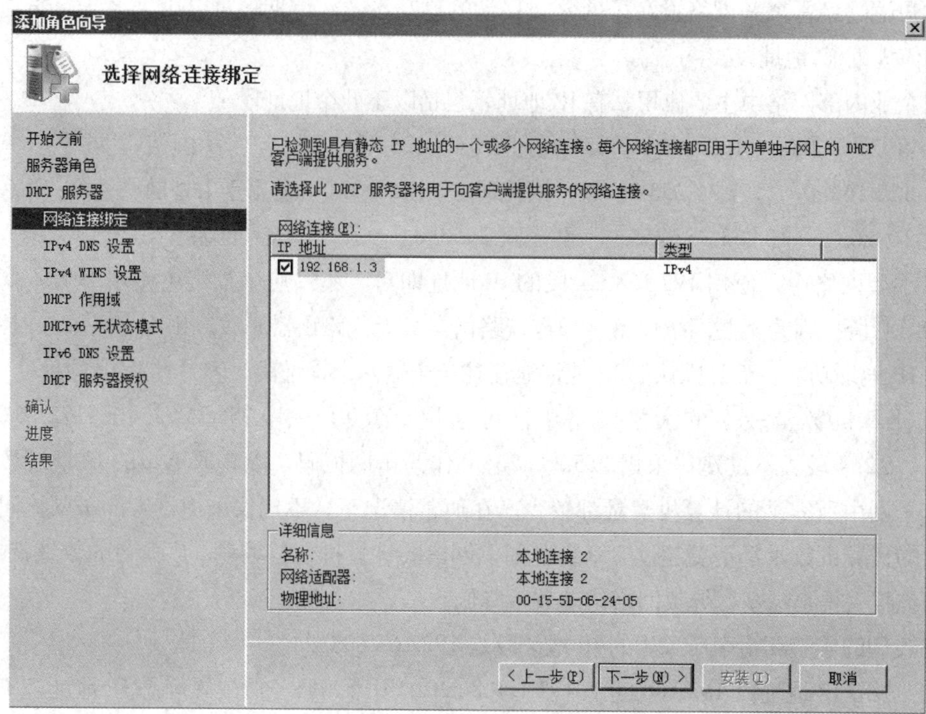

图8-7　选择网络适配器

③ 指定当前所在域以及首选和备用 DNS 服务器，如图 8-8 所示。

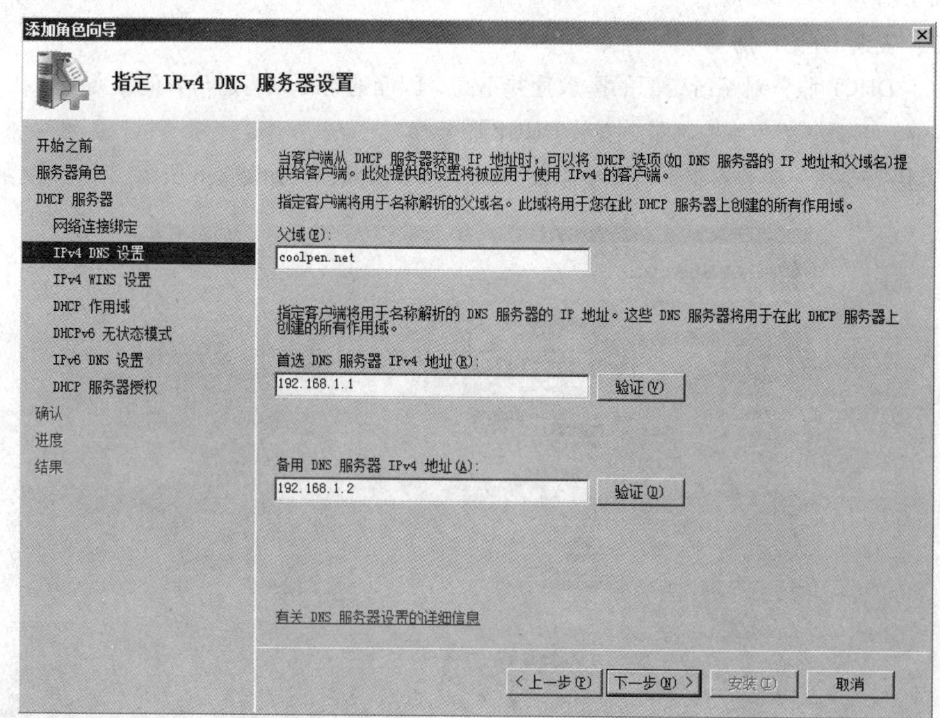

图8-8　制定DNS服务器

④ 设置不需要 WINS 服务，如图 8-9 所示。

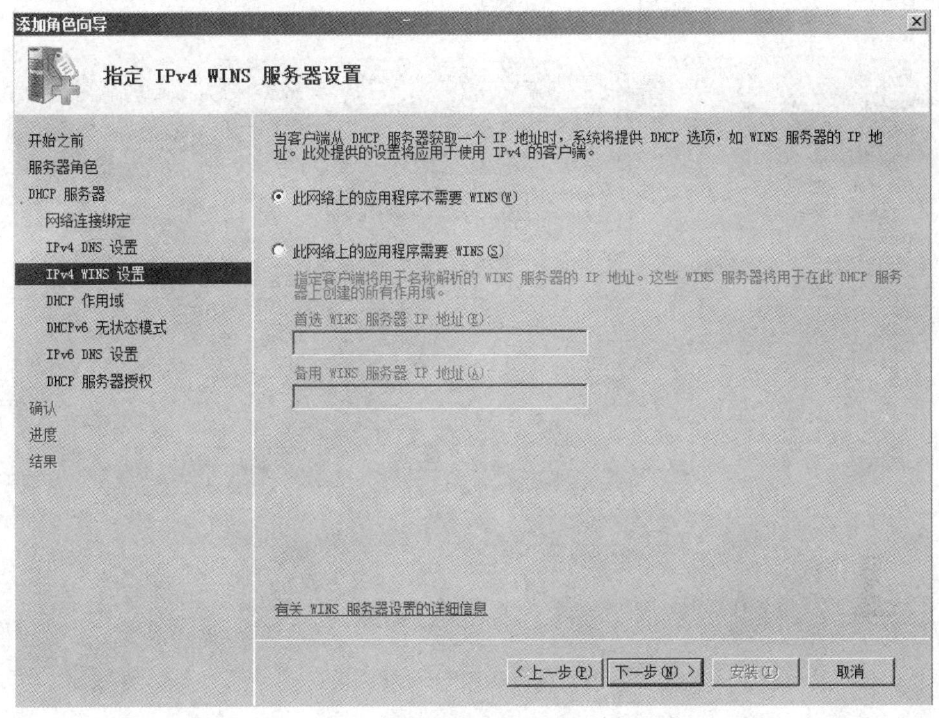

图8-9　设置不需要WINS服务

⑤ 添加作用域。作用域就是子网中分配给客户端的 IP 地址范围，在一台 DHCP 服务器中可以设置多个作用域，在安装 DHCP 服务的同时会默认并激活创建一个作用域。

作用域名称可随意命名，对客户端没有任何影响。其他项目根据前面的规划进行设置，IP 地址的租期默认为 8 天，如图 8-10 所示。

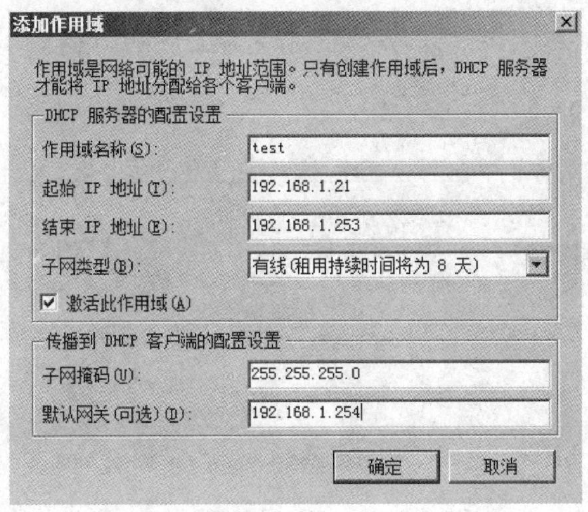

图8-10　添加作用域

⑥ 由于没有配置 IPv6，因而选择禁用 DHCPv6 无状态模式，如图 8-11 所示。

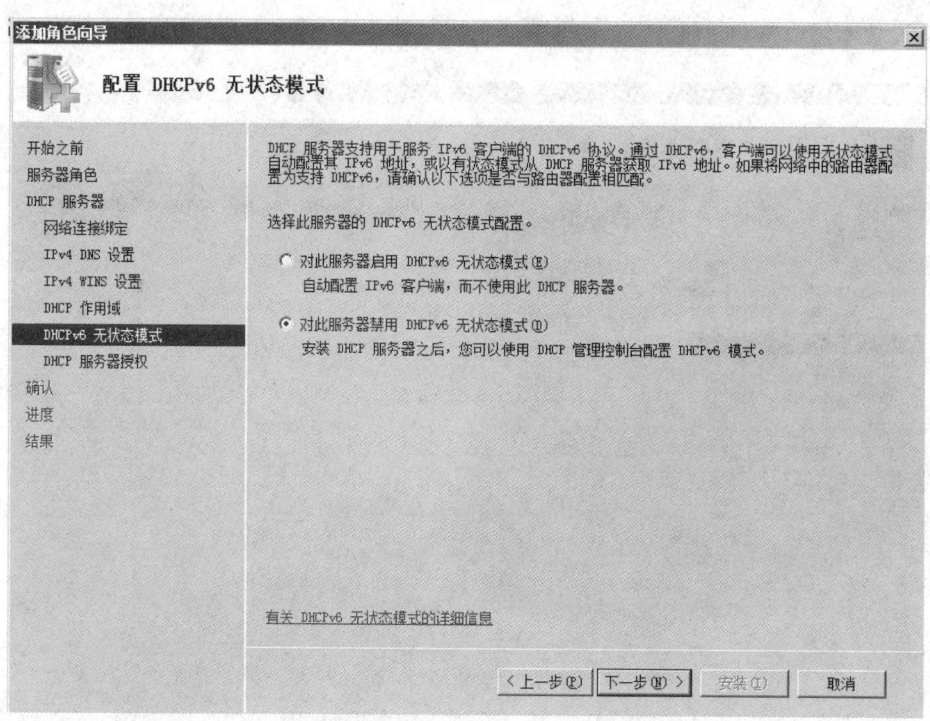

图8-11　配置DHCPv6无状态模式

⑦ 在域环境下搭建 DHCP 服务器时，可以直接在安装过程中为 DHCP 服务器授权，在“授权 DHCP 服务器”窗口，选择“使用当前凭据”或“使用备份凭据”，可以在安装时直接为 DHCP 服务器授权，如图 8-12 所示。

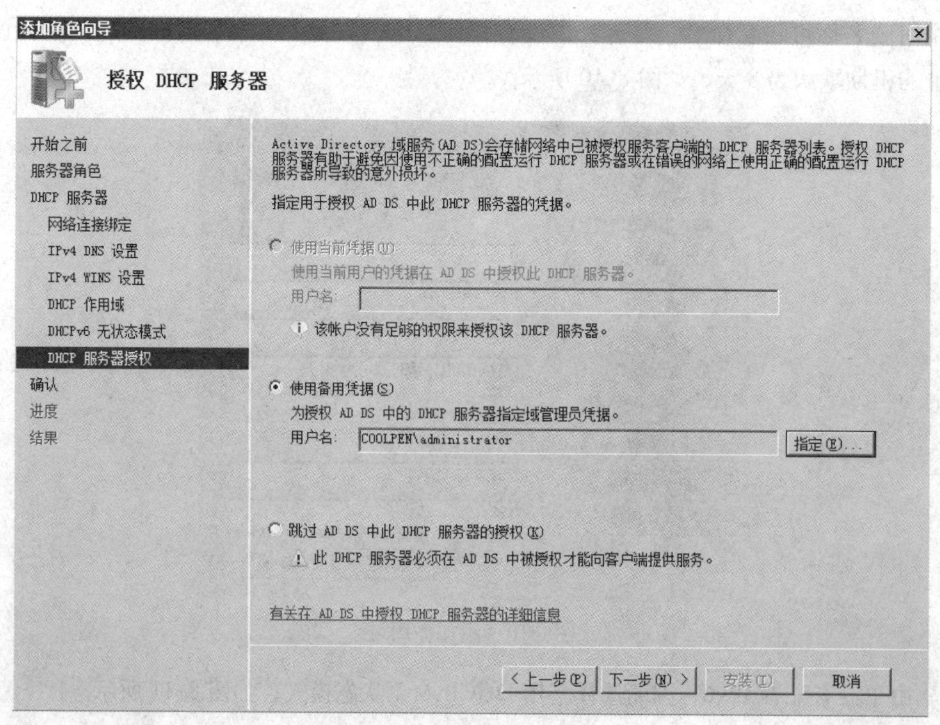

图8-12　授权DHCP服务器

由于当前是以本地管理员的身份登录到 DHCP 服务器，因此需要使用域管理员账号 administrator 对 DHCP 服务器进行授权。如果之前是以域管理员的身份登录到 DHCP 服务器，这里就可以选择第一项“使用当前凭据”命令。

如果选择“跳过 AD DS 中此 DHCP 服务器的授权”，则可以在安装完成后使用 DHCP 控制台为该服务器授权。授权方法是打开 DHCP 控制台，右击服务器名称，选择“授权”命令。

⑧ 确认安装选择后，开始安装 DHCP 服务。安装完成后，打开“安装结果”对话框，提示 DHCP 服务器已经安装成功。

DHCP 服务安装完成以后，可以选择“开始”→“管理工具”→“DHCP”命令打开 DHCP 控制台，对 DHCP 服务器进行配置和管理，如图 8-13 所示。

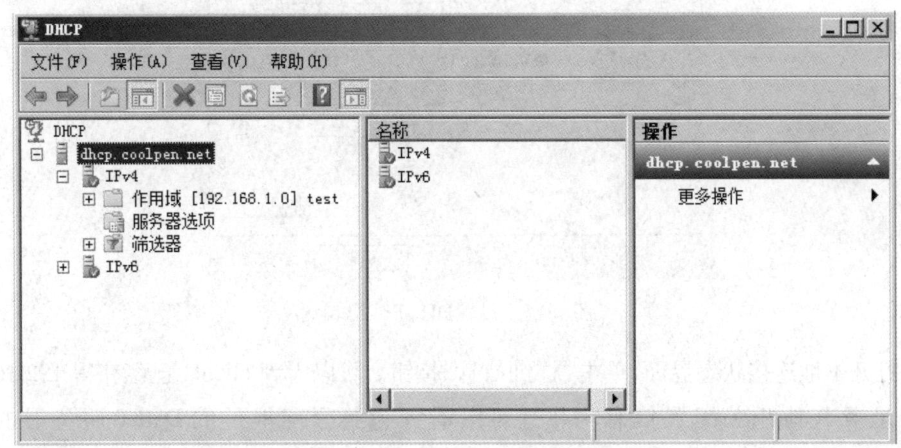

图8-13 配置和管理DHCP服务器

三、客户端的配置与测试

1. 关闭 VMWare 虚拟网卡的 DHCP 功能

由于 VMWare 的虚拟网络默认也提供了 DHCP 功能，因而为了避免对实验造成干扰，需要先关闭虚拟机网卡的 DHCP 功能。

打开“虚拟网络编辑器”，将各个虚拟网卡的 DHCP 功能关闭，如图 8-14 所示。

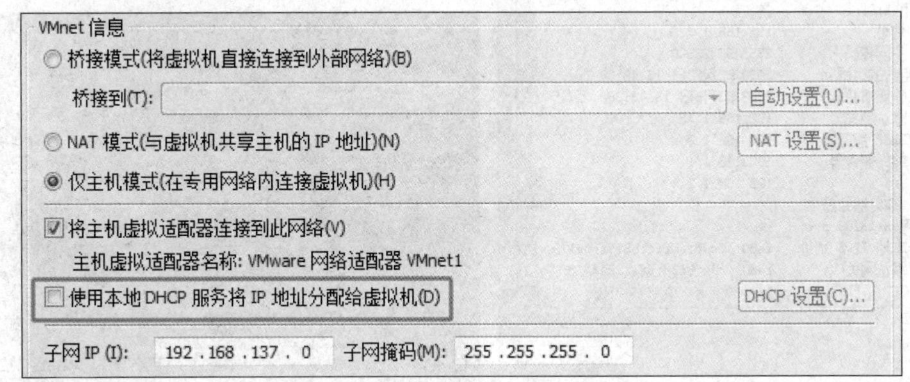

图8-14 关闭虚拟网上的DHCP功能

2. 测试能否租用到 IP 地址

打开虚拟机 client1，测试其是否可以从 DHCP 服务器处自动获得 IP 地址。

① DHCP 客户端的设置非常简单，只要将 IP 地址与 DNS 服务器都设成自动获得即可，如图 8-15 所示。

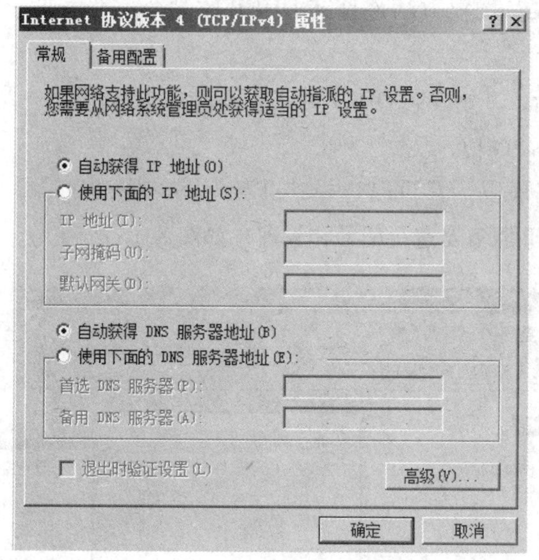

图8-15 设置DHCP客户端

② 打开本地连接状态界面，单击“详细信息”按钮。可以看到 client1 已经获得 192.168.1.21 的 IP 地址及其他相关配置信息，并且可以看到为其分配地址的 DHCP 服务器的 IP 为 192.168.1.3，还可得知 IP 地址的租约过期时间，如图 8-16 所示。

③ 在客户端也可以执行 ipconfig /all 命令来检查是否已经租到 IP 地址及获得相关的选项设置值。图 8-17 所示为成功租用到 IP 地址的界面。

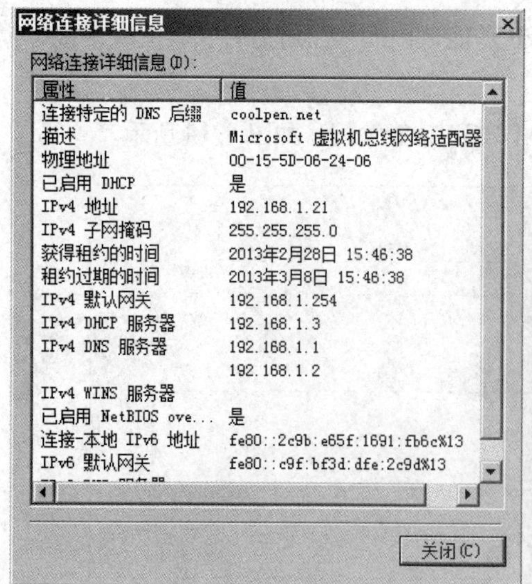

图8-16 “网络连接详细信息”

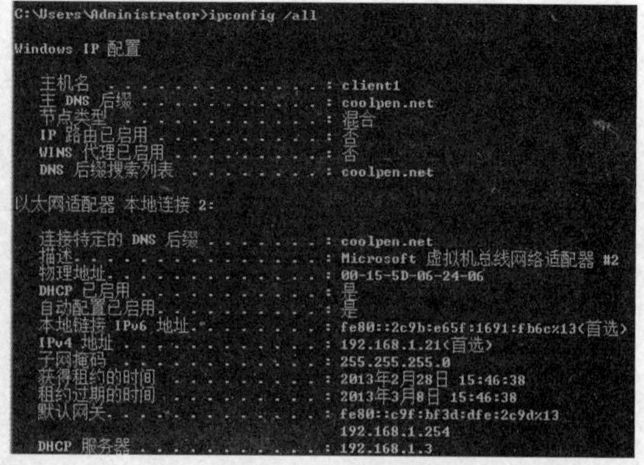

图8-17 成功租用到IP地址

④ 客户端能够自动获得 IP 地址，依赖于 DHCP Client 服务。该服务如果被停止，客户端将无法获得动态 IP 地址，如图 8-18 所示。

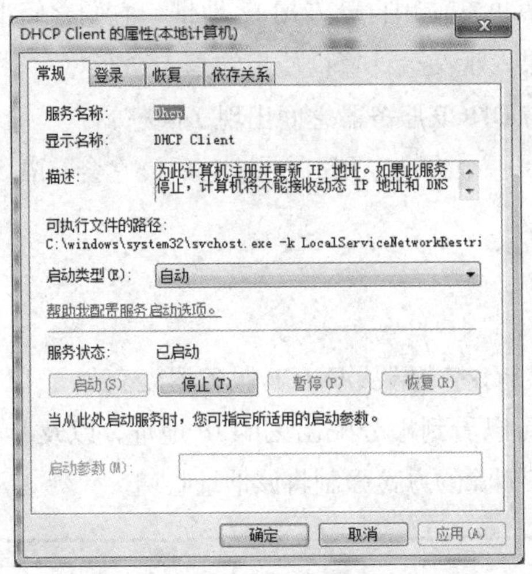

图8-18　DHCP Client属性对话框

3. IP 地址的释放与重新申请

在客户端有两条非常重要的与 DHCP 服务相关的命令：

① ipconfig /release：释放已经获得的 IP 地址。

② ipconfig /renew：重新申请 IP 地址。

ipconfig /release 命令可以在 IP 租约未到期之前，主动将地址释放掉。例如，在客户端执行该命令，会发现此时已经没有 IP 地址，在服务器端的“地址租用”中也可以发现，已经分配出去的地址又被收回。

执行 ipconfig /renew 命令重新申请 IP 地址，可以发现此时客户端又重新获得了新的 IP 地址。

4. 自动专用 IP 地址

如果客户端由于种种原因而未能从 DHCP 服务器处获得 IP 地址，此时系统就会自动为其分配一个“自动专用 IP 地址”。

自动专用地址是指 169.254.0.0/16 网段中的地址，这是一个临时的备用地址，即如果客户端未能从 DHCP 服务器处申请到 IP 地址，而且也没有在“TCP/IP 属性”设置中启用“备用配置”时，系统会自动分配一个临时地址，如图 8-19 所示。

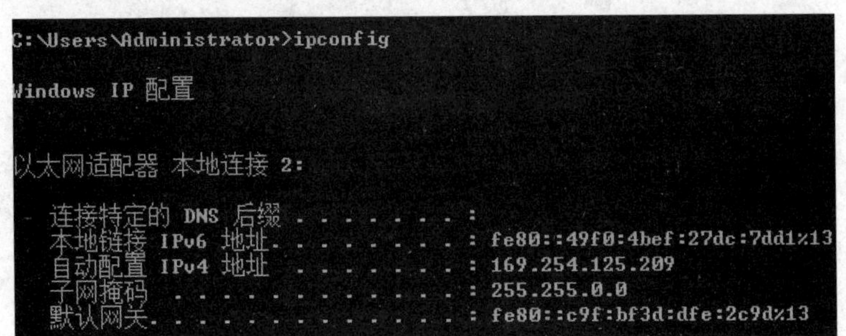

图8-19　自动分配IP地址

例如，将客户端与服务器之间的网络暂时断开，然后再次执行 ipconfig /release 和 ipconfig /renew 命令，就会发现系统使用了自动专用地址。

如果网络中的两台计算机都使用自动专用 IP 地址，它们之间也可以正常通信。但这毕竟是一种意外情况，所以如果发现某台计算机使用的是 169.254.0.0/16 网段的自动专用地址，那么也就意味着这台计算机与 DHCP 服务器之间出现了问题。

当客户端计算机在得到一个自动专用 IP 地址之后，它会每隔 5 min 发一次广播，试图去得到一个合法的 IP 地址。

四、配置 DHCP 服务

1．设置租约期限

在上面的操作中，已经有客户端从 DHCP 服务器处获得了 IP 地址，此时在 DHCP 服务器上的“地址租用”中就可以看到被分配出去的 IP 地址，以及其租用截止日期，如图 8-20 所示。在此也可以通过手工删除的方式强制将该地址收回。

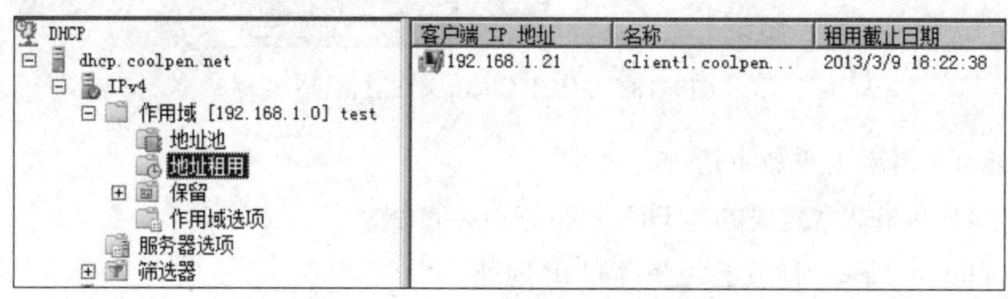

图8-20　查看IP地址及租用日期

可以在作用域的属性设置中对租用期限进行调整，租期默认为 8 天，如图 8-21 所示。如果网络中的客户端较为固定，则可以将租约期限设的长一些，这样可以减少广播，提高网络传输效率；反之如果网络中的客户端流动性较强（像肯德基之类），则把租约期限设的短一些，以节约 IP 地址。

图8-21　调整租用期限

2. 设置排除 IP 地址范围

如果需要将某些 IP 地址预留下来，暂时不往外分配，可以设置将这些 IP 地址排除。

在“地址池”右击，选择“新建排除范围”命令，如图 8-22 所示。

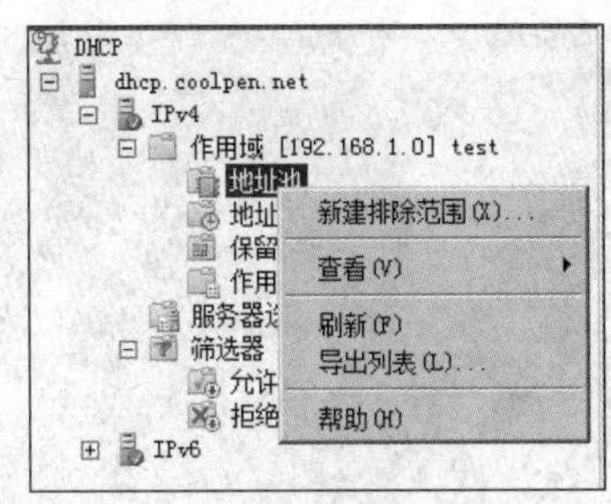

图8-22 排除IP地址

输入要排除的起始和结束 IP 地址。如果只需要排除一个 IP 地址，则只需要填写起始 IP 地址，如图 8-23 所示。

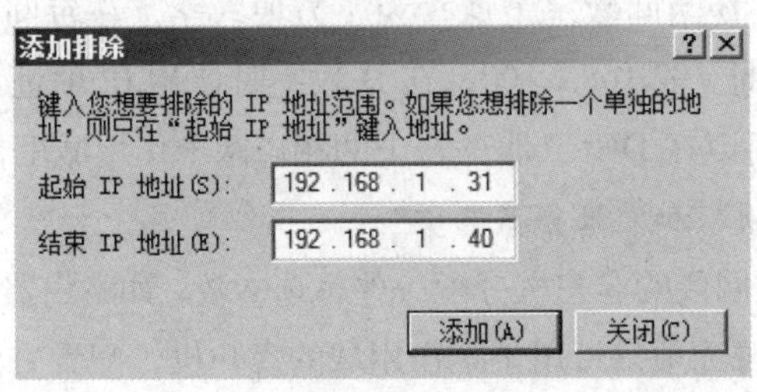

图8-23 “添加排除”对话框

3. 设置“保留”

在“保留”项中可以设置将某个 IP 地址总是固定地分配给某个客户端使用，它是通过将客户端的 MAC 地址与需要固定分配的 IP 地址进行绑定而实现的。例如，客户端 client1 已经分配到了一个 IP 地址 192.168.1.21，现在想要为它指定一个 IP 地址 192.168.1.88。首先在地址租用中将已经分配给 client1 的 IP 地址删除，然后在“保留”中新建保留，名称可以随意，在下面分别输入需要保留的 IP 地址，以及 client1 的 MAC 地址，如图 8-24 所示。

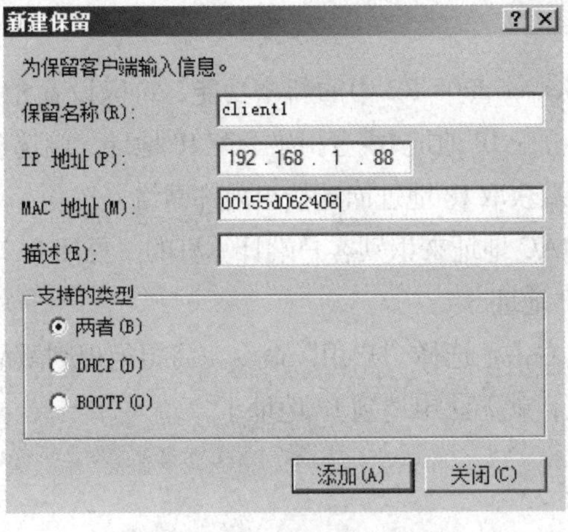

新建保留

为保留客户端输入信息。

保留名称(R): client1

IP 地址(P): 192 . 168 . 1 . 88

MAC 地址(M): 00155d062406

描述(E):

支持的类型

两者(B)

DHCP(D)

BOOTP(O)

添加(A) 关闭(C)

图8-24 “新建保留”对话框

此时，在客户端执行命令 ipconfig /release 将之前申请的 IP 地址释放，然后执行 ipconfig /renew 命令重新申请 IP 地址，可以发现重新获得的 IP 并非地址池中的第一个 IP，而是所设置的保留地址 192.168.1.88，如图 8-25 所示。

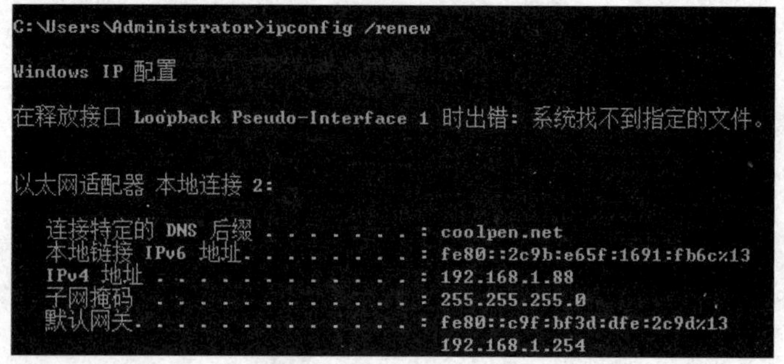

C:\Users\Administrator>ipconfig /renew
Windows IP 配置
在释放接口 Loopback Pseudo-Interface 1 时出错：系统找不到指定的文件。
以太网适配器 本地连接 2:
连接特定的 DNS 后缀 . . . . : coolpen.net
本地链接 IPv6 地址. . . . . : fe80::2c9b:e65f:1691:fb6c%13
IPv4 地址 . . . . : 192.168.1.88
子网掩码 . . . . : 255.255.255.0
默认网关. . . . . : fe80::c9f:bf3d:dfe:2c9d%13
192.168.1.254

图8-25　重新申请IP地址

“保留”的应用案例：

某教师要轮流在 A、B 两间教室上课，为了方便教学，在每间教室都需要使用固定 IP，如在 A 教室时使用 IP 地址 192.168.1.100，在 B 教室时使用 IP 地址 192.168.2.100，为了省去反复修改 IP 的不便，就可以在 DHCP 服务器上的相应两个作用域里，分别创建保留。

4. 设置“作用域选项”和“服务器选项”

作用域选项可以给本网段的客户机分配一些可选参数，如路由器（默认网关）的 IP 地址，DNS 的 IP 地址等。作用域选项只可用于本作用域的客户机，配置方法是在指定的作用域中右击“作用域选项”，在弹出的快捷菜单中选择“配置选项”命令。

例如，在网络中新增了一台辅助 DNS 服务器，就可以通过设置作用域选项将其分发下去。

如果服务器中存在多个作用域，需要在各自的作用域下分别配置作用域选项，如果有些作用域选项是一样的，例如公司不同网段中配置的 DNS 服务器都是一样的，这样就没必要在作用域选项中设置，而是可以在服务器选项中设置。

服务器选项中的设置在本服务器的所有作用域中生效，作用域选项中的设置只在本作用域中生效，但它们的优先级则恰好相反，作用域选项的优先级要高于服务器选项。

5. 配置“筛选器”

筛选器是 Windows Server 2008 R2 中的新增功能，可以设置允许和拒绝规则，从而实现只为网络中的特定计算机分配 IP 地址，或者拒绝分配 IP 地址。筛选器功能类似于防火墙功能，可以避免未经授权的客户端获取 IP 地址而连接至内部网络。

筛选器规则是利用 MAC 地址来识别客户端计算机的（见图 8-26），这里设置一条拒绝规则，禁止为 client1 分配 IP 地址。

然后在“拒绝”选项右击，选择“启用”命令，将拒绝规则激活，如图 8-27 所示。此时在客户端 client1 再次测试，就无法申请到 IP 地址了。

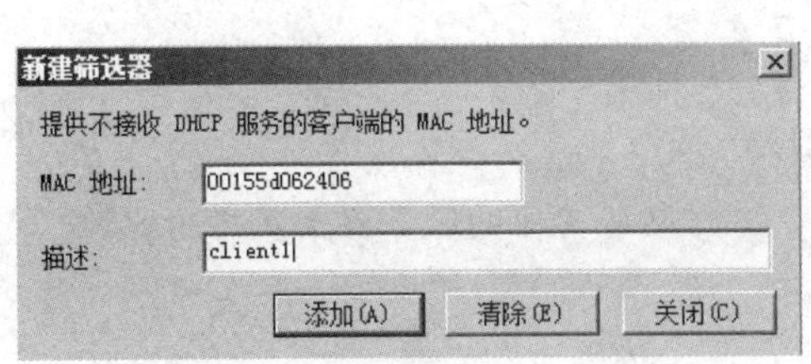

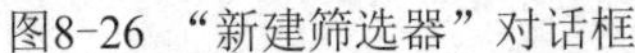
图8-26 “新建筛选器”对话框

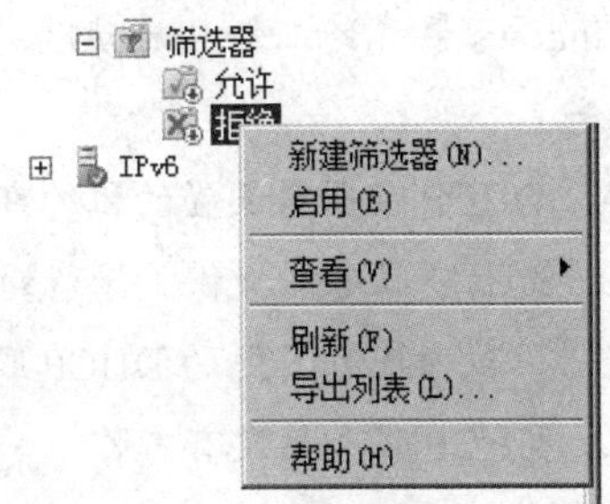

图8-27 选择“启用”命令

需要注意的是，如果设置了允许规则，服务器将只为允许的客户端分发 IP，其他的客户端都被默认设置为了拒绝。

6. 设置“冲突检测”

冲突检测是指 DHCP 服务器在分配地址之前，会先用 ping 命令探测这个地址是否正在使用（如某个客户端静态配置了这个 IP 地址），如果正在使用，则跳过这个地址不予分配。

打开 DHCP 服务器的属性界面，在“高级”选项卡中可以对冲突检测进行设置，如图 8-28 所示。

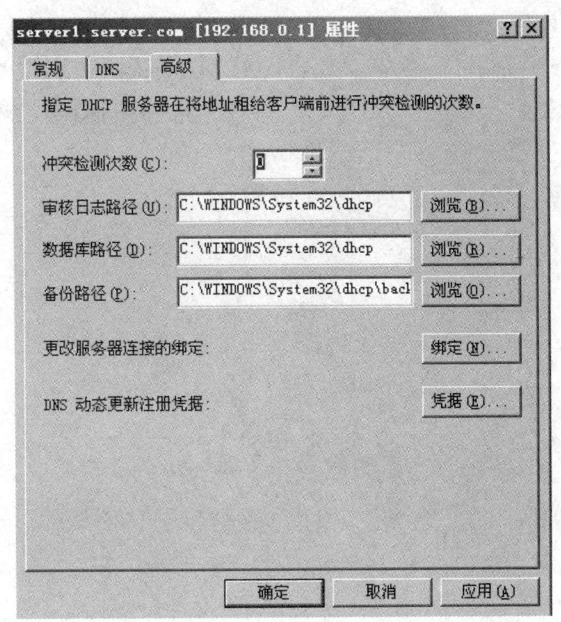

图8-28 设置冲突检测

默认情况下，DHCP 服务器是不进行冲突检测的，这里可以进行适当设置，但检测次数最好不要超过 2 次，否则会影响到地址分发的速度。

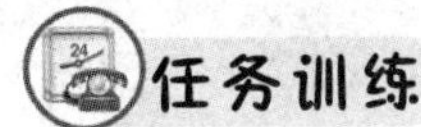

任务训练

▶ 选择题

1. 某 DHCP 服务器设置的 IP 地址池为 192.168.1.100 ～ 192.168.1.200，此时该网段下某

台安装 Windows 系统的工作站启动后，获得的 IP 地址是 169.254.220.188，导致这一现象最可能的原因是（　　）。

A. DHCP 服务器设置的租约期太长

B. DHCP 服务器提供了保留的 IP 地址

C. 网段内还有其他的 DHCP 服务器，工作站从其他的服务器上获得的地址

D. DHCP 服务器没有工作

2. 下列关于 DHCP 的说法中，错误的是（　　）。

A. Windows 操作系统中，默认的租约期是 8 天

B. 客户机通常选择最近的 DHCP 服务器提供的地址

C. 客户机可以跨网段申请 DHCP 服务器提供的 IP 地址

D. 客户机一直使用 DHCP 服务器分配给它的 IP 地址，直到租约期结束才开始请求更新租约

在 Windows 环境下，DHCP 客户端可以使用（1）命令中的（　　）重新获得 IP 地址，这时客户机向 DHCP 服务器发送一个（2）中的（　　）数据包来请求租用 IP 地址。

（1）A. ipconfig/release　　B. ipconfig/reload

C. ipconfig/renew　　D. ipconfig/all

（2）A. Dhcpoffer　　B. Dhcpack

C. Dhcpdiscover　　D. Dhcprequest

项目九 Web服务配置与管理

学习目标：

通过本项目的学习，读者将能够：

- 理解 IIS 的安装与测试；
- 掌握安装和配置 Web 站点；
- 掌握配置 Web 站点的安全；
- 理解网站性能调整。

Web 服务，又称 WWW（World Wide Web）服务，是指在网上发布并可以通过浏览器观看的图形化页面服务。WWW 是 Internet 上使用最为广泛的服务。

Web 服务采用“浏览器 / 服务器”模式，在客户端使用浏览器访问存放在服务器上 Web 页，客户端与服务器之间采用 HTTP 协议传输数据。

客户端所使用的浏览器种类众多，目前最常用的是 Windows 系统中自带的 IE 浏览器（Internet Explorer），另外像火狐（FireFox）、傲游（Maxthon）、360 浏览器等使用得也比较多。

服务器端所使用的软件则主要是 Windows 平台上的 IIS 以及主要应用在 Linux 平台上的 Apache。

IIS（Internet Information Services），Internet 信息服务，是 Windows Server 系统中提供的一个服务组件，可以统一提供 WWW 和 FTP 服务，Windows Server 2008 R2 中的 IIS 版本为 7.5，相比以前版本的 IIS 在安全性方面有了很大的改善。

任务一　安装和配置Web站点

任务描述

安装 IIS 并创建一个简单的 Web 站点，通过对其进行基本设置以满足用户需求。

本任务要求重点掌握以下操作：

① 安装 IIS。

② 配置 Web 站点属性。

③ 创建虚拟目录。

任务分析及实施

下面新建一台名为 Web 的虚拟机来作为 Web 服务器，为其分配 IP 地址 192.168.1.5，将计算机名改为 web，激活系统并加入到域，最后再创建快照。

一、IIS 的安装与测试

首先仍需要在“服务器管理器”中安装“Web 服务器（IIS）”角色，如图 9-1 所示。

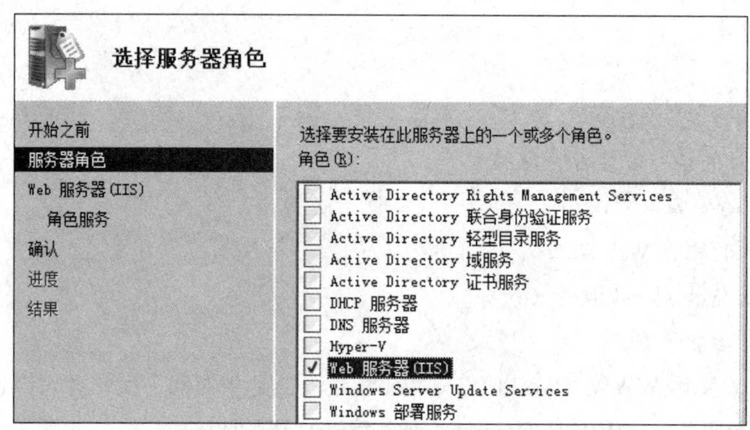

图9-1　安装“Web服务器（IIS）”角色

IIS 7.5 被分割成了 40 多个不同功能的模块，管理员可以根据需要定制安装相应的功能模块，这样可以使 Web 网站的受攻击面减少，安全性和性能大幅提高。所以，在“选择角色服务”的步骤中采用默认设置，只安装最基本的功能模块，如图 9-2 所示。

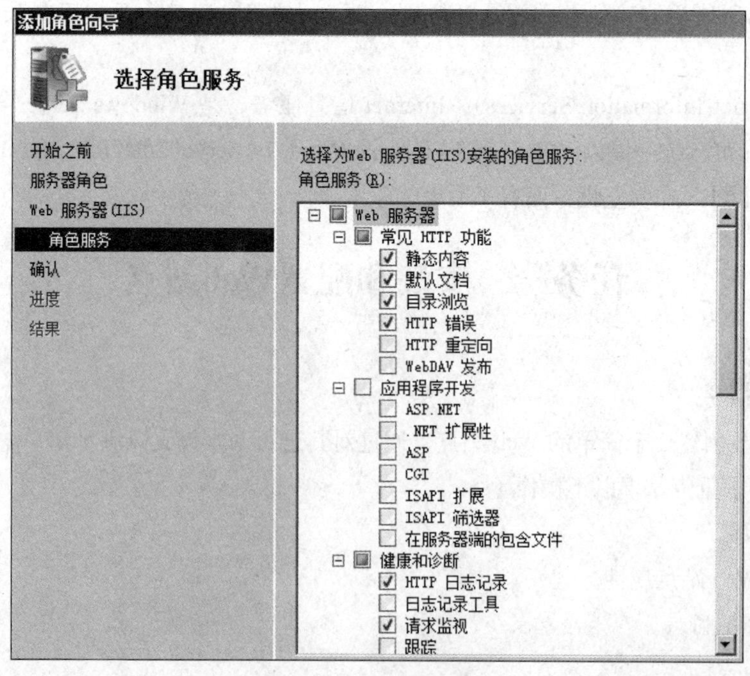

图9-2　选择角色服务

安装完成后，可以通过“管理工具”中的“Internet 信息服务（IIS）管理器”来管理 IIS 网站，可以看到其中已经建好了一个名为 Default Web Site 的站点，在客户端计算机 client1 上打开 IE 浏览器，在地址栏输入 Web 服务器的 IP 地址即可以访问这个默认网站，如图 9-3 所示。

图9-3　输入Web服务器的IP地址

还可以在 DNS 服务器中为 Web 服务器添加一条主机记录，这样就可以通过域名 www.coolpen.net 访问默认网站了，如图 9-4 所示。

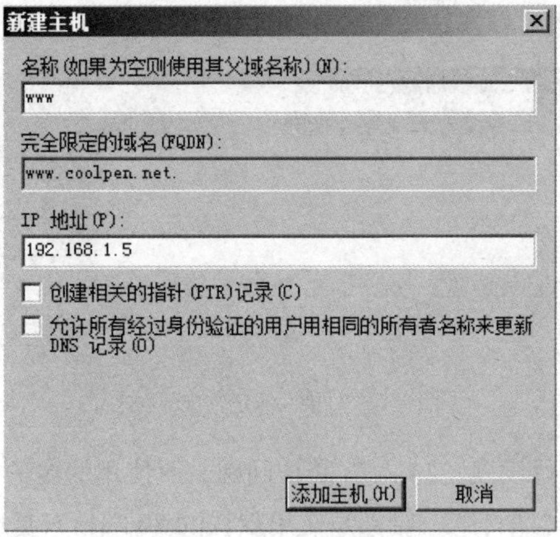

新建主机

名称（如果为空则使用其父域名称）(N)：

www

完全限定的域名(FQDN)：

www.coolpen.net.

IP 地址(P)：

192.168.1.5

☐ 创建相关的指针(PTR)记录(C)

☐ 允许所有经过身份验证的用户用相同的所有者名称来更新 DNS 记录(O)

添加主机(H)　取消

图9-4　添加主机记录

二、网站的基本配置

在 IIS 管理器中选择默认站点，在“Default Web Site 主页”窗格中，可以对默认站点的进行配置，在右侧的“操作”面板中，可以对站点进行操作，如图 9-5 所示。

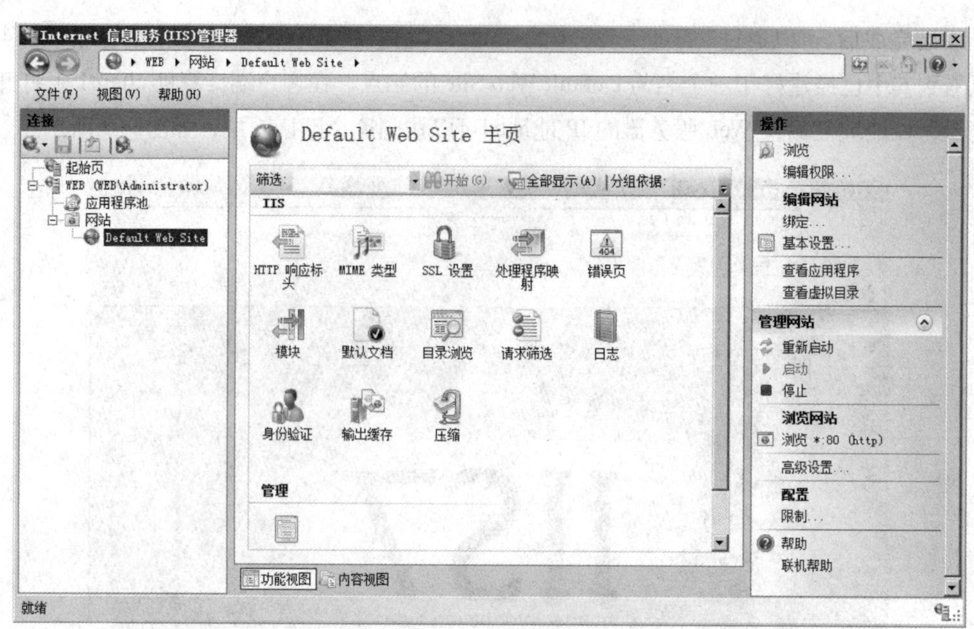

图9-5　对默认站点进行配置和操作

下面对默认站点进行一些基本配置，使其能更好地符合我们的需求。

1. 配置 IP 地址和端口

默认情况下，Web 站点会自动绑定本地计算机中的所有 IP 地址，端口为 TCP 80，用户使用 Web 服务器上的任何一个 IP 地址均可访问。因此，需要为 Web 站点指定唯一的 IP 地址及端口。

在右侧“操作”面板中单击“绑定”，打开“网站绑定”对话框，可以看到 IP 地址显示为“*”，表示绑定所有 IP 地址，如图 9-6 所示。

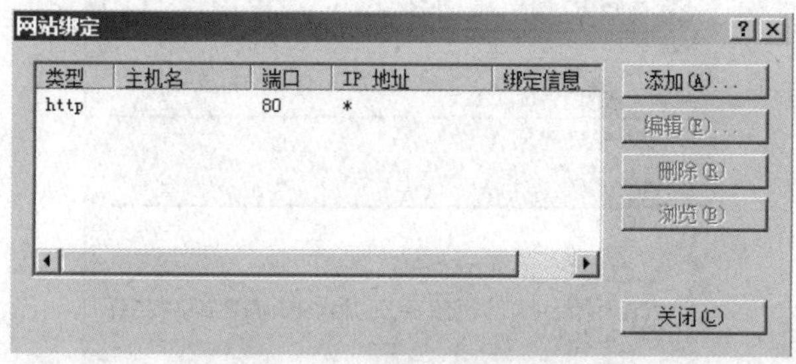

图9-6　“网站绑定”对话框

单击“添加”按钮进行设置。“类型”是访问网站所使用的传输协议，默认为 http；将“IP 地址”设置为指定的 IP；“端口”一般都是使用默认的 80 端口（见图 9-7），当然也可以设置成其他的任意端口，此时在客户端访问该网站时必须要输入相应的端口号，例如将站点的端口修改为 8000，则用户在浏览器中输入“http://www.coolpen.net:8000”才能访问网站。

2. 配置主目录

主目录就是网站的根目录，保存着网站的网页、图片等数据，用来存放网站的文件夹。当客户端访问该网站时，Web 服务器自动将该文件夹中的默认网页显示给客户端用户。

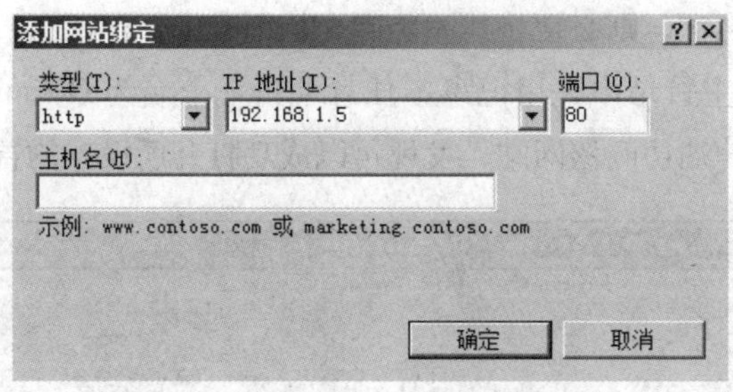

图9-7 “添加网站绑定”对话框

例如，将网站的主目录设置为 D:\www，那么在浏览器中输入 http://localhost/index.html，则访问的是 D:\www\index.html。如果将网站的主目录设置为 E:\asp，那么在浏览器中输入 http://localhost/index.asp，则访问的是 E:\asp\index.asp 文件。

IIS 默认 Web 站点的主目录为“%SystemDrive%\inetpub\wwwroot”，其中的“%SystemDrive%”表示系统分区，一般是 C。可以单击默认站点右侧“操作”窗口中的“基本设置”对主目录进行设置，如图 9-8 所示。

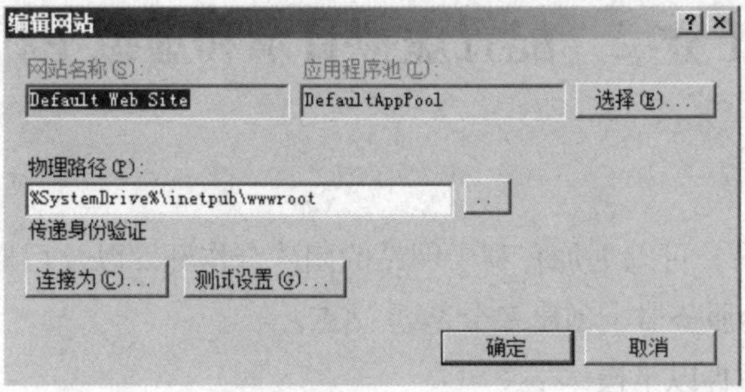

图9-8 设置主目录

3. 配置默认文档

在访问网站首页时，通常只需输入网站域名即可打开，而无须输入网页名。实际上，此时显示的网页就是默认文档。通常，网站的主页都会被设置成默认文档。可在默认站点的主窗口中打开“默认文档”对其进行设置，如图 9-9 所示。

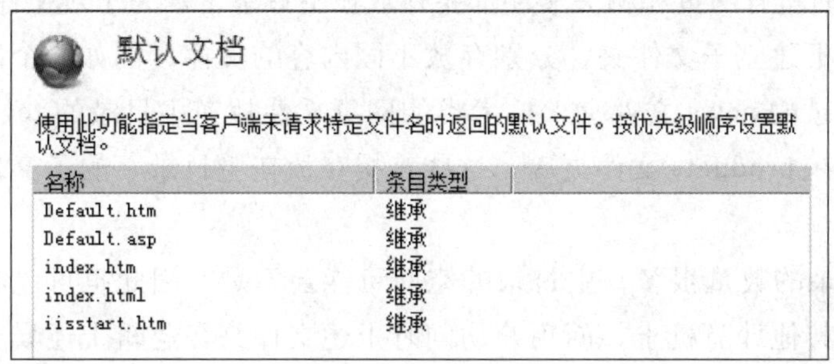

图9-9 默认文档

可以看到系统自带有 5 种默认文档：Default.htm、Default.asp、index.htm、index.html、iisstart.htm，其优先级依次从高到低。作为网站首页的 Web 文件必须使用上述 5 个名字中的一

种，如果是使用的其他名字，则必须将其添加到文档列表中。

下面在默认网站的主目录中，用记事本任意编辑一个名为Default.htm（注意D要大写）的网页文件，然后在客户端访问该网站，发现可以成功打开所设置的首页，如图9-10所示。

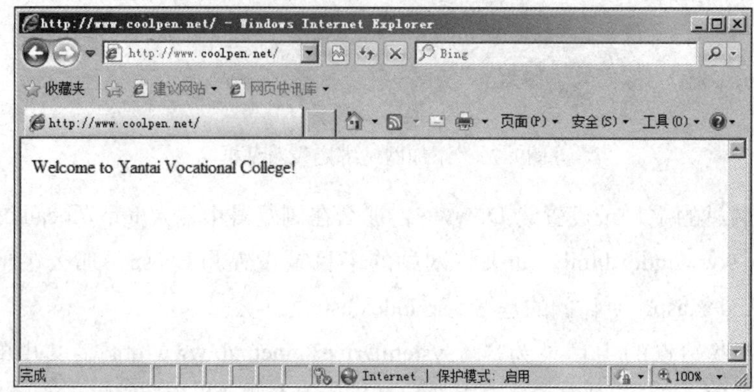

图9-10　打开首页

任务二　配置虚拟目录和虚拟主机

任务描述

通过配置虚拟目录，可以更加有利于网站的团队合作开发以及后期维护。通过配置虚拟主机，可以实现在一台服务器上创建多个Web站点。

本任务要求重点掌握以下操作：

① 配置虚拟目录。

② 配置虚拟主机。

任务分析及实施

一、配置虚拟目录

一个网站中的所有网页和相关文件都要存放在主目录下，为了对文件进行归类整理，也可以在主目录下建立子文件夹，分别存放不同内容的文件，例如一个网站中，新闻类的网页放在主目录的news文件夹，技术类的网页文件放在主目录的tech文件夹，产品类的网页文件放在products文件夹等，这些直接存放在主目录下的子文件夹都称为物理目录。

如果物理目录的数量很多，主目录的空间可能会不足，因此也可以将上述文件存放在其他分区或者其他计算机上，而用户访问时上述文件夹在逻辑上还属于网站之下，这种归属于网站之下的目录称为虚拟目录。虚拟目录是主网站的下一级目录，并且要依附于主网站，但它的物理位置不在主目录下。可以利用虚拟目录将一个网站的文件分散存储在同一计算机的不同路径或其他计算机中，这些文件在逻辑上归属于主目录，成为Web站点的内容。

使用虚拟目录有以下优点：

① 将数据分散保存到不同的目录或计算机上，便于分别开发维护。

② 当数据移动到其他位置时，不会影响 Web 站点的逻辑结构。

1. 创建虚拟目录

例如，ytvc 站点的主目录为 C:\ytvc，现在要将 C:\book 和 C:\image 设置为它的虚拟目录。

在 ytvc 站点上右击，选择“添加虚拟目录”命令，如图 9-11 所示。

虚拟目录的别名这里就用 book，然后输入其物理路径或 UNC 路径，如图 9-12 所示。

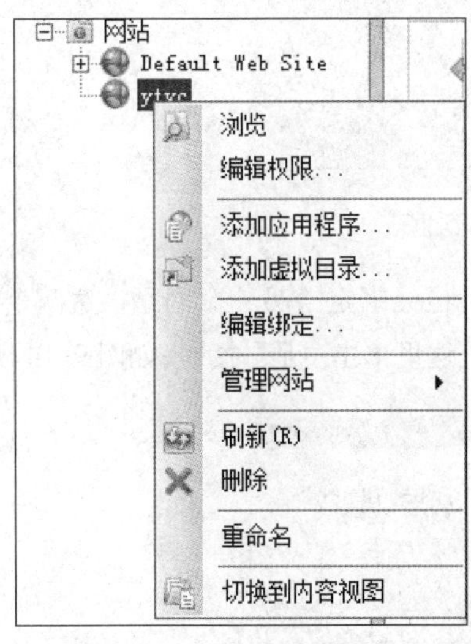

图9-11　选择“添加虚拟目录”

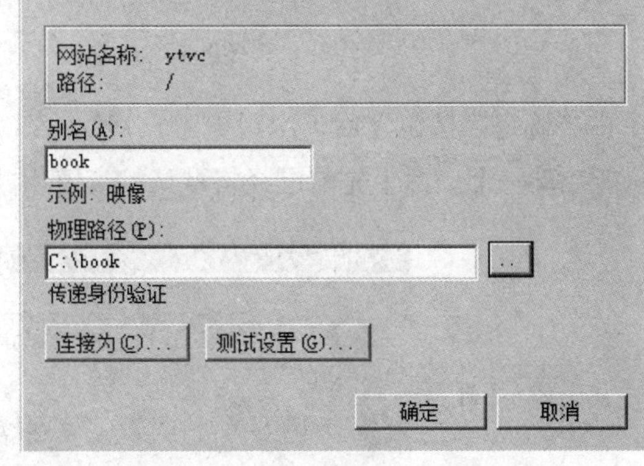

图9-12　“添加虚拟目录”对话框

然后再用同样的方式添加 image 虚拟目录。

2. 访问虚拟目录

虚拟目录和主网站一样可以在管理主页中进行各种配置管理，下面分别在 C:\book 和 C:\image 文件夹中存放名为 Default.htm 的默认首页文件，然后在客户端进行访问测试。

访问虚拟目录可以在浏览器地址栏输入“http://IP 地址(域名)/ 虚拟目录名”，如 http://www.ytvc.com/book，就可以打开虚拟目录中的首页。

3. 修改虚拟目录

创建完虚拟目录后，可以修改其物理路径。

在 IIS 管理器窗口中选中虚拟目录，选择右侧操作窗口中的“基本设置”，在“编辑虚拟目录”对话框中可以重设物理路径。

二、配置虚拟主机

为了提高硬件资源的利用率，可以在一台服务器上运行多个网站，下面在 Web 服务器上再新建一个名为 ytvc 的网站，为了避免与默认网站之间冲突，先将“默认网站”停用。

在 IIS 管理器中选择“网站”，然后在右侧的“操作”窗口中选择“添加网站”。“网站名称”可以随意设置，这里用 ytvc；“物理路径”也就是网站的主目录，这里设置为 c:\ytvc；网站的协议类型仍为 http，IP 地址使用 192.168.1.5，端口号 80，如图 9-13 所示。

图9-13 “添加网站”对话框

单击“确定”按钮之后，出现提示，192.168.1.5:80 已经绑定给另一个网站，这两个网站同时只能启动一个。由于先前已经将默认站点停用,因此这里单击“是”按钮,如图 9-14 所示。

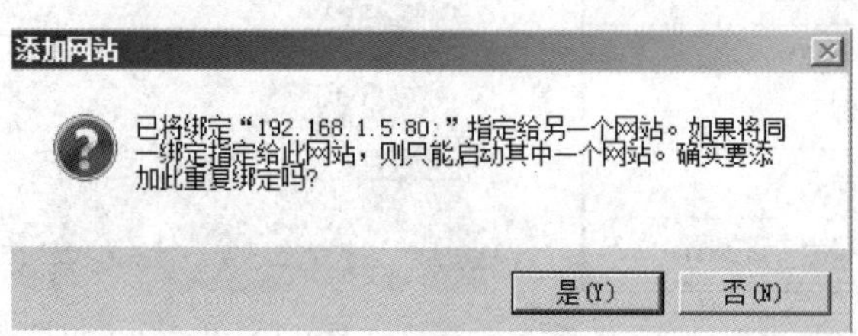

图9-14 绑定提示对话框

网站创建好之后，在其主目录中也存放一个名为 Default.htm 的网页文件，在客户端可以通过 IP 地址或域名（www.coolpen.net）访问该网站。

因为这个新建的网站与原来的默认网站使用的是相同的 IP 地址和相同的端口号，所以原来的默认网站就无法再启用。要使多个网站同时运行，就必须要用到虚拟主机技术。利用虚拟主机技术可以极大地节省服务器硬件成本，它是目前互联网上建立站点最为流行、最方便、最省钱的方法。例如，有的公司网站是向 ISP 服务商申请的空间，而 ISP 服务商不可能为每个申请的公司使用一台服务器，就可以使用虚拟主机技术。

虚拟主机技术可以通过 3 种不同的方法实现。

1. 使用不同 IP 地址架设多个网站

这种方法是为每个网站设置一个不同的 IP，要采用这种方式首先需要 Web 服务器安装有多块网卡，每块网卡使用不同的 IP。如果 Web 服务器中只有一块网卡，也可以给这块网卡绑定多个 IP 地址。打开本地连接，在 TCP/IP 属性的“高级”设置中，为服务器再添加一个 IP 地址 192.168.1.15，如图 9-15 所示。

然后,在 IIS 管理器中将两个网站分别对应到不同的 IP 地址。选中 ytvc 网站,在右侧的“操作”面板中选择“绑定”，将网站绑定到 IP 地址 192.168.1.15，如图 9-16 所示。

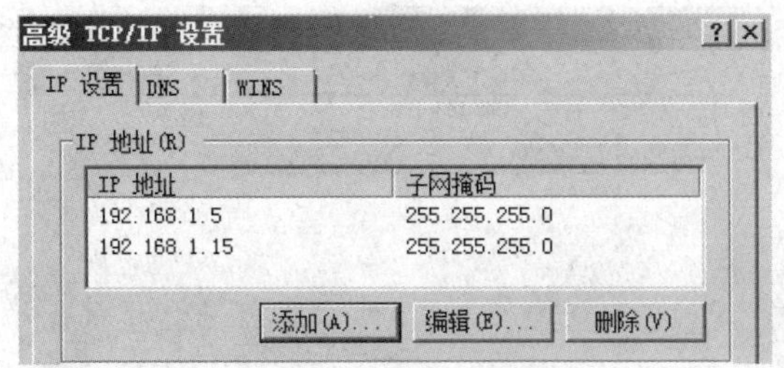

图9-15　添加IP地址

图9-16　绑定网站

然后就可以重新启动默认网站，这样在客户端输入不同的 IP 地址便可以访问相应的网站。

这种方式在实际应用中很少采用，因为如果服务器使用的是公网 IP，那么公网 IP 地址是非常宝贵的资源，而这种方式无疑要浪费大量的 IP 地址。

2. 使用不同 TCP 端口架设多个网站

这种方法是让每个网站仍然使用相同的 IP 地址，但给不同的网站分配不同的端口号。如果默认网站仍然使用默认的 80 端口，ytvc 网站则将端口改为 8000。

首先将刚才在本地连接中添加的第二个 IP 删除，将 ytvc 网站的 IP 仍然设为 192.168.1.5，将端口设置为 8000，如图 9-17 所示。

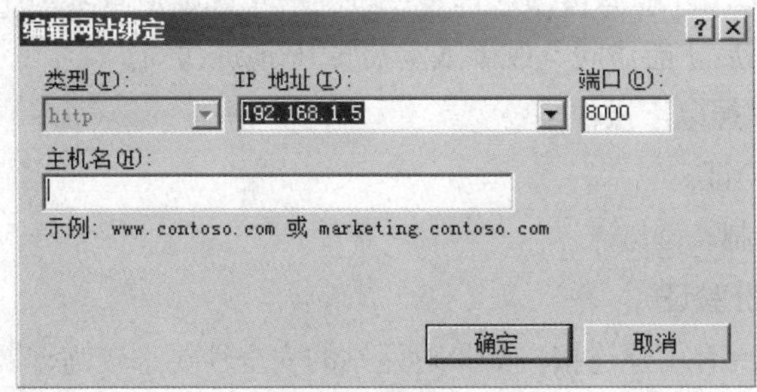

图9-17　重设ytvc网站的IP

这样客户端在访问默认网站时，仍然可以通过 URL“http://192.168.1.5”的形式访问，而如果要访问 ytvc 网站，则端口号就不能省略，必须要使用“http://192.168.1.5:8000”形式的 URL（如果无法访问，那是因为 Web 服务器上的防火墙将发往 TCP 8000 端口的数据自动过滤掉了，可以暂时关闭防火墙进行测试）。

采用这种方式，客户端在访问网站时必须要在网址后面加上相应的端口号，而用户是不可能去记住每个网站的端口号的，所以这种方式在实践中也较少采用。

3. 使用不同主机头名架设多个网站

主机头名实际上就是每个网站的网址，也就是它的 FQDN 名，所以要利用该方法首先需要在 DNS 服务器中添加相应的区域和主机记录。下面在 DNS 服务器中创建一个名为 ytvc.com.cn 的区域，然后在其中添加一条名为“www”的主机记录，对应的 IP 地址是 192.168.1.5。

然后，为 ytvc 网站设置主机名 www.ytvc.com.cn，并将其端口号改回 80，如图 9-18 所示。再将默认网站的主机名设置为 www.coolpen.net，如图 9-19 所示。

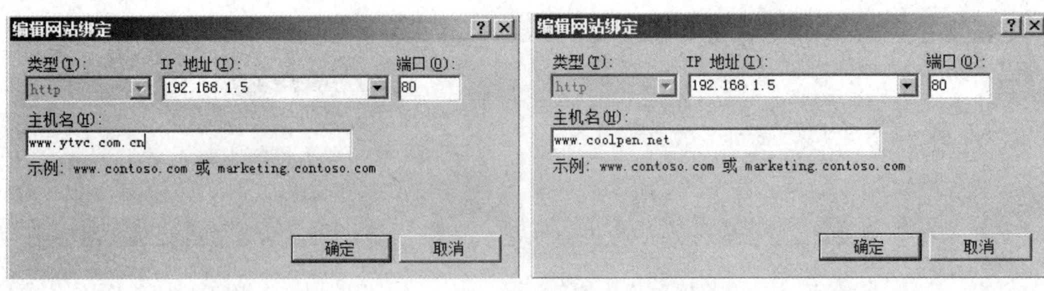

图9-18　设置主机名和端口号　　　　图9-19　设置主机名

这样客户端就可以通过输入不同的网址以访问不同的网站，这也是实际中最经常采用也是最为推荐的一种方式，但采用这种方式就无法通过 IP 地址来访问相应的网站。实际中的很多网站都可以用网址访问，但无法用 IP 地址访问。

任务三　保证Web站点的安全

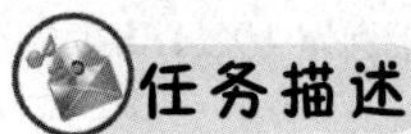

任务描述

Web 站点通常都是允许匿名访问，但有些特殊网站或虚拟目录出于安全性考虑，要求用户提供用户账号和密码后才能访问，或者限定某些 IP 地址访问。

本任务要求重点掌握以下操作：

① 配置用户身份验证。

② 配置 IP 地址限制。

一、配置用户身份验证

IIS 网站默认允许所有用户连接，如果对网站的安全性要求较高，网站只针对特定用户开放，就需要对用户进行验证。进行验证的主要方法有：匿名身份验证、基本身份验证、摘要式身份验证、Windows 身份验证。

1. 添加身份验证模块

由于 2008R2 中的 IIS 采用了模块化设计，默认只会安装少数功能与组件，因而 IIS 中默认只启用了匿名身份验证。如果要设置使用其他的身份验证方法，首先就需要安装相应的功能模块。

① 在“服务器管理器”中选择“添加角色服务”，如图 9-20 所示。

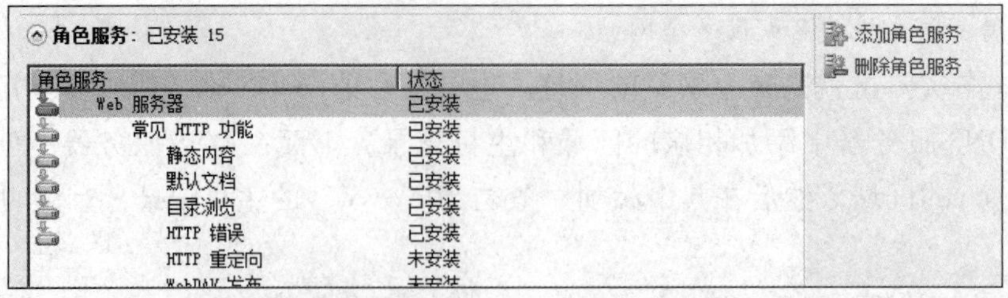

图9-20　选择“添加服务角色”

② 在“安全性”中勾选要安装的 3 种身份验证方法，如图 9-21 所示。

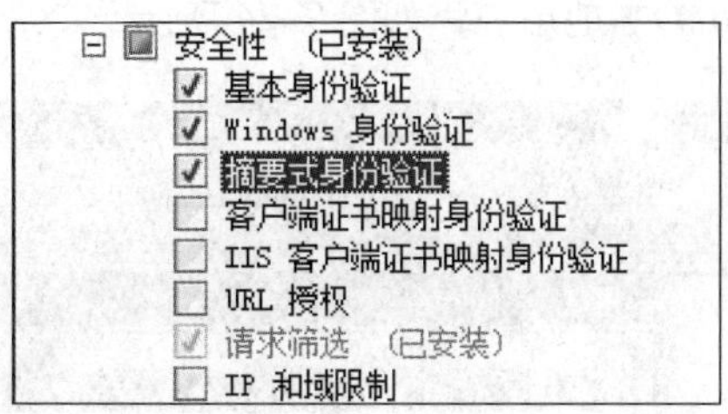

图9-21　选择身份验证方法

然后按照操作向导的提示完成安装即可。

2. 关闭匿名身份验证

4 种身份验证方法的优先级为：匿名身份验证 >Windows 身份验证 > 摘要式身份验证 > 基本身份验证。

也就是说，如果同时开启匿名身份验证和基本身份验证，客户端就会优先利用匿名身份验证，而基本身份验证则无效。所以，如果要使用户必须验证身份后才能访问网站，首先必须禁用匿名访问功能，然后再设置身份验证方式。如果不禁用匿名访问功能，即使设置了身份验证方式也不会生效。

在 Web 站点的主窗口中打开“身份验证”，默认情况下，“匿名身份验证”为“已启用”状态，单击右侧“操作”窗口中的“禁用”选项，将其禁用。这样当用户再次访问时就必须使用用户名登录，如图 9-22 所示。

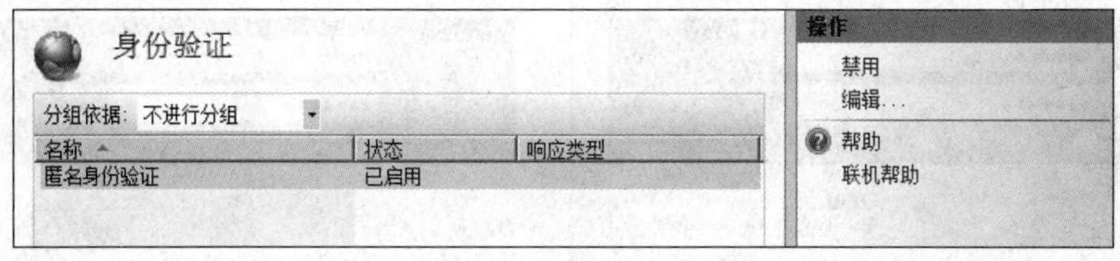

图9-22　禁用匿名身份验证

3. 配置基本身份验证

基本身份验证是使用 Web 服务器的本地用户进行身份验证，如果 Web 服务器属于域的成员服务器，也可以使用域用户进行身份验证。

① 在身份验证界面中启用基本身份验证，如图 9-23 所示。

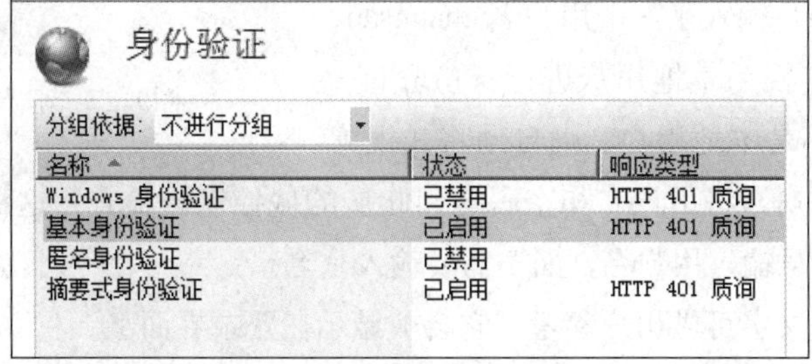

图9-23　启用基本身份验证

这样客户端在访问网站时就要输入用户名和密码。先尝试用本地用户进行验证，在 Web 服务器上新建一个名为 admin 的本地用户，如图 9-24 所示。

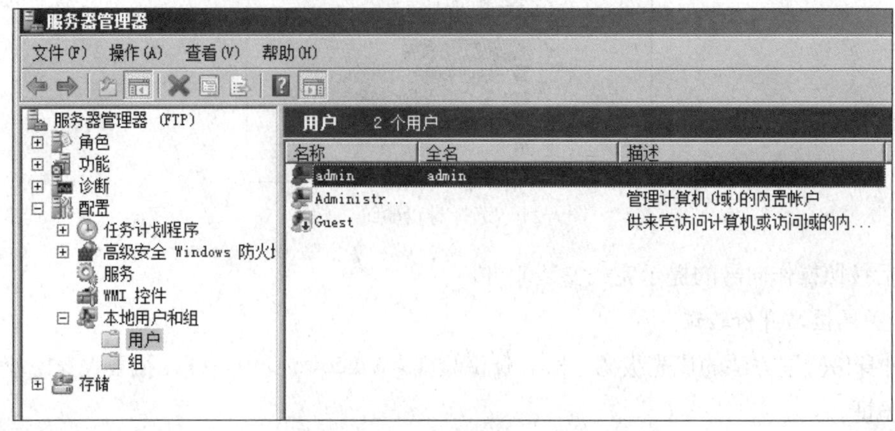

图9-24　新建本地用户

② 在客户端测试，用 admin 用户可以成功访问网站，如图 9-25 所示。

③ 再用一个域用户 zhangsan 进行测试，如果只输入 zhangsan 的用户名，是无法通过验证的，必须要指定 zhangsan 所在的域，即使用域用户账户的全名 coolpen\zhangsan，如图 9-26 所示。

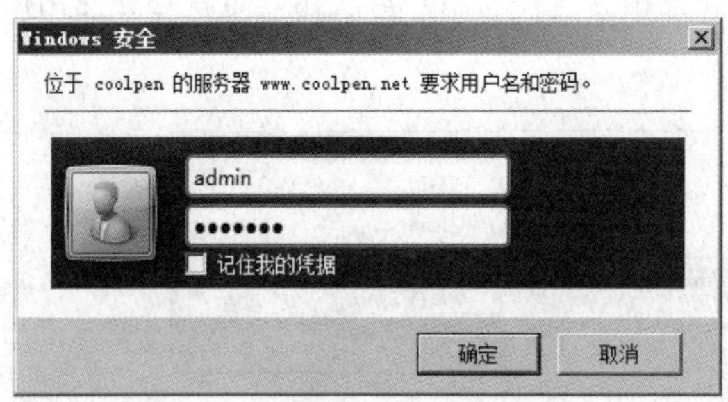

图9-25　在客户端测试访问网站

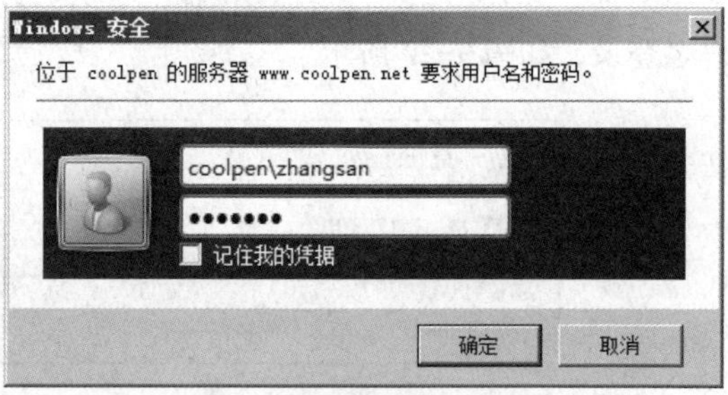

图9-26　用域用户测试网站

④ 也可以在 Web 服务器上指定所处的域。选中基本身份验证，然后单击右侧的“编辑”按钮对其进行设置，如图 9-27 所示。

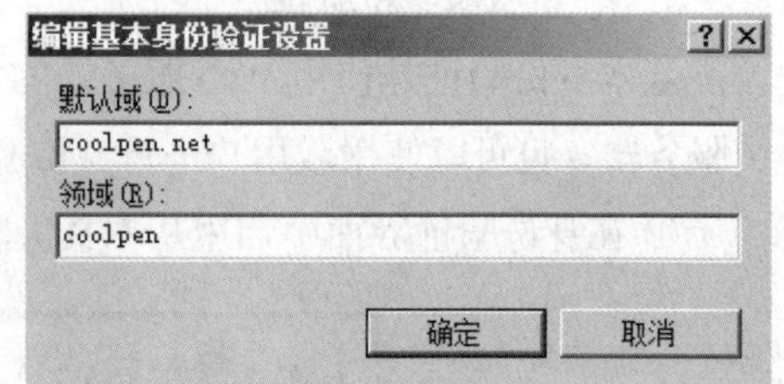

图9-27　基本身份验证设置

• 默认域：指定 Web 服务器所处的域。当用户连接网站时，如果用户输入了一个用户名 zhangsan，那么服务器优先将其视为本地用户进行身份验证；如果发现 zhangsan 不是本地用户，则自动将其视为 coolpen.net 域的域用户，将用户名和密码送到此域的域控制器检查。这样设置的好处是，即使是域用户，也可以只输入用户名，而不需要输入全名。

• 领域：此处的文字可供用户参考，它会被显示在登录界面上。

需要注意的是，“基本身份验证”的用户名和密码都是以明文的方式在网络中传送，因而安全性不高。如果要使用基本身份验证，应搭配其他可确保数据发送安全的措施，如使用 SSL 连接等。

4. 其他身份验证方法介绍

(1) 摘要式身份验证

同基本身份验证相比，摘要式身份验证有少许改进，它将用户名和密码经过 MD5 加密之后再到网络中传输，因此比基本身份验证要更为安全。但摘要式身份验证只能用于域环境，要求 Web 服务器必须是域的成员服务器，而且用户必须是域用户账户。配置起来比较繁杂，而且实际中用得不多。

(2) Windows 身份验证

这种方法使用 NTLM 或 Kerberos 协议对客户端进行身份验证，要求客户端计算机和 Web 服务器必须位于同一个域中，因而主要适用于内部网络（Intranet），而在 Internet 环境中不可行。

总之，摘要式身份验证和 Windows 身份验证因为使用条件限制，在实践中运用很少，更多的是使用基本身份验证。

另外，虚拟目录可以像主网站一样设置各种身份验证方式，对于大多数网站，都是将主网站设置为允许匿名访问，而将其下的某个虚拟目录设置要通过身份验证方可访问。

二、配置 IP 地址限制

在 IIS 中，还可以通过限制 IP 地址的方式来增加网站的安全性，例如只授权或者拒绝某一台或一组客户机来访问 Web 站点。

① 要使用 IP 地址限制功能，必须先安装“IP 和域限制”组件，如图 9-28 所示。

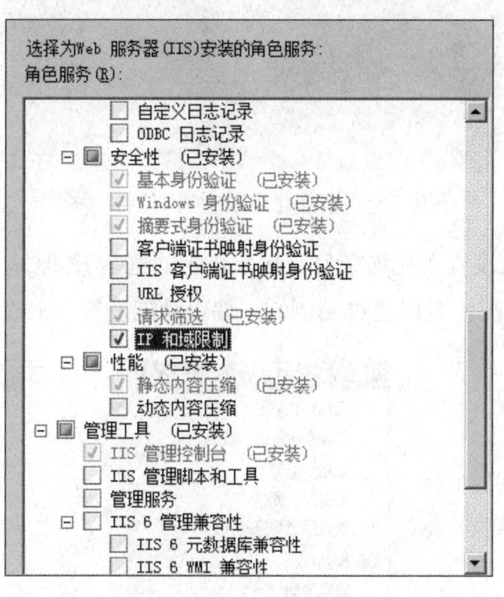

图9-28　安装“IP和域限制”

② 组件安装完成后，重新打开 IIS 管理器，会发现其中多了一个“IP 地址和域限制”的功能组件，如图 9-29 所示。

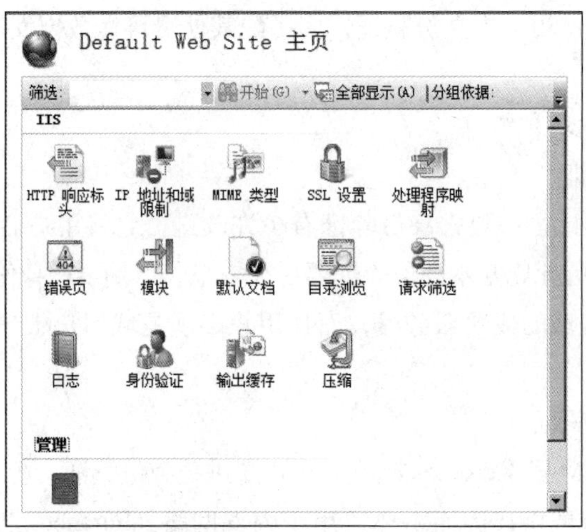

图9-29 添加“IP地址和域限制”组件

③ 打开该组件，单击右侧的“添加允许条目”，可以设置只允许哪些客户端访问该网站，如图 9-30 所示。可以只允许某个特定的 IP 地址，也可以是一个地址段。

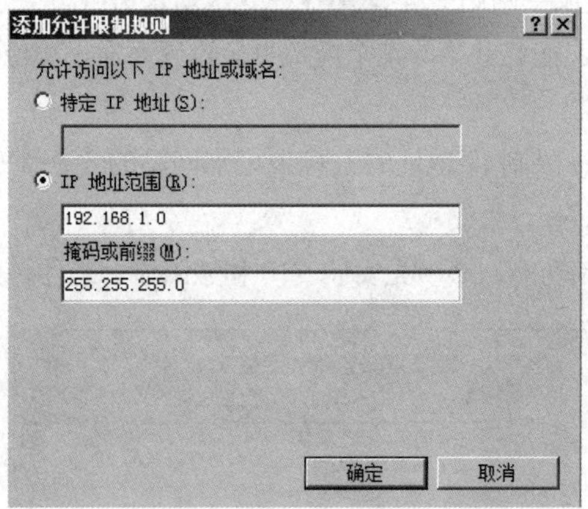

图9-30 “添加允许限制规则”对话框

需要注意的是，如果设置了允许条目，除了指定的这些 IP 地址之外，其他的客户端访问网站时将被允许还是拒绝呢？可以通过右侧的“编辑功能设置”来设置，如图 9-31 所示。

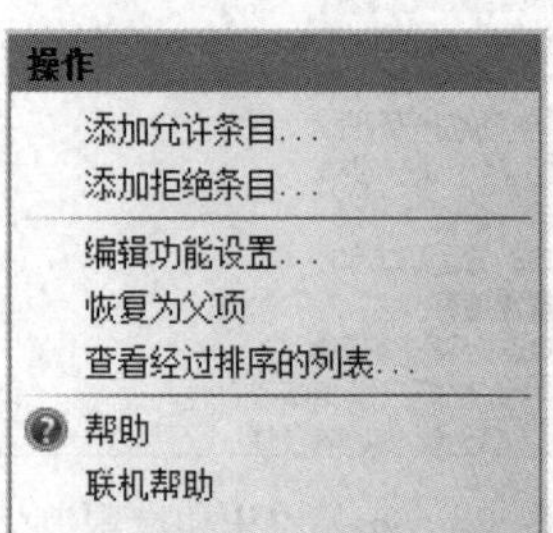

图9-31 选择“编辑功能设置”选项

④ 可以根据需要将未指定的客户端设为允许或拒绝访问，如图 9-32 所示。

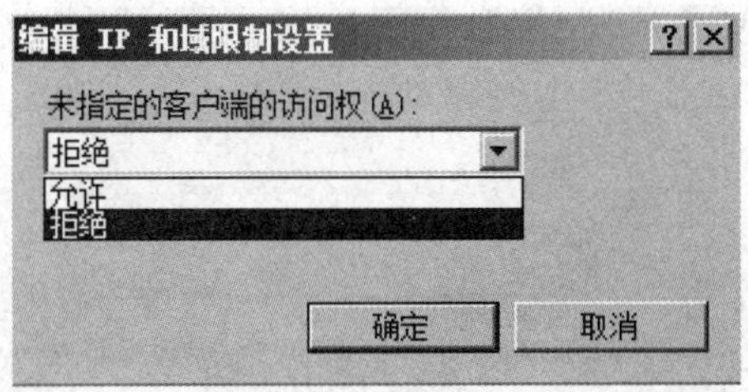

图9-32 设置未指定的客户端访问权限

三、网站性能调整

如果 Web 服务器的性能一般，或者网站的访问量比较大，为避免服务器响应慢或者宕机，可以限制网站所占的带宽及客户端同时连接数量。

在默认站点的主界面中，点击右侧"操作"面板中的"限制…"选项，打开"编辑网站限制"对话框（见图 9-33)，其中包括以下 3 个设置项：

① 限制带宽使用：设置网站允许使用的最大带宽，单位为字节，以防止 Web 服务占用过多网络带宽，注意设置值不要大于当前网络带宽。

② 连接超时：默认为 120 s，即用户访问 Web 站点时，如果在 120 s 内没有活动则自动断开连接。

③ 限制连接数：用于限制允许同时连接网站的最多用户数量，以防止系统负荷过重。

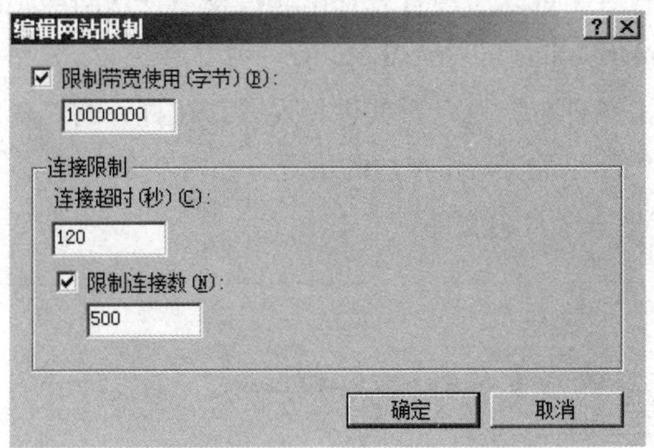

图9-33 "编辑网站限制"对话框

保持 http 连接的作用：

• 将百度的首页保存下来，会发现除了网页文件之外还有一个文件夹，里面保存了网页中的图片以及其他一些文件。

• 当客户端访问网站中的一个页面时，就会通过三次握手与页面之间建立 TCP 连接，同时要打开网页中的每一张图片，与图片文件之间也都要建立连接。这样就会很浪费带宽资源。

• 保持 http 连接的含义就是客户端只需与网页之间建立一个连接，之后在 120 s 之内访问其他文件都无须再建立连接。

可以在客户端测试，访问 Web 服务器，可以查看到所建立的连接。

如果在 Web 服务器上取消勾选"保持 http 连接"复选框（见图 9-34)，在客户端再次测试，访问 Web 服务器，就查看不到所建立的连接。

图9-34　设置连接属性

四、配置日志

通过网站日志，管理员可以查看跟踪网站被访问的情况，如哪些用户访问了本站点、访问者查看了什么内容，以及最后一次查看该信息的时间等。可以使用日志来评估内容受欢迎程度或识别信息瓶颈，有时还可以通过日志查出非授权用户访问网站以便采取应对措施。日志默认存储在“%SystemDrive\inetpub\logs\LogFiles”中。

在站点主界面中单击“日志”可以对其进行设置。在打开的“日志”窗口中可以看到日志的格式、日志文件产生的时间间隔和存放的位置，如图 9-35 所示。可以保持默认设置，即采用 W3C 格式，每天产生一个日志文件。

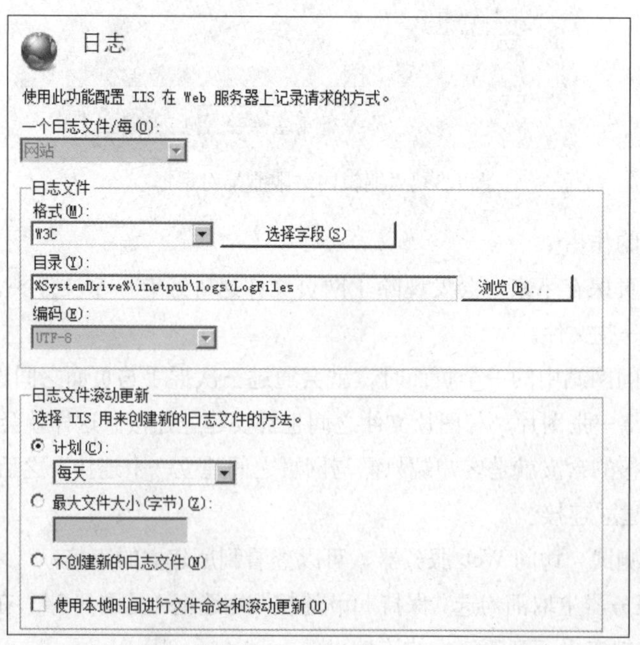

图9-35　“日志”窗口

任务训练

选择题

1. 若Web站点的默认文档中依次有index.htm、default.htm、default.asp、ih.htm四个文档，则主页显示的是（　　）的内容。

A. index.htm　　B. ih.htm　　C. default.htm　　D. default.asp

2. 在Windows操作系统中，要实现一台具有多个域名的Web服务器，正确的方法是（　　）。

A. 使用虚拟目录　　B. 使用虚拟主机

C. 安装多套IIS　　D. 为IIS配置多个Web服务端口

3. 在配置IIS时，站点的主目录（　　）。

A. 只能够配置在c:\inetpub\wwwroot上

B. 只能够配置在本地磁盘上

C. 只能够配置在联网的其他计算机上

D. 既能够配置在本地的磁盘，也能配置在联网的其他计算机上

4. 在Windows Server上安装IIS提供Web服务，创建一个Web站点并将主页文件index.asp复制到该Web站点的主目录下。在客户机的浏览器地址栏内输入网站的域名后提示没有权限访问网站，则可能的原因是（　　）。

A. 没有重新启动Web站点

B. 没有在浏览器上指定该Web站点的服务端口80

C. 没有将index.asp添加到该Web站点的默认启动文档中

D. 客户机安装的不是Windows操作系统

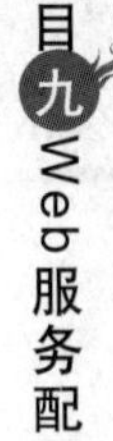

项目十

FTP服务配置与管理

学习目标：

通过本项目的学习，读者将能够：

- 理解 FTP 的基本原理及工作模式；
- 掌握安装和配置 FTP 服务。

FTP（文件传输协议）是互联网中的一项古老的服务，FTP 服务器的功能与文件服务器类似，都可以允许客户端用户从服务器中下载或上传文件。那么它们之间的区别在哪里，何时应使用文件服务器，何时又该使用 FTP 服务器？

- 文件服务器只能在局域网内部使用，来自互联网上的用户无法访问到文件服务器。
- 用户在访问 FTP 服务器时，无法直接修改服务器上的文件数据，也就是说当要修改某个文件时，必须要先将该文件下载到客户端才能修改。因此，该文件在客户端和服务器端都会存在，而文件服务器则支持在线直接修改。
- FTP 服务器支持断点续传，更适合大容量文件的传输。

经过综合比较，如果只需要在局域网内部实现文件下载和上传功能，那么使用文件服务器将更加方便；如果需要在互联网中提供文件下载和上传功能，就得使用 FTP 服务器。

本项目将介绍 FTP 协议的基本特性，以及如何利用 IIS 来搭建 FTP 服务器。

任务一　了解FTP服务

任务描述

本任务将对 FTP 服务的基本特性进行介绍，这是在配置和管理 FTP 服务器之前所必须了解的基本知识。

任务分析及实施

一、FTP 服务基本原理

FTP 服务采用客户端 / 服务器工作模式，客户端与服务器之间使用 TCP 协议进行连接。与其他大多数服务不同的是，FTP 服务需要在客户端与服务器之间建立两条连接：一条是控制连接，专门用于传送控制信息，如查看文件列表、删除文件等，控制连接在整个会话期间一直打开；另一条是数据连接，专门用于用户上传或下载文件时的数据发送。文件发送结束后，数据连接将自动关闭，如图 10-1 所示。

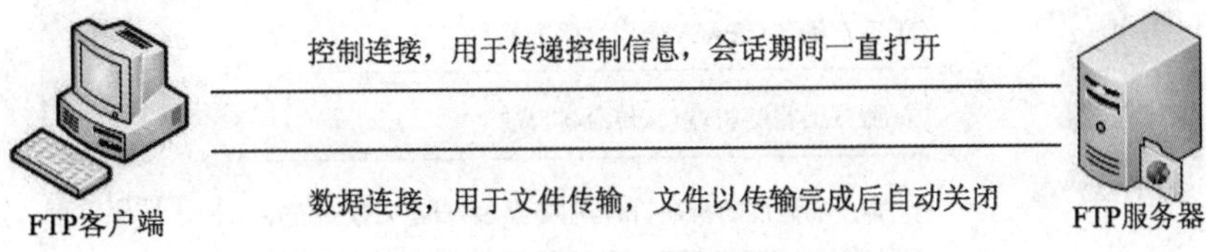

图10-1　FTP控制连接与数据连接

这两条连接的建立顺序是：先建立控制连接，再建立数据连接。控制连接都是由客户端主动发起与服务器进行连接；而数据连接则有可能是由服务器主动发起与客户端进行连接，也有可能是由客户端主动发起与服务器进行连接，这就涉及 FTP 服务的两种不同工作模式：主动模式和被动模式。

二、FTP 工作模式

1. FTP 主动模式

FTP 主动模式又称标准模式或 PORT 模式，此时 FTP 客户端与服务器之间的通信过程如图 10-2 所示。

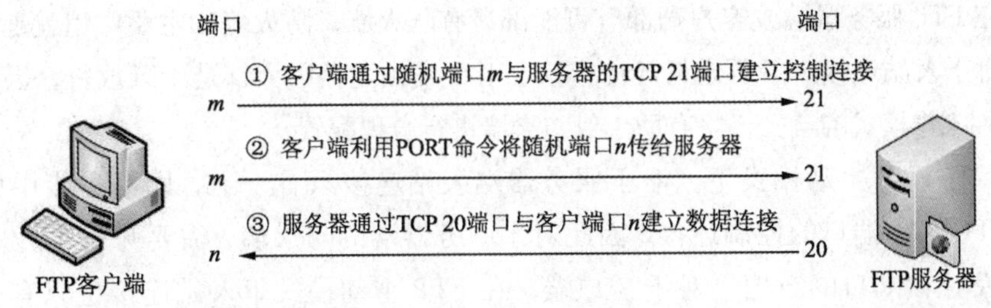

图10-2　FTP主动模式

主动模式下连接的建立过程：

① 服务器固定开放 TCP 21 端口，客户端利用随机端口 *m* 与之建立控制连接。

② 当客户端需要下载或上传文件时，客户端发送 PORT 命令给服务器，此命令包含客户端的 IP 地址与另外一个随机端口号 *n*。客户端利用 PORT 命令通知服务器通过此 IP 地址与端口号来发送文件给客户端。

③ 服务器通过 TCP 20 端口主动与客户端的随机端口 *n* 建立数据连接。

FTP 控制连接都是由客户端主动发起建立的，FTP 主动模式和被动模式的差别主要体现在数据连接上。在图 10-2 所示的连接建立过程中，数据连接是由服务器主动发起与客户端之间建立的，对于服务器属于主动连接，因而称为主动模式。

2. FTP 被动模式

被动模式又称为 PASV 模式，此时 FTP 客户端与服务器之间的通信过程如图 10-3 所示。

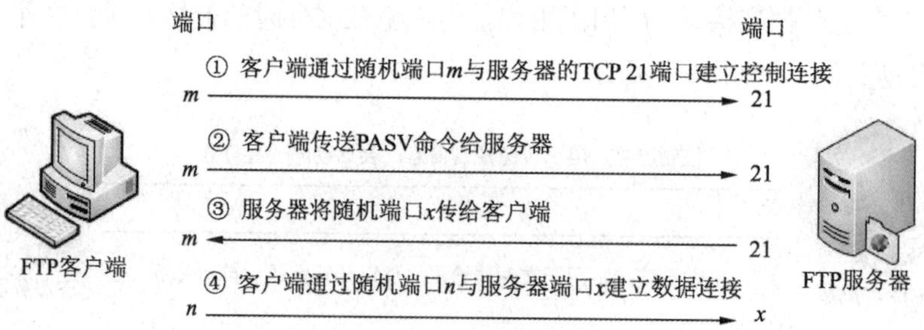

端口　端口

① 客户端通过随机端口m与服务器的TCP 21端口建立控制连接

m → 21

② 客户端传送PASV命令给服务器

m → 21

③ 服务器将随机端口x传给客户端

m ← 21

④ 客户端通过随机端口n与服务器端口x建立数据连接

n → x

FTP客户端　FTP服务器

图10-3　FTP被动模式

被动模式下连接的建立过程：

① 服务器固定开放 TCP 21 端口，客户端利用随机端口 m 与之建立控制连接。

② 客户端通过控制连接发送 PASV 命令给服务器，表示要利用被动模式来与服务器通信。

③ 服务器通过控制连接将用来接听客户端请求的随机端口号 x 发给客户端。

④ 客户端通过随机端口 n 与服务器随机端口 x 建立数据连接。

在图 10-3 所示的连接建立过程中，数据连接是由客户端主动发起与服务器之间建立的，对于服务器属于被动连接，因而称之为被动模式。

3．明确 FTP 工作模式的意义

由于在 FTP 服务器端或客户端都有可能部署有防火墙，防火墙的主要作用就是对连接进行控制，对于入站连接一般要进行严格审核，对于出站连接则大都是予以放行。因此，明确了 FTP 两种工作模式的含义，将有助于对防火墙进行合理配置。

例如，在 FTP 主动模式下，对于服务器端入站连接只有一个，即第①步中由客户端发起的向 TCP 21 端口的控制连接，因此对于服务器端的防火墙，需要开放 TCP 21 端口，允许放行发往该端口的数据。对于客户端，在 FTP 主动模式下入站连接也只有一个，即第③步中由服务器发起的向随机端口 n 的数据连接。因此，对于客户端的防火墙，需要开放端口 n。

在被动模式下，所有的入站连接都发生在服务器端，因此客户端的防火墙可以不予配置。对于服务器端的防火墙，则既要开放 TCP 21 端口，又要开放随机端口 x。

任务二　安装配置FTP服务

任务描述

Windows 系统中的 FTP 服务是基于 IIS 服务创建的，默认在安装 Web 服务器角色时并不安装 FTP 服务。本任务将介绍如何安装 FTP 服务，并对其进行基本配置。

1．安装 FTP 服务

如果 FTP 服务器的应用较多，可以配置一台专门的 FTP 服务器，并且加入域，借助域来设置用户验证。如果 FTP 服务器的应用较少，则不必单独占用一台服务器。如果是为了维护 Web 网站，可以与 Web 服务器一同安装；如果在网络中传输少量文件，则可以与文件服务器安装在一起。在实验环境中，仍然在作为 Web 服务器的虚拟机上安装并配置 FTP 服务。

Windows Server 2008 R2 系统中的 FTP 服务已经集成到了 IIS 7.5 的 Web 服务中，因此需要通过“服务器管理器”中的“添加角色向导”，在“Web 服务器”角色中选择安装 FTP 服务器，如图 10-4 所示。

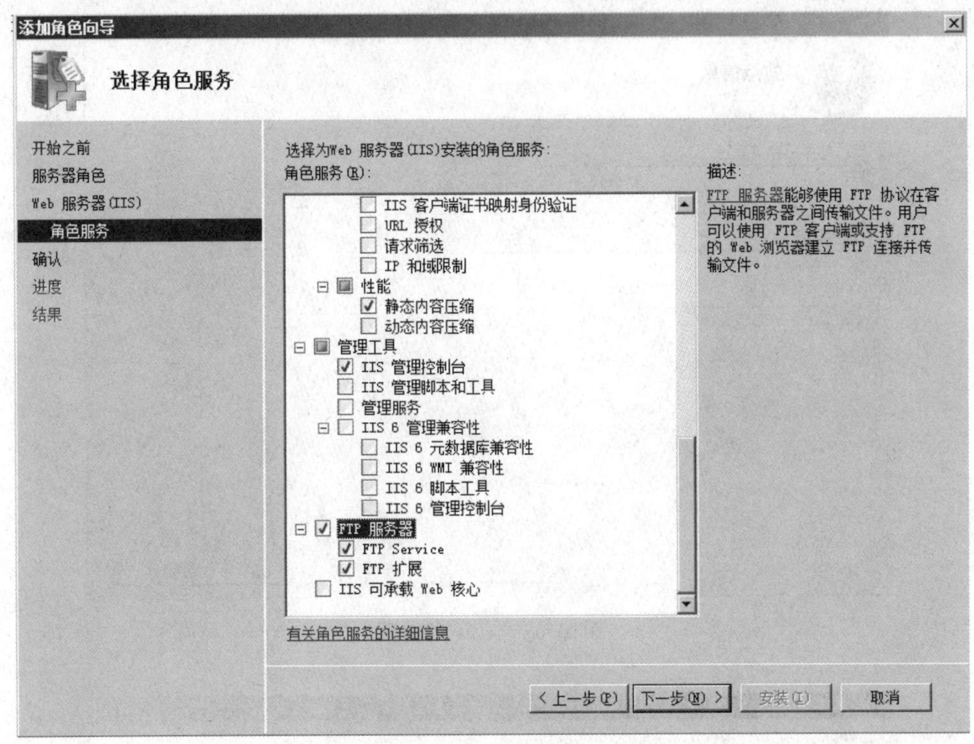

图10-4　选择安装FTP服务器

FTP 服务安装完成之后，可以通过“管理工具”中的“IIS 管理器“对其进行配置管理。

二、创建 FTP 站点

系统默认并没有创建 FTP 站点，默认状态下，IIS 管理器中只有一个 Web 站点，下面新建一个 FTP 站点。

① 单击右侧“操作”面板中的“添加 FTP 站点”选项（见图 10-5），启动“添加 FTP 站点”向导。

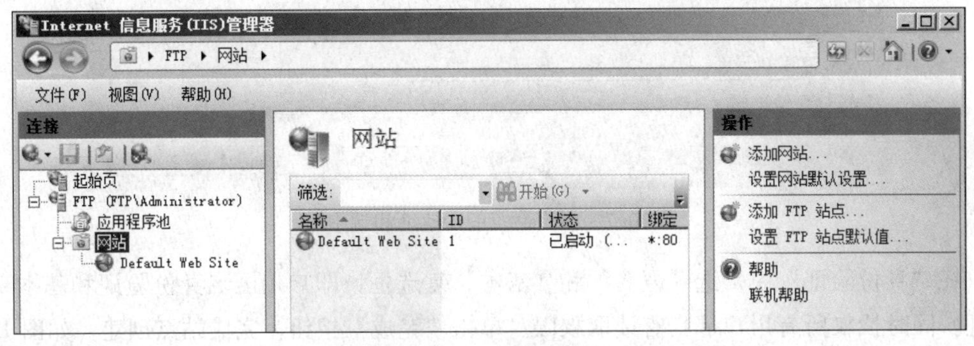

图10-5　单击“添加FTP站点”选项

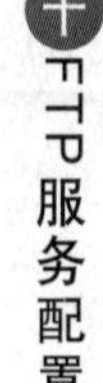

② 为站点起个名字，并指定 FTP 站点的主目录，FTP 默认的主目录是 C:\inetpub\ftproot，如图 10-6 所示。

③ 指定站点的 IP 地址和端口号，由于尚未拥有 SSL 证书，因而将 SSL 设为“无”，如图 10-7 所示。

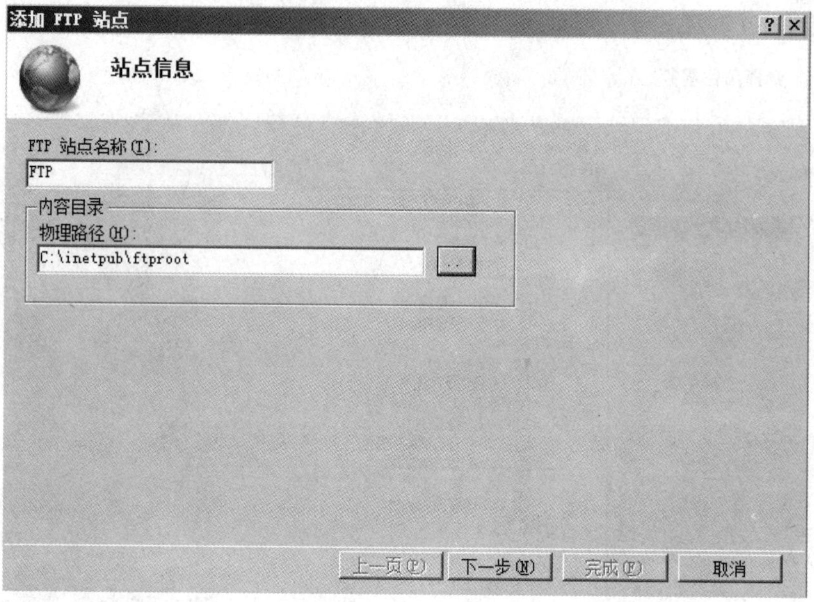

添加 FTP 站点

站点信息

FTP 站点名称(T):

FTP

内容目录

物理路径(H):

C:\inetpub\ftproot

上一页(P) 下一步(N) 完成(F) 取消

图10-6 添加FTP站点

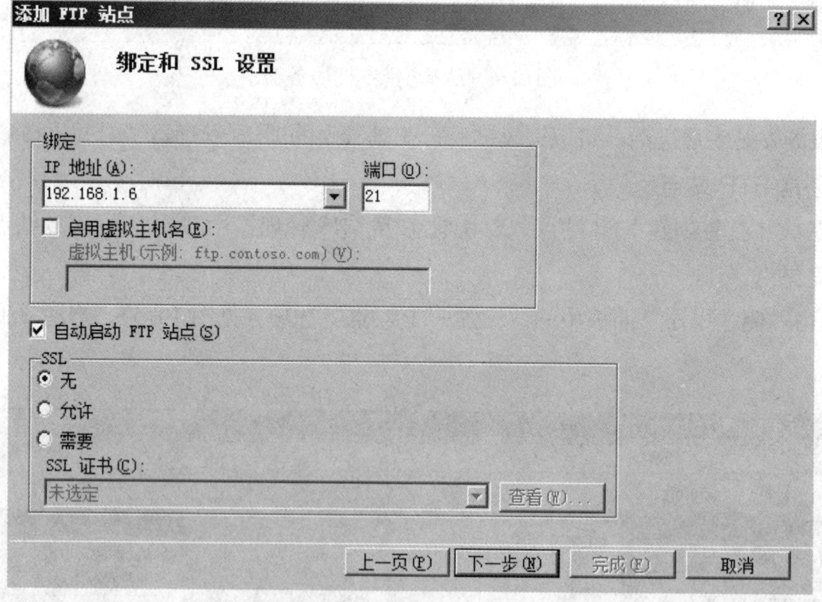

图10-7 指定站点的IP地址和端中号

在“身份验证”中勾选“匿名”和“基本”复选框，即启用匿名身份验证和基本身份验证。同时授权所有用户都具有读取权限。单击“完成”按钮，完成站点创建，如图 10-8 所示。

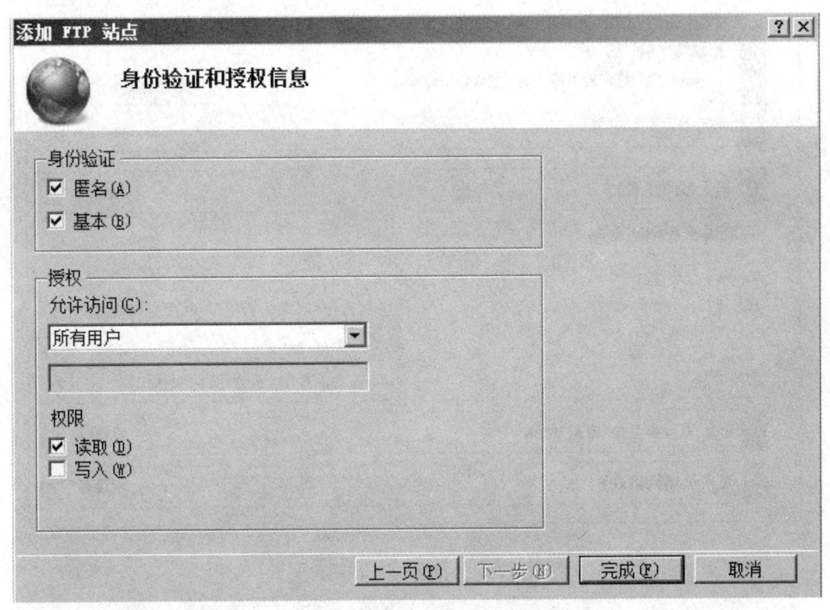

图10-8 IP地址和端口号配置

三、客户端访问测试

FTP 站点添加完成以后，用户即可使用指定的 IP 地址访问 FTP 服务器，格式为“ftp://FTP 服务器的 IP 地址或计算机名”。

在主目录中放几个测试文件，然后在客户端访问 FTP 服务器。

用户访问 FTP 网站可以使用两种形式：匿名 FTP 与用户 FTP。如果 FTP 网站启用了匿名访问，那么任何用户都可以访问该 FTP 网站，而不需要输入用户名和密码登录。实际上，匿名 FTP 是默认自动使用 anonymous 账户进行登录的。匿名 FTP 主要用于文件下载功能。当使用用户 FTP 时，用户访问 FTP 网站必须使用用户名和密码登录，并且根据所具有的权限对 FTP 网站中的文件进行操作，没有登录权限的用户将不允许访问。

在客户端可以利用 Windows 资源管理器或 IE 浏览器来访问 FTP 服务器，它们会自动利用匿名用户来连接 FTP 站点。但此时由于 FTP 服务器上防火墙的限制，客户端无法正常访问 FTP 服务器。FTP 服务器上的防火墙过滤规则设置比较复杂，所以这里先暂时将服务器端的防火墙关闭，然后在客户端就可以正常访问，如图 10-9 所示。

由于 FTP 服务器启用了基本身份验证，因此也可以使用 FTP 服务器上的本地用户或者域用户登录。

下面在 FTP 服务器上创建一个名为 ftpuser 的本地用户，然后在客户端用它来登录。如果要切换用户登录，可以在窗口空白处右击，选择“登录”命令，就可以输入相应的用户进行身份验证，如图 10-10 所示。

在“IIS 管理器”中单击“FTP 当前会话”可以查看目前连接到 FTP 站点的用户，也可以将某个连接强制断开，如图 10-11 所示。

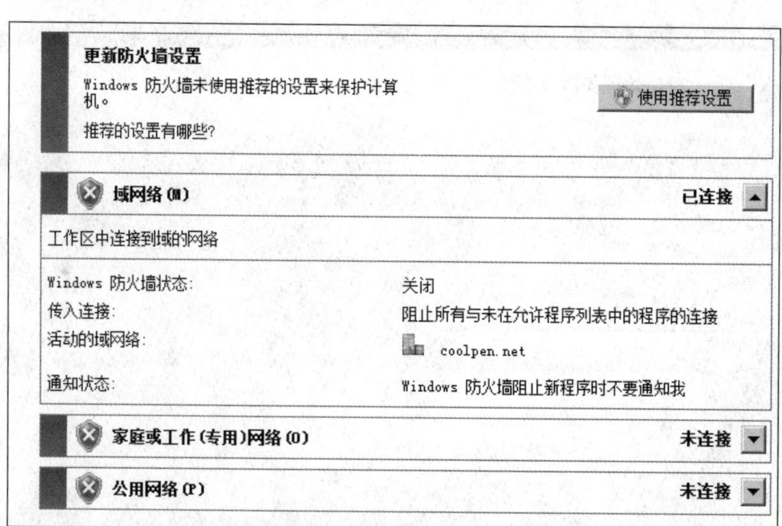

图10-9　关闭服务器端防火墙

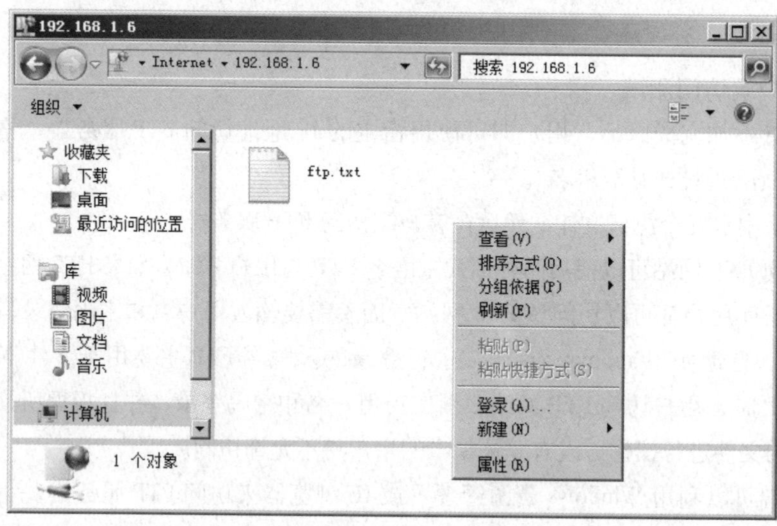

图10-10　切换用户登录

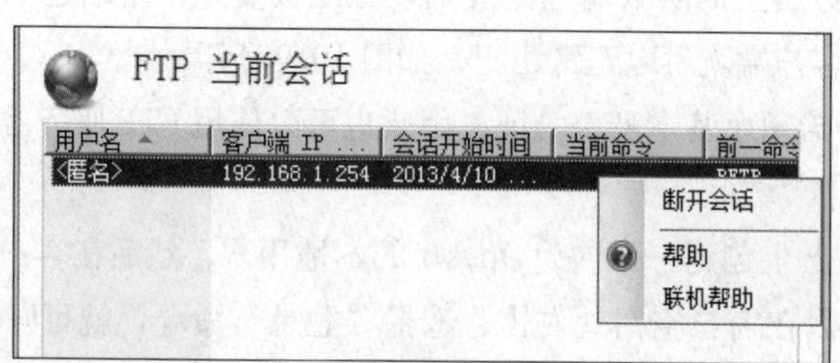

图10-11　查看连接到FTP站点的用户

四、配置虚拟目录

同 Web 服务器一样，也可以为 FTP 站点设置虚拟目录，通过虚拟目录来满足不同用户下载或上传的需求。

虚拟目录的配置同 Web 服务器类似，下面将 C:\movie 文件夹设置为站点的虚拟目录，如

图 10-12 所示。

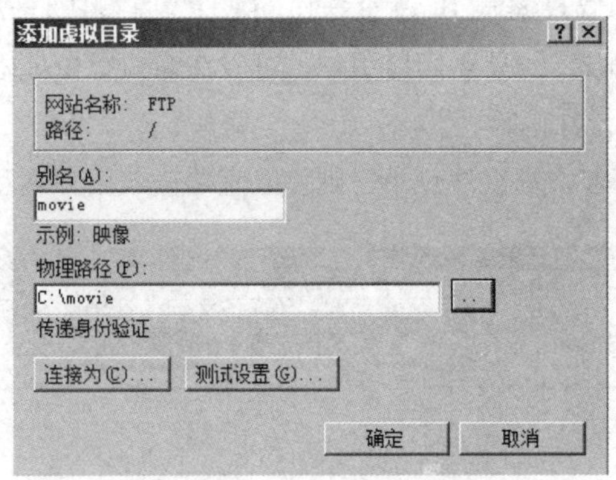

图10-12　设置站点虚拟目录

在客户端可以 ftp://192.168.1.6/movie 的形式访问虚拟目录。

五、用户身份认证与权限设置

为了提高服务器的安全性，我们可能希望对不同的用户授予不同的访问权限。例如，对于匿名用户只有下载权限，而对于指定的用户可以有下载和上传的权限。

要实现这个目的，可以通过配置“FTP 身份验证”和“FTP 授权规则”来实现。

① 在“FTP 身份验证”中要保证已经启用了“基本身份验证”，如图 10-13 所示。

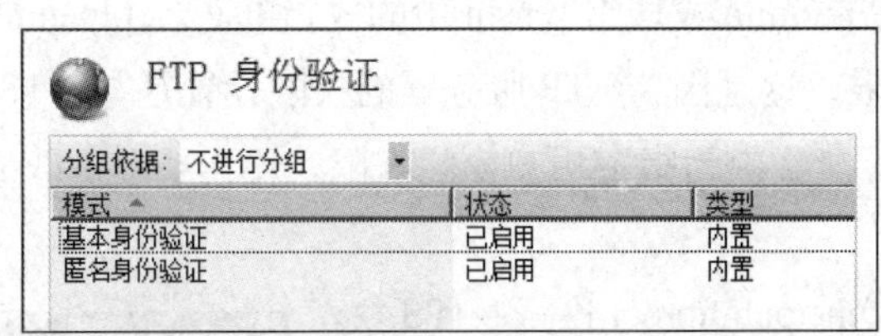

图10-13　启用基本身份验证

② 在“FTP 授权规则”中指定允许访问的用户。这里的用户既可以使用本地用户，也可以使用域用户。例如，在 FTP 服务器上创建一个名为 admin 的本地用户，然后单击“添加允许规则”，为其分配读取和写入权限，如图 10-14 所示。

③ 为域组 renshi 分配读取和写入权限，如图 10-15 所示。

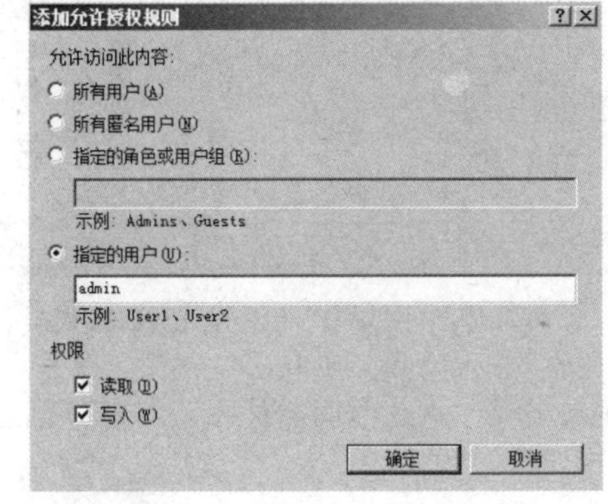

图10-14　添加允许授权规则

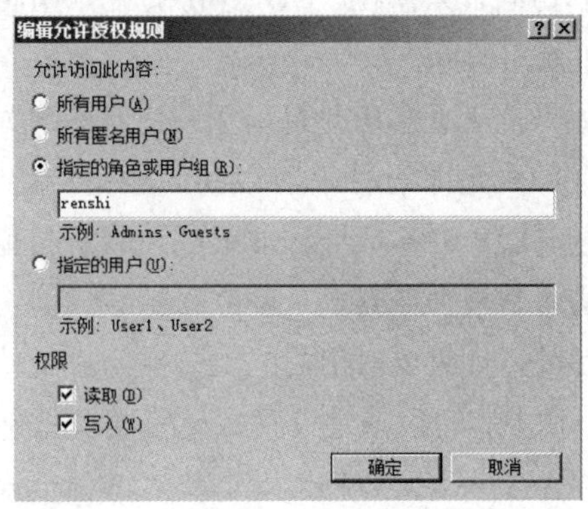

图10-15　为域组分配读取和写入权限

④ 设置好之后，在客户端进行测试。

客户端如果使用资源管理器或 IE 浏览器访问 FTP 站点，则自动使用匿名用户的身份访问站点，此时只有下载权限。如果要切换用户，可以在窗口空白处右击，选择“登录”命令，就可以输入相应的用户进行身份验证。

如果使用 CuteFTP 等客户端软件登录，则可以直接输入用户名和密码，如图 10-16 所示。

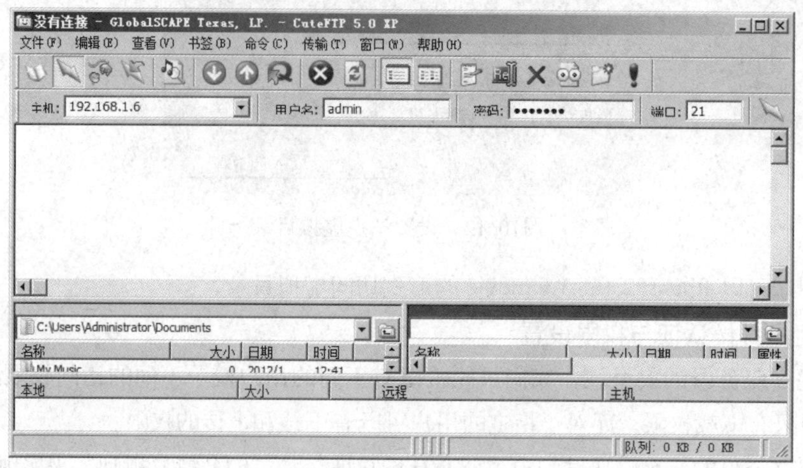

图10-16　使用CuteFTP登录

但是，当用本地用户 admin 或域组 renshi 中的成员 lisi@coolpen.net 登录后可以发现，无论是谁都没有写入的权限。这是因为 FTP 服务器的权限设置是与 NTFS 权限结合起来的。也就是说，不仅要在 IIS 管理器中为指定用户分配权限，还需要对 FTP 站点主目录设置相应的 NTFS 权限。

⑤ 对站点主目录 C:\inetpub\ftproot 进行 NTFS 权限设置，为 admin 用户和 renshi 组分配修改权限，如图 10-17 所示。

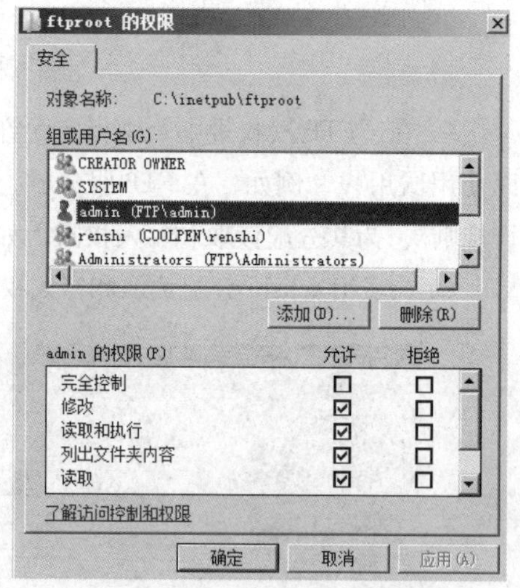

图10-17　设置分配修改权限

此时在客户端再次用相应的用户访问，便具有写入权限了。

如果只允许指定的用户访问 FTP 站点，而不允许匿名访问，只需在“FTP 身份验证”中将匿名身份验证禁用即可。

如果希望通过 IP 地址对用户访问 FTP 站点进行限制（如只允许某些 IP 可以访问或拒绝访问），可以通过“FTP IPv4 地址和域限制”来进行配置，具体方法同 Web 服务器。

另外，如果要对用户的上传空间或上传文件类型进行限制，可以通过设置磁盘配额或配额管理来实现，这在前面文件服务器部分已经有过介绍。

六、配置 FTP 用户隔离

用户隔离是 FTP 服务的一项重要功能。如果不隔离用户，那么所有用户在登录 FTP 站点之后，默认都将被导向到 FTP 站点的主目录，看到的都是相同的内容。通过隔离用户，可以让用户拥有其专属目录，此时用户登录 FTP 站点后，会被导向到此专属目录，而且可以被限制在其专属目录内，也就是无法切换到其他用户的专属目录，因此只能查看或修改自己专属目录内的文件。对于匿名用户，则可以设置一个公共目录，如果是用匿名用户的身份登录看到的是相同的公共内容。

打开“FTP 用户隔离”窗口，系统默认是不隔离用户，所有用户被自动导向到 FTP 根目录。要启用用户隔离，可以选择下面的“用户名目录（禁用全局虚拟目录）”，然后单击右侧的“应用”选项，如图 10-18 所示。

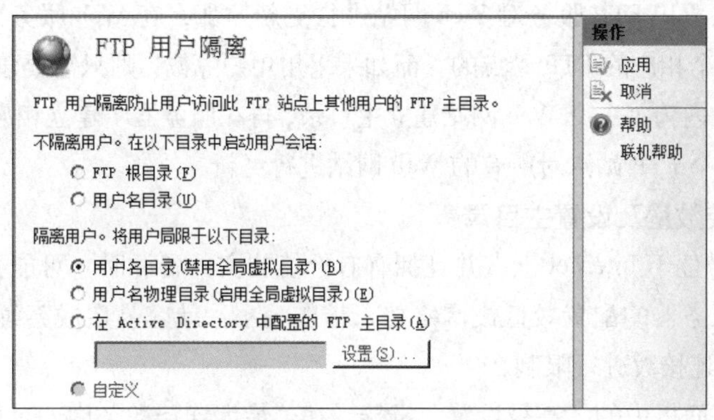

图10-18　启用用户隔离

然后，需要对有权限登录 FTP 的用户进行专属目录设置。用户的专属目录必须是位于 FTP 站点主目录下的子目录，可以是物理目录，也可以是虚拟目录。

按照用户类型的不同，专属目录有以下几种类型：

① localuser\ 用户名：localuser 文件夹是本地用户专属的文件夹，而用户名是本地用户名称。需要在 localuser 文件夹之下为每一位需要登录 FTP 站点的本地用户各新建一个专属子文件夹，文件夹名称需要与用户名称相同。

② localuser\public：当用户匿名登录时，会被导向到 public 文件夹。

③ 域名 \ 用户名：若用户是利用域用户账户来登录 FTP 站点，则首先需要为该域建一个专属文件夹，文件夹名需与 NetBIOS 域名相同；然后，在此文件夹之下为每一位需要登录 FTP 站点的域用户，各新建一个专属的子文件夹，文件夹名需与用户名相同。

下面以本地用户 admin、域用户 coolpen\lisi、匿名用户为例来进行用户隔离设置。在 FTP 站点主目录之下需要建立如表 10-1 所示的文件夹。

表10-1　在FTP站点主目录下建立的文件夹

用　户	文 件 夹
匿名账户	C:\inetpub\ftproot\localuser\public
本地用户admin	C:\inetpub\ftproot\localuser\admin
域用户coolpen\lisi	C:\inetpub\ftproot\coolpen\lisi

在每个文件夹中分别放置相应的测试文件，然后在客户端用不同的用户身份登录，可以发现分别被导向到了不同的专属文件夹。

如果需要为用户分配上传权限，同前面的设置一样，首先需要在“FTP 授权规则”中添加授权规则，然后再设置用户专属目录的 NTFS 权限。

在“FTP 用户隔离”中还可以设置使用“用户名物理目录”，它的配置方法与“用户名目录”基本一致，区别是它只允许使用物理目录，而不能使用虚拟目录。另外，禁用或启用全局虚拟目录是指用户能否访问 FTP 根目录下的其他虚拟目录。

在“Active Directory 中配置的 FTP 主目录”，只允许使用域用户账户，配置过程比较烦琐，在实际中用得也比较少。

实际上，如果要用 FTP 服务对 Web 网站进行更新，那么在 Web 服务器上是不可能为每一个网站都建立一个相应的 FTP 站点的。而如果采用用户隔离，则只需要建立一个 FTP 站点，然后在 FTP 主目录内为每一个 Web 网站建立主目录，再在服务器中建立相应的用户账户即可，这样就可以只用一个 FTP 站点对所有的 Web 网站进行更新。

七、限制连接数量及设置主目录

当 FTP 服务器位于 Internet 上，并且拥有有价值的文件资源时，可能会产生大量的用户并发访问。如果服务器的配置较低或网络接入带宽较小，就容易造成系统响应迟缓或瘫痪。此时，可以对最大连接数进行限制。

单击“操作”面板中的“高级设置”链接，在“最大连接数”中即可设置允许同时连接的用户数量，如图 10-19 所示。

另外，在该界面中也可以对 FTP 站点的主目录进行设置，即“物理路径”。主目录页可以通过“操作”面板中的“基本设置”进行设置，如图 10-20 所示。

高级设置 ?×

⊟（常规）	
ID	2
绑定	192.168.1.6:2121:
名称	FTP
物理路径	C:\inetpub\ftproot
允许 UTF8	True
自动启动	True
⊟ 行为	
⊟ 连接	
达到最大连接数时重置	False
服务器侦听预备	60
禁用套接字池	False
控制通道超时	120
数据通道超时	30
未经身份验证的超时	30
最大连接数	4294967295
⊞ 文件处理	

最大连接数
[maxConnections] 指定同时连接至一台服务器的最大连接数。

确定 取消

图10-19 设置连接和用户数量

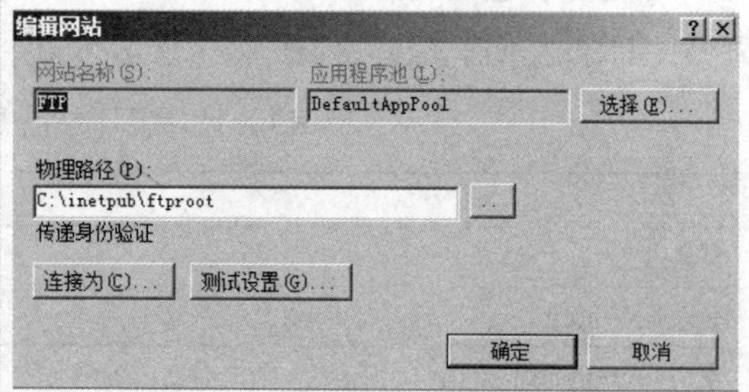

图10-20 设置主目录

八、设置 FTP 消息

为了使得 FTP 站点更加人性化，同时也对企业网站起到宣传作用，通常会为 FTP 站点设置消息。消息主要是在用户登录或退出时显示的信息，可以通过 FTP 主页中的“FTP 消息”进行设置，如图 10–21 所示。

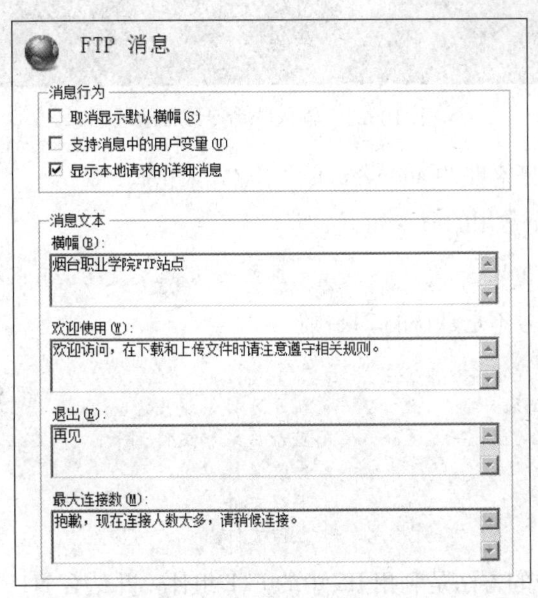

图10–21　设置FTP消息

如果利用 IE 浏览器或资源管理器来连接 FTP 站点的话，那么并不会看到以上信息。只有当使用 FTP 命令行或专门的客户端软件如 CuteFTP 时才会显示提示消息，如图 10–22 所示。

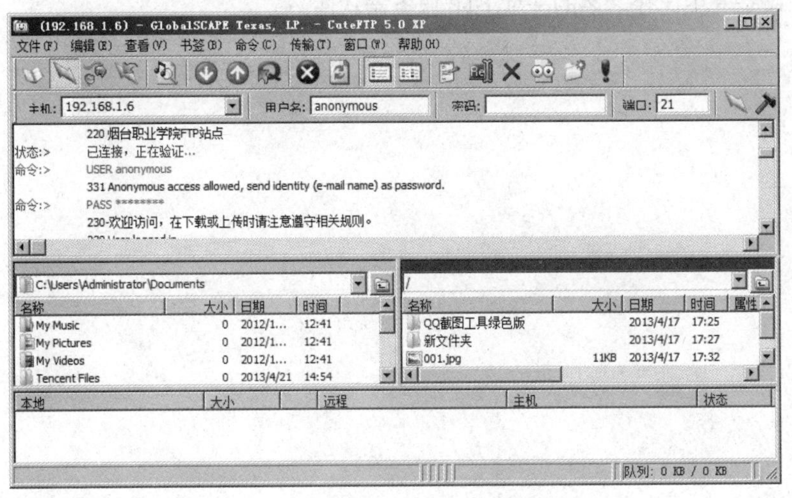

图10–22　在CuteFTP中显示消息

九、使用 FTP 命令行

客户端除了使用 Windows 自带的资源管理器或者第三方软件之外，还可以命令行去访问 FTP 服务器。

在命令提示符状态下，输入 ftp，出现提示符 ftp>，就可以输入 ftp 命令了。也可以直接

执行 ftp 命令指定要连接的站点 IP 或域名，如 ftp 192.168.1.6，如图 10-23 所示。

```
C:\Users\zhangsan>ftp 192.168.1.6
连接到 192.168.1.6。
220-Microsoft FTP Service
220 烟台职业学院FTP站点
用户(192.168.1.6:(none)): anonymous
331 Anonymous access allowed, send identity (e-mail name) as password.
密码:
230-欢迎访问，在下载和上传文件时请注意遵守相关规则。
230 User logged in.
```

图10-23　输入ftp命令或IP地址

在“用户”处输入匿名账户 anonymous，不必输入密码。

在 ftp 命令行模式下常用的命令如下：

```
ftp>open 主机 IP 地址                # 连接主机，这里需要输入用户名和密码进行身份验证
```

如果服务器的端口号不是默认的 21，则

```
ftp>open 22.190.68.11 2121
ftp>quit  或  ftp>bye                # 断开连接，退出 ftp 状态
ftp>dir  或  ftp>ls                  # 显示目录和文件列表
ftp>cd 目录名                        # 更改工作目录
ftp>get 文件名                       # 下载文件
ftp>put 文件名                       # 上传文件
```

微软实现 FTP 服务的方法是利用 IIS 中的 FTP 组件，并结合 NTFS 文件系统来配置用户的权限，利用磁盘配额或配额管理来限制用户的可用空间等。

不过，要使用 Windows Server 系统中提供的 FTP 服务器功能，则用户需要熟悉 FTP 服务、NTFS 权限等操作的设置，对用户要求较高。因此，出现了很多专门搭建 FTP 服务器的软件，如 Server-U 就是其中比较著名的一款 FTP 服务器软件。

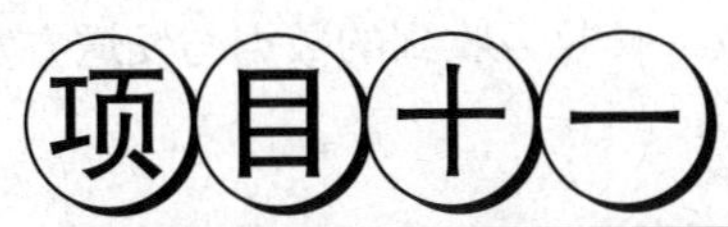

项目十一

CA证书服务器配置与管理

学习目标：

通过本项目的学习，读者将能够：

- 理解对称式加密、非对称式加密、消息摘要算法等相关知识；
- 理解数字证书、CA、PKI 等相关概念；
- 掌握证书服务的安装以及证书的申请；
- 掌握企业 CA 的管理；
- 掌握在 Web 服务器上设置 SSL 的方法。

互联网是一个开放的环境，用户在网络中传输的数据有可能被别人截获，从而泄露一些诸如银行密码之类的机密信息。用户也有可能接收到一些假冒别人身份发来的虚假信息等。因此在网络通信中，如何确保网络中传输数据的安全性是一个重要问题。

本项目将介绍如何配置 CA 证书服务器，以保证网络数据传输的安全性。

任务一　学习基础网络安全技术

任务描述

在网络通信过程中涉及的安全问题主要集中在三方面：数据的机密性、数据的有效性、数据的一致性，这些问题可以分别通过数据加密、数字签名、消息摘要技术来解决。

本任务将介绍：

① 对称式加密和非对称式加密技术；

② 数字签名技术；

③消息摘要算法。

任务分析及实施

一、网络通信安全中的主要问题

网络安全技术虽然非常复杂，但归纳起来，主要就是为了解决以下三方面的问题：

① 数据的机密性：即如何令人们发送的数据，即使被其他无关人员截获，他们也无法获知数据的含义。

② 数据的有效性：指数据不能被否认，一方面需要确认收到的数据是由某个确定的

用户发出的；另一方面发送方不能对自己发出的数据进行抵赖。

③ 数据的一致性：即保证数据在传送过程中没有被篡改，接收方收到的数据与发送方发送的数据完全一致。

对于这 3 个问题，分别有相应的解决方法：

① 数据机密性：通过对数据进行加密实现。

② 数据有效性：通过数字签名实现。

③ 数据一致性：通过消息摘要算法实现。

以上三点是网络通信安全的总纲，那些名目繁多的协议和算法无非是为了实现这 3 个解决方法而采用的不同手段而已。

二、数据加密技术

1. 对称式加密

数据加密是为了实现数据的机密性，这也是网络安全技术中最基础和最重要的一个部分。这里涉及一些基本概念：

① 明文：加密之前的数据。

② 密文：加密之后的数据。

③ 算法：把数据从明文转换成密文的方法。

④ 密钥：在加密算法中所使用的函数。

为了更好地理解这些概念，下面用一种非常古老的加密算法——“凯撒加密”作为范例进行说明。

凯撒加密的算法很简单：将明文中的所有字母后移 *k* 位，就得到了密文，而 *k* 就是密钥。具体如图 11-1 所示。

I love you	明文
J mpwf zpv	密文
所有字母后移了 1 位，“1”就是密钥	

图11-1 凯撒加密示例

在这个例子中，加密和解密都使用相同的密钥，像这类加密算法就称为对称式加密，也称共享密钥加密。任何人只要知道了密钥，就可以将数据解密。

当然，凯撒加密算法非常简单，即使不知道密钥，也很容易将其暴力破解。在实际应用中使用较多的对称式加密算法是 DES（Data Encryption Standard，数据加密标准）。

DES，是由 IBM 公司研制的一种加密算法。它的基本原理是采用分组加密，将需要加密的数据分成 64 KB 大小的分组，然后再将每个分组等分为 32 KB 大小的两部分，然后用一个 56 位数的密钥对每部分进行加密，再将经过加密后的两部分数据组合成一个分组，称之为“1 轮”运算。然后，将分组再拆分，再加密，再组合，称之为“2 轮”运算，前后共需经过 16 轮运算，才可得到最终的加密后的数据。

虽然 DES 算法非常复杂，但随着计算机运算速度的不断发展，DES 加密已经能够被暴力破解方法所破解，所以后来 IBM 又推出了升级版本——3DES，它要执行 3 次常规的 DES 加密，而且密钥长度也增加了 1 倍，扩展到了 112 位。

可以说，一种加密算法的安全性主要就是由其密钥长度决定的。例如，在现有的条件下，要破解一个用 56 位密钥加密的数据，需要用时 3.5~21 min；而要破解一个用 128 位密钥加密的数据，则需要用时 5.4×10^{18} 年。

除了 DES 和 3DES 之外，对称式加密算法还有 AES、IDEA、RC 系列等，这些对称加密算法的优点是加密效率比较高，适合对大数据块的加密。但它们也都存在一个致命的缺点——密钥管理困难，密钥一旦被泄露，再复杂的加密算法也无济于事，所以如何管理和分配密钥是个重要的问题。另外，在采用对称加密时，每个用户之间的密钥都不能相同，因而密钥维护的工作量也非常大。

2. 非对称式加密

非对称式加密主要就是为了解决对称式加密的密钥分配问题而产生的，非对称式加密也称为公钥密码系统，它要求密钥必须成对出现，一个为公开密钥（简称公钥），一个为私有密钥（简称私钥），而且这两个密钥不能从其中一个推导出另一个。

在采用非对称式加密时，每个用户拥有一对密钥：一个公钥和一个私钥。公钥要发布出去，所有人都可以自由获得；而私钥则要由用户严密保管，以保证绝对的安全。公钥和私钥都可以用于加密，用公钥加密的信息只能用相应的私钥解密，反之亦然。

当使用非对称式加密在两个用户之间传送数据时，发送方使用接收方的公钥加密数据，接收方使用自己的私钥解密数据。例如，发送方 A 要给接收方 B 发送数据，其加密 / 解密流程如图 11-2 所示。

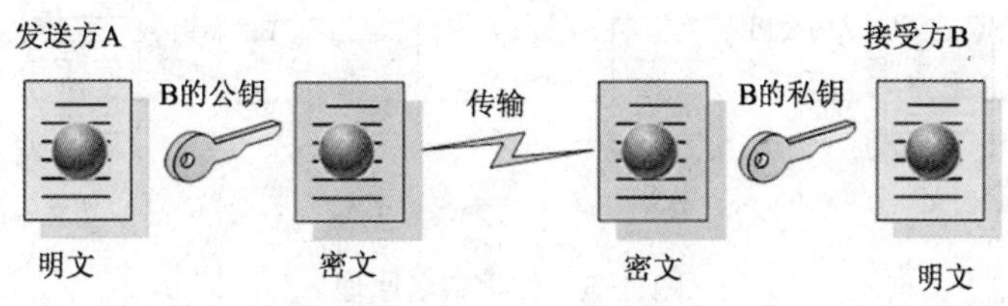

图11-2　加密/解密流程

非对称式加密的最大优点是密钥管理简单，相比对称式加密具有更高的安全性。而且，每个用户只需要有一对密钥，就可以完成与所有用户之间的加密通信，密钥维护的工作量比较小。

非对称式加密的缺点是加密效率不高，所以主要用于对小数据块的加密。

RSA 是最常用的非对称加密算法，RSA 算法的基本原理如下：

① 选取 2 个素数 p 和 q。

② 计算 $n=p \times q$，$r=(p-1) \times (q-1)$。

③ 随机选取一个与 r 互质的整数 d 作为私钥。

④ 计算公钥 e，使得（$e \times d$）mod r=1，即 e 和 d 的乘积，除以 r，余数为 1。

RSA 算法也是先要将数据进行分组，然后再分别进行加密，数据分组的大小是由 r 决定的，分组的大小必须小于等于 $\log_2 n$。

3．对称式加密和非对称式加密的结合使用

既然对称式加密的效率高，但密钥管理困难，而非对称式加密密钥管理简单，效率却低，那么将这两种加密算法结合起来使用是不是效果会更好呢？

其实在实践中也正是这样应用的：在加密传送数据时，数据加密主要是采用对称式加密方法，而非对称加密则专用于传送对称加密的密钥。

例如，发送方 A 要给接收方 B 发送一个数据。

① 在发送方 A 进行加密操作：先将明文采用对称式加密，假设密钥为“123”；再将密钥“123”采用非对称式加密，即利用 B 的公钥加密。

② 在接收方 B 进行解密操作：先利用 B 的私钥解密对称式加密，得到密钥“123”；再利用密钥“123”解密对称式加密，得到数据明文。

三、数字签名

数字签名主要用来实现数据的有效性。

数字签名其实也是采用了非对称式加密算法，只不过加密和解密的过程与之前正好相反。我们之前一直都是在用公钥加密，用私钥解密；而在进行数字签名时，则要反过来，用私钥加密，用公钥解密。

数字签名是指发送方使用自己的私钥加密要发送的数据，接收方使用发送方的公钥解密数据。由于私钥仅为用户个人拥有，所以通过数字签名可以使接收方确认发送方的身份，而发送方也不能对发送出去的数据抵赖，从而保证数据的有效性。其原理如图 11-3 所示。

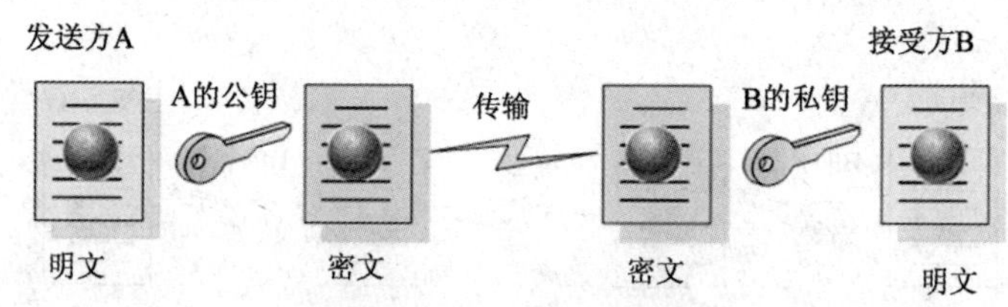

图11-3　数学签名原理

在这个过程中，在发送方用私钥将明文加密的操作称为签名；在接收方，用公钥将密文解密的过程称为认证。要注意的是，虽然这里也是在进行加密和解密的操作，但目的并非是为了实现数据的机密性，而是为了保证数据的有效性。

因而对于非对称式加密算法中的公钥和私钥，其作用可以归纳为：

① 公钥用于加密和认证。

② 私钥用于解密和签名。

四、消息摘要算法（Hash 算法）

到目前为止，已经解决了网络安全技术中的数据机密性和数据有效性问题，只剩最后一个数据一致性的问题，即如何保证接收方收到的数据与发送方发出的数据是完全一样的。

解决这个问题的方法是通过另外一种称为消息摘要的算法。

1．Hash 算法的特点

消息摘要算法也称单向散列算法（Hash 算法），这种算法非常特殊，它可以将一个任意大小的数据经过散列运算之后，得到一个固定长度的数值（Hash 值）。例如，将一个大小只有 10 B 的文件和一个大小为 5 GB 的文件，分别用 Hash 算法进行加密，都将得到一个长度为 128 位或 160 位的二进制数的 Hash 值。

另外，Hash 算法还有一个特点，那就是散列运算的过程是不可逆的，即无法通过 Hash 值来推导出运算之前的原始数据。

Hash 算法的特征归纳起来主要有以下 4 点：

① 定长输出：无论原始数据多大，其结果大小一样。

② 不可逆：无法根据加密后的密文，还原原始数据。

③ 输入一样，输出必定一样。

④ 雪崩效应：输入微小改变，将引起结果巨大改变。

前两个特点刚才已经介绍过，下面通过一个具体的操作来体会一下后两个特点，这里要用到一个名为 MD5Calculator 的小软件，它可以来对指定的文件进行 MD5 加密。

MD5 加密是 Hash 加密算法的一种具体应用，除了 MD5 之外，还有一种被广泛采用的同样基于 Hash 加密的加密算法——SHA1。MD5 和 SHA1 的主要区别是它们所生成的 Hash 值的长短不同，MD5 加密生成的 Hash 值长度为 128 位，SHA1 加密生成的 Hash 值长度为 160 位。

操作步骤如下：

① 随意找一个文件，例如一个 Word 文档，用它来生成 Hash 值。注意，图 11-4 所示文档中最后没有句号。

> 本书内容选取依据企业网络管理背景，分析具体项目需求，提炼出 12 个教学项目。通过本书的学习，读者可顺利完成中小企业局域网的 Windows 系统运维工作。本书突出职业能力和实践技能的培养，内容结构采用项目式，设计了多个典型工作情境下的工作案例，步骤清晰，图文并茂，突出实用性和实践性

图11-4　准备加密的文档

② 用软件 MD5 Calculator 对文件进行加密运算，生成 Hash 值，将其保存下来，如图 11-5 所示。

③ 把原来的文件修改一下，在末尾增加一个句号，然后重新计算生成 Hash 值，如图 11-6 所示。

④ 对比可以发现，前后两次的 Hash 值差别非常大，但是 Hash 值的长度都是一样的，都是一个 32 位的十六进制数（即 128 位的二进制数）。

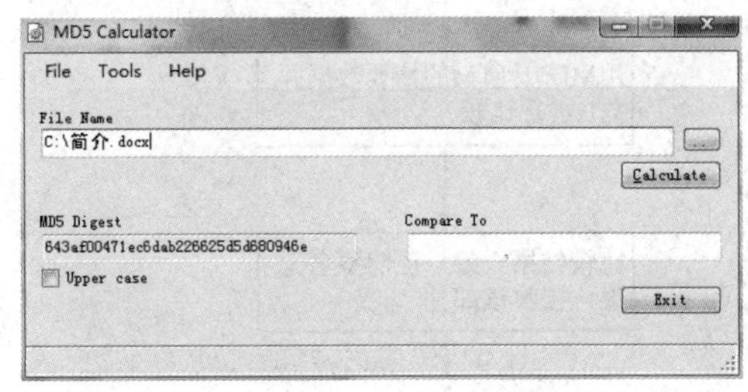

图11-5　进行MD5加密

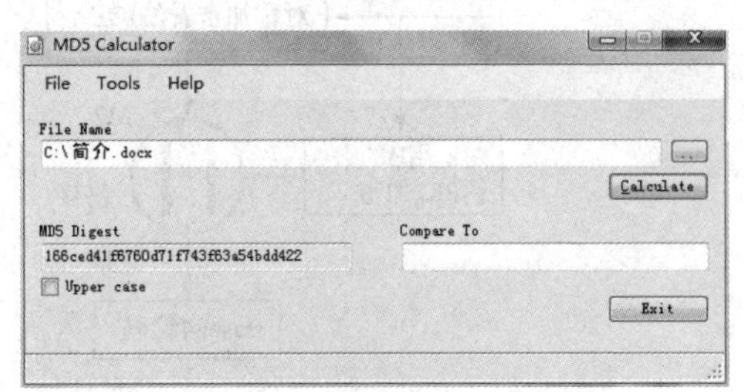

图11-6　文件修改后生成的Hash值

2. Hash 算法的应用

正是因为消息摘要算法具有这些特点，所以可以被用于验证发送数据的一致性。信息的

发送方使用散列算法生成数据的 Hash 值，然后将 Hash 值与数据本身一起发送。接收方同时收到数据和 Hash 值，并将收到的数据也用同样的散列算法产生另一个 Hash 值。然后，将两个 Hash 值进行比较，如果两者相同，则说明数据在传送过程中没有被改变。

在实际应用中，一般都是将数字签名和消息摘要结合起来使用，即在进行数字签名时，并非是用私钥将整个明文数据进行加密，而是先将明文用消息摘要算法生成散列值，然后用私钥对散列值进行加密。这样做的好处很明显，一是可以提高效率，二是可以保证散列值的安全。在接收方，需要先用公钥解密得到散列值，然后对明文数据也进行同样的散列运算，最终对结果进行比较。

Hash 加密算法在网络安全领域应用得非常广泛，除了验证数据的完整性和一致性之外，也可以用来对数据进行加密。像在 Windows 系统以及 Linux 系统中，都是采用了 Hash 算法来对用户的密码进行加密。

五、安全技术综合运用

网络安全是一个比较复杂的技术领域，在实践中，一般都是将上述这些安全技术综合在一起运用的。

例如，安全电子邮件协议 PGP 就是对这些安全技术的综合运用，PGP 协议对数据的处理过程如图 11-7 所示。

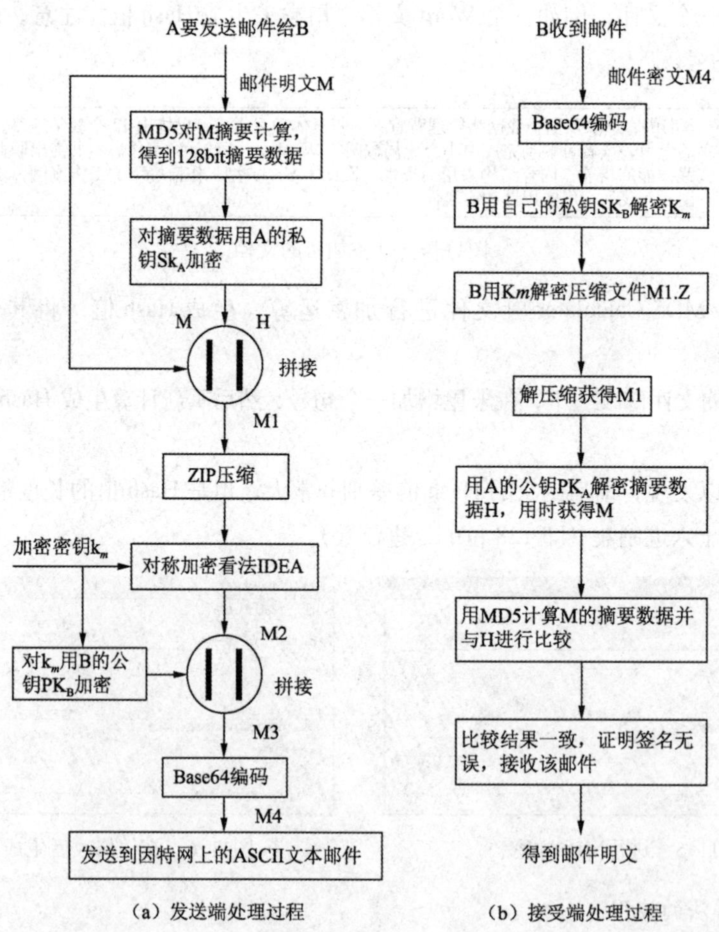

图11-7　PGP协议对数据的处理过程

在发送方A，首先对要发送的明文用MD5算法生成摘要，并将摘要用A的私钥加密，实现了对信息的数字签名。然后，将加密后的数据与原来的明文拼接在一起，经过压缩以后用对称加密算法IDEA加密，IDEA的密钥则用接收方B的公钥加密。将加密后的明文和加密后的密钥拼接在一起，经过编码之后发送出去。

在接收方B，首先用自己的私钥解密IDEA的密钥，然后再用密钥解密IDEA加密的数据，得到明文和加密后的MD5值。再用A的公钥解密MD5值，并用同样的MD5算法对明文进行散列运算，将得到的MD5值进行对比，如果比较结果一致，证明签名无误，接收该邮件。

任务二　架设CA证书服务器

任务描述

用户要想使用之前提到的安全技术，必须要先拥有数字证书；证书要由权威的认证机构CA颁发；PKI则是非对称式加密、证书、CA的组合体。

任务分析及实施

一、证书、CA与PKI

用户要想使用之前提到的种种安全技术，必须要先拥有数字证书；证书要由权威的认证机构CA颁发；PKI则是非对称式加密、证书、CA的组合体。

1. 证书

对于用户来讲，在实际应用中主要是通过证书来实现前面所提到的种种安全技术。就好像开车首先必须要办理驾照一样，要使用这些安全技术，首先就得去申请证书。

例如，可以通过下面的操作办理一个证书。

① 随意建立一个文本文件，在其属性设置的“常规”选项卡中，单击右下角的“高级”按钮。

② 在“高级属性”对话框中勾选“加密内容以便保护数据”复选框（见图11-8），也就是对文件进行EFS加密。

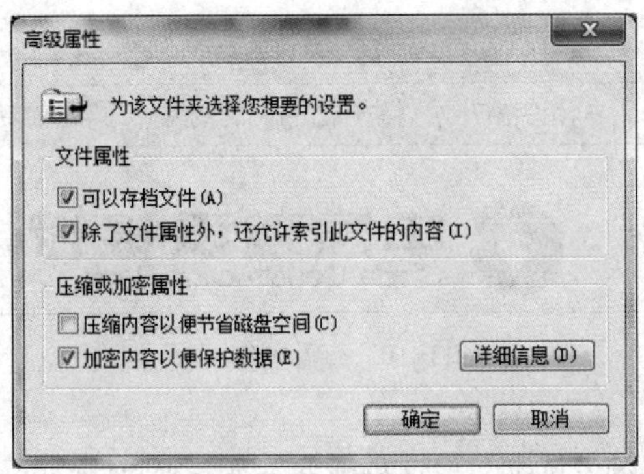

图11-8　对文件进行加密

③ EFS 加密和解密都是通过证书来实现的。只要在系统中进行了 EFS 加密，那么系统就会自动为当前用户创建一个证书。要查看证书，可以打开 IE 浏览器的“Internet 选项”，在“内容”选项卡中单击“证书”按钮，然后在“个人”选项卡中就可以看到系统已经创建好的证书。

④ 查看证书的详细信息，可以看到其中包括了由 RSA 加密算法所产生的公钥以及其他一些信息，如图 11-9 所示。

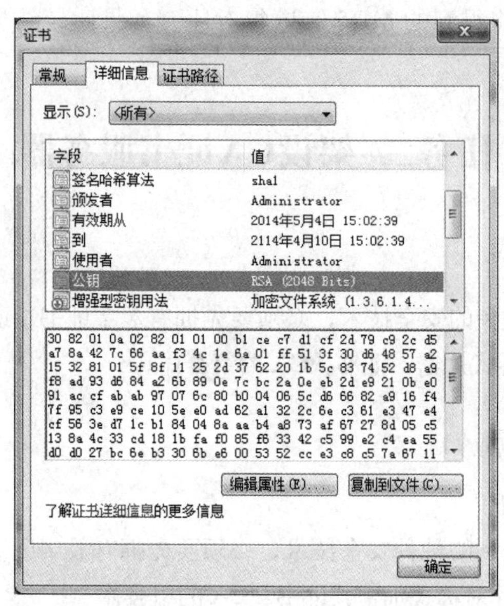

图11-9 “证书”对话框

目前所使用的证书都是遵循由国际电信联盟制定的 X.509 数字证书标准，符合该标准的证书主要包含以下内容：使用者的公钥值、使用者标识信息（如名称和电子邮件地址）、有效期（证书的有效时间）、颁发者标识信息、颁发者的数字签名（类似于驾照上的交通盖章）。

证书在网络服务器中应用得非常广泛，如 Web 服务器中的服务器和用户身份验证、邮件服务器中的安全电子邮件等都要用到证书。比如我们在访问银行网站时，当要登录个人网银界面，便会自动切换到 https 安全传输模式，此时点击浏览器地址栏中的小锁标记，便可以查看到该网站的证书，如图 11-10 所示。

图11-10 查看网络证书

2. CA（认证中心）

虽然可以自己为自己颁发证书，但这种证书不具备权威性，就好比自己制作了一张身份证或驾照一样，无法得到别人的认可。身份证和驾照必须要由公安局颁发，证书也是如此，必须要由权威的第三方机构颁发，这个机构就被称为 CA（Cerfiticate Authority，认证中心）。

当用户在申请证书时，首先需要输入姓名、地址、电子邮件等用户信息，然后由系统内的 CSP 程序生成公钥和私钥，CSP 将私钥存储到申请者计算机的注册表中，再将证书申请数据与公钥一起发送到 CA。CA 检查这些数据无误后，会利用自己的私钥将要发放的证书加以签名，然后发放证书。申请者收到证书后，将证书安装到自己的计算机里。

CA 作为一个权威机构，必须要得到用户的信任。如果用户在访问某个网站时，该网站所使用的证书是由一个不被信任的 CA 颁发的，就会弹出警告提示如图 11-11 所示。

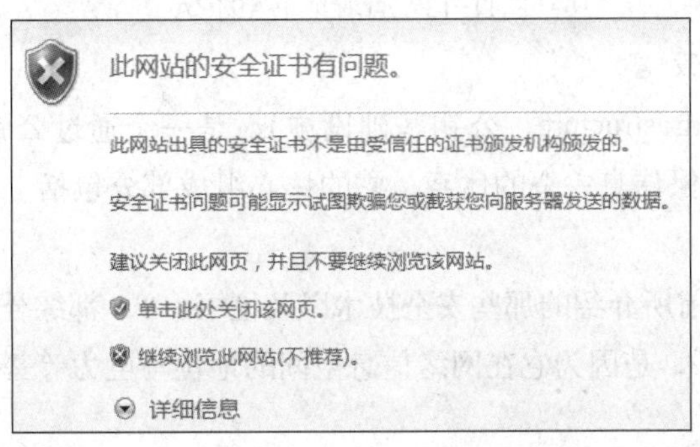

图11-11　警告提示

那么哪些 CA 是可以信任的呢？其实在 Windows 系统中默认已经自动信任了一些知名的商业 CA，这些 CA 同样可以通过 IE 浏览器查看到。打开 IE 浏览器的“Internet 选项”对话框，单击“内容”→“证书”按钮，然后在“受信任的根证书颁发机构”中可以查看到这些已经被信任的 CA，如图 11-12 所示。

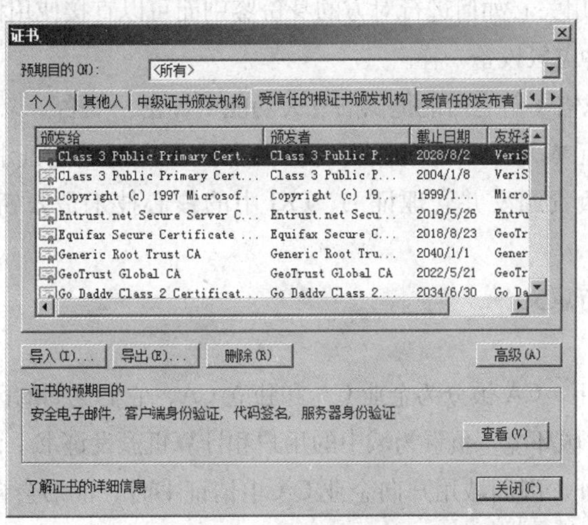

图11-12　“证书”对话框

从一个已经安装好的证书中，也可以查看到颁发这个证书的 CA。例如，建行的证书，在“证书路径”中就可以查看到颁发证书的 CA，其中 VeriSign Class 3 Internet Server CA 是 VeriSign 下面的一个子 CA，用户只要信任了 VeriSign，也就自动信任其下的所有子 CA，如图 11-13 所示。

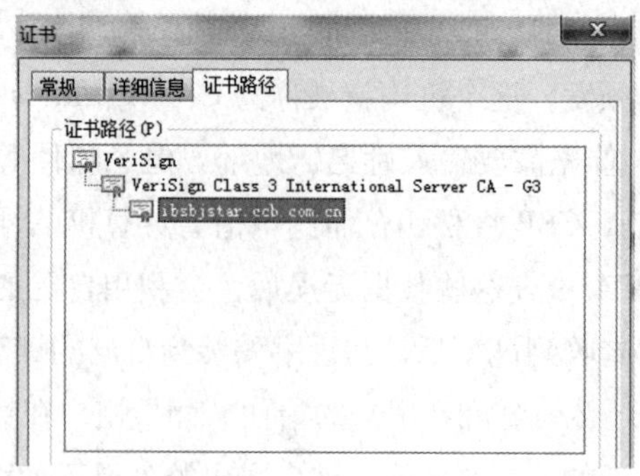

图11-13　查看证书A的CA

3. PKI（公钥基础设施）

PKI（Public Key Infrastructure，公钥基础设施），是一个通过公钥加密技术（即非对称式加密）与数字证书确保信息安全的体系，它的核心组成部分包括：公钥加密技术、数字证书、CA。

PKI其实就是把之前所介绍的那些安全技术以及证书、CA都综合在一起的一个总称，之所以称其为"基础设施"，是因为它在网络信息空间的地位与电力等基础设施在工业中的地位类似。

电力系统，通过延伸到用户的标准插座为用户提供能源，用户只要把各种电气设备插到电源插座上就可以使用电力，而根本不必去关心电到底是怎么产生的，又是怎么传输到这里的。

PKI也是如此，它通过延伸到用户本地的接口，为各种应用提供安全的服务。有了PKI，安全应用程序的开发者不用再关心那些复杂的数学运算和模型，而直接按照标准使用一种插座（接口）。用户也不用关心如何进行对方的身份鉴别而可以直接使用标准的插座，正如在电力基础设施上使用各种电气设备一样。

所以对于PKI，只需了解它所能提供的三大功能：加密、签名、验证。

PKI中最基本的元素是数字证书，所有的安全操作主要通过证书来实现。PKI中最重要的设备则是CA，负责颁发并管理证书。PKI中的核心技术是公钥加密技术（非对称式加密）。

二、CA的分类与意义

1. CA的分类

在Windows环境下，CA被分为企业CA和独立CA，它们之间的区别如下：

① 企业CA：要求域环境，负责为域中的用户和计算机颁发证书；由于域用户在登录过程中已经进行了身份验证，因而域用户向企业CA申请证书时，证书会自动颁发，无须管理员操作。

② 独立CA：不要求域环境，既可以为企业内网中的用户，也可以为互联网上的用户颁发证书；证书颁发必须要由管理员操作。

另外，在复杂的认证体系中，CA还可以分为不同的层次，即包括根CA和子CA。其中，根CA是CA信任体系结构的最高层，它一般负责整个CA体系的管理，为下属的子CA签发并管理证书，而不直接为用户签发证书。根以下的各级 CA 都称为子 CA，负责为本辖区的用户颁发和管理证书。

在 Windows Server 2008 R2 系统中搭建 CA 服务器时，可以将服务器配置成企业根 CA、企业子级 CA、独立根 CA、独立子级 CA 四种类型。

2. 在企业内网架设 CA 服务器的意义

CA 的核心功能是颁发和管理数字证书,CA 可以是互联网中的商业 CA,也可以由自己创建。

从商业 CA 申请证书需要缴纳不菲的费用，在以下几种情况下，可以在企业内网中自己架设 CA 服务器来为自己颁发证书。

一种情况是的证书只需要在企业内部或一些合作单位之间使用，这时就可以自己架设 CA 服务器。当然，这种由自己架设的 CA 由于不被信任，当用户在使用时会弹出警告提示。

第二种情况是企业网络中对证书的需求量比较多。例如，企业下设了很多分公司，每个分公司都有自己独立的网站，每个分公司的网站都需要使用证书。这时，如果每个网站都向商业 CA 申请证书，花费会比较大。用户可以在企业内网中架设内网 CA，然后从商业 CA 那里为内网 CA 申请一张证书，使内网 CA 成为商业 CA 的子 CA，最后再由内网 CA 负责为所有的网站颁发证书。由于所有的用户都信任商业 CA，因此也就会自动信任内网 CA 以及由它所颁发的证书，这样用户在使用时就不会出现警告提示。

下面模拟第二种情况来搭建实验环境：首先架设一台独立根 CA，让它扮演商业 CA 的角色；然后在企业网络中架设一台企业子 CA，它先从独立根 CA 那里申请证书，然后再为企业网络中的其他用户颁发证书。

在实验环境中，只架设一台企业根 CA，直接用它来为用户发放证书。

三、架设企业根 CA 服务器

由于 CA 服务的负载并不大，因而没有必要单独占用一台服务器，这里将它部署在之前已经搭建好的额外域控制器（IP：192.168.1.2）上。

① 以域管理员的身份登录额外域控制器，在“服务器管理器”中选择添加“Active Directory 证书服务”角色，如图 11-14 所示。

② 除了默认的证书颁发机构外，还需要安装“证书颁发机构 Web 注册”组件（见图 11-15），并在打开的界面中单击“添加所需的角色服务”按钮来安装 IIS 角色，以便让用户可以利用浏览器来申请证书。

图11-14 添加“Active Directory证书服务”

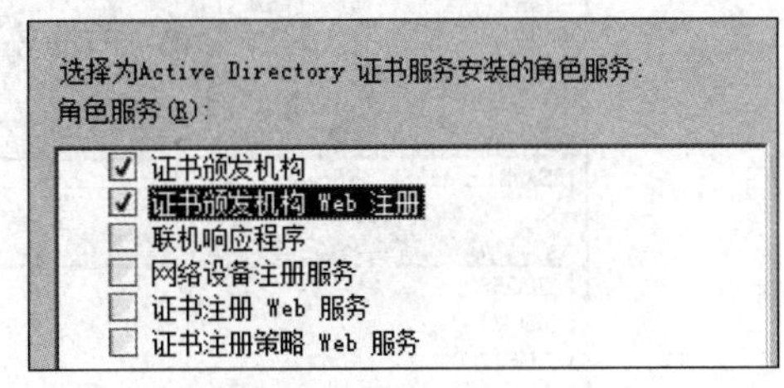

图11-15 安装“证书颁发机构Web注册”组件

③ CA 安装类型选择“企业”。企业根 CA 发放证书的对象仅限于域用户，如图 11-16 所示。

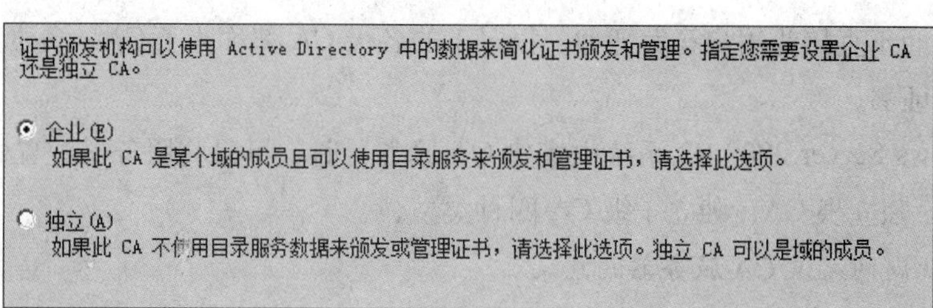

图11-16　选择“企业”类型

④ CA 类型选择“根 CA”，如图 11-17 所示。

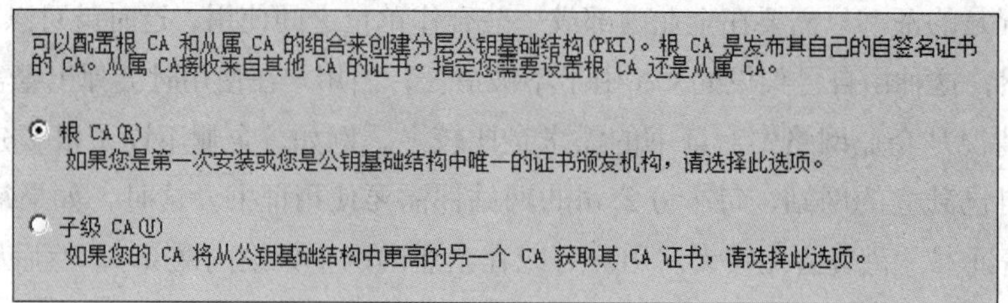

图11-17　选择CA类型

⑤ 在“设置私钥”中选择“新建私钥”，此为 CA 的私钥，CA 必须拥有私钥后才可以发放证书，如图 11-18 所示。

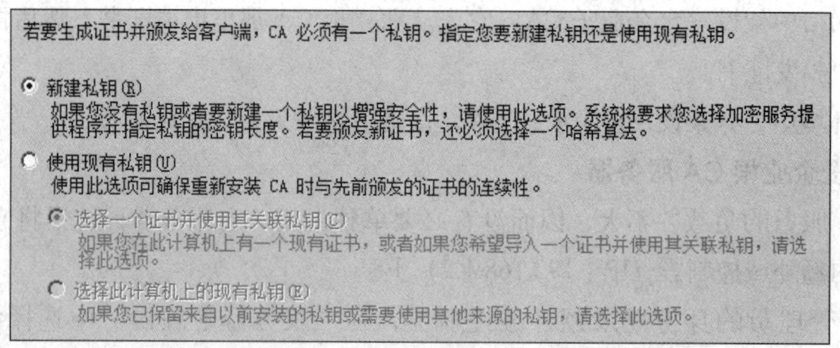

图11-18　选择“新建私钥”

⑥ 采用默认的私钥创建方法，加密算法使用的是 RSA，密钥长度 2 048 位，哈希算法（消息摘要算法）采用的是 SHA1，如图 11-19 所示。

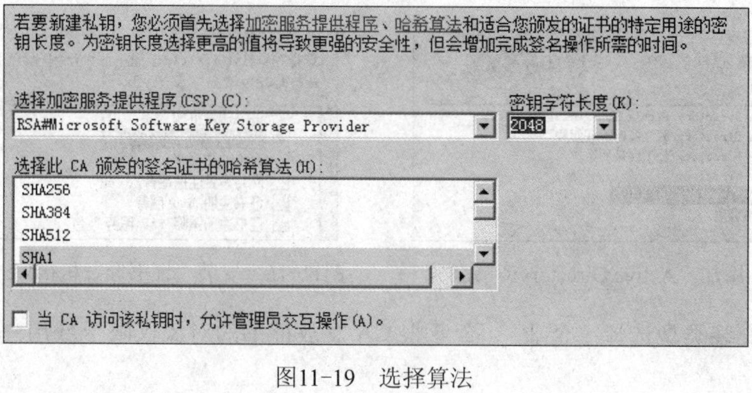

若要新建私钥，您必须首先选择加密服务提供程序、哈希算法和适合您颁发的证书的特定用途的密钥长度。为密钥长度选择更高的值将导致更强的安全性，但会增加完成签名操作所需的时间。

选择加密服务提供程序(CSP)(C):　RSA#Microsoft Software Key Storage Provider

密钥字符长度(K):　2048

选择此 CA 颁发的签名证书的哈希算法(H):

SHA256
SHA384
SHA512
SHA1

当 CA 访问该私钥时，允许管理员交互操作(A)。

图11-19　选择算法

⑦ CA 名称采用默认值，如图 11-20 所示。

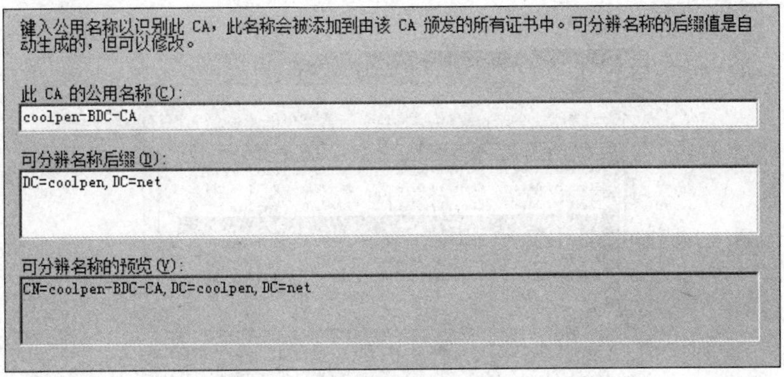

键入公用名称以识别此 CA，此名称会被添加到由该 CA 颁发的所有证书中。可分辨名称的后缀值是自动生成的，但可以修改。
此 CA 的公用名称(C):
coolpen-BDC-CA
可分辨名称后缀(D):
DC=coolpen, DC=net
可分辨名称的预览(V):
CN=coolpen-BDC-CA, DC=coolpen, DC=net

图11-20 设置CA名称

⑧ CA 有效期默认为 5 年，如图 11-21 所示。

会将一个证书颁发给此 CA 以保护与其他 CA 和请求证书的客户端之间的通信。CA 证书的有效期可以基于许多因素，包括 CA 的预期目的以及为保护 CA 您已采取的安全措施。
为此 CA 生成的证书选择有效期(V):
5
年
CA 过期日期: 2018/4/20 11:05
请注意，CA 仅在其过期日期之前才能颁发有效的证书。

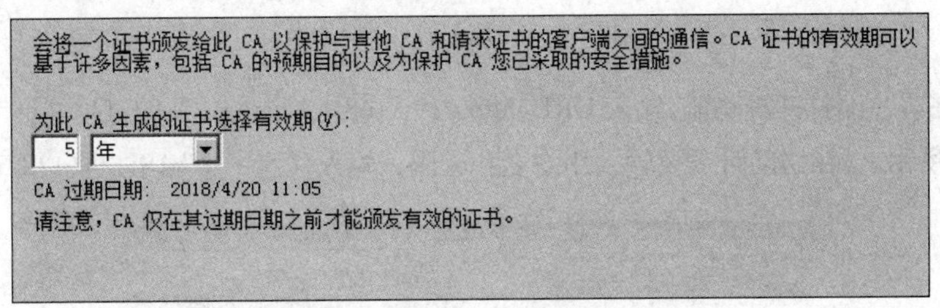

图11-21 设置CA有效期限

证书数据库存放位置采用默认值，Web 服务器选择角色服务中采用默认值，最终确认无误后开始安装。

⑨ 完成安装后，可通过“管理工具”中的“证书颁发机构”来管理 CA，如图 11-22 所示。

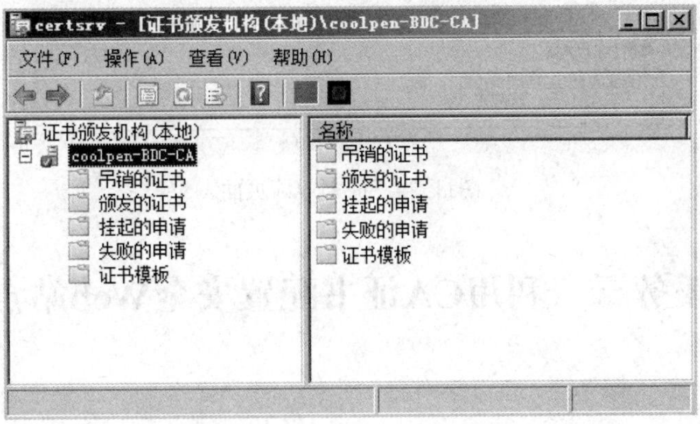

certsrv - [证书颁发机构(本地)\coolpen-BDC-CA]
文件(F) 操作(A) 查看(V) 帮助(H)
证书颁发机构(本地)
coolpen-BDC-CA
吊销的证书
颁发的证书
挂起的申请
失败的申请
证书模板
名称
吊销的证书
颁发的证书
挂起的申请
失败的申请
证书模板

图11-22 证书颁发机构

Active Directory 域会通过组策略来让域内的所有计算机来自动信任根 CA，也就是自动将企业根 CA 的证书安装到客户端计算机。由于这条组策略是在“计算机配置”中设置的，因此客户端计算机需要重启才能应用。

将客户端计算机重启之后，以普通域用户的身份登录，打开 IE 浏览器的“Internet

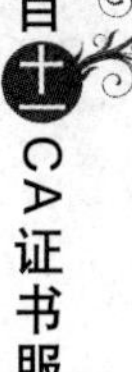

选项”，可以看到刚才安装的企业根 CA 已经自动被加入到了“受信任的根证书颁发机构”中，如图 11-23 所示。

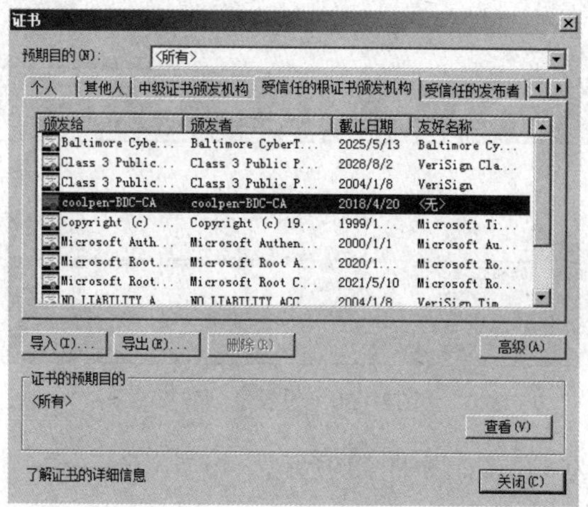

图11-23　加入企业根CA

此时，在客户端打开浏览器，输入 URL“http://192.168.1.2/certsrv/”，即可打开证书申请页面，如图 11-24 所示。（在访问时需要输入用户名和密码，输入任意一个域用户账户即可。）

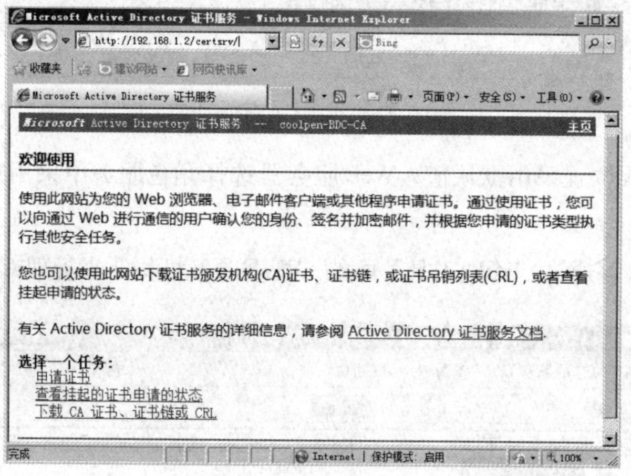

图11-24　证书申请页面

任务三　利用CA证书配置安全Web站点

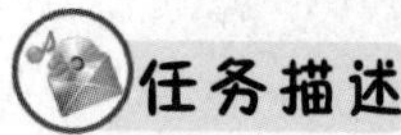

本任务将介绍如何通过证书在 Web 服务器与客户端之间实现 https 加密传输。

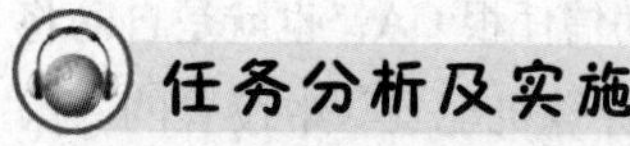

一、了解 SSL 协议

安全套接字层（SSL）是一套提供身份验证、保密性和数据完整性的加密技术，属于传输层的协议。应用 SSL 最广泛的是 HTTPS（基于 SSL 的 HTTP）协议，用来在 Web 浏览器和 Web 服务器之间建立安全通信通道。

Web 服务器启用了 SSL 功能之后，在浏览器与服务器之间传输数据之前必须要先建立安全通信信道，安全信道的建立过程是：

① 客户端向服务器发出连接请求，服务器把它的数字证书发给客户端。

② 客户端随即生成会话密钥（对称式加密），并用从服务器得到的公钥对它进行加密，然后通过网络传送给服务器。

③ 服务器使用私钥解密得到会话密钥，这样客户端和服务器端就建立了安全通道。

在安全信道建立好之后，在客户端与服务器之间传输的数据都是采用对称式加密，以提高通信效率，而对称式加密的密钥是通过非对称式加密的方式传送的，以保证会话密钥的安全性。

Web 站点启用 SSL 之后，客户端在访问网站时必须使用“https:\\\…”的 URL 形式，默认使用的端口号也不再是 TCP 80，而是变成了 TCP 443。

为支持 SSL 通信，必须为 Web 服务器配置 SSL 证书。

二、生成证书请求

① 打开之前创建的 Web 服务器，以域管理员身份登录。

② 选中服务器，在中间的面板中打开“服务器证书”，单击“创建证书申请”，如图 11-25 所示。

图11-25　选择“创建证书申请”

③ 输入网站的相关数据，注意“通用名称”文本框中必须输入网站所用的域名（见图 11-26），否则客户端在访问网站时，将提示证书错误。

可分辨名称属性

指定证书的必需信息。省/市/自治区和城市/地点必须指定为正式名称，并且不得包含缩写。

通用名称(M):	www.coolpen.net
组织(O):	coolpen
组织单位(U):	coolpen.net
城市/地点(L)	YanTai
省/市/自治区(S):	ShanDong
国家/地区(R):	CN

图11-26　输入网站信息

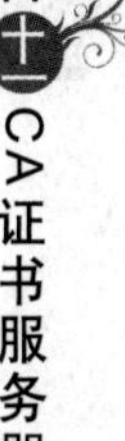

④ 选择证书的加密算法和密钥长度。其中的“位长”是指网站公钥的长度，位长越长，安全性越高，但性能越低。这里都采用默认值，如图 11-27 所示。

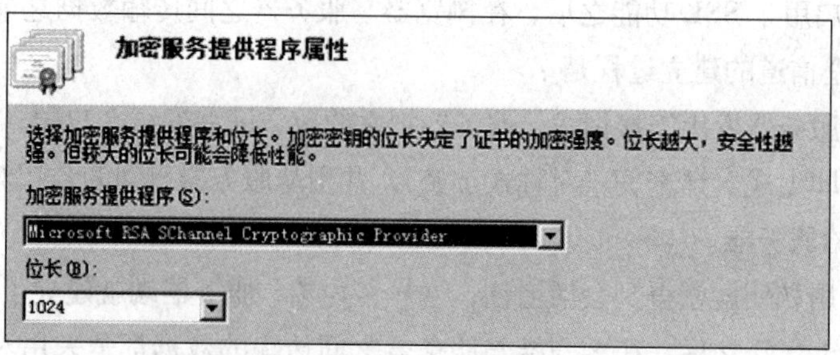

图11-27 选择加密算法和密钥长度

⑤ 为证书申请指定文件名和保存路径，如图 11-28 所示。单击“完成”按钮，证书申请文件创建成功，该文件是一个文本文件，里面包含了所生成的证书申请编码。

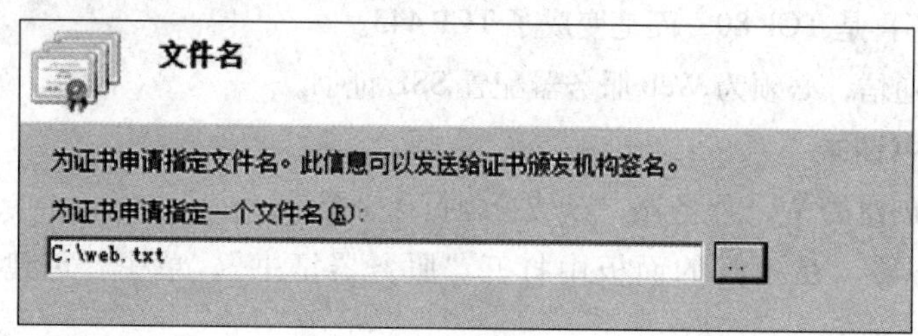

图11-28 制定文件名和路径

三、提交证书申请

① 证书申请创建完成之后，打开 IE 浏览器，在地址栏中输入“http://192.168.1.2/certsrv/”，注意这里必须以域管理员的身份访问证书服务。打开证书申请页面，单击“申请证书”，然后再单击“高级证书申请”如图 11-29 所示。

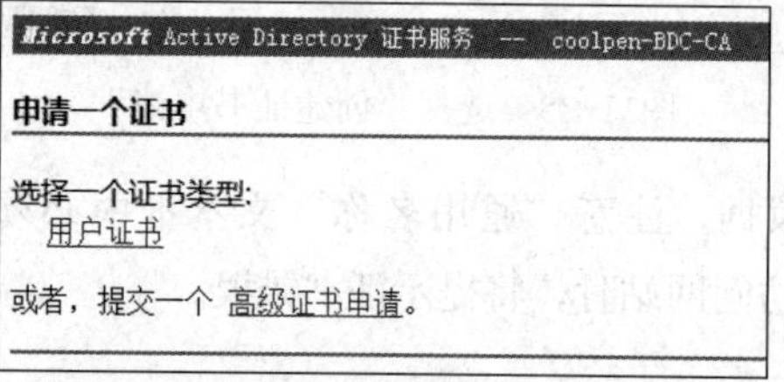

图11-29 指定证书申请

② 选择使用 base64 编码申请证书，如图 11-30 所示。

Microsoft Active Directory 证书服务 -- coolpen-BDC-CA 主页

高级证书申请

CA 的策略决定您可以申请的证书类别。单击下列选项之一来:

创建并向此 CA 提交一个申请。

使用 base64 编码的 CMC 或 PKCS #10 文件提交 一个证书申请，或使用 base64 编码的 PKCS #7 文件续订证书申请。

图11-30 使用base64编码申请证书

③ 将刚才生成的证书申请文件中的内部全部复制到“保存的申请”中，将“证书模板”选择“Web 服务器”，单击“提交”按钮，如图 11-31 所示。

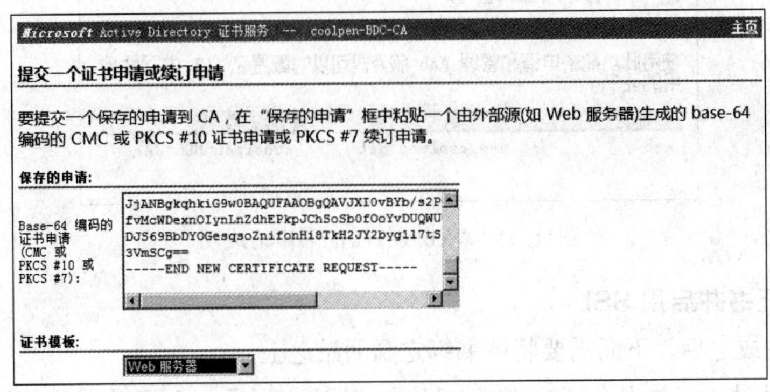

图11-31　复制证书

④ 企业根 CA 会自动颁发证书，单击“下载证书”，并将证书保存到指定的位置，如图 11-32 所示。

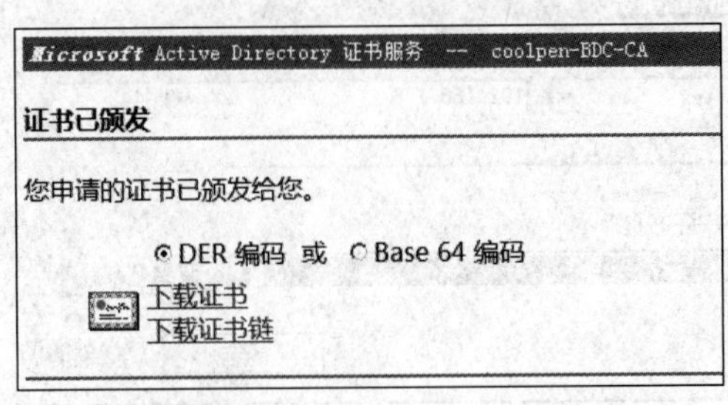

图11-32　下载并保存证书

⑤ 回到 IIS 管理器的“服务器证书”界面，单击“完成证书申请”，如图 11-33 所示。

图11-33　完成证书申请

⑥ 找到刚下载的证书，并为其起一个好记的名称，如图 11-34 所示。

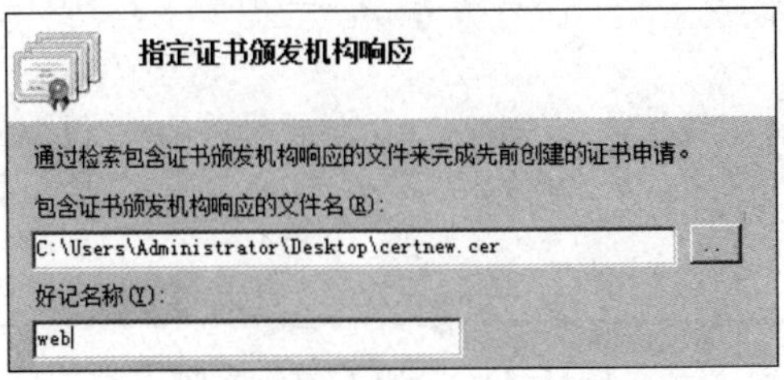

指定证书颁发机构响应

通过检索包含证书颁发机构响应的文件来完成先前创建的证书申请。

包含证书颁发机构响应的文件名(R)：

C:\Users\Administrator\Desktop\certnew.cer

好记名称(Y)：

web

图11-34　为证书命名

⑦ 至此，Web 服务器证书申请成功，如图 11-35 所示。

图11-35　Web服务器证书申请成功

四、安装证书并启用 SSL

证书申请完成之后，下面需要将证书绑定到网站之上。

① 选中默认站点，单击右侧的"绑定"。在"网站绑定"对话框中单击"添加"按钮，将类型设置为 https，端口为默认的 443，SSL 证书设置为刚才创建的 web。单击"确定"按钮之后，就绑定好了证书，如图 11-36 所示。

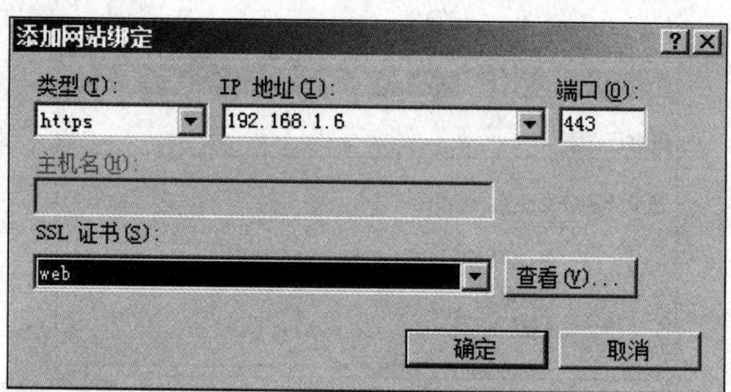

图11-36　添加网络绑定

② 打开"SSL 设置"界面，勾选"要求 SSL"，如图 11-37 所示。

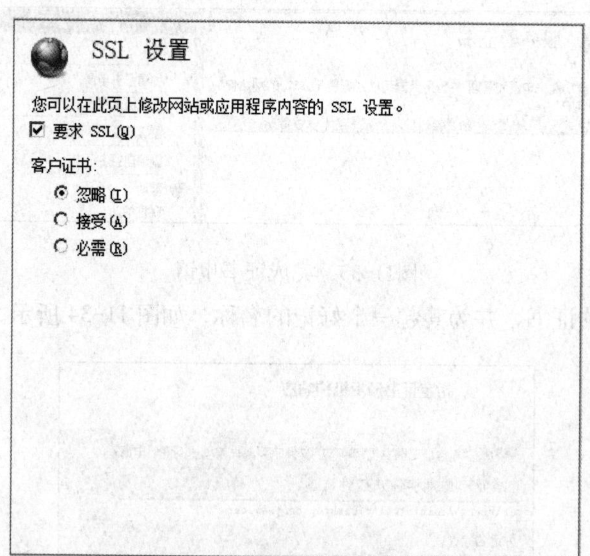

图11-37　"SSL设置"界面

③ 此后，在客户机上如果用 http 方式访问网站，便会被拒绝，如图 11-38 所示。

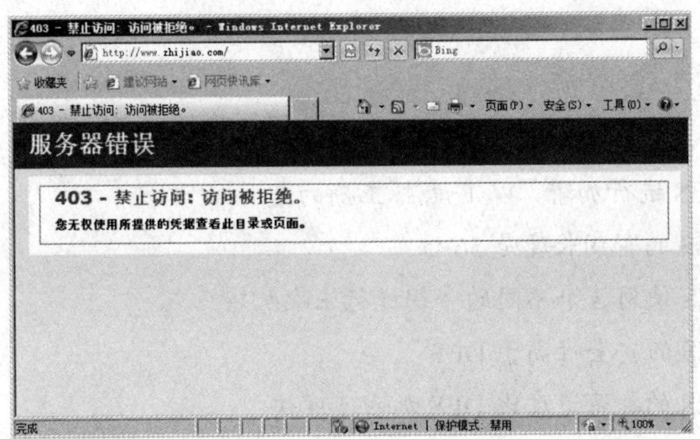

图11-38　拒绝http方式访问

只有使用https方式才可以正常访问网站。

当然，如果在“SSL设置”中不勾选“要求SSL”，则客户端既可以使用https，也可以使用http方式访问Web站点。

五、虚拟目录启用SSL

大多数情况下，并不需要对整个网站都启用SSL，而是只需要对网站中的某个版块（如交易支付页面）启用SSL。这时，可以只对Web站点中的某个虚拟目录启用强制SSL设置。

① 在Web站点中创建一个名为pay的虚拟目录，并对其强制启用SSL设置，如图11-39所示。

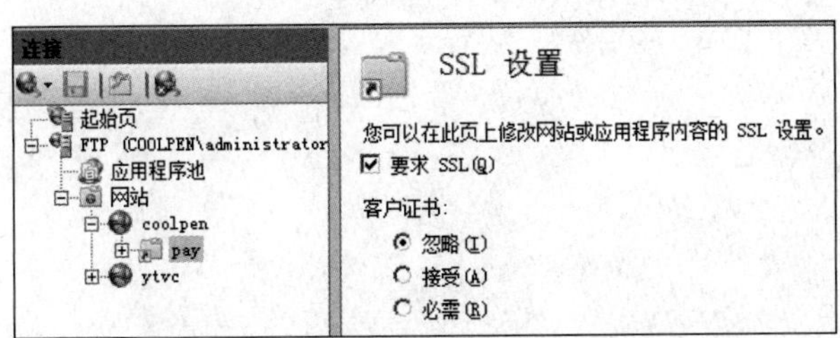

图11-39　创建虚拟目录并启用SSL设置

② 编辑站点首页文件Default.htm，如图11-40所示。

图11-40　编辑Default.htm文件

这样在客户端可以直接使用http方式访问网站，但是当要访问pay子目录时，就会自动启用SSL。

任务训练

选择题

1. 利用三重DES进行加密，以下说法 正确的是（　　）。

A. 三重DES的密钥长度是56位

B. 三重DES使用3个不同的密钥进行三次加密

C. 三重DES的安全性高于DES

D. 三重DES的加密速度比DES加密速度快

2. 利用报文摘要算法生成报文摘要的目的是（　　）。

A. 验证通信对方的身份，防止假冒

B. 对传输数据进行加密，防止数据被窃听

C. 防止发送方否认发送过的数据

D. 防止发送的报文被篡改

3.（　　）是支持电子邮件加密服务的协议。

A. PGP　　B. PKI　　C. SET　　D. Kerberos

4. 某银行为用户提供网上服务，允许用户通过浏览器管理自己的银行账户信息。为保障通信的安全，该Web服务器可选的协议是（　　）。

A. POP　　B. SNMP　　C. HTTP　　D. HTTPS

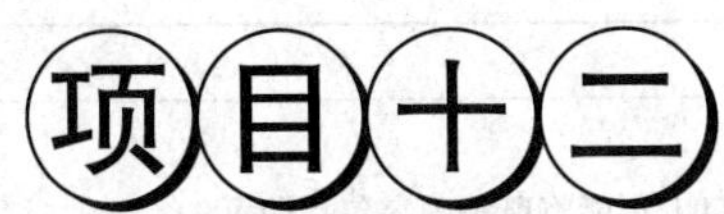

项目十二

综合实训——完成“某职教集团信息化办公网络”

一、项目背景

某职教集团总部位于北京，总部域名为 zhijiao.com，总部机房内架设有主域控制器（主 DNS 服务器）、Web 服务器、文件服务器、证书服务器等。

信息化办公网络的所有服务器和办公计算机都统一采用微软操作系统平台。服务器采用 Windows Server 2008 R2 企业版操作系统，客户端采用 Windows 7。

公司目前共包括行政部和技术部 2 个部门，每个部门有 2 名员工和 1 名部门经理。

二、实训要求

要求完成以下基本功能，如表 12-1 所示。

表12-1　任务模块和具体要求

任务模块	具体要求
搭建环境	① 用虚拟机搭建实验环境，虚拟网络统一采用仅主机模式。 ② DC、DNS、CA可安装在同一台虚拟机上，Web、文件服务可安装在同一台虚拟机上
部署域控制器	① 安装活动目录。 ② 根据公司部门结构创建相应的OU，并在OU中创建用户及用户组。 ③ 将成员机加入到域中。 ④ 通过在活动目录中设置组策略，禁止技术部的员工使用系统自带的记事本程序。 ⑤ 通过在活动目录中设置组策略，为行政部的用户自动安装软件MBSA.msi
部署DNS服务器	① 为Web服务器创建主机记录www.zhijiao.com。 ② 配置转发器，将客户端对外网的访问请求转发到公网上的DNS服务器
部署文件服务器	① 设置共享文件夹用于存放公司统一发布的文件。公司所有员工都可以查看这些文件，行政部的员工可以发布并修改这些文件。 ② 设置共享文件夹的最大容量上限为10 GB，并且不允许上传音频和视频文件
部署Web服务器	① 创建Web站点www.zhijiao.com，为站点指定主目录，并在主目录中放置测试首页。 ② 将C:\money文件夹设置为网站的虚拟目录pay，在虚拟目录中放置网页文件，要求能够正常访问。 ③ 要求用户在访问虚拟目录pay时，必须要进行身份验证，输入用户名ytvc、密码abc123后方可正常访问
部署证书服务器	① 架设企业根CA。 ② 在Web站点www.zhijiao.com上申请并安装证书，要求用户在访问站点下的虚拟目录pay时实现加密传输

续表

任务模块	具体要求
文档编辑	① 提交项目文档，文档要求步骤详细、编辑美观。 ② 配图一般情况下不要截全屏图，尽量截窗口图，窗口大小能将所需内容包括即可。 ③ 页边距：上下2 cm，左右2.5 cm。 ④ 文档标题统一为："某职教集团信息化办公网络项目设计方案"，采用"标题1"样式，居中显示。 ⑤ 每个任务模块的标题采用"标题2"样式，以下各级子模块依次采用"标题3""标题4"……样式。 ⑥ 文档文件名统一采用"班级+姓名"的格式，如"13网络张瑞"。 ⑦ 文档文件格式要求必须为doc或docx